U0094509

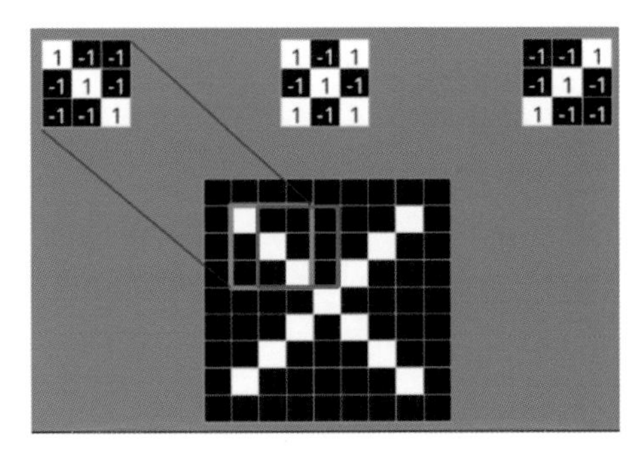

图 4-32　卷积的特征提取过程

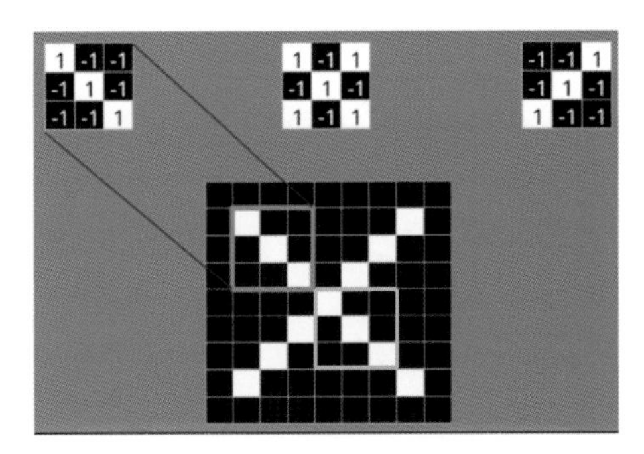

图 4-33　卷积的特征提取过程

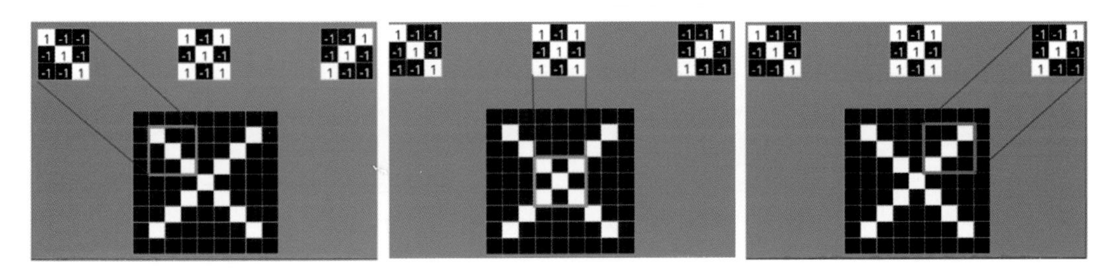

图 4-34　卷积的特征提取过程

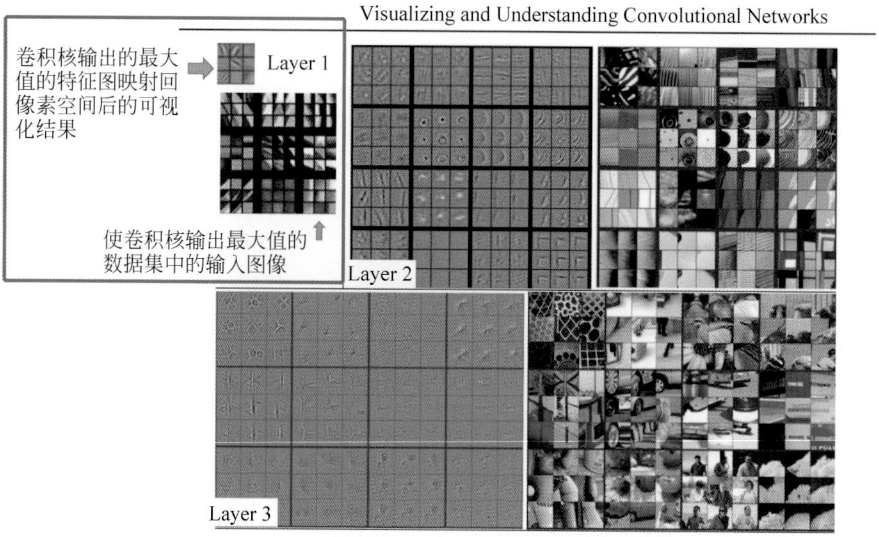

图 5-6　卷积网络浅层前 3 次卷积结果的可视化

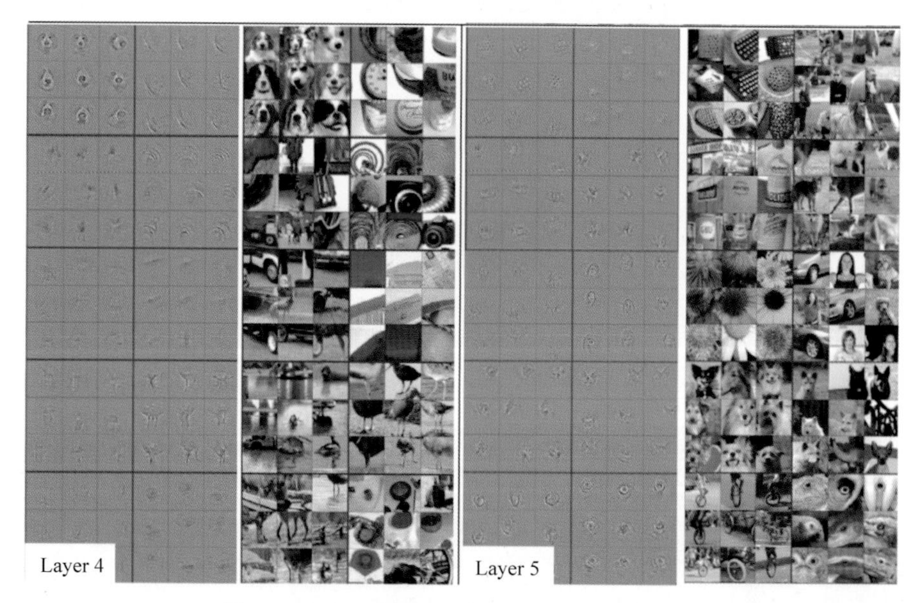

图 5-7　卷积网络深层后两次卷积结果的可视化

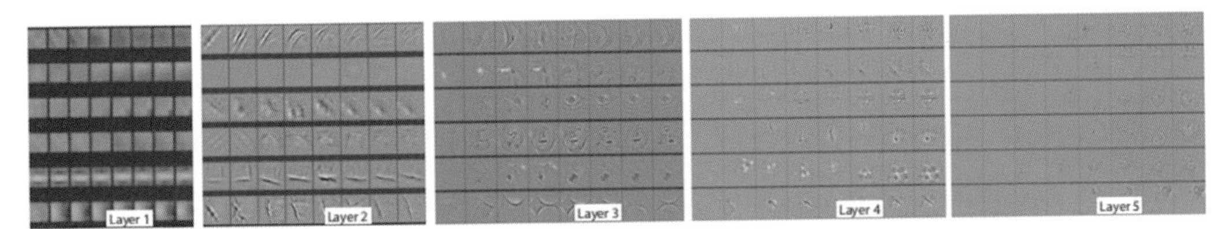

图 5-8　不同特征的学习速度

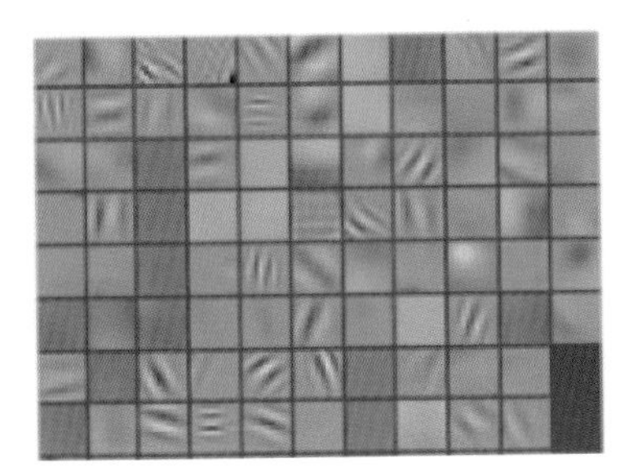

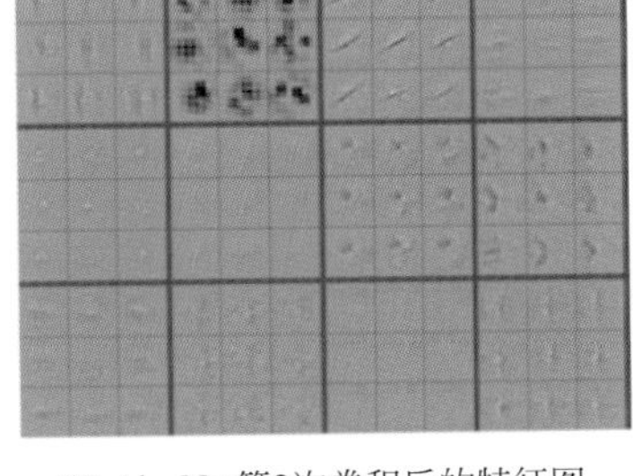

(a) AlexNet第1次卷积后的特征图　　(b) AlexNet第2次卷积后的特征图

图 5-9　通过可视化改进模型

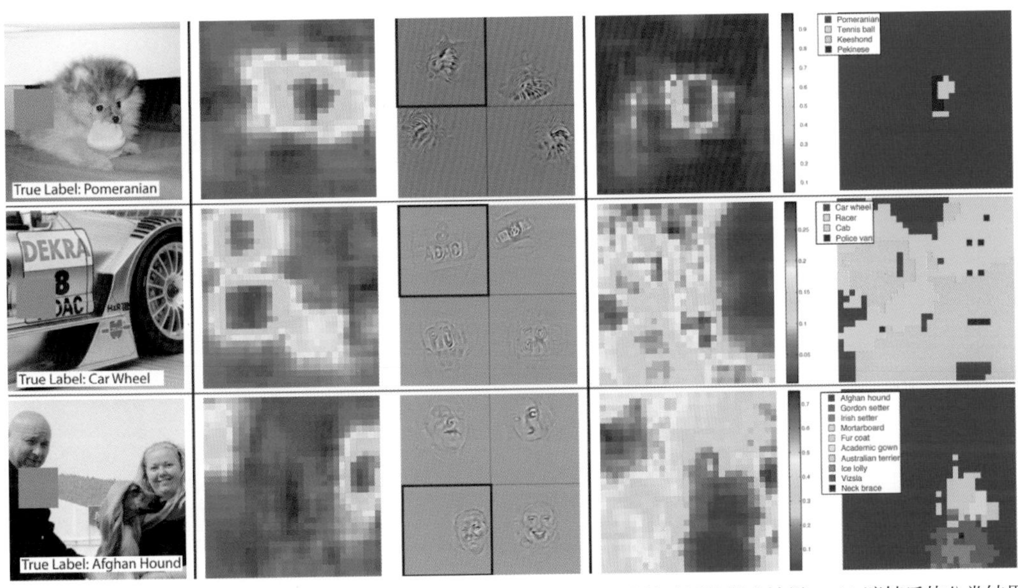

(a) 示例图片　(b) 特征图值的总和　(c) 反卷积可视化结果　(d) 遮挡对图片影响结果　(e) 遮挡后的分类结果

图 5-10　遮挡实验 1

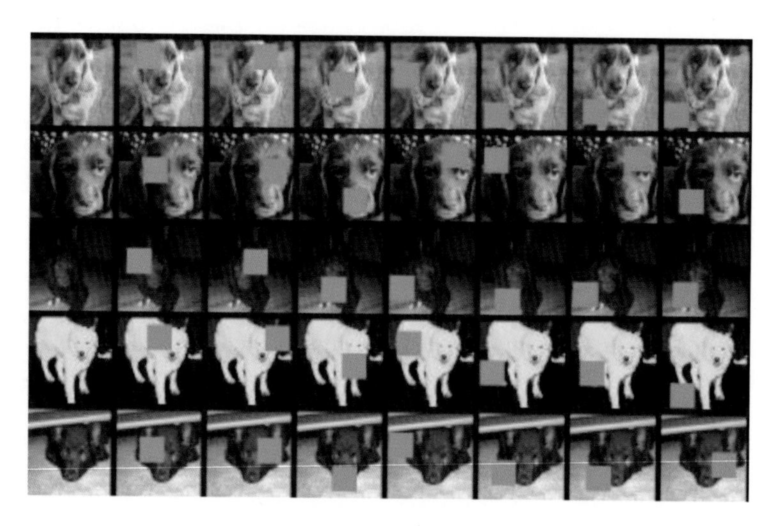

图 5-11　遮挡实验 2

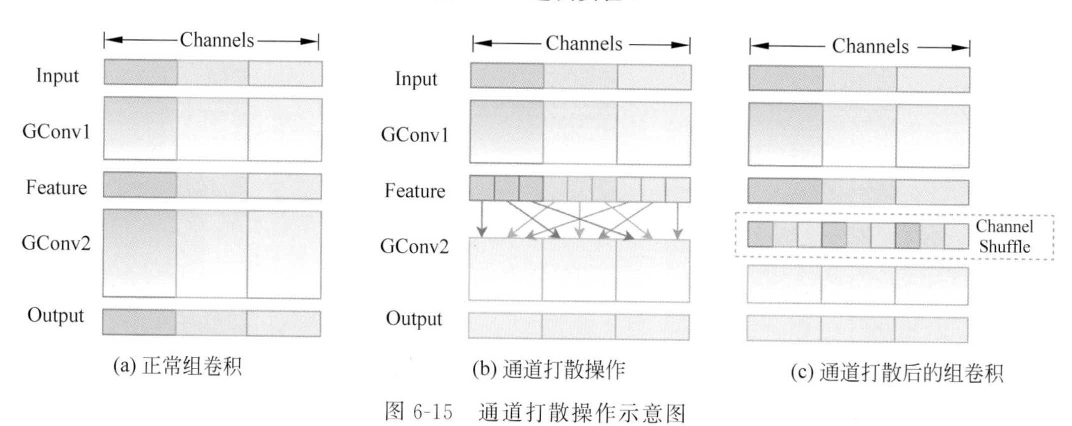

图 6-15　通道打散操作示意图

跟我一起学 人工智能

图像识别

深度学习模型理论与实战

于浩文 ◎ 编著

清華大学出版社

北京

内 容 简 介

本书专注于深度学习在图像识别领域的应用，内容涵盖2012—2023年的经典和前沿模型，不仅详细讲解了各种模型的理论知识，还为读者提供了丰富的实践操作指南，旨在为读者提供一个从基础到高级的全方位指导。

本书第1章介绍人工智能在计算机视觉领域的现状，第2章和第3章介绍编程基础，有基础的读者可以跳过这两章。第4章和第5章详细讲解卷积算法和基于卷积算法具有里程碑意义的模型。第6章介绍工业中常用的轻量级卷积模型。第7章和第8章对现阶段前沿的图像识别模型进行讲解。

本书适合对图像识别领域感兴趣的本科生、研究生及图像识别从业者阅读。对于新入门的读者，本书提供了丰富的预备知识，而对于有经验的读者，可以直接跳到高级主题进行阅读。

图书在版编目(CIP)数据

图像识别：深度学习模型理论与实战/于浩文编著. —北京：清华大学出版社，2024.1
(跟我一起学人工智能)
ISBN 978-7-302-65265-6

Ⅰ. ①图…　Ⅱ. ①于…　Ⅲ. ①图像识别　Ⅳ. ①TP391.41

中国国家版本馆CIP数据核字(2024)第019904号

责任编辑：赵佳霓
封面设计：吴　刚
责任校对：王勤勤
责任印制：杨　艳

出版发行：清华大学出版社
网　　址：https://www.tup.com.cn，https://www.wqxuetang.com
地　　址：北京清华大学学研大厦A座　　**邮　　编**：100084
社 总 机：010-83470000　　**邮　　购**：010-62786544
投稿与读者服务：010-62776969，c-service@tup.tsinghua.edu.cn
质量反馈：010-62772015，zhiliang@tup.tsinghua.edu.cn
课件下载：https://www.tup.com.cn，010-83470236
印 装 者：大厂回族自治县彩虹印刷有限公司
经　　销：全国新华书店
开　　本：186mm×240mm　　**印　张**：20.5　　**彩　插**：2　　**字　　数**：466千字
版　　次：2024年2月第1版　　**印　　次**：2024年2月第1次印刷
印　　数：1～2000
定　　价：79.00元

产品编号：103764-01

前言

PREFACE

随着技术的迅速发展，深度学习已经从一个边缘领域转变为现代技术革命的核心。在这个浪潮中，图像识别显得尤为重要，它已经渗透到我们日常生活的方方面面——从简单的面部解锁手机到高级的医疗图像分析，再到自动驾驶汽车的视觉系统。

决定写这本书时，笔者首先考虑到了这个领域的巨大潜力和广阔的应用前景，但更重要的是，笔者意识到当前市场上的大部分教材太过专业化，难以被初学者所接受；或者内容过于浅显，无法满足专业人员的需求，因此，笔者希望本书能够填补这个空白，为所有对图像识别感兴趣的读者提供一个全面而深入的指南。

本书既包含了基础知识，为初学者铺设坚实的基础，也涵盖了高级主题，供有经验的研究者或从业者探索。本书将从图像识别的历史和发展趋势开始，然后逐步深入每个主题，确保读者可以从中得到真正有价值的知识。

随着深度学习技术的进步，图像识别的门槛正在逐渐降低，但这也意味着，为了在这个领域脱颖而出，需要更深入的知识和更强大的技能。笔者希望本书能够成为读者学习和进步的伴侣，帮助读者走在这条充满机遇和挑战的道路上。

本书主要内容

第 1 章：概述人工智能在视觉领域的现状、挑战和展望。

第 2 章：指导读者进行深度学习的环境配置。

第 3 章：介绍编程语言 Python 和深度学习框架 PyTorch 的基础知识。

第 4 章：深入探讨卷积神经网络及其在图像识别中的应用。

第 5 章：呈现了一系列卷积算法的里程碑模型，并探讨它们为何成为视觉任务的基准模型。

第 6 章：关注轻量级的卷积神经网络模型，以及这些模型在工业部署中所具有的重要价值。

第 7 章：深入探索起源于 NLP 领域的 Transformer 模型在图像识别中的应用，以及其如何挑战了卷积在计算机视觉领域的主导地位。

第 8 章：Transformer 与卷积算法的碰撞引起了 CV 领域专家对算法的重新思考。他们发现基于原始神经网络模型（MLP）同样可以达到不错的图像识别效果。本章就介绍了这些基于原始神经网络算法的图像识别模型，并对之前的算法进行对比和评价。

阅读建议

初学者可以从第1章开始,逐步建立对图像识别和深度学习的基础理解,然后按章节的推进顺序逐渐深入。特别是第2章和第3章,为读者提供了实际操作的起点,介绍了如何配置深度学习环境及编程基础。

对于已经对深度学习编程有一定了解的读者可跳过前3章,第4章和第5章将讲解更深入的知识,让读者对卷积神经网络有更全面的了解,而第6～8章则探讨了图像识别领域的最新进展和趋势,对于那些希望进一步研究或在实际工作中应用这些技术的专业人士来讲,这些章节尤为重要。

总之,无论是新手还是有经验的研究者都可按照自己的节奏和兴趣选择章节进行阅读。全书各章都有详尽的参考资料和实践建议,以确保读者能够充分利用这本书的内容。

资源下载提示

素材(源码)等资源:扫描封底的文泉云盘防盗码,再扫描目录上方的二维码下载。

致谢

感谢所有支持我、鼓励我和为这本书提供宝贵建议的人。没有你们,这本书将不会成为现实。

感谢佟天旭、徐梓源、刘慕晴、李永昊对本书内容的整理、校对和修改。

感谢吴骏文、孙衍哲、马程远、刘子瑞对本书格式的编辑和整理。

感谢我的家人,尤其是我的妻子,在我写作过程中承担了生活中的琐事,使我可以全身心地投入写作。

由于时间仓促,书中难免存在不妥之处,请读者见谅,并提宝贵意见。

于浩文

2023年8月

目录
CONTENTS

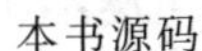
本书源码

附赠资源

第1章 人工智能介绍

1.1 什么是人工智能

人工智能是一门交叉学科，它模仿人类的行为和智慧，融合了数学、计算机科学与技术、认知学和哲学等多个领域。其涉及许多应用方向，例如计算机视觉（Computer Vision，CV）、自然语言处理（Natural Language Processing，NLP）、语音识别（Speech Recognition，SR）、智能代理（Intelligence Agent，IA）、机器人感知（Robot Perception，RP）等。人工智能被广泛地应用于各行各业，如金融业、制造业、汽车行业、安防行业、医疗健康等。由于其广泛适用性，人工智能目前备受关注。

至于人工智能的实现方法，主要是依靠数学算法，尤其是机器学习算法。总而言之，其目的是让机器的反应方式像人类一样，可以进行感知、认知、决策和执行。

1.2 人工智能的3次浪潮

虽然人工智能的发展历史只有约60年，但是它经历了一波三折的发展历程。人工智能的起源可以追溯到20世纪50年代著名的图灵测试。简单来讲，图灵测试是邀请一群志愿者进入一个封闭的房间，在房间中与一台机器进行对话。志愿者听不到机器发出的声音，只能通过对话内容判断与他们交流的是人还是机器。如果有70%的志愿者认为与他们交流的是人而不是机器，则这台机器就被认为通过了图灵测试，从而实现了人工智能。

图灵测试的提出人艾伦·麦席森·图灵是公认的人工智能之父，但是图灵因为一些原因遭到迫害，不忍屈辱，最终咬了一口浸泡过氰化物的毒苹果自杀身亡。多年后，乔布斯捡起了这个“被咬过的苹果”创建了苹果公司。

1.2.1 人工智能的第1次浪潮

人工智能的第1次浪潮也起源于20世纪50—60年代，因为图灵测试概念的提出，大批科学家开始尝试让机器具有逻辑推理的能力。随着“人工智能”这个新概念的出现，人们对人工智能的未来充满了想象，并掀起了人工智能发展的第1次高潮。在这个阶段，人工智能主要用于解决代数和几何问题，研究和开发的核心是机器的逻辑推理能力。20世纪60年代，自然语言处理和人机对话技术的突破极大地提高了人们对人工智能的期望值，但受限于当时计算机计算能力的不足，以及各国政府对人工智能研究项目的打压和停止资助没有明确目标的项目，使人工智能研发的生产周期拉长，大多数项目没能完成研发，整个行业遇冷，很快就陷入了发展的低谷。

1.2.2 人工智能的第2次浪潮

20世纪80年代到90年代，人工智能进入了第2次高潮，这一波发展的主要驱动力是知识工程和专家系统。1977年，费根鲍姆(E. A. Feigenbaum)的“知识工程”概念引发了以知识工程和认知科学为核心的研究高潮。在此基础上，专家系统在全世界得到迅速发展，部分人工智能产品已成为商品，进入了生产生活中。1985年，J. Hopfield构建了一种新的神经网络模型并顺利解决了著名的“旅行商”(TSP)问题，这标志着人工神经网络的相关研究取得了突破性进展。1986年Rumelhart构建了反向传播学习算法(Backpropagation，BP)，成为神经网络模型最普遍的学习算法，影响至今。虽然在这一时期，人工智能在专家系统、人工神经网络模型等方面取得了巨大进展，也能够完成某些特定的具有实用性的任务，但面对复杂问题却显得束手无策。尤其是当数据量积累到一定程度后，有些结果就难以得到改进，极大地限制了人工智能的实际应用价值，因此，人工智能相关研究发展到20世纪末时再度陷入困境。

1.2.3 人工智能的第3次浪潮

如今，我们生活在人工智能的第3次浪潮当中。这次浪潮兴起的主要原因是深度学习算法的提出，然而，真正推动这场浪潮的是2012年AlexNet在ImageNet图像识别大赛中的惊人结果。与传统机器学习算法相比，AlexNet的图像识别精度高出了10个百分点左右，这一惊人的差距引起了科学家的极大兴趣，进而吸引了很多科学家研究并发展深度学习领域的相关课题。随着更多深度学习模型的问世，人工智能的应用也得以拓展。2016年，深度学习模型AlphaGo打败顶尖人类围棋职业选手柯洁的成果再次得到了媒体和大众的关注。目前语音识别、文本处理、机器翻译、图像处理等感知技术的能力都已经接近甚至超过人类智能水平。计算机基础硬件CPU、GPU和硬盘的发展也支持着人工智能技术的飞速迭代，推动了感知智能技术进入成熟阶段。人工智能与金融、自动驾驶、医疗健康等多行业的结合，展现了其巨大的经济价值。

1.3 人工智能发展的必备三要素

1.3.1 人工智能发展的基石：数据

我们常听到一句名言：“读书破万卷，下笔如有神。”实际上，当阅读的知识越多、见识越广时，能力自然会得到提高。深度学习模型也是如此，它需要被训练才能展现出其智能，而这种训练实际上是通过收集大量数据并教给模型去理解数据之间的相关性来完成的。20世纪70年代初，美国康奈尔大学贾里尼克教授在语音识别的相关研究项目中另辟蹊径，抛弃了传统的用数学定义逻辑的思想，转而将大量数据输入计算机中，并让计算机进行快速匹配，通过大数据来提高语音识别率。由此，原本复杂的智能问题被转换成简单的统计问题，而处理统计数据正是计算机的强项。从此，学术界开始意识到，或许让计算机获得智能的钥匙是大数据。

而当今时代是一个大数据时代，我们的手机、个人计算机、公司系统等计算机产品每天都在产生大量的数据，由于技术的发展，这些数据可以被很好地归纳、整理和存储。这些数据可以说是人工智能发展的基石，尤其是针对深度学习算法，"深度"二字的概念从一种角度来解释，即深度挖掘数据的相关性。

1.3.2 人工智能发展的动力：算法

人工智能算法是数据驱动型算法，是人工智能背后的推动力量。主流的算法是机器学习算法(Machine Learning，ML)，值得一提的是，神经网络(Neural Network，NN)算法作为机器学习算法中最强大的一种，因为深度学习的快速发展而达到了高潮。对于这些名词之间的关系，可以进行如下阐述。

深度学习算法的本质就是神经网络模型，是众多机器学习算法之一。实际上，机器学习的概念就是一个算法的集合，例如决策树模型、分类与回归算法、聚类算法、主成分分析法、马尔可夫链、遗传算法、神经网络、朴素贝叶斯、支持向量机等，而这些算法便是实现人工智能的手段。下面对深度学习和机器学习做简要的说明。

深度学习是一个复杂的机器学习算法，在近年来变得尤为流行，主要原因是其出色的效果。其在语音、文本和图像等领域取得的成果远远超过先前的相关技术。深度学习使机器能够模仿人类的视听和思考等活动，解决了很多复杂的模式识别问题，使人工智能相关技术得到了很大的进步。深度学习模型的构成主要包括输入层、隐藏层和输出层3个概念。通常，模型的第1层是输入层，负责接收输入数据；最后一层是输出层，负责输出模型的计算结果，而中间的所有层都是隐藏层，其层数可以进行任意调整，其目的是用来学习输入数据之间的相关性。深度学习算法指的就是具有很多个隐藏层的神经网络模型。

当前最具代表性的深度学习算法模型有深度神经网络(Deep Neural Networks，DNN)、循环神经网络(Recurrent Neural Networks，RNN)、卷积神经网络(Convolutional Neural Networks，CNN)、图神经网络(Graph Neural Networks，GNN)、生成对抗网络(Generating Adversarial Networks，GAN)等。它们擅长处理的数据和解决的问题都不一样，例如卷积神经网络擅长处理图像数据，解决计算机视觉相关问题；循环神经网络擅长处理文本数据，解决自然语言处理的相关问题；图神经网络擅长处理图结构的数据，解决生物医药、社交网络领域的问题，而生成对抗网络擅长处理生成类任务，例如图像生成、文本生成、语言生成。

对于机器学习，从模型训练方式的角度进行划分主要分为3个类别：有监督学习、无监督学习和强化学习。

在机器学习中，有监督学习是一种利用带有标签的训练数据来优化模型的方法。带有标签的训练数据指的是每个训练实例都包括输入和期望的输出结果。以生活中的例子来讲，上学时做过的数学练习册就是一种有监督学习，可以将自己比作模型，此时“题目”就是模型的训练数据，“答案”就是数据的标签，可以通过对比自己的答案与真实答案完成学习的目的。

无监督学习是从无标签的训练数据中优化模型的方法。最典型的无监督学习算法就是聚类分析，它可以用于在探索性数据分析阶段发现隐藏的模式或者对数据进行分组。举个例子，给小孩一些不同种类的水果，例如苹果、香蕉、橘子等，即便这位小朋友不知道这些水果是什么，也可以根据这些水果不同的形状或颜色，对它们进行分类。这就是聚类的思想，模型可以自己去学习数据之间的相关性和差异性。在这个过程中，模型并不需要知道这些数据代表的含义到底是什么。

强化学习是一种从环境和奖罚机制中优化模型的方法。它关注的是模型如何在一个环境中采取行动以便最大化某种累积的回报，即给定数据，学习如何选择一系列行动，使长期收益最大化。一个生活中的例子就是下棋，模型优化的目的就是学习下棋并击败对手；在这个例子中“环境”指的是“对手”，模型需要观察环境的变化来做出下一步行动（根据对手的落子而决定自己的落子）；至于奖罚机制是用来约束模型的行动的，在这个例子中，赢下棋局获得奖励，输掉棋局得到惩罚，模型会根据奖罚来调整自己的行动，争取获得更多奖励。

1.3.3 人工智能发展的手段：算力

算力，简单地讲就是计算能力，具体而言就是单位时间内的计算量大小。人工智能严格意义上是一套计算系统，为了能够实时完成对外部输入信息的计算处理，必然需要强大的算力支持。

随着第一台电子计算机的发明（1946 年），人类进入了算力时代。21 世纪以来，随着云计算的出现，算力迎来了一次巨变。云计算，本质上是对大量的零散算力资源进行打包、汇聚，实现更高可靠性、更高性能、更低成本的算力。中央处理器（CPU）、显卡、内存、硬盘等计算资源被集合起来，通过软件的方式组成一个虚拟的可无限扩展的“算力资源池”。如果用户需要算力，则该池将动态自动地分配资源，并根据不同的付费规则向用户收费。由于不需要购买设备、建设机房或自行维护，因此云计算对中小企业具有极高的性价比。

实际上，从历史的发展来看，理论的探索通常是走在技术实现的前面的，其中最大的原因就是算力的局限。笔者认为，如果想要实现真正意义上的人工智能，则需要量子计算的帮助。那什么是真正意义上的人工智能？在 1.4 节“人工智能的美好愿景”中，将对实现真正意义上的人工智能展开探讨。

1.4 人工智能的美好愿景

笔者曾有幸阅读过朱松纯教授的文章《浅谈人工智能：现状、任务、构架与统一》，深受启发。在这里，想和读者一起探讨一下人类对于人工智能的美好愿景。

1.4.1　乌鸦与鹦鹉的启示

乌鸦和鹦鹉都是生活中常见的鸟类，那么乌鸦和鹦鹉相比，哪种鸟更聪明？

鹦鹉会学舌，对于一些话，在教给鹦鹉很多次后，它会记下来这些话。这实际上就是现在人工智能的主流模型，对应的是机器学习中的有监督训练，可以称为"鹦鹉模式"，即对于一个模型，使用大量的数据进行训练，让模型能够记住这类数据，并解决某一领域的特定问题。例如训练一个鸟类识别的模型，实际上就是收集大量的不同种类的鸟类图片送入模型进行训练，训练的过程就是告诉模型这些不同的图片上显示的是什么种类的鸟类，模型就会尝试总结这些不同种类鸟的特征，慢慢地学会识别鸟类。这样的模型有很大的缺陷：教给模型的鸟类它或许会认识，但是对于没有教过的鸟类，模型是不认识的。就像我们教给鹦鹉某句话，鹦鹉或许会说，但是没教鹦鹉，拔了鹦鹉的毛它也不会说。简单来说，模型并不能真正地理解数据，不具备举一反三的能力。现在再看一看这种"鹦鹉模式"的人工智能，是否能达到大家心中希望的智能境界呢？

相对于鹦鹉，乌鸦具备更高的智能水平，能够在城市中生存得很好。当一只野生的乌鸦第1次进城时，在适应城市生活的过程中需要运用大量的智能模式。例如，当乌鸦第1次见到白面包或塑料袋时，它怎么知道哪些是可食用的？哪些是不可食用的？注意，乌鸦的生命只有一次，它不可能轻易地尝试，不然小命可能随之呜呼。乌鸦可以通过观察人或其他鸟类、动物的饮食习惯来判断新食物是否可以食用，这就是一种智能模式。值得注意的是，这种模式并没有进行大数据的训练（乌鸦不能轻易尝试多次），而是通过总结观察得出的结论，这种模式与"鹦鹉模式"是截然不同的。有的乌鸦甚至还会借助现代工具来解决问题，当乌鸦想吃坚果却打不开时，它会选择将坚果扔到十字路口，等待来往的车辆压碎坚果。它甚至能识别红绿灯，知道红灯时可以下去吃，绿灯时需要在电线杆上耐心等待，这些都显示了乌鸦的高智能水平！最后，回想一下小时候"乌鸦喝水"的故事，没有人像教鹦鹉学舌一样去教乌鸦喝水，那么乌鸦是怎么知道往瓶子里扔石子的？

乌鸦给我们的启示，至少有3点：

(1) 它是一个完全自主的智能体，拥有认知、感知、学习、推理和执行的能力。这正是我们期望的智能体和人工智能所能达到的效果，乌鸦证明了这种解决方案是存在的。

(2) 在"乌鸦模式"的智能中，乌鸦并没有依赖于大数据的学习，也没有人教给它任何事情，而且它的生命只有一次，不允许它做随机的尝试，这与"鹦鹉模式"是截然不同的。

(3) 最后，乌鸦脑袋的大小不到人脑的1%。只需0.1～0.2瓦的能耗就可以实现上述的所有功能了。生物体千万年来的进化成果是让人惊叹的，如果只依靠运用计算机这种硬件计算单元，则真的可以达到生物体的智能形态吗？至少个人来看，任何机器的精密程度都比不上生物体，即使跟草履虫相比也是一样的。

笔者相信，乌鸦这个"解"是真实且存在的，但是现在不知道怎么用一个科学的手段去实现这个"解"。这对于看到这里的读者来讲既是机会，同样也是挑战。讲通俗一点，我们应该寻找“乌鸦模式”的智能，而不是“鹦鹉模式”的智能。

当然，我们必须也要看到，“鹦鹉模式”的智能在商业上，针对某些垂直应用是非常有效的，也具有巨大的商业价值，这点是需要被强调且毋庸置疑的，但是，“乌鸦模式”才是科学研究的目标。

1.4.2 人工智能到底有多智能

近年来，计算机视觉已经成为人工智能领域中发展最快且相对成熟的应用方向之一。生活中的例子也比比皆是，诸如人脸识别、监控监测、AI换脸等应用已经融入金融、安防、娱乐等各行各业，然而，这里要告诉读者，现在的计算机视觉所实现的智能程度其实非常低。

举个例子，如图1-1所示，读者第一眼看到的是什么？土灶和客厅？实际上都不是，这是不同时代的厨房。它们分别拥有各自时代的特征。每个时代每个家庭的厨房都是独一无二的。如此大的特征差别是深度学习模型很难学习的。其次，如果有的读者第一眼看图像把它们认成了土灶和客厅，则只要看得时间久一些都可以反应过来，这是两个厨房，也就是说看的时间越长，理解得也越多，但是模型不是，对于模型而言，要是同一张图像被送进同一个模型，不管送几次，模型的输出始终是相同的。有趣的地方来了：人类可以比模型看到的更多。

(a) 场景1

(b) 场景2

图1-1 厨房

虽然人类看到的是二维的图像，但实际上分析的是三维场景。我们的大脑可以很快地想象出在这个地方可以做些什么：例如可以在这个地方倒水、在这个场景里拿杯子、坐着看电视、甚至是烧柴火等，这些动作都是想象出来的，实际图像中并没有。换句话说，这些图像中物体的具体功能是模型无法分析的。

人类甚至可以进行物理稳定性与关系的推理。例如，看到图1-1(a)中的场景，或许会担心暖瓶可能从灶台掉下来，因为它放置得太靠边了，还可以猜想图像拍摄的时间，因为图像中有阳光，说明是白天，地上的柴火和盆里的蔬菜说明屋主还没有做饭，所以可能是上午十一点或者下午四点左右。正如读者所看到的，人类可以进行物理稳定性的推理和一些关系的推断，不仅是单纯地看一张图像。这些也是现在的模型所学习不到的。

再看图1-1(b)中的场景，我们看到的不仅是一个厨房，甚至能够想象出这个屋主的形象：有钱、干净、整洁的中年人。继续思考，如果看到有两个凳子，则是否说明是夫妻居住？

他们晚上会干点什么？如果你愿意，则甚至可以盯着这张图像写一篇都市爱情小说。这种根据图像的想象延伸能力也是现在的模型所达不到的。

这些图像之外的东西被统称为“暗物质”(Dark Matter)。物理学家认为人类可观测的物质和能量只占宇宙总体的5%，剩下的95%是观察不到的暗物质和暗能量。视觉与此十分相似：感知的图像往往只占5%，提供一些蛛丝马迹，而后面的95%，包括功能、物理、因果、动机等是要靠人的想象和推理过程来完成的，而读者看到的东西就是现在深度学习能够解决的，例如人脸识别、语音识别就是很小的一部分看得见的东西；看不见的在后面才是真正的智能，所以计算机视觉要继续发展，必须发掘这些暗物质。把图像中想象的95%的暗物质与图像中可见的5%的蛛丝马迹结合起来思考才能达到真正地理解图像数据。

而现在的模型不会推理、不会想象、不会理解。它们现阶段仅仅根据图像像素学习到了一些特征，根据这些特征可以去比对、识别某些东西罢了。人类看到的图像是像素吗？不是！人类看到的图像是颜色、是形状，所以从这个角度来讲，人与模型在处理图像的方式上是不一样的，所以根据像素信息，模型是否真的能理解人类所理解的事情，其实并不好说，但是，如果摒弃这种方式，不把像素作为模型的输入信息，则又该把图像以怎样的方式送入模型呢？

其他应用方向的处境其实与计算机视觉方向的处境差不多，所谓的人工智能真的没有很智能，还有很多困难的课题等待大家去攻克。笔者从未曾将人工智能看作一个行业，它应该是一个专业，是一个学科。人工智能的理论和技术已经被广泛地应用于各行各业，包括金融、生物、医药、汽车制造等领域。正是由于人工智能的普适性很强，可以给生活带来很多改变，所以才导致了这门学科经久不衰地发展，并且在当今变得异常火热，但是，很重要的一点是人工智能这个学科没有一个大一统的理论框架。什么是大一统的理论框架？诸如物理中有牛顿力学、生物中有达尔文进化论、化学有元素周期表等。可叹的是，人工智能的研究，到目前为止，极少关注这个科学的问题。20世纪80年代有位知名教授公开讲：智能现象那么复杂，根本不可能有统一的解释，更可能是“A bag of tricks”(一麻袋的技巧)，有一些“兵来将挡，水来土掩”的攻城法则就行了。笔者认为，这种观点忽略了人工智能领域探索统一理论框架的重要性。虽然智能现象确实非常复杂，而且目前可能还没有足够的知识和理论来建立一个完整的统一框架，但大一统的理论框架有助于更好地理解智能现象的本质，为研究提供指导原则，并可能推动人工智能领域的革命性进展。

人工智能的大一统框架是否真实存在？人类能否实现科幻片中真正意义的智能？这些概念和愿景如同宇宙中璀璨的繁星，虽然看似遥不可及，但又那么美丽动人。对于读者来讲，希望大家拥有追寻这种远大目标的勇气，不要认为自己基础不好而不敢追求。临渊羡鱼，不如退而结网。年轻人应该有自己的理想与抱负，即使最终无法实现，回头看一看，你会发现自己已经比其他人在追寻真理的路上走得更远了，那种精神上的成就会让你发现生命意义的一种解读。最后，送一句话给各位读者：不忘初心实可贵，胜却周郎百万兵。

第2章 深度学习环境配置

人工智能的学习需要理论知识和编程能力同步开展。理论知识主要指的是高等数学、线性代数、概率论这些基础数学知识,这些是理解模型算法的先决条件。编程能力指的是编程语言、编程框架的运用,是实现算法、验证模型的手段,也是解决生活中实际问题的工具。两者相辅相成,缺一不可。如果理论精、编程弱,就如纸上谈兵,空有想法而不得验证;编程精而理论弱的人难有创新,现实中常被称为调参侠。本章主要介绍深度学习的环境配置,包括常见的专业名称介绍及配置方案,是学习编程的第1步。

2.1 专业名称和配置方案介绍

深度学习是实现人工智能的手段,本质上是一些数学算法。通过编程的方式将这些数学公式编写进计算机,成为计算机解决问题的方法。不管是在编程环境的配置,还是在编程开发过程中,我们经常会听到很多专业名称。本节首先对这些名词进行解释,然后手把手地带领读者配置深度学习的开发环境。

2.1.1 专业名称介绍

1. Python

Python 作为一门编程语言,其魅力和影响力已经远超C++、C#、Java 等编程语言,被很多程序员誉为"美好的"编程语言。Python 可以说是全能的,可以用于系统运维、图形处理、数字处理、文本处理、数据库编程、网络编程、Web 编程、多媒体应用、PYMO 引擎、黑客编程、爬虫编写、机器学习、人工智能等各种应用领域。如果想要深入学习 Python,可以参考第3章的详细介绍和入门学习。

2. Anaconda

Anaconda 是开源的 Python 发行版本,里面包含了 Python、Conda(一个开源的软件包和环境管理系统)和各种用于科学计算的包,可以完全独立地使用,无须额外下载 Python。

使用 Anaconda 的最大好处是它引入了虚拟环境的概念,每个环境都是相互隔离的,可以设置不同的 Python 版本和各种包,环境之间不会发生冲突,可以方便地切换或删除整个环境。例如，当同时有两个 Python 项目需要完成时，一个项目需要 Python 2 版本，另一个需要 Python 3 版本。如果同时在计算机中装载这两个不同版本的 Python，就会产生冲突，但是，使用 Anaconda 可以创建两个隔离的虚拟环境，分别安装这两个版本的 Python，以解决这个问题。Anaconda 的安装方法详见 2.2 节。

3. PyTorch

PyTorch 于 2016 年被首次推出。在 PyTorch 之前，深度学习框架通常只注重计算速度或可用性，而不能兼顾二者。PyTorch 将可用性和计算速度结合在一起，它提供了一种命令式和 Python 编程风格，支持将代码作为模型，使调试变得容易。此外，它还支持 GPU 等硬件加速器。

PyTorch 是一个基于 Python 的库，它通过自动微分和 GPU 加速执行动态张量计算，同时保持与当前最快的深度学习库相当的性能。大部分 PyTorch 的核心代码是用 C++ 编写的，这也是 PyTorch 与其他框架相比可以实现低得多的开销的主要原因之一。由于其能够大幅缩短特定用途的新神经网络的设计、训练和测试周期，因此 PyTorch 在研究界非常流行。

可以与 PyTorch 分庭抗礼的另一个深度学习开源框架是谷歌开发的 TensorFlow。以下是这两个框架的一些对比（对比的版本截至 2022 年年初）：

（1）TensorFlow 和 PyTorch 在准确性方面表现相当，但是 TensorFlow 的训练时间要长得多，然而内存使用量要少一些。

（2）PyTorch 允许比 TensorFlow 更快的原型设计，但如果神经网络中需要自定义功能，则 TensorFlow 可能是更好的选择。

（3）TensorFlow 将神经网络视为静态对象，即如果你想改变模型的行为，则必须从头开始，而使用 PyTorch，可以在运行时动态地调整神经网络，从而更容易优化模型。

（4）PyTorch 和 TensorFlow 都提供了加速模型开发和减少样板代码量的方法，然而，PyTorch 基于面向对象的方法，与 Python 的编程理念类似。与此同时，TensorFlow 提供了更多可供选择的选项，因此总体上具有更高的灵活性。

（5）2015 年 11 月 9 日：TensorFlow 1.0 发布，引起了大量深度学习研究者的追随，然而，2016 年发布的 PyTorch 是一匹黑马，用户体验度和文档易读性方面都优于 TensorFlow，追随者人数甚至一度反超 TensorFlow。直到 2019 年 TensorFlow 2.0 发布后，两个框架似乎又回归平衡，各有优劣。

（6）PyTorch 的入门学习详见 3.6 节。

4. VS Code

VS Code 是微软主推的轻量级代码编辑器，本身只包含必要的配置和功能，但是，VS Code 配合大量的插件可以实现很多特殊功能，例如 Python 解释器、远程连接器、PDF 阅读器等，使 VS Code 的生态变得非常丰富。安装 Python 插件后，可以编译 Python 代码，相较于 Jupyter，VS Code 更适合用于项目开发或日常脚本编写，是全能型集成开发环境平台（Integrated Development Environment，IDE）。同时 VS Code 也支持 Jupyter Notebook，通过下载插件的方式就可以实现。实际上，VS Code 的插件库非常庞大，这使 VS Code 几乎可以扩展到满足绝大多数编程需求，并且是免费的。美中不足的是，目前当下载插件过多时，再增加一个插件可能会出现延迟和错误。

除此之外，还有两个常用的编辑平台：Jupyter Notebook 和 PyCharm。

Jupyter 是近年流行起来的开发工具，基于 IPython 交互式命令行界面，主要应用于数据分析、机器学习。Jupyter 实际上是一个 Web 应用，可以在浏览器上编写 Python 代码，即写即运行，适用于数据探索分析。虽然 Jupyter 数据开发模式很方便，但是它的使用场景有一定限制，不适合脚本编写和项目开发，并且在调试等功能方面还需要改进。

相对上面两个 IDE，PyCharm 的体积较大、对硬件消耗较高、不够轻便。此外，PyCharm 分为社区版和专业版，专业版需要付费。当然，PyCharm 也有它的优点，PyCharm 是专业的 Python 开发工具，所以在 Python 的开发功能上比 VS Code 更强大，但 VS Code 胜在拓展强，类似于安卓，而 PyCharm 则更像 iOS。

VS Code 的下载和安装详见 2.3 节。

5. Linux

读者可能听说过在 Linux 上进行编程的优势，相较于 Windows，程序员更频繁地使用 Linux。当然，基于 Linux 内核的操作系统是免费和开源的，这与 Windows 相比是一个巨大的优势，但对于编程来讲，最主要的优势是什么？

下面将解释为什么 Linux 更适合编程，并讨论 Linux 系统相对于 Windows 的主要优势。

1）容易配置开发环境

Linux 的体系结构使配置编程环境变得非常容易。Eclipse、LightTable、Sublime Text、Brackets、DartEditor、VS Code、KDevelop、Geany IDE 和 NetBeans 等都是 Linux 的代码编辑工具，还有 Shell Check 能够识别不规范的写法，以及 Axel 多线程下载工具等。当然，Docker 和 WSL 在过去几年出现，使在 Windows 系统中设置编程环境和检查程序变得更加容易，但在 Linux 系统中更容易做到这一点。

2）一个完整的终端

终端是 Linux 的一大优势。自 UNIX 时代以来，开发了一套控制台工具和它们之间的交互方式。例如，grep 命令可以搜索很多文件，而 find 命令实用程序允许用户按名称、权限和修改日期进行搜索。

3）生产环境

如果不是为桌面开发应用程序，而是用 Java 编写 Web 应用程序或企业解决方案，则它们将来很可能会在 Linux 服务器上运行。Windows 和 Linux 完全不同，在 Windows 系统下运行的程序在 Linux 服务器上可能无法运行或无法正常运行。

4）安全性

相对于 Windows，Linux 的安全性无可比拟。目前看来，与 macOS 和 Windows 相比，Linux 的病毒数量非常少。这是因为 Linux 的代码开源，全球技术社区会共同努力发现和修补漏洞，使大多数漏洞被消除。此外，Linux 的操作系统也是开源的，因此许多 Linux 版本会添加一些安全设置，可以通过及时更新补丁来进一步增强安全性。最后，Linux 执行每个应用程序和病毒都需要密码形式的管理员授权，一般的病毒难以执行，更不可能自动安装，因此，安全性相对于 Windows 更高。

5）开源性

李纳斯·托瓦兹开发的初稿 Linux 只是一个内核。内核指的是一个提供设备驱动、文件系统、进程管理和网络通信等功能的系统软件，内核并不是一套完整的操作系统，它只是操作系统的核心，再根据自己的喜好进行桌面环境设计就构成了市面上不同种类的发行版，例如 Gentoo Linux 的特点是高度的自制，因此，此发行版也更适用于 Linux 高手使用；Ubuntu Linux 由于对硬件的支持度较大，此版本也广受大众喜欢。Debian 和 Fedora 则更适合于技术较好的程序员。Linux 发行版中有上百种不同风格的操作系统，用户可以根据自己的喜好，选择适合自己的操作系统。

6）性能稳定

Linux 可以持续长时间运行且运行速度不会减慢，而 Windows 在长时间运行下，运行速度会相对减慢。Linux 对网络功能提供支持，可以更加便捷地进行服务器设置。此外，Linux 可以运行绝大多数格式的文件。

通过以上的介绍，可以看到在 Linux 系统上编程的好处。当然，如果你已经使用 Windows 系统很长时间，并不想完全转向 Linux，则可以通过在 Windows 系统中使用 WSL 2 来配置 Linux 子系统。具体配置过程将在 2.4 节中进行讲解。

6. WSL

作为一名合格的程序员，无论是在 Linux 系统下写代码、编译还是调试都是必不可少的，但是很少有人会直接使用 Linux 真机作为工作平台，除非是利用远程服务器来编译的场景。更普遍的使用场景是：在一台 Windows/macOS 系统中安装虚拟机，然后在虚拟机中安装 Linux 操作系统。Windows 系统中常用的虚拟机有 VirtualBox、VMWare，macOS 系统中则通常使用 Parallels Desktop。

在 Windows 系统中，有一种简单的安装 Linux 系统的方式，即 WSL，全称为 Windows Subsystem for Linux。WSL 是微软公司开发的 Linux 子系统，是一个独立完整的并行在 Windows 系统上的 Linux 系统。它可以让开发人员直接在 Windows 原样运行 GNU/Linux 环境（包括大多数命令行工具、实用工具和应用程序），并且不会产生传统虚拟机或双启动设置开销。

另一种实现方法是在本机上直接安装双系统，在开机自启时可以选择启动 Window 系统或 Linux 系统。不过这里不建议这么做，因为双系统的安装麻烦，并且容易出错，因为涉及一些硬件配置的问题，例如主板型号等，由于计算机品牌的不同，操作也不同。

这 3 种方法的简单对比如下：

（1）方便性：WSL＞虚拟机＞双系统。

（2）性能：双系统＞虚拟机＞WSL。

（3）使用开销：双系统＞虚拟机＞WSL。

7. Docker

Docker是一个开源的应用容器引擎，它允许开发者将他们的应用程序和依赖包打包到一个可移植的容器中。该容器包含了应用程序的代码、运行环境、依赖库、配置文件等必要资源。通过容器，可以实现方便、快速、解耦的自动化部署方式。无论在哪个环境下进行部署，容器中的应用程序都能在同样的环境中运行。简单来讲，经过Docker封装的项目可以直接从开发平台移植到应用平台或其他的开发平台上，而不需要重新配置任何开发执行环境。

Docker的五大优势：

1）更高效地利用系统资源

Docker对系统资源的利用率更高，无论是应用执行速度、内存损耗或者文件存储速度都要比传统虚拟机技术更高效，因此，相比虚拟机技术，一个相同配置的主机往往可以运行更多数量的应用。

2）更快速地启动

传统的虚拟机技术启动应用服务往往需要数分钟，而Docker容器应用，由于直接运行于宿主内核，无须启动完整的操作系统，因此可以做到秒级，甚至毫秒级的启动时间，大大节约了开发测试、部署的时间。

3）一致的运行环境

在开发过程中常见的一个问题是环境不一致，由于开发环境、测试环境、生产环境不一致，导致有些Bug并未在开发过程中发现，而Docker的镜像提供了除内核外完整的运行时环境，确保环境一致性，从而不会再出现"这段代码在我机器上没问题"这类情况。

4）更轻松地迁移

由于Docker确保了执行环境的一致性，使应用的迁移更加容易。Docker可以在很多平台上运行，无论是物理机、虚拟机、公有云、私有云，还是笔记本，其运行结果是一致的，因此用户可以很轻易地将一个平台上运行的应用迁移到另一个平台上，而不用担心运行环境的变化导致应用无法正常运行的情况。

5）更轻松地维护和拓展

Docker使用的分层存储及镜像技术，使应用重复部分的复用更为容易，也使应用的维护更新更加简单，基于基础镜像进一步扩展镜像也变得十分简单。此外，Docker团队同各个开源项目团队一起维护着一大批高质量的官网镜像，既可以直接在生产环境使用，又可以作为基础进一步定制，大大地降低了应用服务的镜像制作成本。

2.1.2 Windows配置PyTorch深度学习环境初级方案

首先，在Windows下配置深度学习环境需要完成以下基础配置。

（1）选择环境管理器：建议选择Anaconda进行Python的环境管理。

（2）选择编辑平台：建议选择VS Code和Jupyter Notebook，基本可以满足绝大部分的深度学习开发需求。

（3）选择深度学习框架：建议选择 PyTorch 深度学习框架。

完成以上三步后就完成了本地 Windows 系统下的深度学习环境配置了。

2.1.3　Windows 配置 PyTorch 深度学习环境进阶方案

本节的配置必须在完成 2.1.2 节的基础配置后才能进行，这个进阶方案在入门时不是必需的。本节将介绍如何通过 WSL 2 配置 Windows 和 Linux 双系统，并使用 Docker 对整体的开发环境进行封装，便于日后的环境迁移。

（1）使用 WSL 2 实现双系统：Windows 11 配置 WSL 2 的详细步骤和常见错误详见 2.4 节。

（2）使用 Docker 封装开发环境，并使用 VS Code 连接 Docker 容器：详细步骤见 2.5 节。

2.2　Anaconda 配置 Python 和 PyTorch

2.2.1　Anaconda 简介

Anaconda 有着强大的包管理和环境管理的功能，通过 Anaconda 可以方便地使用和切换不同版本的 Python 和 PyTorch 等科学计算库，本节将介绍其下载、安装和使用方法，其中 2.2.2 节和 2.2.3 节的内容分别提供 Windows 系统和 Linux 系统安装 Anaconda 的方式，读者可根据自己计算机系统选择其一安装。

2.2.2　Windows 系统安装 Anaconda

可以到官方网站下载，也可以选择镜像网站下载。

在镜像网站中选择相应 Anaconda 版本进行下载。下载过程中如果因网络问题停止下载，则可单击"继续"按钮。

下载完成后，双击下载好的 Anaconda3-2021.04-Linux-x86_64.exe 安装文件（以实际下载的为准），当出现安装界面后，单击 Next 按钮，一直选择默认选项进行安装即可，直到 Anaconda 安装完毕。

安装完成后，打开 Anaconda Prompt 终端，打开方式如图 2-1 所示。

在终端输入命令，命令如下：

```
conda - version     #查看版本号
```

若可看到当前安装的 Anaconda 版本号，则表示安装完成。

2.2.3　Linux 系统安装 Anaconda

首先下载 Anaconda，注意，需要下载 Linux 版本，即后缀为.sh 的 Anaconda 安装文件。

下载好后，将下载的 Anaconda3-2021.04-Linux-x86_64.sh 文件放在/home/gustuy/software 文件夹中（安装包可以放在任意位置）。

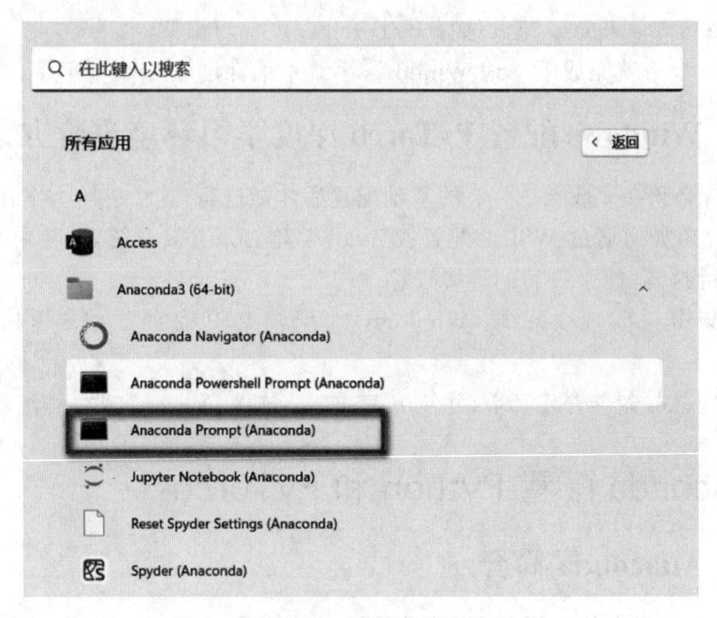

图 2-1　Windows 系统安装 Anaconda

打开 Linux 终端，使用命令进入 Anaconda 安装包所在的文件夹中，命令如下：

```
cd /home/gustuy/software
```

进入后运行安装文件，命令如下：

```
sh ./Anaconda3-2021.04-Linux-x86_64.sh
```

输入命令并执行以后会提示查看“许可文件”，直接按 Enter 键即可。按 Enter 键后会出现软件“许可文件”，这个文件很长，可以不断按 Enter 键直至翻到文件的末尾，或者直接按 Q 跳过阅读。注意，如果 sh 命令安装时间过长，则可按住快捷键 Ctrl+C 打断安装，并将 sh 命令改成 bash 命令重新尝试安装。

翻到“许可文件末尾”后会出现提示“是否接受许可条款”，输入 yes 后按 Enter 键即可。

简而言之，在正式安装之前会出现一些询问信息，只需按 Enter 键，如果遇到需要输入 yes/no 时，则输入 yes 即可完成安装。

安装完成后，输入命令 conda info -e 查看当前的 Anaconda 环境，如果发现命令行前面出现“Base”的字样，就代表 Base 环境已经安装成功，并且环境变量和默认 Python 都已经装配好。若出现报错 conda：command not found，则说明环境变量没有配置成功。解决方案如下。

使用 vim 编辑器编辑配置文件 bashrc（需要先确保拥有 vim 编辑器），命令如下：

```
vim ~/.bashrc
```

然后按下 I 键进入编辑模式，在最后一行添加指令，命令如下：

```
export PATH=$ PATH:/root/anaconda3/bin
```

需要注意的是：不能直接复制并粘贴上述命令。上述 PATH 是因为笔者使用的 Linux 用户名是 root，而 Anaconda 是安装在/root/anaconda3/bin 目录下，所以读者需要换成自己 Anaconda 的安装目录，具体命令如下：

```
export PATH=$ PATH:[你的 Anaconda 的安装目录]
```

加上地址命令后，按下 Esc 键退出编辑模式，之后依次输入 wq，并按 Enter 键，保存并退出。

然后对环境变量进行刷新，命令如下：

```
source ~/.bashrc
```

最后，再次输入命令 conda info-e，查看当前的 Anaconda 环境，可以成功显示。

2.2.4 Anaconda 的快速入门

打开 Anaconda Prompt 终端，在终端中执行以下命令。

创建新环境，命令如下：

```
conda create -n pytorch_gpu python=3
#创建一个名为 pytorch_gpu 的环境并将 Python 版本指定为 3(最新版本)
```

切换环境，命令如下：

```
conda activate env_name        #切换到 env_name 环境
```

列出 Conda 管理的所有环境，命令如下：

```
conda env list
```

列出当前环境的所有包，命令如下：

```
conda list
```

删除环境，命令如下：

```
conda remove -n env_name --all        #删除名为 env_name 的环境
```

安装第三方包，命令如下：

```
conda install requests            #使用 conda 指令安装 Requests 软件包
pip install requests              #或者使用 pip 指令安装 Requests 软件包
```

卸载第三方包，命令如下：

```
conda uninstall requests            #使用 conda 指令卸载 Requests 软件包
pip uninstall requests              #使用 pip 指令卸载 Requests 软件包
```

导入和导出环境，命令如下：

```
conda env export > environment.yaml  #导出当前环境的软件包信息并存入 environment.
                                     #yaml 文件中
conda env create -f environment.yaml #用 environment.yaml 文件创建一个与文件描述相
                                     #同的虚拟环境
```

2.2.5 Anaconda 配置 PyTorch 深度学习环境

本节详细讲解 Anaconda 下载、安装和运行 PyTorch 框架的方法。笔者使用的 Python 版本是 3.9，计算机的显卡型号是 NVIDIA GeForce RTX 3070。

Windows 和 Linux 下载 PyTorch 的方法大同小异，将在以下内容中一并讲解。

1. Anaconda 创建新环境

首先使用 Conda 命令创建并激活一个新的 Python 环境 pytorch_gpu，在这个环境中配置 PyTorch 深度学习框架，以防污染 Base 环境。分别输入并执行环境创建与激活命令，完成后就可以在环境 pytorch_gpu 中下载配置 PyTorch 了，命令如下：

```
conda create -n pytorch_gpu python=3.9     #创建名为 pytorch_gpu 的环境并将 Python
                                           #指定为 3.9
conda activate pytorch_gpu                 #激活 pytorch_gpu
```

2. Anaconda 更改默认下载源(可选)

由于国内外网络的不同，在下载一些国外软件时，经常会出现下载速度慢，甚至下载失败的问题，很多人建议换源下载，但是，建议读者先尝试不更改源进行下载，下载速度并不慢，并且 PyTorch 官方不建议换源安装。

如果要换源下载，则步骤如下：首先打开 Anaconda Prompt，可以输入命令 conda config --show channels 来查看 Anaconda 下载源目录，当没有增加下载源时只有自带的一个默认项，如图 2-2 所示。

```
(pytorch_gpu) C:\Users\ArwinYU>conda config --show channels
channels:
  - defaults
```

图 2-2 Anaconda 下载源

在添加及删除下载源命令中，key 是指关键词，value 指关键词对应的值，可以是某些链接或者文件位置，具体命令如下：

```
conda config --add key value        #添加下载源命令
conda config --remove key value     #删除下载源命令
```

添加清华镜像源，命令如下：

```
conda config --add channels
https://mirrors.tuna.tsinghua.edu.cn/anaconda/pkgs/free/
conda config --add channels
https://mirrors.tuna.tsinghua.edu.cn/anaconda/cloud/conda-forge
conda config --add channels
https://mirrors.tuna.tsinghua.edu.cn/anaconda/cloud/msys2/
conda config --add channels
https://mirrors.tuna.tsinghua.edu.cn/anaconda/cloud/pytorch/
```

国内还有几个常见的镜像源，如阿里巴巴镜像和中国科学技术大学源等。

显示安装通道，命令如下：

```
conda config --show channels
```

恢复默认设置，命令如下：

```
conda config --remove-key channels
```

3. 选择 PyTorch 下载版本

进入 PyTorch 官方安装网址即可看到下载选项，具体如图 2-3 所示。

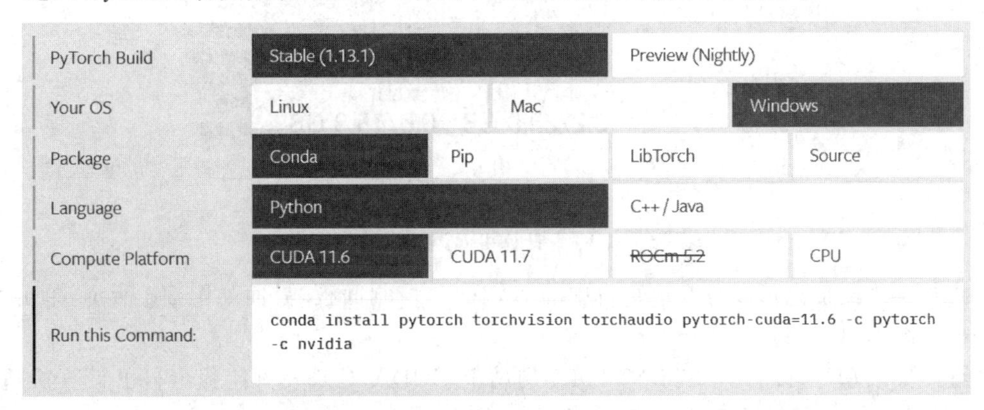

图 2-3 PyTorch 下载参数

主要选择的参数是第 2 行和第 4 行。

在第 2 行中，读者可根据自己的计算机系统选择对应的 PyTorch 版本。

在第 4 行中，读者可根据自己的计算机显卡配置选择对应的 PyTorch 版本。

在第 4 行中，选用 CUDA 或 CPU 版本需要查看自己的计算机有无可用的 GPU，判断方法如下：

单击“任务管理器”→“性能”按钮，GPU 是否可用如图 2-4 所示，如果有此页面就表明 GPU 可用，其中右上角是显卡型号。

只有 NVIDIA 的显卡才支持 GPU 加速，否则下载对应的 PyTorch 的 CPU 版本即可。

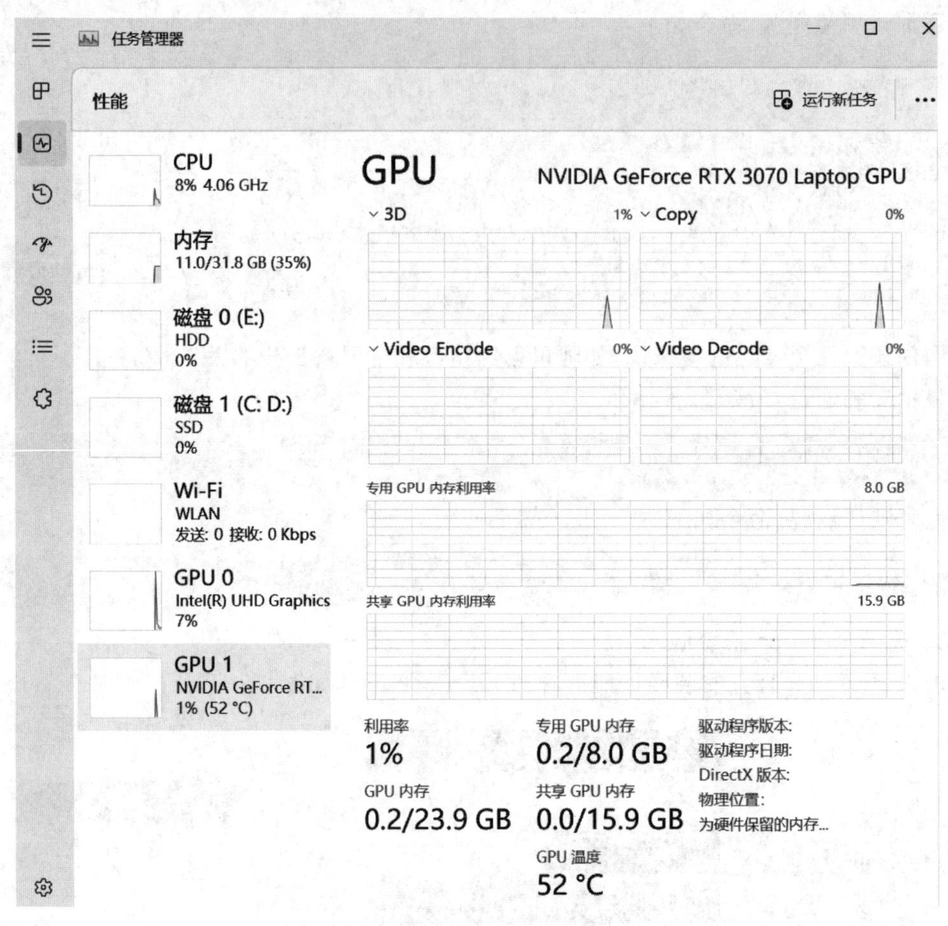

图 2-4　计算机 GPU 查询

更加详细的信息可以打开计算机中的 NVIDIA 控制面板，界面如图 2-5 所示，单击"帮助"→"系统信息"按钮。

注意安装型号，读者需要与 NVIDIA 网站上 CUDA 对照表对比找出自己计算机适合哪种型号的 CUDA，型号显示如图 2-6 所示。

例如笔者的计算机是 512.89，那么选择 CUDA11.6 以下版本都可以。

4. PyTorch 下载并安装

找到可以兼容的型号之后，打开 Anaconda Prompt 终端或者 Linux 终端（根据自己计算机系统选择终端），并激活需要安装的环境（如在 2.2.5 节中创建的 pytorch_gpu 环境，下文中在终端执行时都需要执行这一步），输入官网相应的下载命令即可（注意根据自己计算机来配置下载命令的参数）。

如下是官方的下载命令，以 Windows 系统和 CUDA 11.6 为例，复制对应的官网代码后按 Enter 键会有一个安装提示，输入 y 并按 Enter 键即可进行安装，命令如下：

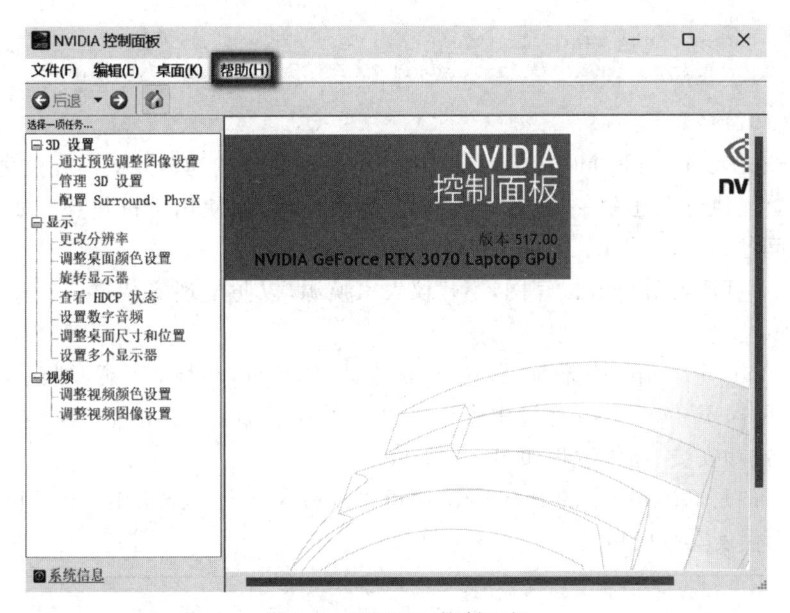

图 2-5　NVIDIA 控制面板

CUDA Toolkit	Toolkit Driver Version	
	Linux x86_64 Driver Version	Windows x86_64 Driver Version
CUDA 12.0 Update 1	>=525.85.12	>=528.33
CUDA 12.0 GA	>=525.60.13	>=527.41
CUDA 11.8 GA	>=520.61.05	>=520.06
CUDA 11.7 Update 1	>=515.48.07	>=516.31
CUDA 11.7 GA	>=515.43.04	>=516.01
CUDA 11.6 Update 2	>=510.47.03	>=511.65
CUDA 11.6 Update 1	>=510.47.03	>=511.65
CUDA 11.6 GA	>=510.39.01	>=511.23
CUDA 11.5 Update 2	>=495.29.05	>=496.13
CUDA 11.5 Update 1	>=495.29.05	>=496.13
CUDA 11.5 GA	>=495.29.05	>=496.04
CUDA 11.4 Update 4	>=470.82.01	>=472.50
CUDA 11.4 Update 3	>=470.82.01	>=472.50
CUDA 11.4 Update 2	>=470.57.02	>=471.41
CUDA 11.4 Update 1	>=470.57.02	>=471.41
CUDA 11.4.0 GA	>=470.42.01	>=471.11

图 2-6　CUDA 对照表

```
#NOTE: 'conda-forge' channel is required for cudatoolkit 11.6
conda install pytorch torchvision torchaudio cudatoolkit=11.6 -c pytorch -c
conda-forge
```

如果下载失败(HTTP 000…错误),则可能是由于网络波动造成的。在这种情况下,建议多次尝试重复执行上述命令,或者切换到其他网络,例如,使用手机热点。如果以上方法都无法解决问题,则可以尝试 2.2.5 节中所述的更换源操作。

代码中 NOTE 表明 Conda 官网,不建议大家换源,以防出现安装错误。安装成功后终端会显示 done。

在 Anaconda Prompt 终端输入 python 进入 Python 环境(注意,要进入刚刚安装 PyTorch 的环境,不要在 Base 环境中查询),再输入 import torch 按 Enter 键,若没有报告错误,则代表成功安装,操作过程如图 2-7 所示。

如果安装的是 GPU 版本的 PyTorch,则可输入命令 torch.cuda.is_available(),若返回值为 True,则代表安装成功。

```
(base) C:\Users\arwin>conda activate pytorch_dl

(pytorch_dl) C:\Users\arwin>python
Python 3.8.13 (default, Oct 19 2022, 22:38:03) [MSC v.1916 64 bit (AMD64)] :: Anaconda, Inc. on win32
Type "help", "copyright", "credits" or "license" for more information.
>>> import torch
>>> torch.cuda.is_available()
True
>>>
```

图 2-7　PyTorch 安装结果

Linux 系统配置 PyTorch 环境与 Windows 系统配置 PyTorch 环境的方法大同小异,即都是先在 PyTorch 官网配置下载命令的参数,再复制到终端中执行。最大的区别是上述命令的执行环境是在 Anaconda Prompt 终端还是 Linux 终端。

2.3　配置 VS Code 和 Jupyter 的 Python 环境

本节主要介绍 Jupyter Notebook 和 VS Code 这两大免费编辑平台的使用,暂不介绍 PyCharm,因为之后配置的一些功能,如远程连接功能,使用 PyCharm 是需要收费的。

关于 VS Code 和 PyCharm 的比较与介绍可参考 2.1.1 节,这里不再重复介绍。

2.3.1　VS Code 下载与安装

1. 下载方法

前往 VS Code 的官网下载。

2. 安装说明

下载完成后,只要一直单击"确认"按钮(注意,需要更改安装路径,建议不要安装在 C 盘,并且安装路径不要出现中文名)。当出现"选择附加任务"页面时,不勾选"将 Code 注册为受支持的文件类型的编辑器",勾选其余 4 项,如图 2-8 所示。

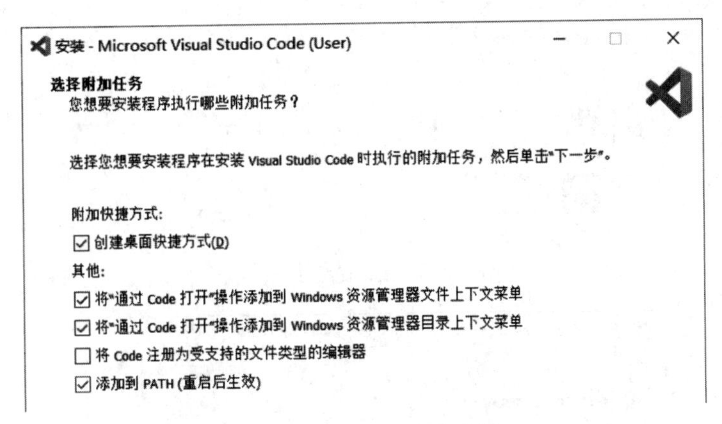

图 2-8　VS Code 安装参数

(1) 将"通过 Code 打开"操作添加到 Windows 资源管理器文件上下文菜单。

(2) 将"通过 Code 打开"操作添加到 Windows 资源管理器目录上下文菜单。

(3) 说明：当鼠标对文件、目录右击时，可以出现选择使用 VS Code 打开。

(4) 将 Code 注册为受支持的文件类型的编辑器。

(5) 说明：默认使用 VS Code 打开诸如后缀为.txt 和.py 等文本类型的文件（一般建议不勾选）。

(6) 添加到 PATH（重启后生效）。

(7) 说明：这步骤是默认的，如果勾选，就不用配置环境变量，可以直接使用。

(8) 选择附加任务后就可以一路选择默认配置并单击 OK 了。

2.3.2　VS Code 配置 Python 环境

1. 下载 Python 插件

打开 VS Code 后，界面说明如图 2-9 所示。

需要在 VS Code 中下载 Python 插件才能在其中编辑 Python 代码，单击左栏 图标，搜索 Python，单击 Install 按钮安装插件即可，如图 2-10 所示。

图 2-9　VS Code 安装插件

2. 选择 Python 解释器

首先在 VS Code 中打开一个文件夹作为工作空间，如图 2-11(a)所示，然后新建一个以".py"结尾的 Python 文件，如图 2-11(b)所示，之后单击右下角的 Python 解释器按钮，在弹出的窗口中选择相应的 Python 解释器，如图 2-11(c)所示。

在第 3 步中，如果不显示 Anaconda 创建的 Python 环境，则可以单击上方的 Enter interpreter path 选项来手动选择 Anaconda 创建的 Python 解释器。

读者如果不清楚自己创建的 Python 环境在哪里，则可以通过如下方法进行查询。

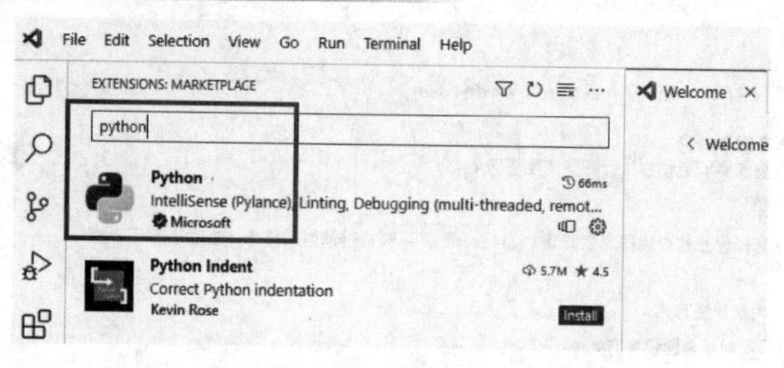

图 2-10　VS Code 安装 Python 插件

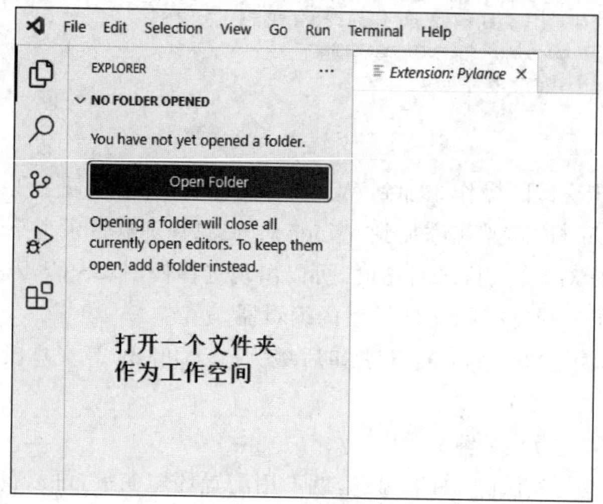

(a) 打开文件夹

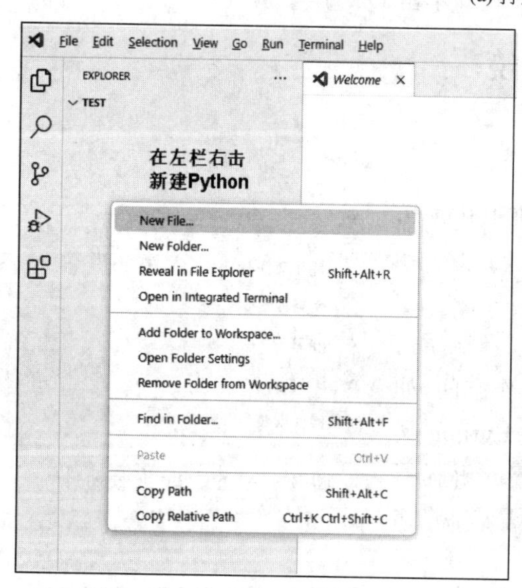

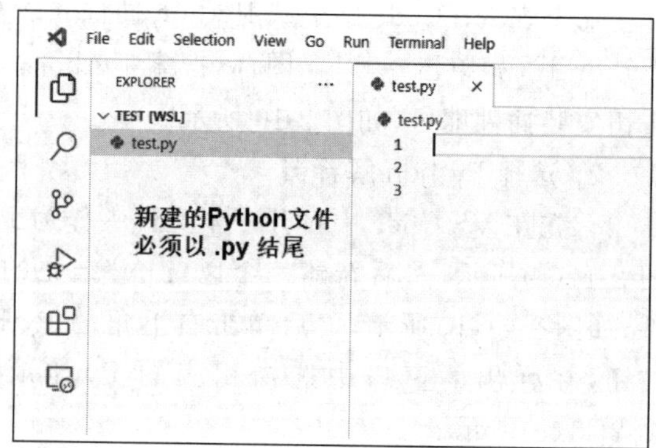

(b) 新建Python文件

图 2-11　选择 Python 解释器的步骤

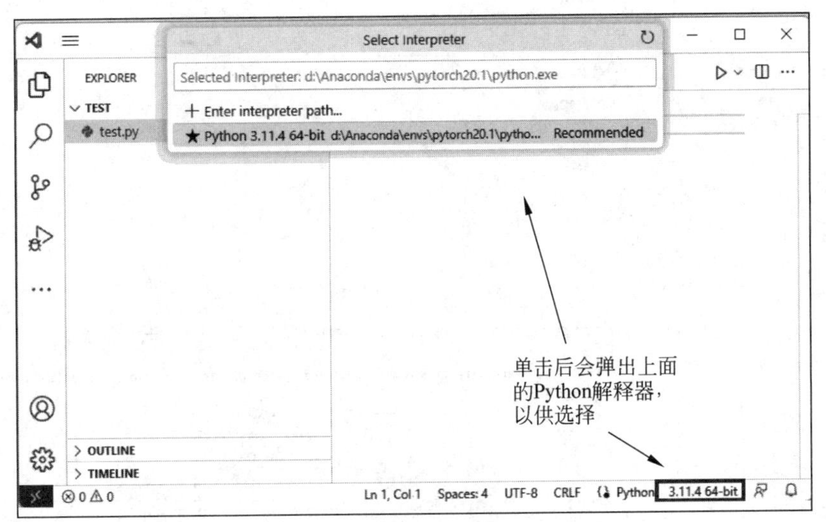

(c) 选择Python解释器

图 2-11 （续）

(1) 在 Anaconda Prompt 中激活想寻找的 Python 所在的环境，命令如下：

```
conda activate env_name        #激活名为 env_name 的环境
```

(2) 通过命令 where Python 查找路径，返回的输出即为 Python. exe 所在路径，命令如下：

```
where Python
```

(3) 这时可以在 IDE 中将解释器路径更改为刚刚得到的路径(通过 Enter interpreter path 方法)。

如果更换的 Python 环境中已经下载完成 PyTorch，则可通过命令 import torch 运行查看是否产生错误报告，如图 2-12 所示。

2.3.3 Jupyter Notebook 中配置 Python 环境

若已经下载过 Anaconda，则不需要重复下载 Jupyter Notebook，因为其已经被集成在 Anaconda 中了。选择 Anaconda→Jupyter Notebook(Anaconda)，如图 2-13 所示。

打开后，系统会默认弹出一个 Web 网页和 Jupyter 终端。最小化终端即可(不要关掉)，其中 Web 网页即为编写代码的平台。使用方法如图 2-14 和图 2-15 所示。

注意，在选择 Python 解释器时如果找不到 Anaconda 创建的 Python 环境，则可通过下述方法解决：

(1) 首先，在 Anaconda Prompt 中激活想要在 Jupyter Notebook 中使用的 Python 环境。

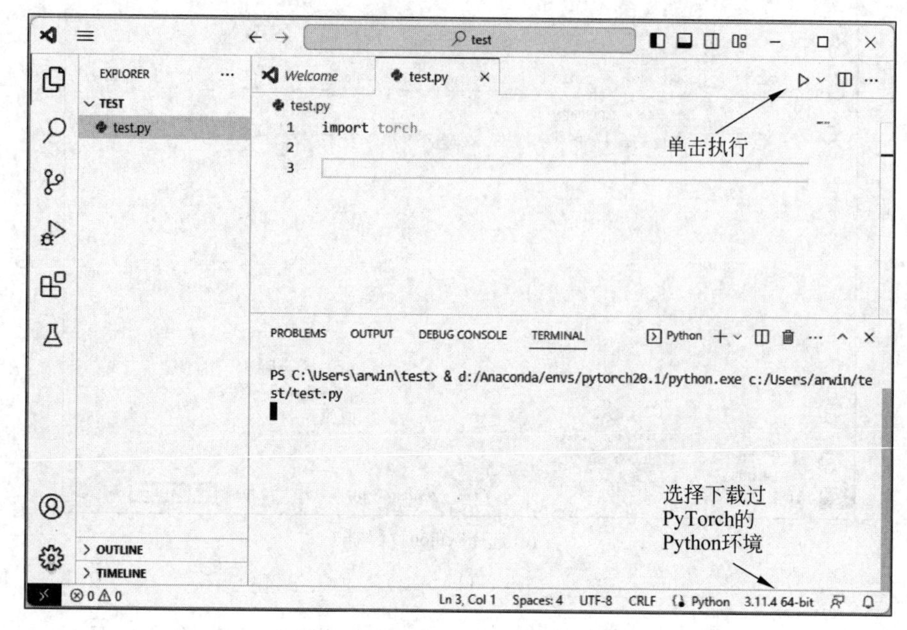

图 2-12　VS Code 导入 PyTorch

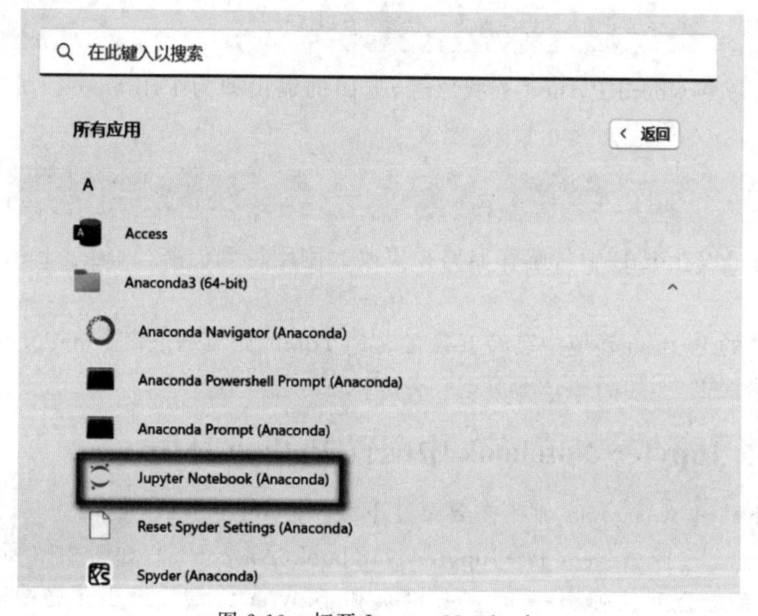

图 2-13　打开 Jupyter Notebook

（2）然后执行对应的命令即可，具体命令如图 2-16 所示。

完成后，重新在菜单中开启 Jupyter Notebook，再次新建文件时即可看到 Anaconda 管理的 Python 环境了，如图 2-17 所示。

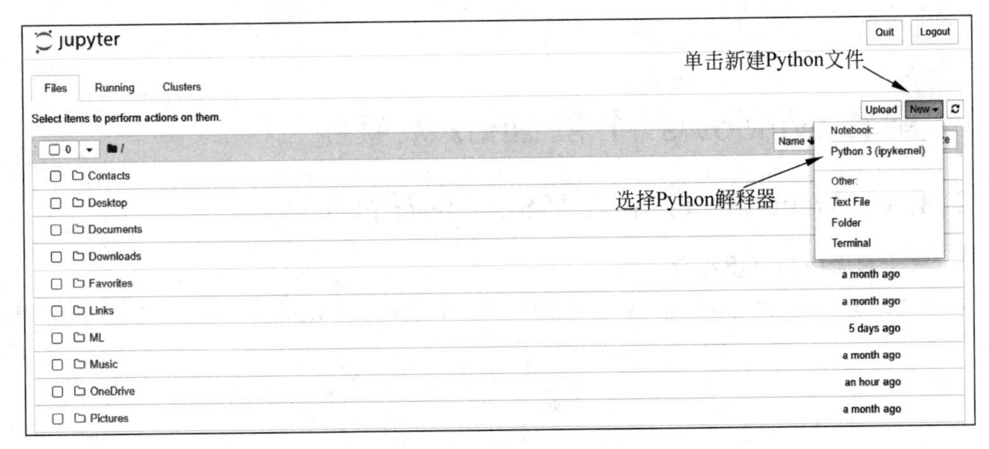

图 2-14 Jupyter 使用方法 1

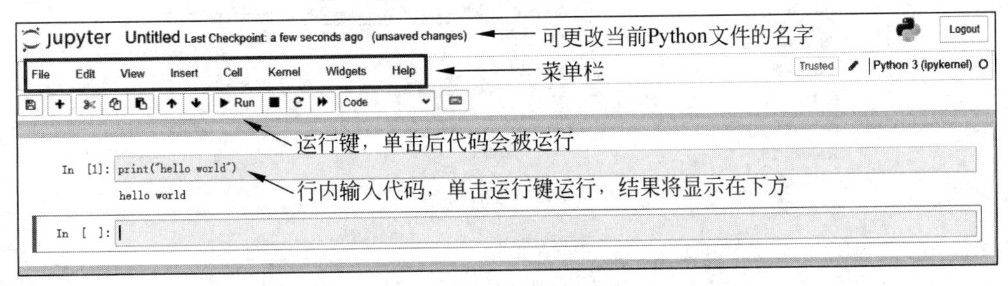

图 2-15 Jupyter 使用方法 2

```
(base) C:\Users\arwin>conda activate pytorch_dl
(pytorch_dl) C:\Users\arwin>pip install ipykernel
(pytorch_dl) C:\Users\arwin>python -m ipykernel install --user --name pytorch_dl
```

图 2-16 下载 ipykernel

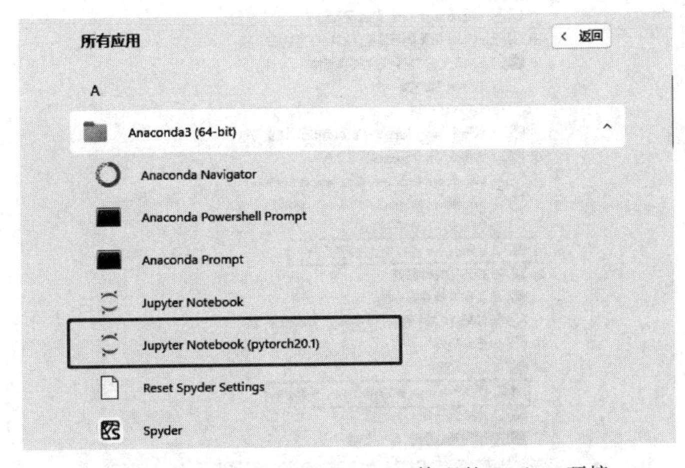

图 2-17 Jupyter 加载 Anaconda 管理的 Python 环境

2.4 配置 Windows 11 和 Linux 双系统

2.4.1 Windows 11 配置 WSL 2 的详细步骤

1. 用控制面板打开虚拟化功能

首先在系统中搜索"控制面板",选择"程序"→"启用或关闭 Windows 功能",如图 2-18 所示。

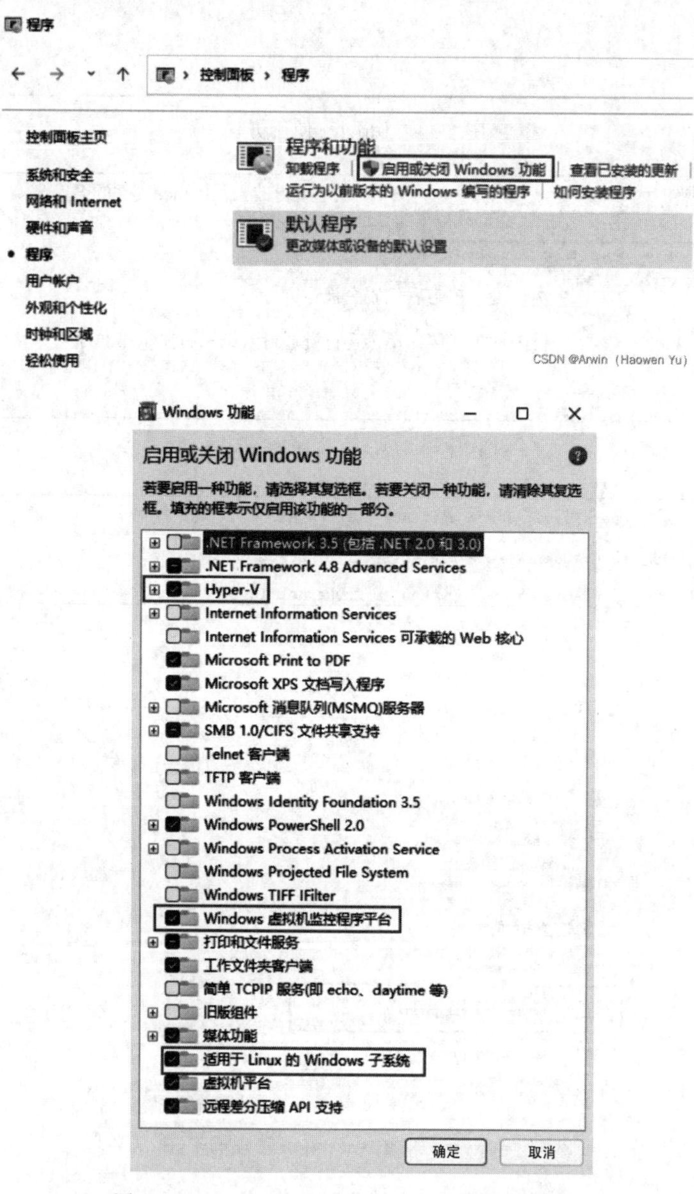

图 2-18 Windows 11 配置 WSL 2 的详细步骤

然后开启 Windows 虚拟化、Linux 子系统(WSL 2)和 Hyper-V。

有些 Windows 11 系统(尤其是家庭版)没有 Hyper-V 功能,解决办法可参考 2.4.2 节。解决完成后再继续进行下面的操作。

2. 用命令行配置环境

用管理员身份打开 PowerShell,通过命令行配置环境,命令如下:

```
bcdedit /set hypervisorlaunchtype Auto
Enable-WindowsOptionalFeature -Online -FeatureName Microsoft-Hyper-V -All
Enable-WindowsOptionalFeature -Online -FeatureName VirtualMachinePlatform
#需要重启系统,需要注意输入 y 并按 Enter 键以重启
Enable-WindowsOptionalFeature -Online -FeatureName Microsoft-Windows-Subsystem-Linux
```

如果以上内容不能顺利运行,则可以执行以下指令,命令如下:

```
dism.exe /online /enable-feature /featurename:Microsoft-Windows-Subsystem-Linux /all /norestart
dism.exe /online /enable-feature /featurename:VirtualMachinePlatform /all /norestart
```

3. 下载 Linux 子操作系统

打开 Microsoft Store,可以找到多种不同的 Linux 操作系统,例如 Debian、Ubuntu、Kali 等。只需在搜索框输入所需要的操作系统名称,选择下载,这里笔者选择 Ubuntu,如图 2-19 所示。

图 2-19 微软商店

下载完成后,在开始菜单中打开 Ubuntu。在弹出的终端中可以进行初始化,如进行注册用户名、密码等。如果一路操作下来都很顺利,则本次安装到此就结束了。

如果出现了报错，则希望笔者在 2.4.2 节中提供的解决方案可以帮助到你。

2.4.2 Windows 11 配置 WSL 2 的常见错误

1. 解决 Hyper-V 没有的问题

如果在控制面板开启虚拟化功能这一步里没有 Hyper-V，则可以通过如下方法解决。

(1) 首先在计算机中新建一个.txt 文件，输入命令如下：

```
pushd "%~dp0"
dir /b %SystemRoot%\servicing\Packages\*Hyper-V*.mum >hyper-v.txt
for /f %%i in ('findstr /i . hyper-v.txt 2^>nul') do dism /online /norestart /add-package:"%SystemRoot%\servicing\Packages\%%i"
del hyper-v.txt
Dism /online /enable-feature /featurename:Microsoft-Hyper-V-All /LimitAccess /ALL
```

(2) 保存，并将文件后缀名改为.cmd，随后双击运行它。如果改名以后发现还是 txt 文件，则说明只是改了个名字而已，文件格式并没有更改成功。解决方法为单击文件管理器→设置→查看按钮，将"隐藏已知文件类型的拓展名"子选项勾选掉。确认后，再重新将 txt 文件名后缀改为 cmd，双击运行即可。

(3) 运行完毕，重新在管理员权限下的 PowerShell 中运行 Microsoft-Hyper-V 指令即可，命令如下：

```
Enable-WindowsOptionalFeature -Online -FeatureName Microsoft-Hyper-V -All
```

2. 解决 WSL 启动 Linux 时出现有关"??????"的 Bug

报错结果如图 2-20 所示。

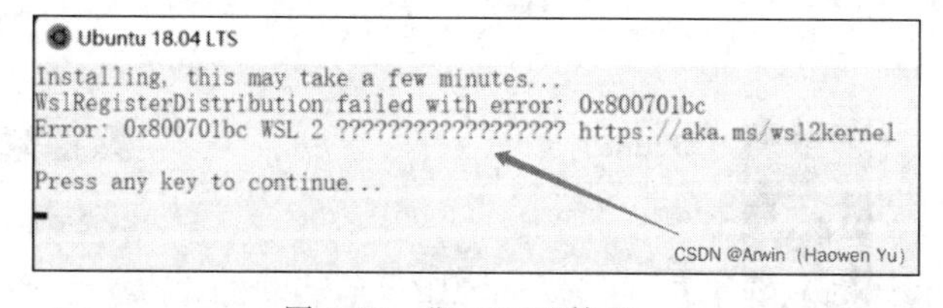

图 2-20 "??????"的 Bug

解决方法：下载软件 Windows Subsystem for Linux Update setup 官方版，将 WSL 1 升级到 WSL 2 即可解决问题，如图 2-21 所示。

下载完毕后，以默认配置安装一遍程序，问题即可解决。

3. WSL 子系统初始化报错

启动 WSL 系统时报错"参考的对象类型不支持尝试的操作"，报错显示如图 2-22 所示。

解决方案是使用注册表方式新建文件 test.reg(文件名可任意取，需以.reg 结尾)，双击执行，命令如下：

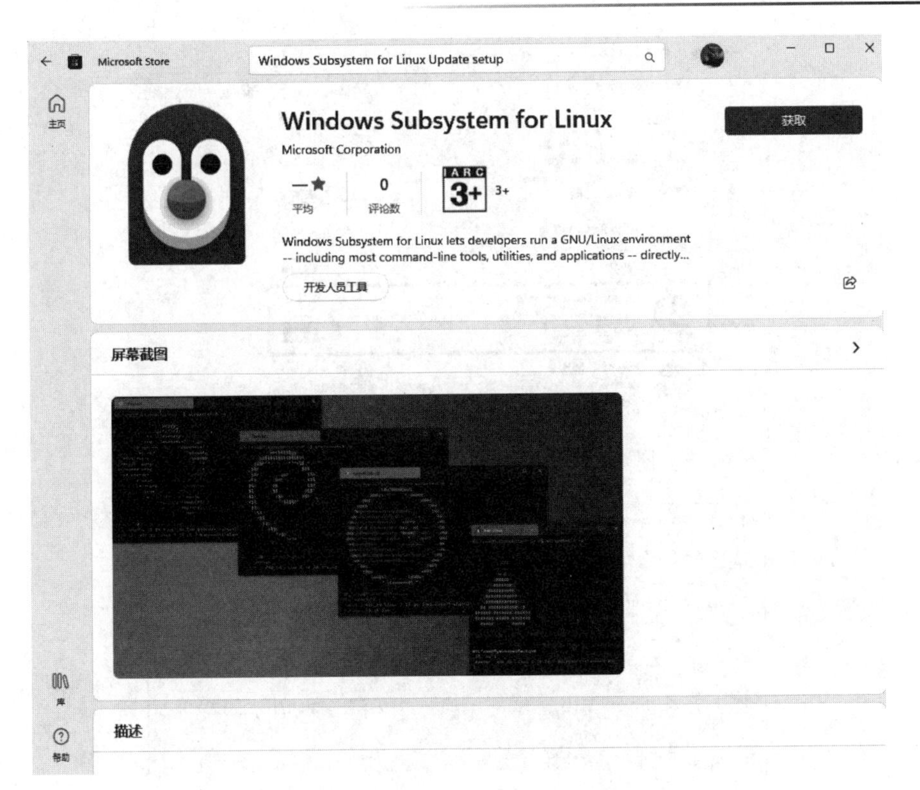

图 2-21 软件下载

```
Installing, this may take a few minutes...
参考的对象类型不支持尝试的操作。
Please create a default UNIX user account. The username does not need to match your
For more information visit: https://aka.ms/wslusers
Enter new UNIX username: root
参考的对象类型不支持尝试的操作。                CSDN @Arwin (Haowen Yu)
```

图 2-22 参考的对象类型不支持尝试的操作

```
Windows Registry Editor Version 5.00 [HKEY_LOCAL_MACHINE\SYSTEM\
CurrentControlSet\Services\WinSock2\Parameters\AppId_Catalog\0408F7A3]
"AppFullPath"="C:\\Windows\\System32\\wsl.exe"
"PermittedLspCategories"=dword:80000000
```

2.4.3 VS Code 远程连接 WSL 2

使用 VS Code 远程连接 WSL 2 需要下载特定的插件 Remote Development，如图 2-23 所示。

插件安装完成后，远程连接本地的 WSL，第 1 次进入远程模式时会慢一些，需要下载一些组件，耐心等待下载，操作过程如图 2-24 所示。

如果读者打开这个远程界面后没有发现 WSL 项，则可单击左下角，选择第 1 项，如图 2-25 所示。

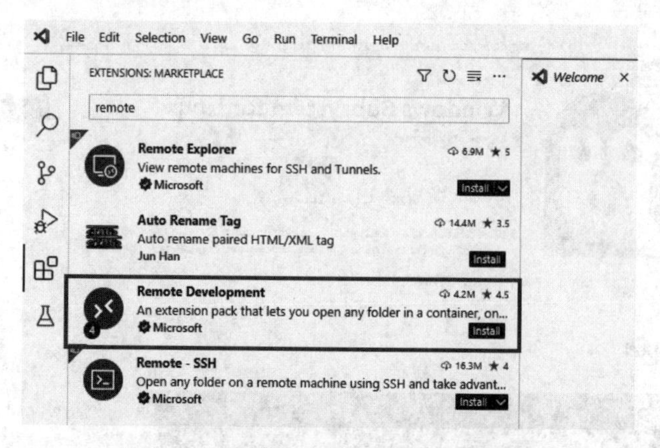

图 2-23　安装插件 Remote Development

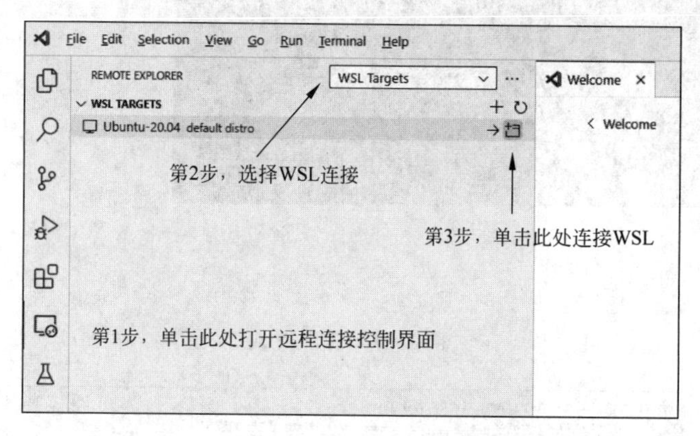

图 2-24　VS Code 远程连接本地的 WSL

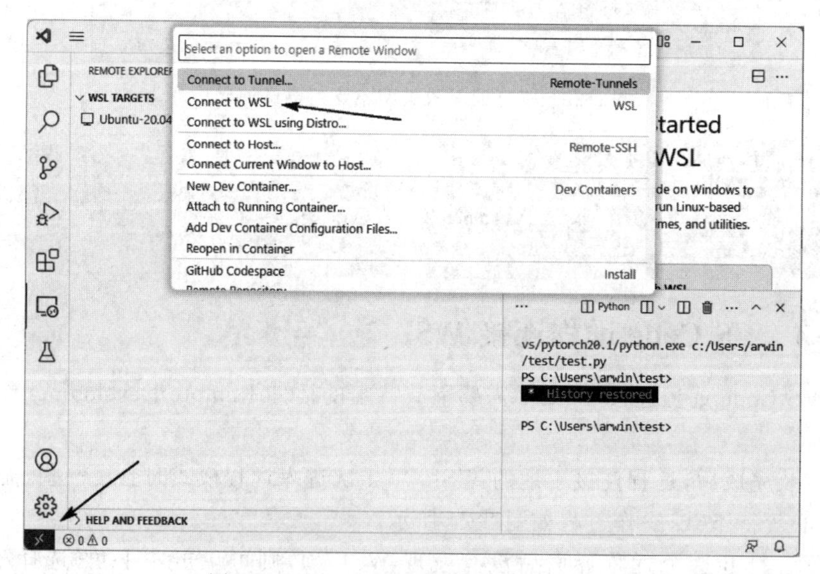

图 2-25　VS Code 远程连接本地的 WSL

2.5 配置 Docker 深度学习开发环境

2.5.1 Docker 安装的先决条件

(1) 确保计算机运行的是 Windows 10(已更新到版本 2004 的内部版本 18362 或更高版本)。

(2) 安装 WSL,并为在 WSL 2 中运行的 Linux 发行版设置用户名和密码。注意,Docker 的命令行必须在 Linux 终端中执行,这就是为什么要配置双系统的原因。

(3) 安装 Visual Studio Code(可选)。这将提供最佳体验,包括能够在远程 Docker 容器中进行编码和调试并连接到 Linux 发行版。

2.5.2 安装 Docker Desktop

借助 Docker Desktop for Windows 中支持的 WSL 2 后端,可以在基于 Linux 的开发环境中工作并生成基于 Linux 的容器,同时可以使用 VS Code 进行代码编辑和调试,并在 Windows 系统下的 Microsoft Edge 浏览器中运行容器。

若要安装 Docker(在已安装 WSL 之后),则需要执行以下操作:

(1) 下载 Docker Desktop 并按照安装说明进行操作。安装说明的地址可扫描目录上方二维码获取。

(2) 安装后,从 Windows 开始菜单启动 Docker Desktop,然后从任务栏的隐藏图标菜单中选择 Docker 图标。右击该图标以显示 Docker 命令菜单,然后选择"设置"。

(3) 确保在"设置"→"常规"中选中 Use the WSL 2 based engine(使用基于 WSL 2 的引擎),如图 2-26 所示。

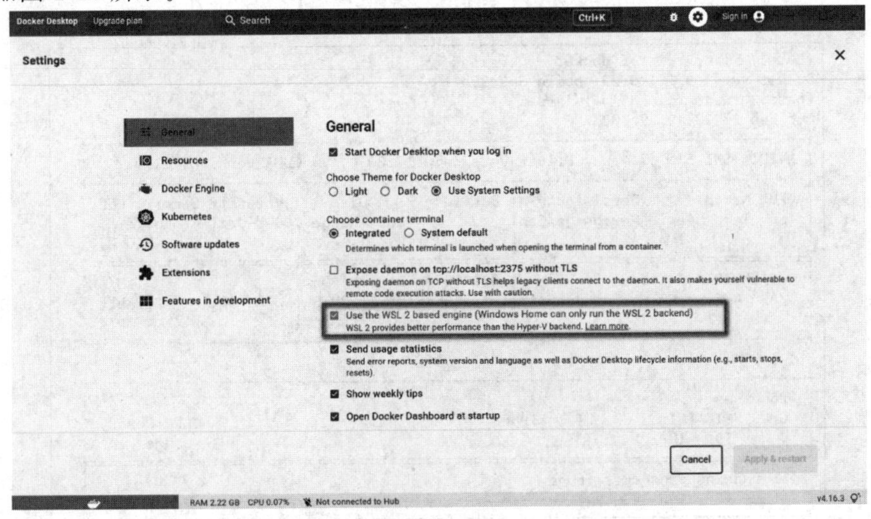

图 2-26 配置 Docker 设置

（4）通过转到"设置"→"资源"→"WSL 集成"，从要启用 Docker 集成的已安装 WSL 2 发行版中进行选择，如图 2-27 所示。

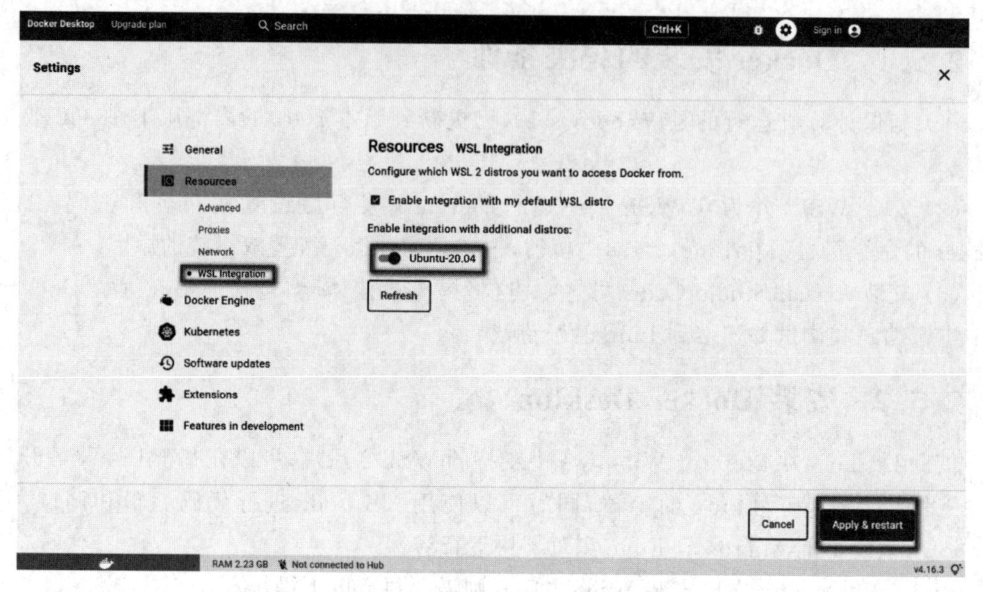

图 2-27 配置 Docker 设置

（5）若要确认是否已安装 Docker，则需打开 WSL 发行版（例如 Ubuntu），并通过在 Linux 终端输入 docker--version 来显示版本和内部版本号。

2.5.3 拉取 Docker 镜像

开启 WSL 终端，输入 nvidia-smi，读者可查看自己的 CUDA 版本号，操作过程如图 2-28 所示。

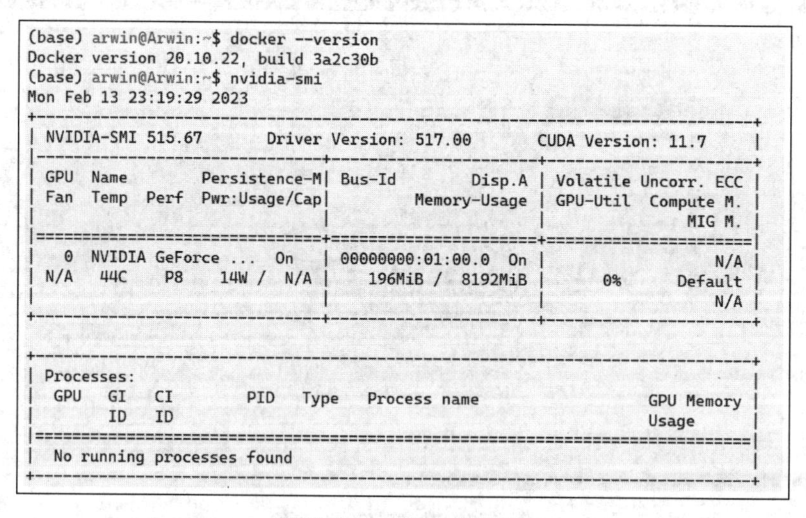

```
(base) arwin@Arwin:~$ docker --version
Docker version 20.10.22, build 3a2c30b
(base) arwin@Arwin:~$ nvidia-smi
Mon Feb 13 23:19:29 2023
+-----------------------------------------------------------------------------+
| NVIDIA-SMI 515.67       Driver Version: 517.00       CUDA Version: 11.7     |
|-------------------------------+----------------------+----------------------+
| GPU  Name        Persistence-M| Bus-Id        Disp.A | Volatile Uncorr. ECC |
| Fan  Temp  Perf  Pwr:Usage/Cap|         Memory-Usage | GPU-Util  Compute M. |
|                               |                      |               MIG M. |
|===============================+======================+======================|
|   0  NVIDIA GeForce ...  On   | 00000000:01:00.0  On |                  N/A |
| N/A   44C    P8    14W /  N/A |    196MiB /  8192MiB |      0%      Default |
|                               |                      |                  N/A |
+-------------------------------+----------------------+----------------------+

+-----------------------------------------------------------------------------+
| Processes:                                                                  |
|  GPU   GI   CI        PID   Type   Process name                  GPU Memory |
|        ID   ID                                                   Usage      |
|=============================================================================|
|  No running processes found                                                 |
+-----------------------------------------------------------------------------+
```

图 2-28 查询显卡配置

进入官方 Docker 镜像库。

如图 2-29 所示，读者首先输入自己的 CUDA 版本号，例如输入“11.7”，然后选择自己 Linux 系统的版本号，选择拉取 Devel 版本的镜像。拉取方法是将命令复制到终端执行即可。

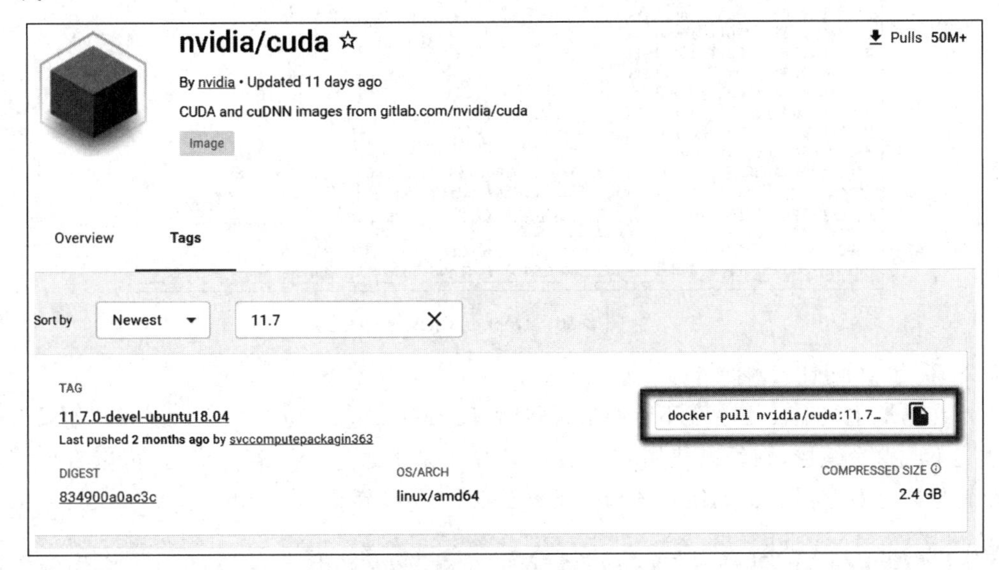

图 2-29　查询适合自己计算机配置的 Docker 镜像

完成镜像拉取后，输入命令 docker images 就可以看到刚刚拉到本地的镜像了（可以参考 2.5.4 节中列出镜像列表中的图 2-30）。

2.5.4　快速入门 Docker 终端的使用

1. 镜像的使用

当运行容器时，使用的镜像如果在本地中不存在，Docker 就会自动从 Docker 镜像仓库中下载，默认为从 Docker Hub 公共镜像源下载。

下面讲解如何管理和使用本地 Docker 主机镜像。

1）拉出镜像列表

可以在终端中使用 docker images 命令列出本地主机上的镜像，操作过程如图 2-30 所示。

各个选项的说明如下。

(1) REPOSITORY：表示镜像的仓库源。

(2) TAG：镜像的标签。

(3) IMAGE ID：镜像 ID。

(4) CREATED：镜像创建时间。

(5) SIZE：镜像大小。

```
(base) arwin@Arwin:~$ docker images
REPOSITORY   TAG       IMAGE ID   CREATED   SIZE
(base) arwin@Arwin:~$ docker pull nvidia/cuda:11.7.0-devel-ubuntu20.04
11.7.0-devel-ubuntu20.04: Pulling from nvidia/cuda
846c0b181fff: Pull complete
0343fab37dbd: Pull complete
713ab758de5c: Pull complete
34a29b29369c: Pull complete
d5b3d7d26c38: Pull complete
8d7ddd137efb: Pull complete
435f0417c8c0: Pull complete
e5ded0ebc401: Pull complete
8625dee38d85: Pull complete
31b4cbf1dca7: Pull complete
f9334d026a16: Pull complete
Digest: sha256:e0b65b4a9e60c105d1ea337519e87137088dcd8043c9a662ff3d386b9654a081
Status: Downloaded newer image for nvidia/cuda:11.7.0-devel-ubuntu20.04
docker.io/nvidia/cuda:11.7.0-devel-ubuntu20.04
(base) arwin@Arwin:~$ docker images
REPOSITORY    TAG                        IMAGE ID       CREATED         SIZE
nvidia/cuda   11.7.0-devel-ubuntu20.04   f441d4635450   2 months ago    4.85GB
```

图 2-30 Docker Images

2）获得一个新的镜像

当在本地主机上使用一个不存在的镜像时，Docker 就会自动下载这个镜像。如果读者想预先下载这个镜像，则可以使用 docker pull 命令来下载它。下载完成后，可以直接使用这个镜像来运行容器。例如使用该指令下载 hello-world 镜像，命令如下：

```
docker pull hello-world
```

3）删除镜像

镜像删除使用 docker rmi 命令，例如删除 hello-world 镜像，命令如下：

```
docker rmi hello-world
```

4）创建镜像

当从 Docker 镜像仓库中下载的镜像不能满足需求时，可以通过以下两种方式对镜像进行更改：

（1）从已经创建的容器中更新镜像，并且提交这个镜像。

（2）使用 docker file 指令来创建一个新的镜像。

这里只详细介绍第 1 种方式：

第 1 步，在运行的容器内使用 apt-get update 命令进行更新。在完成操作之后，输入 exit 命令来退出容器。此时，下面示例中 ID 为 e218edb10161 的容器是按需求更改的容器。可以通过命令 docker commit 来提交容器副本，命令如下：

```
docker commit -m="has update" -a="runoob" e218edb10161 runoob/ubuntu:v2
```

在以上代码中，各个参数的说明如下。

（1）-m：提交的描述信息。

（2）-a：指定镜像作者。

(3) e218edb10161：容器 ID。

(4) diantou/ubuntu：v1：指定要创建的目标镜像名和标签。

完成后，读者可以使用 docker images 命令查看新镜像 diantou/ubuntu：v1。

可以使用新镜像 diantou/ubuntu：v1 来启动一个容器，命令如下：

```
docker run -t -i runoob/ubuntu:v2 /bin/bash
```

此外，可以使用 docker tag 命令为镜像添加一个新的标签，命令如下：

```
docker tag Ubuntu:15.10 runoob/ubuntu:v3
docker images runoob/ubuntu:v3
```

2. 容器的使用

1) 启动容器

以下命令使用 Ubuntu 镜像启动一个容器，参数为以命令行模式进入该容器，命令如下：

```
docker run -it --gpus all --shm-size 128G -v /data1:/data1 -v /data2:/data2 -d --
name arwin_cv IMAGE /bin/bash
```

参数说明如下。

(1) -gpus all：参数指定使用所有 GPU。

(2) -shm-size：参数允许指定可供容器使用的共享内存。它提供了更高的分配内存访问权限，从而让内存密集型容器能够更快地运行。

(3) -v：挂载目录，这个参数一般用于将宿主机的代码目录及一些配置文件挂载到容器内部。

(4) -i：交互式操作。

(5) -t：终端。

(6) IMAGE：替换为 Ubuntu 镜像名称。

(7) /bin/bash：放在镜像名后的是命令，这里希望有个交互式命令行解释器(Shell)，因此用的是/bin/bash。

启动已停止的容器，命令如下：

```
docker start <容器 ID>
```

2) 进入容器

进入容器，可以通过 docker attach 或 docker exec 命令进入，推荐 docker exec 命令，因为此命令会退出容器终端，但不会导致容器的停止。

使用 docker attach 进入容器，命令如下：

```
docker attach <容器 ID>
```

使用 docker exec 进入容器，命令如下：

```
docker exec -it <容器 ID> /bin/bash
```

更多参数说明可以使用 docker exec--help 命令查看。

3）退出、停止、删除容器

如果要退出容器终端，则可直接输入 exit。

若要停止容器，则可输入的命令如下：

```
docker stop <容器 ID>
```

停止容器后可以通过 docker restart 命令重启，命令如下：

```
docker restart <容器 ID>
```

删除容器可以使用 docker rm 命令，命令如下：

```
docker rm -f <容器 ID>
```

4）导出、导入容器

如果要导出本地某个容器，则可以使用 docker export 命令，命令如下：

```
#以下命令的含义是将容器 1e560fca3906 导出到本地文件 ubuntu.tar
docker export 1e560fca3906 > ubuntu.tar
```

如果要导入容器，则可以使用 docker import 命令从容器快照文件中再导入为镜像。例如将快照文件 ubuntu. tar 导入镜像 test/ubuntu：v1 中，再用此镜像开启一个新的容器，命令如下：

```
cat docker/ubuntu.tar | docker import - test/ubuntu:v1
```

2.5.5 VS Code 使用 Docker 的快速入门

1. 先决条件

(1) 按照上述流程完成 Docker 安装。

(2) 安装完成 WSL，并在 WSL 中完成了 Docker 镜像的拉取和容器的创建。

(3) 安装 VS Code，并下载了插件 Python、Docker 和 Remote Development。

2. 连接顺序

(1) 步骤一：打开 VS Code，如完成先决条件(2)，一般会自动连接到 WSL 中，如图 2-31 所示。

如果没有自动连接，则可参考 2.4.3 节 VS Code 远程连接 WSL 2，手动连接 WSL。

(2) 步骤二：在 WSL 环境下，打开插件库，检查 Python、Docker 和 Remote Development 是否已安装，如果没有安装，则重新安装（注意：2.5.5 节中的先决条件(3)是安装在本地，不

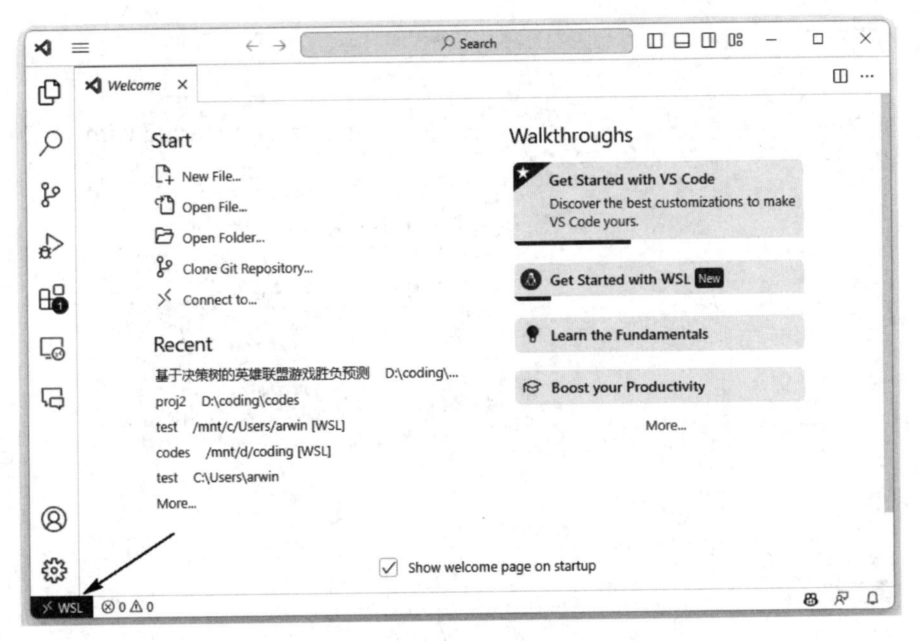

图 2-31　Docker Images

是 WSL 环境，所以要再装一遍）。安装后，单击 Docker 入口，如图 2-32 所示。

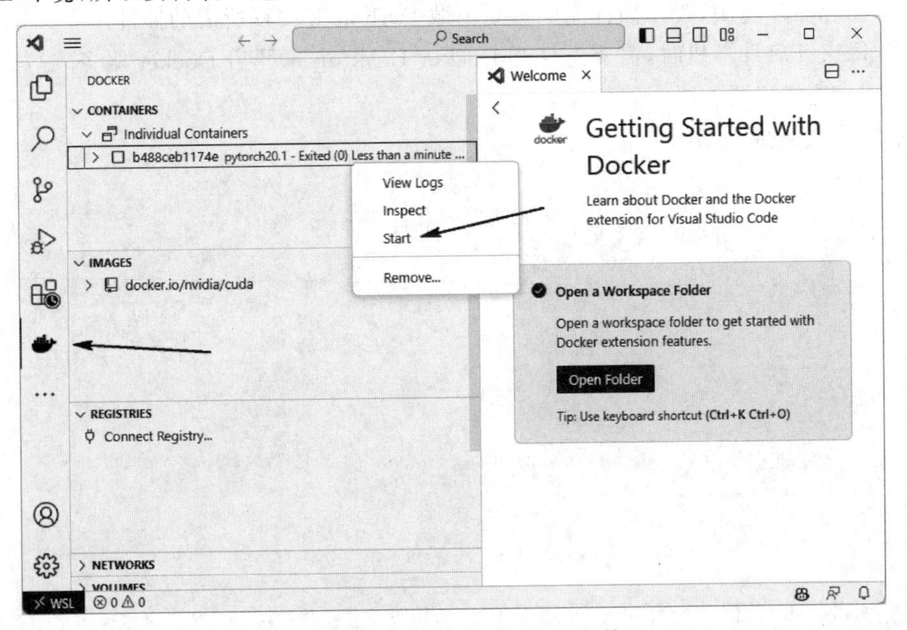

图 2-32　VS Code 连接 WSL 环境

其中，b488ceb1174e 是笔者创建的 Docker 容器，容器的名称可能因个人而异。开启容器后，单击 Attach Visual Studio Code 即可进入 Docker 容器中，进行编程开发。操作过程如图 2-33 所示。

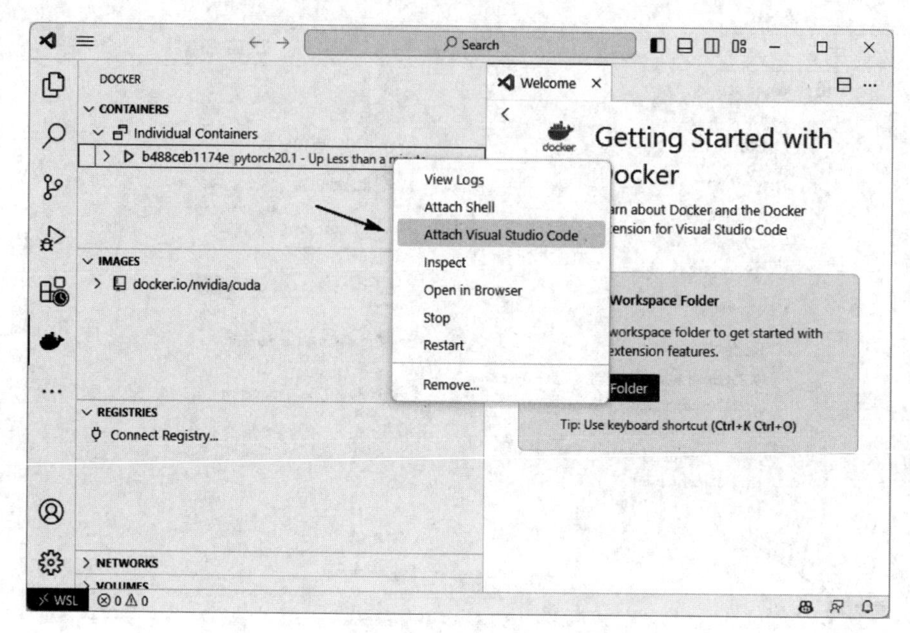

图 2-33　VS Code 连接 Docker 容器

需要特别注意以下两点：

(1) 在容器环境中，要在插件库中重新下载 Python 等编程所需的插件。

(2) 每次开启计算机时，需要先打开 Docker Desktop 来开启 Docker 服务，这样才能使用 VS Code 连接容器。

到此，大功告成。

第3章 编程语言快速入门

3.1 Python的起源、历史和应用场景

3.1.1 Python的起源

Guido van Rossum是Python的作者，荷兰人。他在1982年获得了阿姆斯特丹大学的数学和计算机科学硕士学位。尽管他算得上是一位数学家，但是他似乎更加享受计算机带来的乐趣。用他的话来讲，尽管拥有数学和计算机双料资质，他总趋向于做计算机相关的工作，并热衷于做任何和编程相关的工作。

在那个时候，Guido曾接触并使用了诸如Pascal、C、Fortran等编程语言。这些语言的基本设计原则是优化程序以加快机器的运行速度。在20世纪80年代，虽然IBM和苹果公司已经掀起了个人计算机的浪潮，但是这些个人计算机的配置很低。例如，早期的由苹果公司(Apple Inc.)设计、制造和销售的个人计算机产品(Macintosh，Mac)只有8MHz的CPU主频和128KB的RAM，一个较大的数组就足以占满内存。所有编译器的核心都是优化程序，以便程序能够顺利运行。为了提高效率，程序员被迫从计算机的角度出发去思考编程语言，以便编写出更符合机器口味的程序。在那个时代，程序员恨不得把计算机的能力都用到极致。有人甚至认为C语言的指针是在浪费内存。至于动态类型、内存自动管理、面向对象等，那些在当时还是难以想象的，因为这样的特性可能会导致计算机崩溃。

这种编程方式让Guido感到苦恼。Guido知道如何用C语言写出一个功能，但整个编写过程需要耗费大量的时间，即使他已经准确地知道了如何实现。他的另一个选择是命令行解释器(Shell)，它充当了用户与操作系统之间的接口。用户可以在Shell中输入命令，Shell解释并执行这些命令，从而实现与操作系统的交互。UNIX的管理员常常用Shell去写一些简单的脚本，以进行一些系统维护的工作，例如定期备份、文件系统管理等。Shell可以像胶水一样，将UNIX下的许多功能连接在一起。许多C语言下上百行的程序，在Shell下只用几行就可以完成，然而，Shell的本质是调用命令。它并不是一门真正的语言。例如，Shell没有数值型的数据类型，加法运算都很复杂。总之，Shell无法充分调动计算机的全部功能。

Guido希望有一种语言,这种语言能够像C语言那样,能够全面调用计算机的功能接口,又可以像Shell那样,可以轻松地编程。ABC语言让Guido看到希望,ABC语言是由荷兰的数学和计算机研究所开发的。Guido在该研究所工作,并参与了ABC语言的开发。ABC语言以教学为目的,与当时的大部分语言不同,ABC语言的目标是"让用户感觉更好"。ABC语言希望让语言变得容易阅读,容易使用,容易记忆,容易学习,并以此来激发人们学习编程的兴趣。下面是来自维基百科的一段ABC程序,用于统计文本中出现的单词的总数,代码如下:

```
#第5章/ABCexample.py
HOW TO RETURN words document:
    PUT {} IN collection
    FOR line IN document:
        FOR word IN split line:
            IF word not.in collection:
                INSERT word IN collection
    RETURN collection
```

HOW TO用于定义一个函数。一个Python程序员应该很容易理解这段程序。ABC语言使用冒号和缩进来表示程序块,行尾没有分号。for和if结构中也没有括号()。赋值采用的是PUT,而不是更常见的等号。这些改动让ABC程序读起来像一段文字。尽管已经具备了良好的可读性和易用性,但是ABC语言最终没有流行起来,原因有以下3点。

(1) 计算机硬件限制:ABC语言编译器需要比较高配置的计算机才能运行,而这些计算机的使用者通常精通计算机,他们会更多地考虑程序的效率,而非它的学习难度。除了硬件上的困难外,ABC语言的设计也存在一些致命的问题,如可拓展性差。

(2) ABC语言不是模块化语言:如果想在ABC语言中增加功能,例如增加对图形化的支持,就必须改动很多地方。不能直接进行输入/输出(I/O)。ABC语言不能直接操作文件系统。尽管可以通过诸如文本流的方式导入数据,但ABC语言无法直接读写文件,输入/输出的困难对于计算机语言来讲是致命的。

(3) 过度革新:ABC用自然语言的方式来表达程序的意义,例如上面程序中的HOW TO,然而对于程序员来讲,他们更习惯用function或者define来定义一个函数。同样,程序员更习惯用等号来分配变量。尽管ABC语言很特别,但其学习难度也很大,而且传播困难。因为ABC语言的编译器很大,必须被保存在磁带上,因此ABC语言难以快速传播。

1989年,为了打发圣诞节假期,Guido开始写Python语言的编译器。Python这个名字来自Guido所挚爱的电视剧*Monty Python's Flying Circus*。他希望这个被称为Python的语言能符合他的理想:创造一种介于C语言和Shell之间功能全面、易学易用、可拓展的语言。

3.1.2 Python的历史

1. 一门语言的诞生

1991年,第1个用C语言实现的Python编译器问世。该编译器能够调用C语言的库文件。Python 自诞生以来就拥有了核心数据类型，其中包括类、函数、异常处理、列表和词典。同时，Python 还基于模块实现了拓展系统。Python 的语法很多源自 C 语言，同时它也受到 ABC 语言的强烈影响。来自 ABC 语言的一些规定直到今天还存有争议，例如强制缩进，然而这些语法规则却让 Python 更容易被阅读。另外，Python 也很灵活地选择服从一些惯例，特别是 C 语言的惯例，例如回归等号赋值。Guido 认为，对于常识上确立的东西，没有必要过多地纠结。Python 从一开始就特别在意可拓展性，它可以在多个层次上拓展。在高层，可以直接引入“. py 文件”。在底层，可以引用 C 语言的库。Python 程序员可以快速地使用 Python 写“. py 文件”作为拓展模块，但是，当性能是重要因素时，Python 程序员可以深入底层，编写 C 程序，并将其编译为“. so 文件”，然后在 Python 中引用。Python 就好像是使用钢筋建房一样，先确定好大的框架，然后程序员可以在此框架下相当自由地拓展或修改。

最初的 Python 完全由 Guido 本人开发，后来受到了 Guido 同事的欢迎。他们迅速提供了反馈和建议，并参与到 Python 的改进中。Guido 和一些同事组成了 Python 的核心团队，他们将自己大部分业余时间投入 Python 的编程之中。随后，Python 拓展到研究所之外，Python 将许多机器层面上的细节隐藏，交给编译器处理，并凸显出逻辑层面的编程思考。这使 Python 程序员可以花更多的时间用于思考程序的逻辑，而不是具体的实现细节。这一特性吸引了广大的程序员，随后 Python 开始流行。

2. 时势造英雄

20 世纪 90 年代初，个人计算机开始进入普通家庭。英特尔公司发布了 486 处理器，微软公司发布 Windows 3.0 开始的一系列视窗系统。计算机的性能得到了极大提高，程序员开始更加注重计算机的易用性，例如图形化界面。

由于计算机性能的提高，软件的世界也开始随之改变。在硬件足以满足许多个人计算机的需要的前提下，硬件厂商将目光瞄向了高需求软件，以带动硬件的更新换代。在同一时期，C 和 Java 语言相继流行起来。它们提供了面向对象编程的范式和丰富的类库，尽管需要牺牲一定的性能，但大大提高了程序的开发效率，使语言的易用性达到了新的高度。ABC 语言失败的一个重要原因是硬件的性能限制，从这方面说，Python 要比 ABC 幸运许多，然而，另一个悄然发生的改变是互联网。

20 世纪 90 年代还是个人计算机的时代，尽管以互联网为主体的信息革命尚未到来，但许多程序员及资深计算机用户已经在频繁地使用互联网进行交流了，例如使用 E-mail 和 Newsgroup 等通信工具，互联网让信息交流的成本大大下降。同时，一种新的软件开发模式开始流行“开源”，即程序员利用业余时间进行软件开发，并开放源代码。1991 年，著名的计算机程序员 Linus Torvalds 在新闻组上发布了 Linux 内核源代码，吸引大批“码农”的加入，最终构成了一个充满活力的开源平台。当硬件性能不再是瓶颈且 Python 语言又易于使用时，许多人开始转向 Python。Guido 还维护了一个邮件列表（Maillist）的交流平台，Python 用户通过邮件就可以进行交流。Python 用户来自不同的领域，有不同的背景，对 Python 也有不同的需求。因为 Python 相当开放，又容易拓展，所以当用户不满足于现有功能时，很容易对Python进行拓展或改造。随后，这些用户将改动发给Guido，并由Guido决定是否将新的特征加入Python或者标准库中。如果代码能被纳入Python自身或者标准库，则将是极大的荣誉。由于Guido至高无上的决定权，他也因此被称为“终身的仁慈独裁者”。

Python被称为Battery Included，意味着它本身及其标准库都非常强大，这得益于整个社区的贡献。Python的开发者来自不同领域，他们将各自领域的优点带给Python。例如Python标准库中的正则表达式参考了Perl语言，而Lambda、Map、Filter、Reduce等函数则参考了Lisp语言。Python本身的一些功能和大部分标准库来自Python社区，随着社区的不断扩大，Python进而拥有了自己的网站及基金。从Python 2.0开始，Python也从邮件列表的开发方式转变为完全开源的开发方式。现在社区气氛已经形成，工作被整个社区分担，Python也获得了更加高速的发展。到今天，Python的框架已经确立，Python语言以对象为核心组织代码，支持多种编程范式，采用动态类型，自动进行内存回收。Python支持解释运行，并能调用C库进行拓展，并且Python拥有强大的标准库。由于标准库的体系已经稳定，所以Python的生态系统开始拓展到第三方包，如Django、Web.py、WxPython、NumPy、Matplotlib和PIL，将Python的生态升级成了物种丰富的“热带雨林”。

3. 启示录

Python崇尚优美、清晰和简单，是一个优秀并被广泛使用的语言。Python在TIOBE排行榜中排行第八(2017年)，TIOBE排行榜是一份关于编程语言受欢迎程度的排行榜，由TIOBE软件公司每月发布一次。该排行榜基于对各种搜索引擎和开发者社区的数据进行统计，以此来评估编程语言在当前时期的受欢迎程度。在Python的发展历程中，社区扮演了一个至关重要的角色。Guido认为自己不是一个全能型的程序员，因此他只负责制定框架。如果问题太复杂，则会选择绕过去，也就是Cut the corner。这些问题最终由社区中的其他人解决。社区中的人才丰富多彩，即使是像创建网站、筹集基金这样与开发稍远的事情，也有人乐意处理。如今的项目开发越来越复杂、庞大，合作和开放的心态成为项目成功的关键。Python从其他语言中学到了很多，无论是已经进入历史的ABC，还是依然在使用的C和Perl语言，以及许多没有列出的其他语言。可以说，Python的成功代表了它所有借鉴语言的成功。每种语言都是混合体，并且都有它优秀的地方，但也有各种各样的缺陷。同时，一种语言“好与不好”的评判，往往受制于平台、硬件和时代等外部原因。程序员经历过许多语言之争。其实，以开放的心态来接受各种语言，说不定哪一天，程序员也可以如Guido那样，创造出自己的语言。

4. 关键常识点

(1) Python的发音与拼写。

(2) Python的意思是蟒蛇，源于作者喜欢的一部电视剧。

(3) Python的作者是Guido van Rossum。

(4) Python是Guido van Rossum在1989年圣诞节期间，为了打发无聊的圣诞节而用C编写的一个编程语言。

(5) Python 正式诞生于 1991 年。

(6) Python 的解释器如今有多种语言实现，常用的是 CPython(官方版本的 C 语言实现)，其他还有 Jython(可以运行在 Java 平台)、IronPython(可以运行在. NET 和 Mono 平台)和 PyPy(Python 实现，支持 JIT(即时编译))。

(7) Python 目前有两个版本，Python 2 和 Python 3，现阶段大部分公司用的是 Python 3。

如今，Python 一跃成为最受欢迎的编程语言之一。原因很简单，Python 是开源的、可扩展的且易读易写的语言，当然这与深度学习的崛起也有一定的关系。

5. Python 的优点

1) 简单

Python 是一种代表简单主义思想的语言。阅读一个良好的 Python 程序就感觉像是在读英语一样，尽管这个英语的要求非常严格！Python 的这种伪代码本质是它最大的优点之一。它使程序员能够专注于解决问题而不是去搞明白语言本身。

2) 易学

就如同读者即将看到的一样，Python 极其容易上手，这归因于 Python 简单的语法。

3) 免费、开源

Python 是一个自由/开源软件(Free/Libre and Open Source Software，FLOSS)。简单地说，程序员可以自由地发布这个软件的副本、阅读它的源代码、对它做改动和把它的一部分用于新的自由软件中。FLOSS 基于团体分享知识的概念，它是由一群希望看到一个更加优秀的 Python 的人创造并经常改进着的。

4) 高层语言

当程序员用 Python 语言编写程序时，不需要考虑底层的细节，例如如何管理程序以便更好地使用内存。

5) 可移植性

由于它的开源本质，Python 已经被移植在许多平台上(经过改动使它能够工作在不同平台上)。程序员所编写的 Python 程序无须修改就可以在下述任何平台上面运行。这些平台包括但不限于 Linux、Windows、FreeBSD、Macintosh、Solaris、OS/2、Amiga、AROS、AS/400、BeOS、OS/390、z/OS、Palm OS、QNX、VMS、Psion、Acom RISC OS、VxWorks、PlayStation、Sharp Zaurus、Windows CE 甚至还有 PocketPC、Symbian 及谷歌基于 Linux 开发的 Android 平台。

6) 解释性

一种编译型语言，如 C 或 C++，编写的程序可以从源文件(“. c”或“. cpp 文件”)转换成计算机使用的语言(机器语言，即 0 和 1)。这个过程通过编译器和不同的标记、选项完成。当运行程序时，连接/转载器软件把程序从硬盘复制到内存中运行，而 Python 语言写的程序不需要编译成二进制代码，可以直接从源代码运行程序。在计算机内部，Python 解释器把源代码转换成被称为字节码的中间形式，然后把它翻译成计算机使用的机器语言并运行。

事实上,由于不再需要担心如何编译程序,以及如何确保链接转载正确的库等,因此这一切都使使用 Python 更加简单。此外,Python 还具有可移植性强的特点,即只需把 Python 程序复制到另外一台计算机上,它就可以工作了。

7) 面向对象

Python 既支持“面向过程”的编程,也支持“面向对象”的编程。在“面向过程”的语言中,程序是由过程或可重用代码的函数构建起来的。在“面向对象”的语言中,程序是由数据和功能组合而成的对象构建起来的。与其他主要的语言(如 C++ 和 Java)相比,Python 以一种非常强大又简单的方式实现了面向对象编程。

8) 可扩展性

如果读者需要一段关键代码运行得更快或者不希望公开某些算法,则可以把部分程序用 C 或 C++ 编写,然后在 Python 程序中使用它们。

9) 丰富的库

Python 标准库确实很庞大,它可以帮助你处理各种工作,包括正则表达式、文档生成、单元测试、线程、数据库、网页浏览器、CGI、FTP、电子邮件、XML、XML-RPC、HTML、WAV 文件、密码系统、图形用户界面、TK 和其他与系统有关的操作。只要安装了 Python,所有这些功能都是可用的,这被称作 Python 的“功能齐全”理念。除了标准库以外,还有许多其他高质量的库,如 WxPython、Twisted 和 Python 图像库等。

10) 规范的代码

Python 采用强制缩进的方式使代码具有极佳的可读性。

6. Python 的缺点

(1) 运行速度相对较慢:对于需要高速运行的程序部分,建议使用 C++ 等编译性语言进行改写以提高运行速度。

(2) 目前国内市场相对较小:国内以 Python 来做主要开发的,目前只有一些 Web 2.0 公司,但随着时间的推移,越来越多的国内软件公司,尤其是游戏公司,也开始大规模地使用 Python。

(3) 中文资料匮乏:虽然有几本优秀的教材已经被翻译了,但是入门级教材居多,高级内容还是只能依赖英文版,好的 Python 中文资料屈指可数。

(4) 构架选择较多:没有像 C# 这样的官方“.NET 构架”,也没有像 Ruby 语言那样由于历史较短开发得相对集中的架构。不过这也从另一个侧面说明,Python 比较优秀,吸引的人才多,导致项目和构架也多。

3.1.3 Python 的应用场景

1. 网站(Web)开发

网站开发是 Python 最典型的应用场景之一。是什么使 Python 成为 Web 开发中最受欢迎的编程语言之一?答案是 Python 附带的各种各样的框架和内容管理系统(CMS),它们可以简化网站开发人员的工作。这些网络开发框架的热门示例包括 Flask、Django、

Pyramid、Bottle，著名的内容管理系统包括 Django CMS、PloneCMS 和 Wagtail。

使用 Python 进行网站开发还具有其他一些好处，例如安全性、易伸缩性和便利性。更重要的是，Python 带有对各种网站协议（如 HTML、XML、常用的电子邮件协议、FTP）的开箱即用的支持。Python 还拥有最大的库集合，这些库不仅可以增强网站应用程序的功能，而且使其更容易实现。

2. 游戏开发

类似网站开发，Python 提供了许多用于游戏开发的工具和库，例如 21 世纪初非常流行的射击游戏《战地风云 2》就是用 Python 开发的。

Python 提供了很多二维和三维游戏开发库，包括 PyGame、PyCap、Construct、Panda3D、PySoy、PyOpenGL。

Python 还被用于开发一些现代流行的游戏，例如《模拟人生 4》《坦克世界》《文明 IV》《夏娃在线》，程序员大量使用 Python 来完成任务。Mount&Blade、Doki Doki 文学俱乐部、Frets on Fire 和迪士尼的 Toontown Online 等游戏也用到了 Python。

3. 人工智能与机器学习

Python 是托管平台 GitHub 上第二流行的语言，也是机器学习的主流语言。机器学习和人工智能是这十年来最热门的主题，是当今智能技术背后的大脑。Python 和少数其他编程语言一起，为开发人工智能和机器学习驱动的解决方案提供了强大的支持。

Python 的稳定性和安全性使其成为处理大数据，构建机器学习系统的理想编程语言。更重要的是，Python 大量的库促进了运行现代人工智能及机器学习模型和算法的开发。受欢迎的第三方库包有以下几种。

（1）Scipy：科学和数值计算。

（2）Pandas：用于数据分析和处理。

（3）PyTorch：执行机器学习任务，尤其是深度神经网络。

（4）TensorFlow：执行机器学习任务，尤其是深度神经网络，与 PyTorch 平分秋色。

（5）NumPy：复杂的数学函数和计算。

（6）Scikit-Learn：构建通用机器学习模型。

4. 桌面图形用户界面

有些应用程序只需提供相应的编程接口（Application Program Interface，API），但是对于一些需要具有图形用户界面（Graphics User Interface，GUI）的项目来讲，Python 为开发人员提供了许多选择来构建功能齐全的图形用户界面。

毋庸置疑，Python 易于理解的语法和模块化编程方法既是创建快速响应的 GUI 的关键，又使整个开发过程变得轻松。使用 Python 进行 GUI 开发的常用工具包括 PyQt、Tkinter、Python GTK+、WxWidgets 和 Kivy。

5. 图像处理

随着越来越多的程序员使用机器学习、深度学习和神经网络，对于图像预处理工具的需求也随之增加。为了满足这一需求，Python 提供了许多库，这些库极大程度地简化了数据科学家的初始准备工作。

一些流行的图像处理 Python 库包括 OpenCV 、Scikit-Image 和 Python Imaging Library(PIL)。

使用 Python 更常见的图像处理应用程序包括 GIMP、Corel PaintShop、Blender 和 Houdini。

6. 文本处理

文本处理是 Python 最常见的用途之一。由于 Python 语言本身具有简洁易读、灵活性和具有丰富的标准库的特点,以及 Python 社区提供的大量文本处理库的特点,所以使 Python 成为许多文本处理任务的首选编程语言。

Python 在文本处理领域的应用非常广泛,包括以下几方面。

(1) 文本提取和数据清洗:Python 的正则表达式库和字符串处理功能非常强大,可以用于文本提取、数据清洗和格式转换等任务。

(2) 自然语言处理:Python 提供了众多的自然语言处理库和工具,例如 NLTK、SpaCy 和 TextBlob 等,可用于文本分词、词性标注、句法分析、命名实体识别等任务。

(3) 文本分类和情感分析:Python 提供了许多机器学习库和框架,例如 Scikit-Learn 和 TensorFlow 等,可以用于文本分类和情感分析等任务。

(4) 文本生成和摘要:Python 提供了一些库和工具,例如 GPT-2 和 Sumy 等,可用于生成和摘要文本。

7. 商业应用

Python 在商业应用领域的地位越来越重要。由于 Python 具有易读易学、易维护、高效的特点,同时也拥有广泛的应用领域和庞大的开发社区,因此 Python 已经成为商业应用领域中广泛使用的编程语言之一。

Python 在商业应用领域的几个典型应用如下。

(1) 网站开发:Python 的 Web 框架(例如 Django 和 Flask)和 Web 服务器(例如 Gunicorn 和 uWSGI)被广泛用于构建高性能、可扩展的 Web 应用程序。

(2) 数据分析和科学计算:Python 在数据分析、机器学习、人工智能等领域具有重要的地位,例如 Pandas、NumPy、SciPy、Scikit-Learn 等库和框架已经成为数据科学家的标准工具。

(3) 自动化测试:Python 的自动化测试工具(例如 Pytest 和 Unittest)被广泛用于测试 Web 应用程序、API 和移动应用程序等。

(4) 系统管理和运维:Python 的脚本语言特性和强大的系统管理库(例如 Paramiko、Fabric 和 Ansible 等)使其成为管理和自动化部署服务器的首选工具之一。

8. 教育和培训项目

Python 为所有想学习编程的初学者提供了一个完美的切入点。Python 的语法与常规英语非常相似,易于理解和使用,与其他编程语言相比,Python 的学习曲线更短。同时,目前市场上也有大量提供 Python 培训的相关课程。

9. 声频和视频应用

Python 可以用于构建声频和视频应用程序，诸如 Pyo、pyAudioAnalysis、Dejavu 之类的库可以轻松地对基本信号进行处理、生成创造性的声频及声频识别等任务。对于视频部分，Python 也提供了相应的库，例如 Scikit-video、OpenCV 和 SciPy，它们可以帮助准备和处理供其他应用程序使用的视频。

Python 现被广泛用于目前流行的编写声频和视频应用程序，其中包括大型公司 Spotify、Netflix 和 YouTube 等。

10. 网络爬虫

互联网拥有大量免费的信息。网络爬虫就是从不同的网站上爬取数据，然后存储在一个地方。一旦有了数据，个人和组织就可以利用这些数据解决一系列相关问题。

用于构建爬虫的著名工具包括 Requests、BeautifulSoup、MechanicalSoup、Selenium 等。

爬虫广泛用于价格跟踪器、研究和分析、社交媒体的情绪分析和机器学习项目等。

11. 数据科学与数据可视化

数据在现代世界中起着决定性的作用。通过收集和分析人们对有关事物的偏好数据，能够对他们的行为做出预测。数据科学涉及识别问题、数据收集、数据处理、数据探索、数据分析和数据可视化。

Python 生态系统提供了几个库，可以帮助读者直接解决数据科学问题，例如 TensorFlow、PyTorch、Pandas、Scikit-Learn、NumPy 等。

当读者需要将研究结果传达给用户或团队成员时，数据可视化就开始发挥其作用了。Python 生态系统中用于数据可视化的库包括 Plotly、Matplotlib、Seaborn、Ggplot 和 Geoplotlib。

12. 科学和数字应用

Python 在科学和数字应用领域拥有非常重要的地位，已经成为科学计算和数据处理的标准工具之一。Python 的高级语法、丰富的标准库及大量的科学计算和数据处理库，使 Python 成为科学家进行研究和分析的首选编程语言之一。

Python 在科学和数字应用领域的几个典型应用如下。

（1）数据处理和可视化：Python 的 Pandas、NumPy、SciPy 和 Matplotlib 等库被广泛用于数据处理、数据分析和数据可视化等任务，例如数据清洗、数据筛选、统计分析、可视化分析等。

（2）科学计算和模拟：Python 的 SciPy 库和 NumPy 库提供了很多用于数值计算和科学计算的函数和工具，可以用于解方程、优化、差分方程和积分等计算。

（3）机器学习和深度学习：Python 的 Scikit-Learn 和 TensorFlow 等库和框架已经成为机器学习和深度学习的标准工具，可以用于图像识别、自然语言处理、推荐系统等任务。

（4）计算科学和工程学：Python 的 SymPy 和 OpenMDAO 等库和框架可以用于解析数学公式、计算机模拟、计算机辅助设计和优化等工程应用。

13. 软件开发

Python编程语言的应用极为广泛，涵盖了网站开发、游戏开发、科学计算乃至嵌入式系统。它的灵活性和多样性使其适用于各种软件开发需求。Python的特点包括执行效率高、兼容性好、社区支持强大及拥有丰富的库，进一步增强了它的应用价值。

使用Python构建了一些软件开发工具，如Roundup、Buildbo、SCons、Mercurial、Orbiter和Allura。

最重要的是，Python能够与人工智能、机器学习和数据科学等不断发展的技术一起使用，使其成为众多开发人员的首选编程语言。除了用作项目中的主要编程语言之外，软件开发人员还使用Python作为项目管理、构建控制和测试的支持编程语言。

14. 操作系统

Python在操作系统中具有广泛的应用，它可以用于系统管理、网络编程、数据分析、人工智能等领域。

Python在操作系统中的主要应用如下。

(1) 系统管理：Python提供了大量的标准库和第三方库，可以用于编写系统管理工具和脚本。例如，可以使用Python编写监控工具、自动化脚本、日志分析工具等。

(2) 网络编程：Python提供了Socket模块和其他相关模块，可以用于开发网络应用程序，例如服务器、客户端、网络爬虫等。

(3) 数据分析：Python是数据科学领域中最常用的编程语言之一，它可以用于数据处理、数据可视化、机器学习等领域。Python中的Pandas、NumPy、Matplotlib等库为数据分析提供了非常方便的工具。

(4) 人工智能：Python是人工智能领域中最常用的编程语言之一，可以用于开发各种机器学习算法、深度学习算法和自然语言处理算法。Python中的TensorFlow、PyTorch、Keras等库为人工智能领域提供了强大的工具支持。

总体来讲，Python在操作系统中的地位非常重要，它提供了广泛的应用和丰富的库支持，使开发者能够快速地编写高效的脚本和应用程序，从而提高工作效率和生产力。

15. 计算机辅助设计应用

计算机辅助设计(Computer-Aided Design，CAD)是一种利用计算机辅助技术进行设计、绘图和模拟的技术。它是现代工程、建筑、制造、艺术等领域中广泛应用的技术之一，旨在通过计算机辅助技术来提高设计、制造和生产的效率和质量。CAD系统通常包括绘图功能、模型功能、渲染功能、仿真功能等主要功能。

计算机辅助设计主要用于汽车、航空航天、建筑等行业的产品设计，CAD应用程序使产品设计师和工程师能够设计精度高达毫米级的产品。Python凭借其高度流行和高效的产品(例如FreeCAD、Fandango、PythonCAD、Blender和VintechRCAM)征服了CAD领域。这些应用程序提供了行业标准的功能，例如宏录制、工作台、机器人模拟、草绘器、对多格式文件导入/导出、技术绘图模块等。

16. 嵌入式应用

到目前为止,Python 最吸引人的应用场景之一是能够在嵌入式硬件上运行。嵌入式硬件是一台微型计算机,旨在执行有限的操作。嵌入式应用程序是驱动硬件(固件)的驱动力。一些热门的应用程序示例包括 MicroPython、Zerynth、PyMite 和 EmbeddedPython。

Python 在嵌入式中的主要应用如下。

(1) 控制:Python 可以被用来开发控制软件,例如传感器数据采集、运动控制等。Python 中的 GPIO 和 serial 模块提供了对串口和 GPIO 口的支持,方便控制硬件设备。

(2) 自动化测试:Python 可以用于嵌入式系统的自动化测试,例如集成测试、单元测试等。Python 中的 unittest 模块和 mock 模块为测试提供了很好的支持。

(3) 数据分析:Python 可以用于嵌入式系统的数据分析,例如监测设备的状态、收集日志等。Python 中的 Pandas、NumPy 等库为数据分析提供了非常方便的工具。

(4) 网络编程:Python 可以被用来开发网络应用程序,例如客户端、服务器等。Python 中的 socket 模块和其他相关模块可以支持嵌入式设备进行网络通信。

3.2　Python 的基础知识

本节的主要目的是介绍一些 Python 的基础知识。

3.2.1　注释

注释的作用是通过自己熟悉的语言,在程序中对某些代码进行标注说明,它能够大大地增强程序的可读性。主要的注释方式有 3 种:单行注释、多行注释和中文注释。

(1) 单行注释:以 # 开头,# 右边的所有内容当作说明,而不是真正要执行的程序,起辅助说明的作用,代码如下:

```
#这是注释,一般用于说明代码块的功能
    print('hello world')
```

(2) 多行注释:以'''开头和结尾,中间部分是注释内容,一般在内容较多且一行写不下的情况下进行标注说明,代码如下:

```
'''
这是多行注释,可以写很多行的功能说明
这是多行注释…
'''
```

(3) 中文注释:如果直接在程序中用到中文,则代码如下:

```
print('你好')
```

如果直接运行输出,则程序可能会报错(取决于 Python 版本)。解决的办法是在程序

的开头添加编码格式。不过现在的 Python 3 已经直接支持中文注释了,代码如下:

```
#-*- coding:utf-8 -*-
print('你好')
```

3.2.2 六大数据类型

1. 变量

在程序中,如果需要对两个数据进行求和,则该怎样做呢?

类比一下现实生活中,如果去超市买两个商品,则往往需要一个购物袋来存储商品,所有的商品都购买完成后,在收银台进行结账即可。

在程序中,如果需要对两个数据进行求和,则需要把这些数据先存储起来,然后把它们累加起来即可。

在 Python 中,存储一个数据,就需要一个变量,代码如下:

```
num1 = 7 #num1 是一个变量,就像一个购物袋
num2 = 9 #num2 也是一个变量
#对 num1 和 num2 这两个"购物袋"中的数据进行累加,然后放到 result 变量中
result = num1 + num2
```

所谓变量,可以理解为"购物袋",如果需要存储多个数据,则最简单的方式是用多个变量。想一想:我们应该让变量占用多大的空间,保存什么样的数据呢?

这就是下面要介绍的六大数据类型。

2. 变量的类型

对于购物袋来讲,一般也有很多种类,例如小袋子、中袋子和大袋子。每种类型经常装的物品也会有区别。

那么对于变量来讲也是一样的,Python 里面有六大基础的数据类型可以更充分地利用内存空间及更有效率地管理内存。六大数据类型分别为 Numbers(数字)、String(字符串)、List(序列)、Tuple(元组)、Dictionary(字典)和 Set(集合)。

1) Numbers(数字)

(1) 数字数据类型下有以下 3 个子类型。

① 整型(Int):通常被称为整型或整数,数据为正整数或负整数,不带小数点。在 Python 3 中整型是没有限制大小的,可以当作长整型(Long)使用。注意:Python 中布尔值(Boolean)使用常量 True 和 False 来表示。在数值上下文环境中,True 被当作 1,False 被当作 0,例如 True+3>>>4。布尔型是整型的子类型。

② 浮点型(Float):浮点型由整数部分与小数部分组成,浮点型也可以使用科学记数法表示($2.5e2=2.5\times10^2=250$)。

③ 复数(Complex):复数由实数部分和虚数部分构成,可以用 $a+bj$ 或者 complex(a, b)表示,复数的实部 a 和虚部 b 都是浮点型。

```
#第 3 章/shuzi.py
a= 1                #Int 类型数据赋值
print(type(a))
b= 1.0              #Float 类型数据赋值
print(type(b))
c= 3e+26J           #Complex 类型数据赋值
print(type(c))
```

有时需要对数据内置的类型进行转换，当对数据类型进行转换时，只需将数据类型作为函数名。

① int(x)：将 x 转换为一个整数。

② float(x)：将 x 转换到一个浮点数。

③ complex(x)：将 x 转换到一个复数，实数部分为 x，虚数部分为 0。

④ complex(x,y)：将 x 和 y 转换到一个复数，实数部分为 x，虚数部分为 y。x 和 y 是数字表达式。

将浮点数变量 a 转换为整数，代码如下：

```
a = 1.0
int(a)
```

(2) 数字数据类型的运算：

Python 解释器可以作为一个简单的计算器，在解释器里输入一个表达式，它将输出表达式的值。

表达式的语法很直白，"+""-""*""/"和其他语言(如 Pascal 或 C)里一样，但是有几个值得注意的地方：

① 在不同的机器上浮点运算的结果可能会不一样。

② 在整数除法中，除法"/" 总是返回一个浮点数，如果只想得到整数的结果，则丢弃可能存在的分数部分，可以使用运算符"//"。

③ "//"得到的并不一定是整数类型的数，它与分母、分子的数据类型有关系(例如，7//2.0>>>3.0)。

④ Python 可以使用"**"操作进行幂运算。

⑤ 变量在使用前必须先"定义"(赋予变量一个值)，否则会出现错误。

⑥ 不同类型的数混合运算时会将整数转换为浮点数。

Python 内置的数字类型数学函数见表 3-1。

表 3-1　Number 类型数学函数

函 数 名	函 数 说 明
abs(x)	返回数字的绝对值，如 abs(−10)返回 10
ceil(x)	返回数字上入整数，如 math.ceil(4.1)返回 5
exp(x)	返回 e 的 x 次幂(e^x)，如 math.exp(1)返回 2.718281828459045

续表

函 数 名	函数说明
fabs(x)	返回数字的绝对值,如 math.fabs(−10)返回 10.0
floor(x)	返回数字的下舍整数,如 math.floor(4.9)返回 4
log(x)	如 math.log(math.e)返回 1.0,math.log(100, 10)返回 2.0
log10(x)	返回以 10 为底的 x 的对数,如 math.log10(100)返回 2.0
max(x_1, x_2, …)	返回给定参数的最大值,参数可以为序列
min(x_1, x_2, …)	返回给定参数的最小值,参数可以为序列
modf(x)	返回 x 的整数部分与小数部分,两部分的数值符号与 x 相同,整数部分以浮点型表示
pow(x, y)	x ** y 运算后的值
round(x, [n])	返回浮点数 x 的四舍五入值,如给出 n 值,则代表舍入到小数点后的位数。其实准确地说是保留值将保留到离上一位更近的一端
sqrt(x)	返回数字 x 的平方根

(3) Python 内置的数字类型随机数函数:

随机函数可以用于数学、游戏、安全等领域中,还经常被嵌入算法中,用以提高算法的效率,并提高程序的安全性,随机函数的说明见表 3-2。

表 3-2　Number 类型随机数函数

函 数 名	函数说明
choice(seq)	从序列的元素中随机挑选一个元素,例如 random.choice(range(10)),从 0 到 9 中随机挑选一个整数
randrange([start], stop [,step])	从指定范围内,按指定基数递增的集合中获取一个随机数,基数的默认值为 1
random()	随机生成下一个实数,它在[0,1)范围内
seed([x])	改变随机数生成器的种子(seed)。不必特别去设定,Python 会帮助选择种子
shuffle(lst)	将序列的所有元素随机排序
uniform(x, y)	随机生成下一个实数,它在[x,y]范围内

2) String(字符串)

字符串是 Python 中最常用的数据类型。读者可以使用引号('或")来创建字符串。

创建字符串很简单,只要为变量分配一个值即可,代码如下:

```
var1 = 'Hello World!'
var2 = "Arwin"
```

(1) 当使用 Python 访问字符串中的值时,可以使用方括号“[]”来截取字符串,字符串截取的语法格式为变量名[头下标:尾下标:步长],左闭右开,代码如下:

```
#第 3 章/zfc.py
var1 = 'Hello World!'
```

```
var2 = "Arwin"
print ("var1[0]: ", var1[0])
print ("var2[1:4]: ", var2[1:4])
'''
var1[0]: H
var2[1:4]: rwi
'''
```

注意：Python 访问字符串中的值也支持下标负索引。

(2) 当使用 Python 更新字符串时可以截取字符串的一部分并与其他字段拼接，代码如下：

```
var1 = 'Hello World!'
print ("已更新字符串 : ", var1[:6] + 'Arwin!')
#已更新字符串 : Hello Arwin!
```

(3) 当使用 Python 拆分字符串时可以按照某个元素对字符串进行切分，语法为字符串. split(str=" ")，代码如下：

```
value = 'Hello_World!'
print ("已更新字符串 : ", value.split('_'))
#已更新字符串 :['Hello', 'World!']
```

以"_"为分隔符切片字符串 value，返回一个列表来存储分割后的字符串。

(4) 可以使用 Python 转义字符：在计算机中，有些字符是有特殊含义的，例如换行符、制表符、引号等。如果想要表示这些字符本身，而不是它们的特殊含义，就需要使用转义字符进行表示。Python 用反斜杠"\"转义字符，常见的如下：

① \(在行尾时) 表示续行符。

② \n：表示换行符，将光标移动到下一行开头。

③ \t：表示制表符，将光标移动到下一个制表符位置。

④ \r：表示回车符，将光标移动到本行开头。

⑤ \b：表示退格符，将光标退回到前一个位置。

⑥ \f：表示换页符，将光标移动到下一页开头。

⑦ \'：表示单引号本身。

⑧ \"：表示双引号本身。

代码如下：

```
#第 3 章/zfc.py
print('line1 \
line2 \
line3')
```

```
#line1 line2 line3
#\\ 表示反斜杠符号
print("\\")
#\
#\' 表示单引号
print("\'")
#'
#\" 表示双引号
print("\"")
#"
```

(5) Python 字符串运算符,代码如下:

```
#第 3 章/zfc.py
a = 'hello'
b = 'Python'
#+ 字符串连接
print(a + b)
#helloPython
#*重复输出字符串
print(a * 2)
#hellohello
```

(6) Python 字符串格式化:Python 支持格式化字符串的输出。尽管这样可能会用到非常复杂的表达式,但最基本的用法是将一个值插入一个有字符串格式符%s 的字符串中。

在 Python 中,字符串格式化使用了与 C 语言中 sprintf 函数一样的语法,代码如下:

```
print ("我叫 %s 今年 %d 岁!" % ('小明', 10))
```

Python 常用的字符串格式化符号见表 3-3。

表 3-3 Python 常用的字符串格式化符号

符　　号	说　　明
%s	格式化字符串
%d	格式化整数
%f	格式化浮点数字

3) List(序列)

序列是 Python 中最基本的数据结构。

序列中的每个值都有对应的位置值,称为索引,第 1 个索引是 0,第 2 个索引是 1,以此类推,List 也有负索引。

Python 有 6 个序列的内置类型,但最常见的是列表类型。

列表可以进行的操作包括索引、切片、加、乘和检查元素。

此外,Python 使用内置函数来确定序列的长度及确定最大和最小的元素。列表的数据项不需要具有相同的类型,可以接受任何变量类型。

创建一个列表，只要把逗号分隔的不同的数据项使用方括号括起来即可，代码如下：

```
list1 = ['Python 2.0', 'Guido', 2000]
list2 = [1, 2, 3, 4, 5 ]
list3 = ["a", "b", "c", "d"]
```

(1) 访问列表中的值：与字符串的索引一样，列表索引从 0 开始，第 2 个索引是 1，以此类推。通过索引列表可以进行截取、组合等操作，代码如下：

```
list = ["a", "b", "c", "d"]
print( list[0] )          #a
print( list[1] )          #b
print( list[-2] )         #c
print( list[-3] )         #b
```

除了可以使用下标索引访问列表中的值，同样可以使用方括号［头下标：尾下标］，左闭右开的形式截取字符，代码如下：

```
nums = [10, 20, 30, 40, 50, 60, 70, 80, 90]
print(nums[0:4])              #10 20 30 40
print(nums[2:-3])             #30 40 50 60
```

(2) 更新列表：可以对列表的数据项进行修改或更新，也可以使用 append()方法来添加列表项。示例代码如下：

```
#第 3 章/libiao.py
list = ['Python2.0', 'Guido', 2000]
print ("第 2 个元素为 : ", list[1])
list[1] = 'Community'
print ("更新后的第 2 个元素为 : ", list[1])
'''
第 2 个元素为 Guido
更新后的第 2 个元素为 Community
'''
list = ['Alibaba', 'Tencent']
list.append('Baidu')
print ("更新后的列表 : ", list)
#更新后的列表:["Alibaba", "Tencent", "Baidu"]
```

(3) 删除列表元素：可以使用 del 语句来删除列表中的元素。示例代码如下：

```
#第 3 章/libiao.py
list = ['Python2.0', 'Guido', 2000]
print ("原始列表 : ", list)
del list[2]
print ("删除第 3 个元素 : ", list)
'''
原始列表 : ['Python2.0', 'Guido', 2000]
删除第 3 个元素 : ['Python2.0', 'Guido']
'''
```

(4) 嵌套列表及索引：使用嵌套列表即可在列表里创建其他列表。示例代码如下：

```
a =[1, 2, 3]
b =['a', 'b']
x =[a, b]
print(x)
#[[1, 2, 3], ['a', 'b']]
```

(5) 列表比较：列表比较，则需要引入 operator 模块的 eq()方法。示例代码如下：

```
#第 3 章/libiao.py
#导入 operator 模块
import operator
a =[1, 2]
b =[2, 3]
c =[2, 3]
print("operator.eq(a,b): ", operator.eq(a,b))
print("operator.eq(c,b): ", operator.eq(c,b))
'''
operator.eq(a,b): False
operator.eq(c,b): True
'''
```

(6) 列表插入：insert()函数用于将指定对象插入列表的指定位置。示例代码如下：

```
list.insert(index, obj)
```

① 参数 index：对象 obj 需要插入的索引位置。

② 参数 obj：要插入列表中的对象。

该方法没有返回值，但会在列表指定位置插入对象。insert()函数的使用，代码如下：

```
list =['Alibaba', 'Tencent']
list.insert(1, 'Baidu')
print ('列表插入元素后为 : ', list)
#列表插入元素后为 :["Alibaba", "Baidu", "Tencent"]
```

(7) 列表统计：count()方法用于统计某个元素在列表中出现的次数。示例代码如下：

```
list.count(obj)
```

参数 obj 表示要统计的列表对象，返回元素在列表中出现的次数。count()函数的使用，代码如下：

```
list =[1, 2, 1, 1, 2, 3, 4]
print("1 的元素个数: ", list.count(1))
#1 的元素个数: 3
```

(8) 列表的排序：sort()函数用于对原列表进行排序。如果指定参数，则使用比较函数指定的比较函数，代码如下：

```
list.sort( key=None, reverse=False)
```

① 参数 key：主要是用来指定进行比较的元素，只有一个参数，具体的函数的参数取自于可迭代对象，指定可迭代对象中的一个元素进行排序。

② 参数 reverse：排序规则，如果 reverse = True，则降序；如果 reverse = False，则升序（默认）。该方法没有返回值，但是会对列表的对象进行排序。sort()函数的使用，代码如下：

```
list =[1, 9, 8, 2, 3, 0]
list.sort()
print("排序后的 list: ", list)
#排序后的 list: [0, 1, 2, 3, 8, 9]
```

4）Tuple（元组）

Python 的元组与列表类似，不同之处在于元组的元素不能修改。

元组使用小括号“( )”，列表使用方括号“[ ]”。创建元组很简单，只需在括号中添加元素，并使用逗号“,”隔开。

（1）创建空元组，代码如下：

```
tuple = ()
```

当元组中只包含一个元素时，需要在元素后面添加逗号，否则括号会被当作运算符使用，代码如下：

```
tup1 = (50)
print(type(tup1))              #不加逗号，类型为整型
tup2 = (50,)
print(type(tup2))              #加上逗号，类型为元组
```

（2）元组的增、删、改、查。

增：元组与字符串、列表类似，并且可以进行截取、组合等。示例代码如下：

```
#第 3 章/yuanzu.py
tup1 = (1, 2)
tup2 = (3, 4)
#创建一个新的元组
tup3 = tup1 + tup2
print(tup3)
#(1, 2, 3, 4)
```

删：元组中的元素值是不允许删除的，但可以使用 del 语句来删除整个元组。示例代码如下：

```
tup = (1, 2, 3, 4)
print(tup)
del tup
print("删除后的元组 tup:", tup)
```

改：元组中的元素值是不允许修改的。示例代码如下：

```
#第 3 章/yuanzu.py
tup = (3, 0.14)
#以下操作是非法的
#tup[0] = 4
#可以通过这样的方式修改
M = {1: 4} #为字典类型
tmp = []
for i, item in enumerate(tup):
    if i in M.keys():
        tmp.append(M[i])
    else:
        tmp.append(item)
tup = tuple(tmp)
```

查：元组与字符串类似，元组的访问从下标索引 0 开始。当然，也可以使用负索引，代码如下：

```
#第 3 章/yuanzu.py
tup1 = (1, 2, 3, 4, 5)
tup2 = ('a', 'b', 'c', 'd', 'e')
print("tup1[0]: ", tup1[0])
print("tup2[1:4]: ", tup2[1:4])
'''
tup1[0]: 1
tup2[1:4]: ('b', 'c', 'd')
'''
```

(3) 元组运算符：元组之间可以使用加号"+"和乘号"*"进行运算。这就意味着它们可以组合和复制，运算后会生成一个新的元组。

(4) 元组是不可变的：所谓元组的不可变指的是元组所指向的内存中的内容不可变。示例代码如下：

```
#第 3 章/yuanzu1.py
tup = (1, 2, 3, 4, 5, 6)
tup[0] = 2
'''
Traceback (most recent call last):
        File "<stdin>", line 1, in <module>
            TypeError: 'tuple' object does not support item assignment
'''
```

```
id(tup)                    #查看内存地址
#4337938832
tup = (1,)
id(tup)
#4337856448
```

从以上实例可以看出，重新赋值的元组(tup)被绑定到新的对象了，而不是修改了原来的对象。

5）Dictionary(字典)

字典是另一种可变容器模型，并且可存储任意类型对象。字典的存储单元是成对出现的 key：value，用冒号"："分隔；每个对之间用逗号","分隔，整个字典包括在花括号"{}"中，代码如下：

```
d = {key1: val1, key2: val2}
#创建空字典使用花括号{}创建
emptyDict = {}
#也可以使用函数 dict()构建
emptyDict = dict()
```

字典中，键必须是唯一的，但值可以不唯一，且值可以取任何数据类型，但是键必须是不可变的数据类型，如字符串、数字，代码如下：

```
tinydict = {'name': 'diantou', 'likes': 123, 'url': 'www.diantou.com'}
```

函数 dict_keys()或 dict_values()可以返回字典的键-值对，代码如下：

```
#第 3 章/zidian.py
d = {"name":"Arwin", "age":25}
d.items()
#dict_items([('name', 'Arwin'), ('age', 25)]) 返回一个包含所有(键,值)元组的列表
d.keys()
#dict_keys(['name', 'age']) 返回一个包含字典所有 key 的列表
d.values()
#dict_values(['Arwin', 25]) 返回一个包含字典所有 value 的列表
```

(1) 字典的增、删、改、查。

增：向字典添加新内容的方法是增加新的键-值对，修改或删除已有键-值对。示例代码如下：

```
#第 3 章/zidian.py
tinydict = {'Name': 'diantou', 'Age': 7, 'Class': 'First'}
tinydict['Age'] = 9                          #更新 Age
tinydict['School'] = "deeplearning"          #添加信息
print ("tinydict['Age']: ", tinydict['Age'])
#tinydict['Age']: 9
print ("tinydict['School']: ", tinydict['School'])
#tinydict['School']: deeplearning
```

删：能删单一的元素，也能清空字典，清空只需一项操作。显式删除一个字典用 del 命令，代码如下：

```
tinydict = {'Name': 'diantou', 'Age': 7, 'Class': 'First'}
del tinydict['Name']                    #删除键 'Name'
tinydict.clear()                        #清空字典
del tinydict                            #删除字典
```

改：通过索引关键字赋值的方式修改键值。示例代码如下：

```
tinydict = {'Name': 'diantou', 'Age': 7, 'Class': 'First'}
tinydict['Name'] = 'Arwin'
print(tinydict)
```

查：通过索引关键字的方法查询键值。注意，如果用字典里没有的键访问数据，则会输出错误，代码如下：

```
#第 3 章/zidian1.py
tinydict = {'Name': 'Arwin', 'Age': 7, 'Class': 'First'}
print ("tinydict['Alice']: ", tinydict['Alice'])
>>> error
Traceback (most recent call last):
    File "test.py", line 1, in <module>
        print ("tinydict['Alice']: ", tinydict['Alice'])
KeyError: 'Alice'
```

(2) 关于字典的两个重要点：第一，不允许同一个键出现两次。创建时如果同一个键被赋值两次，则后一个值会被记住，代码如下：

```
tinydict = {'Name': 'Arwin', 'Age': 7, 'Name': 'Alice'}
print ("tinydict['Name']: ", tinydict['Name'])
#tinydict['Name']: Alice
```

第二，键必须不可变，所以可以用数字、字符串或元组充当，而用列表却不行。使用列表作为键时输出将会报错，代码如下：

```
tinydict = {['Name']: 'Arwin', 'Age': 7}
```

6) Set（集合）

集合是一个无序的不重复元素序列，可以使用大括号“{}”或者 set()函数创建集合。注意，创建一个空集合必须用 set()而不是 set{}，因为“{}”是用来创建一个空字典的，代码如下：

```
param = {value01,value02,…}
param = set(value)
```

由于集合的性质之一是存放不重复的元素，因此可以用于去重，代码如下：

```
basket = {'apple', 'orange', 'apple', 'pear', 'orange', 'banana'}
print(basket)              #这里演示的是去重功能
#{'orange', 'banana', 'apple', 'pear'}
```

（1）两个集合间的运算，代码如下：

```
#第 3 章/jihe.py
a = set('abracadabra')
b = set('alacazam')
print(a)
#{'a', 'r', 'b', 'c', 'd'} 天生去重
print(a - b )
#{'r', 'd', 'b'} 集合 a 中包含而集合 b 中不包含的元素
print(a | b)
#{'a', 'c', 'r', 'd', 'b', 'm', 'z', 'l'} 集合 a 或 b 中包含的所有元素
print(a & b)
#{'a', 'c'} 集合 a 和 b 中都包含的元素
print(a ^ b)
#{'r', 'd', 'b', 'm', 'z', 'l'} 不同时包含于 a 和 b 的元素
```

（2）集合的增、删、改、查。

增：将元素 x 添加到集合 s 中。如果元素已存在，则不进行任何操作，代码如下：

```
tinyset = set(("Google", "Baidu", "DianTou"))
tinyset.add("Facebook")
print(tinyset)
#{'Google', 'Facebook', 'DianTou', 'Baidu'}
```

还有一种方法也可以添加元素，并且参数可以是列表、元组、字典等，语法格式为 s. update(x)，其中，x 可以有多个，用逗号分开。示例代码如下：

```
tinyset = set(("Google", "Amazon", "Taobao"))
tinyset.update({1,3})
print(tinyset)
#{'Google', 1, 3, 'Taobao', 'Amazon'}
```

删：将元素 x 从集合 s 中移除，如果元素不存在，则会发生错误。语法格式为 s. remove(x)，代码如下：

```
tinyset = set(("Google", "Baidu", "Amazon"))
tinyset.remove("Baidu")
print(tinyset)
#{'Google', 'Amazon'}
#如果 tinyset.remove("TikTok")      不存在，则会发生错误
```

此外还有一种方法也可以移除集合中的元素，并且如果元素不存在，则不会发生错误。格式为 s. discard(x)。

清空集合的语法格式为 s.clear()。

改：由于集合不支持索引，因此修改元素时一般会把集合数据类型转换成列表数据类型。

查：判断元素是否在集合中存在。示例代码如下：

```
tinyset = set(("Google", "Baidu", "Amazon"))
print( "Amazon" in tinyset)
#True
print( "FaceBook" in tinyset)
#False
```

3. 小结

(1) 可变数据类型：列表、字典、集合。注意总结这 3 种数据类型在上述描述中的增、删、改、查方法。

(2) 不可变数据类型：元组、数字、字符串。注意，一些初学者可能认为它们可变的原因实际上是这些变量名可以被重新赋值，造成了可变的假象，但是索引这些变量名中的元素是不可被重新赋值的。

(3) 下标索引：所谓"下标"，就是编号，就好比超市中的存储柜的编号，通过这个编号就能找到相应的存储空间。下标分为正索引和负索引。字符串、列表、元组都支持下标索引，字典采用的则是关键字索引。

(4) 切片：切片是指对操作的对象截取其中一部分的操作。字符串、列表、元组都支持切片操作。切片的语法为[起始：结束：步长]。

注意：选取的区间属于左闭右开型，即从"起始"位开始，到"结束"位的前一位结束(不包含结束位本身)，以字符串为例讲解。

如果取出一部分，并且间隔取样，则可以在中括号"[]"中，代码如下：

```
s = "abcdefghi"
print(s[1:7:2])
#[1:7]可以取到 bcdefg,隔点取值得到 bdf
```

(5) 公共方法，Python 包含的内置函数见表 3-4。

表 3-4 Python 的内置函数

方 法	说 明
cmp(item1, item2)	比较两个值
len(item)	计算容器中元素的个数
max(item)	返回容器中元素的最大值
min(item)	返回容器中元素的最小值
del(item)	删除变量

续表

方　法	说　明
＋	合并
*	复制
in	元素是否存在
not in	元素是否不存在

3.3 Python 的判断与循环语句

本节的主要目的是介绍一些 Python 的判断和循环语法。

3.3.1 比较运算符和关系运算符

1. 比较运算符

Python 中常见的比较运算符如下。

(1) ＝＝：检查两个操作数的值是否相等,如果相等,则条件变为真。如 a＝3,b＝3,则(a＝＝b)为 True。

(2) !＝：检查两个操作数的值是否相等,如果值不相等,则条件变为真。如 a＝1,b＝3,则(a!＝b)为 True。

(3) ＜＞：检查两个操作数的值是否相等,如果值不相等,则条件变为真。如 a＝1,b＝3,则(a＜＞b)为 True,类似于!＝运算符。

(4) ＞：检查左操作数的值是否大于右操作数的值,如果是,则条件成立。如 a＝7,b＝3,则(a＞b)为 True。

(5) ＜：检查左操作数的值是否小于右操作数的值,如果是,则条件成立。如 a＝7,b＝3,则(a＜b) 为 False。

(6) ＞＝：检查左操作数的值是否大于或等于右操作数的值,如果是,则条件成立。如 a＝3,b＝3,则(a＞＝b)为 True。

(7) ＜＝：检查左操作数的值是否小于或等于右操作数的值,如果是,则条件成立。如 a＝3,b＝3,则(a＜＝b)为 True。

2. 关系运算符

Python 中常见的逻辑关系运算符如下。

(1) and：含义是“与”,返回布尔型变量。表达式：x and y。

(2) or：含义是“或”,返回布尔型变量。表达式：x or y。

(3) not：含义是“非”,返回布尔型变量。表达式：not x。

3.3.2 判断语句

1. if 语句

if 语句(如果)是用来进行判断的,代码如下：

```
#第 3 章/panduan.py
age = 25
print("------if 判断开始------")
if age>=18:
    print ("已成年")
print("------if 判断结束------")
'''
------if 判断开始------
已成年
------if 判断结束------
'''
```

2. if-else 语句

if-else(如果-否则)为判断语句,代码如下:

```
#第 3 章/panduan.py
t = 1 #用 1 代表有车票,用 0 代表没有车票
if t == 1:
    print("有车票,可以上火车")
    print("可以回老家啦~~~")
else:
    print("没有车票,不能上车")
    print("明年再见…")
'''
有车票,可以上火车
可以回老家啦~~~
'''
```

3. if-elif-else 语句

if-elif-else(如果 1-如果 2-否则)为判断语句,代码如下:

```
#第 3 章/panduan.py
score = 70
if score>=90 and score<=100:
    print('本次考试,等级为 A')
elif score>=80 and score<90:
    print('本次考试,等级为 B')
elif score>=70 and score<80:
    print('本次考试,等级为 C')
elif score>=60 and score<70:
    print('本次考试,等级为 D')
else:
    print('本次考试,等级为 E')
#本次考试,等级为 C
```

注意:if-elif-else 语句必须和 if 语句一起使用,否则会出错。

---

4. if 嵌套语句

通过学习 if 语句的基本用法，可知：

(1) 当需要满足条件去做事情时使用 if 语句。

(2) 当满足条件时做事情 A，当不满足条件时做事情 B 应使用 if-else 语句。

想一想：在现实中，乘坐地铁时一般会先进行安检，只有安检通过后才会检查车票，然而，也有可能会先检查车票再进行安检。在这样的情况下，一个判断的执行要基于另一个判断的结果，该如何解决此类问题呢？答案是使用 if 嵌套，代码如下：

```
#第 3 章/panduan.py
t = 1           #用 1 代表有车票，用 0 代表没有车票
k = 9           #管制刀具的长度，单位为 cm
if t == 1:
    print("有车票，可以进站")
    if k < 10:
        print("通过安检")
        print("终于可以回老家啦~~~")
    else:
        print("管制刀具的长度超过规定，没有通过安检")
else:
    print("没有车票，不能进站")
```

上面代码的输出结果是"有车票，可以进站""通过安检""终于可以回老家啦～～～"。如果 t=1，k=11，则结果又是多少？

3.3.3 循环语句

1. while 循环语句

while 循环，命令如下：

```
while 条件:
    条件满足时，做的事情 1
    条件满足时，做的事情 2
    条件满足时，做的事情 3
    …(省略)…
```

while 循环，示例代码如下：

```
#第 3 章/xunhuan.py
i = 0
while i<3:
    print("当前是第%d 次执行循环"%(i+1))
    print("i=%d"%i)
    i+=1
'''
当前是第 1 次执行循环
i=0
当前是第 2 次执行循环
```

```
i=1
当前是第 3 次执行循环
i=2
'''
```

当 while 为死循环时，示例代码如下：

```
while True:
    print("这是一个死循环")
```

while 循环计算 1～100 偶数的累积和(包含 1 和 100)，代码如下：

```
#第 3 章/xunhuan.py
i = 1
sum = 0
while i<=100:
    if i%2 == 0:
        sum = sum + i
    i+=1
print("1~100 的累积和为:%d"%sum)
```

while 嵌套循环实现九九乘法表，代码如下：

```
#第 3 章/xunhuan.py
i = 1
while i<=9:
    j=1
    while j<=i:
        print("%d * %d=%-2d "%(j,i,i *j),end='')
        j+=1
    print('\n')
    i+=1
```

2. for 循环语句

像 while 循环一样，for 也可以完成循环功能。

而且，在 Python 中 for 循环可以遍历任何序列的项目，如一个列表或者一个字符串等，所以相较于 while 循环，for 循环更常用一些。

for 循环，命令如下：

```
for 临时变量 in 列表或者字符串等:
    循环满足条件时执行的代码
```

for 循环实例 1，代码如下：

```
#循环对象为字符串
name = 'Arwin'
for x in name:
    print(x)
```

for 循环实例 2，代码如下：

```
#循环对象为列表
lst = [1,2,3,4,5,6,7]
for x in lst:
    print(x)
```

for 循环实例 3，代码如下：

```
#for 循环可以配合 Python 内置函数 range()使用，用来定义包含代码块的重复执行次数
for x in range(4):
    print(x)
```

for 循环小考题：有 1、2、3、4 这 4 个数字，能组成多少个互不相同且无重复数字的三位数？分别是什么？代码如下：

```
#第 3 章/xunhuan.py
count=0
L=[]
for a in range(1,5):
    for b in range(1,5):
        for c in range(1,5):
            if a!=b and b!=c and a!=c:
                count+=1
                L.append(a*100+b*10+c)
print('满足条件的数字有{}个:{}'.format(count,L))
```

3. break/continue 跳出循环

break 语句用来结束整个循环，代码如下：

```
#第 3 章/xunhuan.py
name = '12345'
for x in name:
    if x == '4':
        break
    print(x)
'''
1
2
3
'''
```

continue 语句用来结束本次循环，紧接着执行下一次循环，代码如下：

```
#第 3 章/xunhuan.py
name = '12345'
for x in name:
    if x == '4':
        continue
```

```
    print(x)
'''
1
2
3
5
'''
```

注意：(1) break/continue 只能用在循环中，除此以外不能单独使用。
(2) 当 break/continue 用在嵌套循环中时，只对最近的一层循环起作用。

3.4 Python 中的函数

在开发程序时，很容易遇到这样一个情景：某些代码在整个项目中需要被用到很多次，为了提高编写的效率及代码的重用，可以把具有独立功能的代码块组织为一个小模块，这就是函数的概念和作用。

3.4.1 函数的定义

1. 函数的格式

定义函数的命令如下：

```
def 函数名():
    代码
```

代码如下：

```
#定义一个函数，能够完成打印信息的功能
def printInfo():
    print('------------------------------------')
    print('        人生苦短，我用 Python')
    print('------------------------------------')
```

定义了函数之后就相当于有了一个具有某些功能的代码，如果想要让这些代码能够执行，则需要调用它。调用函数很简单，通过"函数名()"即可完成调用。

2. 函数的参数

先思考一个问题：现在需要定义一个函数，这个函数能够完成两个数的乘法运算，并且把结果打印出来，以下的代码可以实现吗？这样设计有什么缺陷吗？代码如下：

```
def mul2():
    a = 7
    b = 9
    c = a *b
    print (c)
```

以上代码可以完成两个数值的相乘,但只适用于特定的两个数值。如果要使该函数更通用,即能计算任意两个数的乘积,在定义函数时可以让函数接收要处理的数据,这样就解决了这个问题,这就是函数的参数。

定义带有参数的函数的代码如下:

```
def mul2(a, b):
    c = a *b
    print (c)
```

调用上面函数的方法是调用函数名字,并且在括号里输入函数要处理的具体数据"(参数)",代码如下:

```
def mul2(a, b):
    c = a *b
    print (c)

mul2(7,9) #调用带有参数的函数时,需要在小括号中传递数据
```

另外,关于函数的参数,有两个具体的概念,即"形参"和"实参":

(1) 定义时,小括号中的参数是用来接收参数用的,称为"形参"。

(2) 调用时,小括号中的参数是用来传递给函数用的,称为"实参"。

其中,形参可以分为缺省参数和不定长参数;实参可以分为位置参数和关键字参数。

1) 实参的位置参数

函数调用时,按形参的位置,从左往右,一一匹配传递参数。位置参数必须一一对应,缺一不可,代码如下:

```
def mul2(a, b):
    c = a *b
    print (c)

mul2(7,9)    #7 和 9 这两个实参的传递方法是位置参数
```

2) 实参的关键字参数

函数调用时,通过"形参=值"方式可为函数形参传值,不用按照位置为函数形参传值,这种方式叫关键字参数,代码如下:

```
def mul2(a, b):
    c = a *b
    print (c)

mul2(b=9, a=7)    #7 和 9 这两个实参的传递方法是关键字参数,传入顺序可与形参定义顺序不同
```

注意:(1) 关键字参数必须在位置参数的右边,并且对同一个形参不能重复传值。

(2) 如果位置参数和关键字参数同时混合使用,则顺序上必须先传位置参数,再传关

键字参数。

3）形参的缺省参数

形参设定默认值，称为缺省参数，也叫默认参数，代码如下：

```
def mul2(a, b=1):
    c = a *b
    print (c)
mul2(7)      #b为缺省参数，此时，在调用函数时没有传入b，所以在函数计算时b默认等于1
mul2(7,9)    #b为缺省参数，此时，在调用函数时传入新的b，所以在函数计算时b等于9
```

注意：(1) 在调用函数时，如果没有传入默认参数对应的实参，则使用默认值。

(2) 默认参数必须在普通参数的后边。

4）形参的不定长参数

元组型不定长参数：如果在形参变量名前面加上一个"*"，则这个参数为元组型不定长参数。元组型可变形参必须在形参列表的最后边，代码如下：

```
#第3章/hanshu.py
#*args 为不定长参数，可以接收0至多个实参
#把实参的1、2、3包装成元组(1, 2, 3)再传递，等价于args = (1, 2, 3)
def func(*args):
    #函数内部使用，无须加*
    print(args, type(args))
#函数调用
func(1, 2, 3)
#(1, 2, 3) <class 'tuple'>
```

字典型不定长参数：如果在定义参数时需要在形参名前添加"**"，则为字典型不定长参数。字典型可变形参数必须在形参列表的最后边，代码如下：

```
#第3章/hanshu.py
#把实参包装成{'city': 'sz', 'age': 18}传递给kwargs
#kwargs = {'city': 'sz', 'age': 18}
def func(name, **kwargs):
    #同时存在形参name，name不会被包装到字典中
    print(name)
    print(kwargs)                    #函数内部使用，无须加*
#实参的写法：变量=数据，变量=数据
func(name='mike', city='sz', age=18)
'''
mike
{'city': 'sz', 'age': 18}
'''
```

函数参数的关键要点总结：

(1) 缺省参数需要在非缺省参数之后。

(2) 关键字参数需要在位置参数之后。

(3) 所有传递的关键字参数必须有对应的参数,并且顺序不重要。

(4) 参数只能赋值一次。

(5) 缺省参数通常是可选的,可以不传递值。

3. 函数的返回值

返回值就是程序中函数完成一件事情后返给调用者的结果。如果想要在函数中把结果返给调用者,则需要在函数中使用 return 关键字,代码如下:

```
def add2num(a, b):
    return a+b
```

当一个函数返回了一个数据,如果想要用这个数据,则需要保存。

保存函数的返回值,示例代码如下:

```
#第 3 章/hanshu.py
#定义函数
def add2num(a, b):
    return a+b
#调用函数,顺便保存函数的返回值
result = add2num(72,17)
#因为 result 已经保存了 add2num 的返回值,所以在接下来的场景中可以直接使用了
print (result) #结果等于 89
```

在 Python 中,在关键字 return 的后面将多个返回值用逗号隔开即可返回多个值。

4. 引用和引用传参

在 Python 中,值是靠引用来传递的。可以用 id()来判断两个变量是否为同一个值的引用。可以将 id 值理解为变量在计算机中的内存地址标示,代码如下:

```
#第 3 章/hanshu.py
a=1
b=a
id(a)     #输出:1690969860400
id(b)     #输出:1690969860400,注意两个变量的 id 值相同
a=2
id(a)     #输出:1690969860432,注意 a 的 id 值已经变了
id(b)     #输出:1690969860400,b 的 id 值没变
```

上述代码的图例解释如图 3-1 所示。

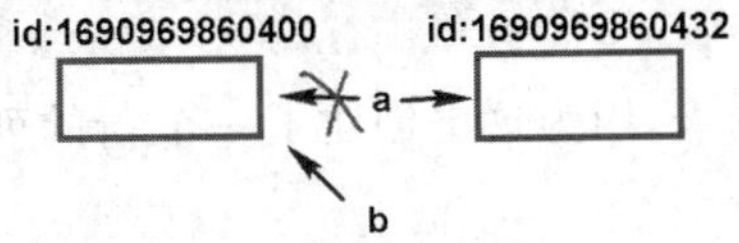

图 3-1　不可变数据类型数值的引用

可变数据类型列表的引用，代码如下：

```
#第 3 章/hanshu.py
a=[1,2]
b=a
id(a)     #输出:1691052302592
id(b)     #输出:1691052302592,注意两个变量的 id 值相同
a.append(3)
print(a) #输出:[1, 2, 3]
id(a)     #输出:1691052302592,注意 a 与 b 始终指向同一个地址
```

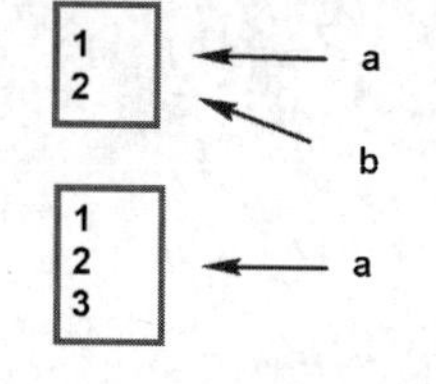

图 3-2 可变数据类型列表的引用

上述代码的图例解释如图 3-2 所示。

因此，数据类型可变还是不可变的本质是：在改变数据具体的值时，其内存的地址索引是否改变；改变当前数据为不可变数据类型，不变则为可变数据类型。

Python 中函数参数是通过引用传递的(注意不是值传递)，因此，当可变类型与不可变类型的变量分别作为函数参数时，产生的影响是不同的。具体来讲，对于不可变类型，因变量不能修改，所以函数中的运算不会影响到变量自身，而对于可变类型来讲，函数体中的运算有可能会更改传入的参数变量，代码如下：

```
#第 3 章/hanshu.py
a = [1,2,3]
def add(arr):
    arr += arr

add(a)
print(a)
```

此代码将输出 [1,2,3,1,2,3]，而不是 [1,2,3]。

当传递一个列表(或其他可变对象)给函数时，实际上是传递了这个对象的引用，因此，函数内部对该对象的任何更改将影响函数外部的该对象。

在 add 函数内部，使用了"+="运算符，这是一个就地修改的运算符。这意味着它会修改原始列表，而不是创建一个新的列表，因此，当执行 arr += arr 时，实际上是将 arr 列表的内容添加到自身，所以结果是 [1,2,3,1,2,3]。

如果使用"="运算符创建一个新列表，则代码如下：

```
def add(arr):
    arr = arr + arr
```

这将不会修改原始的 a 列表，因为这里创建了一个新的列表并赋值给了局部变量 arr，而原始的 a 列表仍然保持不变。

5. 函数的嵌套调用

在一个函数里又调用了另外一个函数，这就是所谓的函数嵌套调用，代码如下：

```
#第3章/hanshu.py
def testB():
    print('---- testB start----')
    print('这里是 testB 函数执行的代码... ')
    print('---- testB end----')
def testA():
    print('---- testA start----')
    testB() #在函数 A 中，调用函数 B
    print('---- testA end----')
testA()
'''
---- testA start----
---- testB start----
这里是 testB 函数执行的代码...
---- testB end----
---- testA end----
'''
```

3.4.2 函数中的变量

1. 局部变量

(1) 局部变量就是在函数内部定义的变量。

(2) 不同的函数可以定义相同名字的局部变量，而且当这些同名局部变量在各自的函数中使用时相互间不会产生影响或冲突。

(3) 局部变量的作用是实现在函数中临时保存数据而定义的变量。

例如，以下函数中的变量 a、b 和 c 就是局部变量，代码如下：

```
def mul2():
    a = 7
    b = 9
    c = a *b
    print (c)
```

2. 全局变量

如果一个变量，既能在一个函数中使用，也能在其他的函数中使用，这样的变量就是全局变量，代码如下：

```
#第3章/hanshu.py
a = 10 #全局变量
def test1():
    a = 30
    print('test1 中的变量 a 的值:', a)
```

```
    a = 70
    print('test1 中的变量 a 修改后的值:', a)
def test2():
    print('test2 中的变量 a 的值:', a)
'''
test1 中的变量 a 的值: 30
test1 中的变量 a 修改后的值: 70
test2 中的变量 a 的值: 10
'''
```

如上述代码所示，第 1 行定义在函数外面的 a 是一个全局变量。注意，上述代码出现了全局变量和局部变量名字相同的问题，即 a 在函数 test1 中是局部变量。

如果全局变量的名字和局部变量的名字相同，则在函数中使用的是局部变量，记忆小技巧：强龙不压地头蛇。

此外，全局变量不仅能在所有的函数中使用，也可以使用关键字 global 在函数中指定修改全局变量，代码如下：

```
#第 3 章/hanshu.py
a = 10 #全局变量
def test1():
    global a
    print('test1 中的变量 a 的值:', a)
    a = 70
    print('test1 中的变量 a 修改后的值:', a)
def test2():
    print('test2 中的变量 a 的值:', a)
'''
test1 中的变量 a 的值: 10
test1 中的变量 a 修改后的值: 70
test2 中的变量 a 的值: 70
'''
```

3. 可变/不可变全局变量

对于不可变的数据类型来讲（数字、字符串、元组），当不指定修改全局变量时，如果尝试在函数中定义全局变量，则会引起报错，代码如下：

```
#第 3 章/hanshu1.py
a = 1 #定义全局变量
def f():
    a += 1
    print (a)
f() #执行函数
-----------------------以下为报错信息-----------------------
Traceback (most recent call last):
  File "<stdin>", line 1, in <module>
  File "<stdin>", line 2, in f
UnboundLocalError: local variable 'a' referenced before assignment
```

当在函数中不使用 global 声明全局变量时，不能修改全局变量的本质是不能修改全局变量的指向，即不能将全局变量指向新的数据。

对于不可变类型的全局变量来讲，因其指向的数据不能修改，所以在不使用 global 的情况下无法修改全局变量。

对于可变类型的全局变量来讲（列表、字典、集合），因其指向的数据可以修改，所以在不使用 global 的情况下也可修改全局变量，代码如下：

```
#第 3 章/hanshu.py
lst = [1,]
def f2():
    lst.append(7)
    print (lst)
f2()
#[1, 7]
```

3.4.3　高级函数用法

1. 递归函数

通过之前的学习，我们了解到一个函数可以调用其他函数。如果一个函数在内部不调用其他函数，而是直接调用自己，则这个函数就是递归函数。

例如阶乘的计算：

$$n! = 1 \times 2 \times 3 \times \cdots \times n \tag{3-1}$$

首先观察阶乘的规律：

$$1! = 1$$
$$2! = 2 \times 1 = 2 \times 1!$$
$$3! = 3 \times 2 \times 1 = 3 \times 2!$$
$$4! = 4 \times 3 \times 2 \times 1 = 4 \times 3!$$
$$\vdots$$
$$n! = n \times (n-1)! \tag{3-2}$$

因此可以把阶乘定义为某种函数，让它在执行时调用它本身，代码如下：

```
#第 3 章/hanshu.py
def cal_factor(num):
    if num >= 1:
        result = num *cal_factor(num-1)
    else:
        result = 1
    return result
```

当 num=3 时，上述代码的执行逻辑如图 3-3 所示。

除了可以使用递归实现，其实阶乘还可以使用循环实现，代码如下：

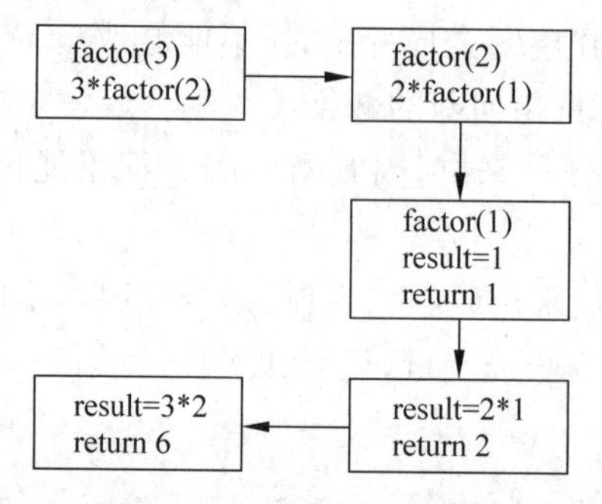

图 3-3 代码求解 3 的阶乘

```
#第 3 章/hanshu.py
def cal_factorial(num):
    i = 1
    result = 1
    while i <= num:
        result *= i
        i += 1
    return result
```

2. 匿名函数

匿名函数是用关键词 lambda 创建的小型函数。这种函数的名字源于定义时省略了用 def 声明函数的标准步骤。

lambda 函数的语法只包含一个语句，代码如下：

```
lambda [arg1 [,arg2,…argn]]:expression
```

使用匿名函数实现两数相加，代码如下：

```
#第 3 章/hanshu.py
cal_sum = lambda arg1, arg2: arg1 + arg2
#调用 sum 函数
print("Value of total : ", cal_sum( 10, 20 ) )
print("Value of total : ", cal_sum( 20, 20 ) )
'''
Value of total : 30
Value of total : 40
'''
```

需要注意的是，lambda 函数能接收任何数量的参数，但只能返回一个表达式的值，而且匿名函数不能直接调用 print，因为 lambda 需要一个表达式。

匿名函数大多数的应用场合是作为参数传递，因为其小巧灵活的编写方式，代码如下：

```
#第 3 章/hanshu.py
#定义函数
def fun(a, b, opt):
```

```
    print ("a =", a)
    print ("b =", b )
    print ("result =", opt(a, b) )
#执行函数
fun(1, 2, lambda x,y:x+y)
'''
a = 1
b = 2
result = 3
'''
```

3.4.4 Python中的文件操作函数

读者应该听说过一句话："好记性不如烂笔头"。不仅人的大脑会遗忘事情，计算机也会如此，例如一个程序在运行的过程中用了九牛二虎之力终于计算出了结果，试想一下如果不把这些数据存储起来，则相当于做了无用功。可见，把数据存储起来有巨大的价值。

1. 文件的打开与关闭

在 Python 中使用 open 函数可以打开一个已经存在的文件，或者创建一个新文件。

语法格式为 open(文件名，访问模式)，代码如下：

```
f = open('test.txt', 'w')
```

open 函数常见访问模式的具体说明详见表 3-5。

表 3-5 open 函数中访问模式说明

访问模式	说明
r	以只读方式打开文件，文件的指针将会放在文件的开头，默认模式
w	打开一个文件只用于写入。如果该文件已存在，则将其覆盖；如果该文件不存在，则创建新文件
a	打开一个文件用于追加。如果该文件已存在，则文件指针将会放在文件的结尾。也就是说，新的内容将会被写入已有内容之后；如果该文件不存在，则创建新文件进行写入
r+	打开一个文件用于读写，文件指针将会放在文件的开头
w+	打开一个文件用于读写。如果该文件已存在，则将其覆盖；如果该文件不存在，则创建新文件
a+	打开一个文件用于读写。如果该文件已存在，则文件指针将会放在文件的结尾。文件打开时会采用追加模式；如果该文件不存在，则创建新文件用于读写

关闭文件的函数为 close()，代码如下：

```
#新建一个文件，文件名为 test.txt
f = open('test.txt', 'w')
#关闭这个文件
f.close()
```

2. 文件的读和写

使用 write()函数可以向文件写入数据。此外，可以根据需求选择不同的访问模式。在 w 模式下，如果文件不存在，则会创建新文件，如果文件存在，则会清空原文件。在 a 模式下，如果文件存在，则在原文件上继续写入，如果文件不存在，则会创建新文件。在 r 模式下，文件将以读取模式打开，如果文件不存在，则会抛出错误，代码如下：

```
f = open('test.txt', 'w')
f.write('hello world, i am here!')
f.close()
```

使用 read(num)可以从文件中读取数据，num 表示要从文件中读取的数据的长度(单位是字节)，如果没有传入 num，就表示读取文件中所有的数据。令 test.txt 的文本内容是“hello world,i am here!”，代码如下：

```
#第 3 章/wenjian.py
f = open('test.txt', 'r')
content = f.read(5)
print(content)
print("-"*30)
content = f.read()
print(content)
f.close()
'''
hello
------------------------------
world, i am here!
'''
```

如果读取多次，则后面读取的数据是从上次读完后的位置开始的。

此外，除了 read()函数，还有一些其他函数也可以完成读取任务，具体如下：

(1) 函数 readlines()可以按照行的方式对整个文件中的内容一次性进行读取，并且返回的是一个列表，其中每行的数据为一个元素。

(2) 函数 readline()用于读取文件中的一行，包含最后的换行符“\n”。

3. 文件重命名

os 模块中的 rename()可以完成对文件的重命名操作，函数格式为“rename(需要修改的文件名, 新的文件名)”，代码如下：

```
import os
os.rename("heihei.txt", "haha.txt")
```

如果要删除文件夹，则可用命令 os.rmdir("haha1/haha2")完成此操作，即 rmdir(删除文件夹的路径)。

当使用 mkdir 函数时，可以传入要创建的目录路径作为参数。使用 Python 的 os 模块完成文件夹创建操作的代码如下：

```
import os
#定义要创建的目录路径
directory = "/path/to/new/directory"
#使用 mkdir 函数创建目录
os.mkdir(directory)
```

在上述代码中，首先将/path/to/new/directory 替换为要创建的实际目录路径，然后使用 os.mkdir(directory)函数在指定的路径下创建一个新的目录。

需要确保在运行代码之前，读者具有足够的权限来创建目录，并且路径是正确的。如果路径中的某个目录不存在，则可能需要在调用 mkdir 之前先创建其上层目录。读者还可以使用 os.makedirs(directory)函数，它将递归创建所需的所有上层目录。使用 os.makedirs 的代码如下：

```
import os #定义要创建的目录路径
directory = "/path/to/new/directory"
#使用 makedirs 函数递归创建目录
os.makedirs(directory)
```

3.5 Python 中的面向对象编程

3.5.1 面向对象编程 VS 面向过程编程

在使用计算机语言进行代码编写时，常见的两种思路是面向对象编程和面向过程编程。

(1) 面向过程：根据业务逻辑从上到下写代码。

(2) 面向对象：将数据与函数绑定到一起，分类进行封装，每个程序员只要负责分配给自己的分类，这样能够更快速地开发程序，减少重复代码。

举一个生活中吃北京烤鸭的例子来解释这两种思路。

第 1 种方式(面向过程)：第 1 步养鸭子；第 2 步鸭子长成；第 3 步杀鸭子；第 4 步配置佐料；第 5 步腌制鸭子；第 6 步烤制鸭子；第 7 步吃。

第 2 种方式(面向对象)：第 1 步找个养鸭子的农户；第 2 步找个厨师；第 3 步吃。

第 1 种吃烤鸭的方式强调的是步骤、过程，即每步都由自己亲自去实现。这种解决问题的思路称为面向过程，而第 2 种吃烤鸭的方式强调的是农户和厨师，对于我们来讲，并不需要亲自实现整个过程，也不需要考虑鸭子的饲养及烤鸭的制作等细节问题。只需考虑如何找到一个好的农户和好的厨师，就可以解决问题了。这种解决问题的思路被称为面向对象。

因此，用面向对象的思维解决问题的重点是当遇到一个需求时，不用每步都由自己去实现。

例如之后要学习的 PyTorch 就是一种深度学习中面向对象编程的思想。读者甚至不需要知道深度学习中常见的诸如卷积算法等操作如何用代码编写，因为 PyTorch 深度学习框架已经把这些基础功能封装成了函数,想使用时直接调用函数名字即可,这为初学者入门深度学习提供了极大的便利。

回到最开始吃北京烤鸭的例子,面向对象编程的主要思想在于分发任务。

3.5.2 类与对象

经过3.5.1节的讲解,读者可以采用面向对象编程的主要思想举一反三地理解盖楼的过程。可能有读者会好奇,虽然一个好的开发商可以通过分发任务的方式盖起一片楼,可是分发下去的任务怎么实现?换言之,水泥厂、钢筋厂这些实现任务的功能组从哪里来?

实现方法有两个:借鉴和自己创造。具体来讲,借鉴是指导入一些编程高手之前写好的项目,即如果你想实现的功能已经有人实现过了,则可以通过导入代码的方式来直接实现这个功能。类比到现实就是一些已经存在的"水泥厂""钢筋厂",我们只需他们的地址,就可以去运输水泥和钢筋了。至于自己造,指的是从0到1搭建一个工厂,其中有两个非常重要的概念就是类(Class)和对象(Object),它们各自的作用是设计框架和封装功能。

注意,在面向对象编程中有3个至关重要的思想,分别是封装、继承和多态。封装中应注意的概念就是类和对象了。类和对象是两种以计算机为载体的计算机语言的合称。以下解释常见的专业名称的含义。

(1) 类:类是一个抽象的概念,在现实世界中不存在。

(2) 类本质上是在现实世界中具有共同特征的事物,通过提取这些共同特征形成的概念叫作"类",例如人类、动物类、汽车类、鸟类等。类其实就是一个模板,类中描述的是所有对象的共同特征。

(3) 对象:对象是一个具体的概念,在现实世界中真实存在。

(4) 例如李白、爱迪生、贝克汉姆都是对象,他们都属于人类。对象就是通过类创建出的真实的个体。

(5) 抽象:对具有相同特征的对象抽取共同特征的过程叫作"抽象"。

(6) 实例化:对象还有一个别名叫作"实例",通过类创建对象的过程叫作"实例化"。

1. 类的创建

类是对具有相同特征的对象进行抽象的概念,这些特征包含静态的和动态的,分别对应类的属性和方法。例如,鸟类的静态特征是长着一双翅膀,动态特征是会飞,而狗类的静态特征是嗅觉灵敏,动态特征是会"汪汪"叫,因此,再加上类的名字,这3个成分就组成了类的概念。

【例3-1】

(1) 人类设计,只关心3样东西。

事物名称(类名):人(Person);

属性:身高(Height)、年龄(Age)等;

方法:(行为/功能):跑(Run)、打架(Fight)等。

(2) 狗类的设计。

类名:狗(Dog);

属性：品种、毛色、性别、名字、腿的数量等；

方法：(行为/功能)：叫、跑、咬人、吃、摇尾巴等。

如何把日常生活中的事物抽象成程序中的类？实际上，拥有相同（或者类似）属性和行为的对象都可以抽象出一个类。常用的一种方法为名词提炼法：一般名词都是类。

【例 3-2】

(1) 飞机发射 7 颗炮弹轰掉了一个舰队。

飞机：可以抽象成“飞机类”；

炮弹：可以抽象成“武器类”；

舰队：可以抽象成“船类”。

(2) 小美在公园中牵着一只叼着热狗的狗。

小美：人类；

公园：场景类；

热狗：食物类；

狗：狗类。

2. 以代码的方式定义类和对象

一般地，使用 class 语句来创建一个新类，class 之后为类的名称（通常首字母大写）并以冒号结尾，代码如下：

```
#第 3 章/lei.py
class Car:
    #方法
    def getCarInfo(self):
        print('车轮子个数:%d, 颜色%s'%(self.wheelNum, self.color))
    def move(self):
        print("车正在移动…")
```

在类中，可以定义所使用的方法，类中的方法与普通的函数只有一个特别的区别：它们必须有一个额外的第 1 个参数名称，按照惯例它的名称是 self。它表示类创建的实例本身，指向当前创建对象的内存地址。当某个对象调用其方法时，Python 解释器会把这个对象作为第 1 个参数传递给 self，所以开发者只需传递后面的参数。

还是举之前提到的盖房子的例子：假设我们由“商品房”这个类实例化出对象 a 和对象 b，可以理解成客户 a 和客户 b。这时客户 a 和客户 b 都买了同一个设计图（同一个类）盖出的房子，但是他们想要自己的装修风格，这些装修风格就是对象 a、对象 b 的特征。当装修队开始装修房子时，要根据不同风格进行装修。那么，如何选择装修风格呢？很简单，根据客户选择，所以，self 代指的就是客户，也就是实例本身。

具体的实例化过程是这样的，当使用商品房这个类实例化出对象 a 时，默认参数 self 会把对象 a 创建在某个内存地址中；同理，在实例化出对象 b 时，默认参数 self 会把对象 b 创建在另一个与 a 不同的内存地址中。就如同客户 a 和客户 b 买商品房不可能买的是同一套房子一样，self 的制作就如同售楼处，可以让客户买到不同地址的房子，而且还会管理这些房号，让客户在装修时知道去几零几号装修。简而言之，可以把 self 理解成类在实例化对象时的管理工具。

在刚才的代码中，我们定义了一个"车类"(Car)，就好比有了一辆车的图纸，那么接下来就应该把图纸交给工人去生产了。Python 中，可以根据已经定义的类去创建出一个个对象，创建对象的格式为"对象名 = 类名()"，代码如下：

```
#第 3 章/lei.py
#定义类
class Car:
    #定义移动方法
    def move(self):
        print('车在行驶…')
    #定义鸣笛方法
    def toot(self):
        print("车在嘟嘟…")
#创建一个对象，并用变量 Wuling 来保存它的引用
Wuling = Car()
Wuling.color = 'white'      #使用'.'符号的方法添加类属性：车的颜色
Wuling.wheelNum = 4         #使用'.'符号的方法添加类属性：轮子数量
Wuling.move()               #使用'.函数名()'的语法调用类中的函数：车的行驶
print(Wuling.color)         #打印实例五菱的颜色属性
print(Wuling.wheelNum)      #打印实例五菱的车轮数量属性
```

在上面的实例中，我们给五菱车添加了两个对象属性：wheelNum 和 color，试想一下，如果再次创建一个对象，则创建之后需要重新进行属性添加，这样做是很麻烦的。那么是否可以在创建对象时，就顺便把属性也赋予了呢？

这就是__init__()函数的作用，代码如下：

```
#第 3 章/lei.py
#定义汽车类
class Car:
    #初始化函数，对象属性有默认值：4 和 white，也可以通过传参的方法对对象属性进行重新
    #赋值
    def __init__(self, wheelNum=4, color='white'):
        self.wheelNum = wheelNum
        self.color = color
    #定义类方法
    def move(self):
        print('车在行驶')
#创建对象五菱车，当不传参时，属性使用默认值
Wuling = Car()
print('五菱车的颜色为', Wuling.color)
print('五菱车的轮胎数量为', Wuling.wheelNum)
#创建对象自行车，传参时，新的传参值代替默认值
Bicycle = Car(2, 'black')
print('自行车的颜色为', Bicycle.color)
print('自行车的轮胎数量为', Bicycle.wheelNum)
```

```
'''
五菱车的颜色为 white
五菱车的轮胎数量为 4
自行车的颜色为 black
自行车的轮胎数量为 2
'''
```

注意：(1) 当创建“Wuling 对象”后，在没有调用方法的前提下，Wuling 默认拥有了两个属性：wheelNum 和 color，原因是方法在创建对象后立刻被默认调用了__init__()函数，不需要手动调用。

(2) 在__init__(self)中，默认有一个参数，其名字为 self，如果在创建对象时传递了两个实参，则除了 self 作为第 1 个形参外还需要两个形参，例如__init__(self, x, y)。

(3) 在__init__(self)中的 self 参数不需要开发者传递，Python 解释器会自动把当前的对象引用传递进去。

3.5.3 魔法方法

魔法方法是在 Python 的类中被双下画线前后包围的方法。这些方法在类或对象进行特定的操作时会自动被调用，读者可以使用或重写这些魔法方法，给自定义的类添加各种特殊的功能来满足自己的需求。3.5.2 节已经介绍过初始化魔法方法__init__，也是在定义类时最常见的魔法方法。除此之外，还有一些常见的魔法方法如下。

1. 构造类的魔法方法

我们都知道一个最基本的魔术方法，即__init__。通过此方法可以定义一个对象的初始操作，但当实例化定义类时。如 x = SomeClass()，__init__并不是第 1 个被调用的方法。实际上，还有__new__方法，首先用来实例化这个对象，然后在创建时给初始化函数传递参数。在对象生命周期的另一端，也有__del__方法。接下来讲解这 3 种方法。

__new__(cls, [...])是在一个对象实例化时所调用的第 1 种方法，所以它才是真正意义上的构造方法。它的第 1 个参数是这个类，其他的参数用来直接传递给__init__方法。

__new__决定是否要使用该__init__方法，因为__new__可以调用其他类的构造方法或者直接返回别的实例对象，以此来作为本类的实例，如果__new__没有返回实例对象，则__init__不会被调用，代码如下：

```
#第 3 章/lei.py
class Person(object):
    def __new__(cls, *args, **kwargs):
        print("__new__()方法被调用了")
        print('这个是*agrs', *args)
        print('这个是 kwagrs', **kwargs)
        #cls 表示这个类，剩余的所有的参数传给__init__()方法
```

```
        #若不返回,则__init__()不会被调用
        return object.__new__(cls)

    def __init__(self, name, age):
        print("__init__()方法被调用了")
        self.name = name
        self.age = age
        print(self.name, self.age)
p = Person("张三", 20)
'''
__new__()方法被调用了
这个是*agrs 张三 20
这个是 kwagrs
__init__()方法被调用了
张三 20
'''
```

那么__new__()方法在什么场景使用呢？当需要继承内置类时。例如，如果想要继承int、str、tuple，就无法使用__init__来初始化了，只能通过__new__来初始化数据。实际上，在日常的编写中，__new__()和__del__()这两个魔法函数一般不常见，保持默认即可，经常编写的是__init__()函数。__del__()函数的代码如下：

```
#第3章/lei.py
class Washer:
    #析构器,当一个实例被销毁时自动调用的方法
    def __del__(self):
        """
        当删除对象时,解释器会自动调用 del 方法
        """
        print('对象已删除!')
haier = Washer()
#输出:对象已删除!
```

2. 访问控制类魔法方法

关于访问控制的魔法方法，主要包括以下几种。

(1) __setattr__：定义当一个属性被设置时的行为。

(2) __getattr__：定义当用户试图获取一个不存在的属性时的行为。

(3) __delattr__：删除某个属性时调用。

(4) __getattribute__：访问任意属性或方法时调用。

代码如下：

```
#第3章/lei.py
class Person(object):
    def __setattr__(self, key, value):          #属性赋值
        if key not in ('name', 'age'):
```

```
            return
        if key == 'age' and value < 0:
            raise ValueError()
        super(Person, self).__setattr__(key, value)

    def __getattr__(self, key):                 #访问某个不存在的属性
        return 'unknown'
    def __delattr__(self, key):                 #删除某个属性
        if key == 'name':
            raise AttributeError()
        super().__delattr__(key)
    def __getattribute__(self, key):            #所有的属性/方法调用都经过这里
        if key == 'money':
            return 100
        elif key == 'hello':
            return self.say
        return super().__getattribute__(key)
p1 = Person()
p1.name = '张三'                                #调用__setattr__
p1.age = 20                                     #调用__setattr__
print(p1.name, p1.age)                          #张三 20
setattr(p1, 'name', '李四')                     #调用__setattr__
setattr(p1, 'age', 30)                          #调用__setattr__
print(p1.name, p1.age)                          #李四 30
print(p1.sex)                                   #调用__getattr__
```

3. 容器类的魔法方法

容器类的魔法方法，主要包括以下几种。

(1) __setitem__(self, key, value)：定义设置容器中指定元素的操作，相当于 self[key] = value。

(2) __getitem__(self, key)：定义获取容器中指定元素的操作，相当于 self[key]。

(3) __delitem__(self, key)：定义删除容器中指定元素的操作，相当于 del self[key]。

(4) __len__(self)：定义当被 len()调用时的操作(返回容器中元素的个数)。

(5) __iter__(self)：定义迭代容器中的元素的操作。

(6) __contains__(self, item)：定义当使用成员测试运算符(in 或 not in)时的操作。

(7) __reversed__(self)：定义当被 reversed()调用时的操作。

在介绍容器的魔法方法之前，首先要知道，Python 中的容器类型都有哪些，Python 中常见的容器类型有字典、元组、列表和字符串。

因为它们都是“可迭代”的。可迭代的原因是因为它们都实现了容器协议，也就是下面要介绍的魔法方法。下面通过自己定义类实现列表，以此来说明这些方法的用法，代码如下：

```
#第 3 章/lei.py
class MyList(object):                           #实现一个 list
    def __init__(self, values=None):
```

```
        #初始化自定义 list
        self.values = values or []
        self._index = 0
    def __setitem__(self, idx, value):
        #添加元素
        self.values[idx] = value
    def __getitem__(self, idx):
        #获取元素
        return self.values[idx]
    def __delitem__(self, idx):
        #删除元素
        del self.values[idx]
    def __len__(self):
        #自定义 list 的元素个数
        return len(self.values)
    def __iter__(self):
        #可迭代
        return self
    def __next__(self):
        #迭代的具体细节
        #如果__iter__返回 self，则必须实现此方法
        if self._index >= len(self.values):
            raise StopIteration()
        value = self.values[self._index]
        self._index += 1
        return value
    def __contains__(self, idx):
        #元素是否在自定义 list 中
        return idx in self.values
    def __reversed__(self):
        #反转
        return list(reversed(self.values))
#初始化自定义 list
my_list = MyList([1, 2, 3, 4, 5])
print(my_list[0])                          #__getitem__
my_list[1] = 20                            #__setitem__
print(1 in my_list)                        #__contains__
print(len(my_list))                        #__len__
print([i for i in my_list])                #__iter__
del my_list[0]                             #__del__
reversed_list = reversed(my_list)          #__reversed__
print([i for i in reversed_list])          #__iter__
'''
1
True
5
[1, 20, 3, 4, 5]
[5, 4, 3, 20]
'''
```

这个例子实现了一个 MyList 类,在这个类中,定义了很多容器类的魔法方法。这样一来,这个 MyList 类就可以像操作普通列表一样,通过切片的方式添加、获取、删除、迭代元素了。具体的魔法函数在实例中的解释如下。

(1) __setitem__():当执行 my_list[1] = 20 时就会调用__setitem__方法,这种方法主要用于向容器内添加元素。

(2) __getitem__():当执行 my_list[0]时就会调用__getitem__方法,这种方法主要用于从容器中读取元素。

(3) __delitem__():当执行 del my_list[0]时就会调用__delitem__方法,这种方法主要用于从容器中删除元素。

(4) __len__():当执行 len(my_list)时就会调用__len__方法,这种方法主要用于读取容器内元素的数量。

(5) __iter__这种方法需要重点关注,为什么可以执行[i for i in my_list]? 这是因为定义了__iter__。这种方法的返回值可以有以下两种。

① 返回 iter(obj):代表使用 obj 对象的迭代协议,一般 obj 是内置的容器对象;

② 返回 self:代表迭代的逻辑由本类实现,此时需要重写__next__方法,实现自定义的迭代逻辑。

在这个例子中,__iter__返回的是 self,所以需要定义__next__方法,实现自己的迭代细节。__next__方法使用一个索引变量,用于记录当前迭代的位置,这种方法每次被调用时都会返回一个元素,当所有元素都迭代完成后,此时 for 会停止迭代,若迭代时下标超出边界,则这种方法会返回"StopIteration 异常"。

4. 可调用对象类魔法方法

Python 中,方法也是一种高等的对象。这意味着它们也可以像其他对象一样被传递到方法中,这是一个非常惊人的特性。Python 中有一个特殊的魔术方法可以让类的实例的行为表现得像函数一样,可以调用它们,以便将一个函数当作一个参数传到另外一个函数中等。这个魔法方法就是__call__(self, [args…]),代码如下:

```
#第 3 章/lei.py
class Circle(object):
    def __init__(self, x, y):
        self.x = x
        self.y = y
    def __call__(self, x, y):
        self.x = x
        self.y = y
a = Circle(10, 20) #__init__
print(a.x, a.y)    #10 20
a(100, 200)        #此时 a 这个对象可以当作一种方法来执行,这是__call__魔法方法的功劳
print(a.x, a.y)    #100 200
```

这个例子首先初始化一个"Circle 实例 a",此时会调用__init__方法,这个很好理解,但

是，我们对于实例 a 又进行了调用 a(100, 200)，注意，此时的 a 是一个实例对象，当我们这样执行时，其实它调用的就是__call__。这样一来，就可以把实例当作一种方法来执行了。

也就是说，Python 中的实例也是可以被调用的，通过定义__call__方法就可以传入自定义参数，以便实现自己的逻辑。这个魔法方法通常会用在通过类实现一个装饰器、元素类等场景中，当遇到这个魔法方法时，能理解其中的原理就可以了。

这只是 Python 中魔法方法的几个简单例子。实际上，还有很多其他的魔法方法，用于处理各种操作和场景。了解这些方法并有效地使用它们可以帮助读者更好地定义自己的对象和类。

3.5.4 类属性和类方法

1. 类属性和实例属性

在了解了类的基本信息之后，下面讲解类属性和实例属性这两个概念。

类属性顾名思义就是类所拥有的属性，分为共有属性和私有属性，私有属性通过"__属性名称"的方法进行定义。对于公有的类属性，可以在类外进行访问，一般情况下，私有属性在类外不可以直接访问，代码如下：

```
#第 3 章/lei.py
class People(object):
    name = 'Arwin'          #公有的类属性
    __age = 24              #私有的类属性
    def __init__(self):
        pass
p = People()
print(p.name)               #正确
print(People.name)          #正确
print(p.__age)              #错误，不能在类外通过实例对象访问私有的类属性
print(People.__age)         #错误，不能在类外通过类对象访问私有的类属性
print(p._People__age)       #这种特殊的访问方法可以在类外访问私有的类属性，不建议使用
```

注意：类属性是声明在类的内部和实例方法的外部的属性，即在 class 内，并在__init__(self)方法之前。

实例属性是从属于实例对象的属性，也称为实例变量，要点如下：

(1) 实例属性一般在__init__()方法中通过"self. 实例属性名 = 初始值"定义。

(2) 在本类的其他实例方法中，也是通过"self. 实例属性名"进行访问的。

(3) 创建实例对象后，可通过实例对象访问，"obj = 类名()"可以创建和初始化对象，调用__init__()初始化属性，"obj. 实例属性名 = 值"可以给已有属性赋值，也可以新加属性。

(4) 实例属性可修改、新增、删除。

需要注意的是，如果在类外修改类属性，则必须先通过类对象去引用，然后进行修改。

如果通过实例对象去引用及修改，则会产生一个同名的实例属性，这种方式修改的是实例属性，不会影响到类属性。当类属性与实例属性同名时，一个实例访问这个属性时实例属性会覆盖类属性，但类访问时不会，代码如下：

```
#第 3 章/lei.py
class People(object):
    country = 'China' #类属性
#访问类属性
print(People.country)
#实例化对象
p = People()
#访问实例属性
print(p.country)
#修改实例属性
p.country = 'Japan'
#访问实例属性，实例属性会屏蔽掉同名的类属性
print(p.country)
#当访问类属性时会发现没有改变
print(People.country)
#通过类对象去引用及修改类属性
People.country = "UK"
#访问类属性
print(People.country)
'''
China
China
Japan
China
UK
'''
```

2. 实例方法、类方法和静态方法

1）实例方法

之前的例子中，在类中以 def 关键字定义的方法都可以称为实例方法，不仅如此，类的初始化方法__init__()理论上也属于实例方法，只不过它比较特殊。实例方法最大的特点是它最少也要包含一个 self 参数，用于绑定调用此方法的实例对象，Python 会自动完成“绑定”，实例方法通常会用类对象直接调用。

2）类方法

Python 类方法和实例方法相似，它最少也要包含一个参数，只不过类方法中通常将其命名为 cls，类方法是类对象所拥有的方法，需要用修饰器@classmethod 来将其标识为类方法，对于类方法，第 1 个参数必须是类对象，一般以 cls 作为第 1 个参数，可以通过实例对象和类对象去访问。类方法还有一个用途就是可以对类属性进行修改，代码如下：

```
#第 3 章/lei.py
class People(object):
```

```
    country = 'China'
    #类方法,用 classmethod 进行修饰
    @classmethod
    def getCountry(cls):
        return cls.country
    @classmethod
    def setCountry(cls,country):
        cls.country = country
p = People()
print(p.getCountry())               #可以通过实例对象引用
print(People.getCountry())          #可以通过类对象引用
p.setCountry('Japan')
print(p.getCountry())
print(People.getCountry())
'''
China
China
Japan
Japan
'''
```

类方法什么时候使用呢？可以考虑以下这个场景。

假设有一个学生类和一个班级类，需实现的功能为学生类继承自班级类，每实例化一名学生，班级人数都会增加。最后，需要实例化一些学生，并获取班级中的总人数。

思考：这个问题用类方法做比较合适，为什么？

我们要实例化的是学生，但是如果从学生实例中获取班级总人数，则在逻辑上显然是不合理的。如果要获得班级总人数，则生成一个班级实例是没有必要的，因此，编写一个类方法最为合适，这种方法能够访问并更新班级的总人数，而不需要创建班级实例。

3）静态方法

静态方法需要通过修饰器@staticmethod 进行修饰。静态方法是类中的函数。静态方法主要用来存放逻辑性的代码，逻辑上属于类，但是和类本身没有关系，也就是说在静态方法中，不涉及类中的属性和方法的操作。可以理解为，静态方法是个独立的、单纯的函数，它仅仅托管于某个类的名称空间中，便于使用和维护。例如，笔者想定义一个关于时间操作的类，其中有一个获取当前时间的函数，代码如下：

```
#第 3 章/lei.py
import time
class TimeTest(object):
    def __init__(self, hour, minute, second):
        self.hour = hour
        self.minute = minute
        self.second = second
    @staticmethod
    def showTime():
```

```
        return time.strftime("%H:%M:%S", time.localtime())
#使用类对象调用静态方法
print(TimeTest.showTime())
#实例化对象
t = TimeTest(2, 10, 10)
#使用实例对象调用静态方法
print(t.showTime())
```

如上代码所示,使用了静态方法,然而静态方法实现中并没使用实例的属性和方法(但可以通过类名调用类属性和类方法)。若要获得当前时间的字符串,则并不一定需要实例化对象。其实,也可以在类外面写一个同样的函数来做这些事,但是这样做就打乱了逻辑关系,也会导致以后代码维护困难。

3.5.5 继承

1. 继承的概念

在现实生活中,继承一般指的是子女继承父辈的财产。在程序中,继承的概念就简单得多了,即描述的是事物之间的所属关系,例如猫和狗都属于动物,程序中便可以描述为猫和狗继承自动物;同理,波斯猫和巴厘猫都继承自猫,而沙皮狗和斑点狗都继承自狗,代码如下:

```
#第 3 章/lei.py
#定义一个父类
class Cat( ):
    def __init__(self, name, color ):
        self.name = name
        self.color = color
    def run(self):
        print("%s--在跑" %self.name)
#子类在继承及定义类时,小括号中为父类的名字,继承 Cat 类如下
class TianyuanCat(Cat):
    def setNewName(self, newName):
        self.name = newName
    def eat(self):
        print("%s--在吃"%self.name)
Xuanmao = TianyuanCat("玄猫", "黑色")
print('Xuanmao 的名字为%s' %Xuanmao.name)
print('Xuanmao 的颜色为%s' %Xuanmao.color)
Xuanmao.eat()
Xuanmao.setNewName('小黑')
Xuanmao.run()
'''
Xuanmao 的名字为玄猫
Xuanmao 的颜色为黑色
玄猫--在吃
小黑--在跑
'''
```

虽然子类 TianyuanCat 没有定义初始化方法和 run 方法，但是父类(Cat)有，所以在子类继承父类时这种方法就被继承了，只要创建 TianyuanCat 的对象，就默认执行了那个继承过来的__init__()方法了。

此外，还需要注意以下几点：

(1) 类的私有属性，不能通过对象直接访问，但是可以通过方法访问。

(2) 私有的方法不能通过对象直接访问。

(3) 私有的属性、方法不会被子类继承，也不能被访问。

(4) 一般情况下，私有的属性、方法都是不对外公布的，往往用来做内部的事情，起到安全的作用，代码如下：

```
#第3章/lei.py
class Animal(object):
    def __init__(self, name='动物', color='白色'):
        self.__name = name
        self.color = color
    def __test(self):
        print(self.__name)
        print(self.color)
    def test(self):
        print(self.__name)
        print(self.color)
class Dog(Animal):
    def dogTest1(self):
        #print(self.__name) #不能访问父类的私有属性
        print(self.color)
    def dogTest2(self):
        #self.__test()       #不能访问父类中的私有方法
        self.test()
A = Animal()
#print(A.__name)             #程序出现异常,不能访问私有属性
print(A.color)
#A.__test()                  #程序出现异常,不能访问私有方法
A.test()
print("------分割线-----")
D = Dog(name = "小花狗", color = "黄色")
D.dogTest1()
D.dogTest2()
'''
白色
动物
白色
------分割线-----
黄色
小花狗
黄色
'''
```

2. 多继承

所谓多继承,即子类有多个父类,并且具有它们的特征,如图3-4所示。

图3-4　生活中的多继承

Python中的多继承,代码如下:

```
#第3章/lei.py
#定义一个父类
class A:
    def printA(self):
        print('----A----')
#定义一个父类
class B:
    def printB(self):
        print('----B----')
#定义一个子类,继承自A、B
class C(A,B):
    def printC(self):
        print('----C----')
obj_C = C()
obj_C.printA()
obj_C.printB()
'''
----A----
----B----
'''
```

注意一点,在上面的多继承例子中,如果父类A和父类B中有一个同名的方法,则通过子类去调用时会调用先继承的父类方法,代码如下:

```
#第3章/lei.py
class base(object):
```

```
    def test(self):
        print('----base test----')
class A(base):
    def test(self):
        print('----A test----')
#定义一个父类
class B(base):
    def test(self):
        print('----B test----')
#定义一个子类，继承自 A、B
class C(B,A):
    pass
obj_C = C()
obj_C.test()
#输出：----B test----
```

3. 调用与重写父类方法

所谓重写就是子类中有一个和父类相同名字的方法，子类中的方法会覆盖父类中同名的方法，代码如下：

```
#第 3 章/lei.py
class Cat:
    def sayHello(self):
        print("miaomiao~~")
class Xuanmao(Cat):
    def sayHello(self):
        print("miao!~~!!!")
xiaohei = Xuanmao()
xiaohei.sayHello()
#输出：miao!~~!!!
```

在类的继承里 super()方法是很常用的，它解决了子类调用父类方法的一些问题，例如，当父类多次被调用时只执行一次，优化了执行逻辑，下面我们来详细看一下。

当存在继承关系时，有时需要在子类中调用父类的方法，此时最简单的方法是把对象调用转换成类调用，需要注意的是这时 self 参数需要显式传递，代码如下：

```
#第 3 章/lei.py
class Cat:
    def sayHello(self):
        print("miaomiao~~")
class Xuanmao(Cat):
    def sayHello(self):
        #当调用父类方法时直接使用父类名称进行调用
        Cat.sayHello(self)
xiaohei = Xuanmao()
xiaohei.sayHello()
#输出：miaomiao~~
```

这样做有一些缺点，例如如果修改了父类名称，则在子类中也涉及修改，尤其是在有很多子类的情况下，每个子类都需要进行修改。此外，Python 是一种允许多继承的语言。在多继承情况下，如上所示的方法需要重复多次编写，这显得有些冗余。为了解决这些问题，Python 引入了 super()机制，代码如下：

```
#第 3 章/lei.py
class Cat:
    def sayHello(self):
        print("miaomiao~~")
class Xuanmao(Cat):
    def sayHello(self):
        #使用 super()代替父类类名，即便类名改变，这里的 super 不需要修改
        super().sayHello()
xiaohei = Xuanmao()
xiaohei.sayHello()
#输出:miaomiao~~
```

一般而言，super()在继承中经常用来继承父类的初始化方法，如 super().__init__()。

3.5.6　多态

1. 什么是多态

多态指的是一类事物有多种形态，例如动物有多种形态：猫、狗、猪，代码如下：

```
#第 3 章/lei.py
class Animal:                          #同一类事物:动物
    def talk(self):
        pass
class Cat(Animal):                     #动物的形态之一:猫
    def talk(self):
        print('喵喵喵')
class Dog(Animal):                     #动物的形态之二:狗
    def talk(self):
        print('汪汪汪')
class Pig(Animal):                     #动物的形态之三:猪
    def talk(self):
        print('哼哼哼')
#实例化得到 3 个对象
cat=Cat()
dog=Dog()
pig=Pig()
cat.talk()                             #喵喵喵
dog.talk()                             #汪汪汪
pig.talk()                             #哼哼哼
```

多态性指的是可以在不用考虑对象的具体类型的情况下而直接使用对象，这就需要在设计时把对象的使用方法统一成一种。

例如在上述代码中cat、dog、pig都是动物,但凡是动物肯定有发出叫声的方法(talk),于是可以不用考虑它们三者具体是什么类型的动物,而直接使用talk()方法。更进一步,可以定义一个统一的接口来使用,代码如下:

```
#第3章/lei.py
class Cat(Animal):                #动物的形态之一:猫
    def talk(self):
        print('喵喵喵')
class Dog(Animal):                #动物的形态之二:狗
    def talk(self):
        print('汪汪汪')
class Pig(Animal):                #动物的形态之三:猪
    def talk(self):
        print('哼哼哼')
#实例化得到3个对象
cat=Cat()
dog=Dog()
pig=Pig()
def Talk(animal):
    animal.talk()
Talk(cat)                         #喵喵喵
Talk(dog)                         #汪汪汪
Talk(pig)                         #哼哼哼
```

Python中一切皆对象,本身就支持多态性。多态性的好处在于增强了程序的灵活性和可扩展性,例如通过继承动物类(animal)创建了一个新的类,实例化得到的对象obj可以用相同的方式使用obj.talk(),代码如下:

```
#第3章/lei.py
class Animal:                     #同一类事物:动物
    def talk(self):
        pass
class Wolf(Animal):               #动物的另外一种形态:狼
    def talk(self):
        print('嗷…')
wolf=Wolf()                       #实例出一匹狼
wolf.talk()                       #使用者根本无须关心wolf是什么类型而直接调用talk()
```

最后,可以通过关键字@abc.abstractmethod在父类引入抽象类的概念来硬性限定子类必须有某些方法名,代码如下:

```
#第3章/lei.py
import abc
#指定metaclass属性将类设置为抽象类,抽象类本身只是用来约束子类的,不能被实例化
class Animal(metaclass=abc.ABCMeta):
    @abc.abstractmethod           #该装饰器限制子类必须定义有一个名为talk的方法
    def talk(self):               #抽象方法中无须实现具体的功能
```

```
        pass
class Cat(Animal): #但凡继承 Animal 的子类都必须遵循 Animal 规定的标准
    def talk(self):#若子类中没有一个名为 talk 的方法,则会抛出异常 TypeError,无法实
                   #例化
        #TypeError: Can't instantiate abstract class Cat with abstract
        #methods talk
        pass
cat=Cat()
```

2. 鸭子类型

图 3-5 鸭子类型

实际上,多态的概念被应用于 Java 和 C# 这一类强类型语言中,而 Python 崇尚的是“鸭子类型”(Duck Typing),如图 3-5 所示。多态性的本质在于在不同的类中定义相同的方法名,这样就可以不考虑类而统一用一种方式去使用对象,但其实我们完全可以不依赖于继承,只需定义外观和行为相同对象,同样可以实现不考虑对象类型而使用对象,这正是 Python 崇尚的鸭子类型。

鸭子类型:如果看起来像、叫声像而且走起路来像鸭子,则它就是鸭子。

比起继承的方式,鸭子类型在某种程度上实现了程序的松耦合,代码如下:

```
#第 3 章/lei.py
#定义时的类型和运行时的类型不一样,就是多态的体现
#Python 崇尚鸭子类型
class Cat(object):
    def say(self):
        print("i am Cat")
class Dog(object):
    def say(self):
        print("i am Dog")
class Duck(object):
    def say(self):
        print("i am Duck")
#以上定义了 3 个类
animal_list = [Cat, Dog, Duck] #这里将 3 个封装好的类分别作为 animal_list 的 3 个元素
for animal in animal_list:     #animal_list 是一个列表,是可迭代的对象
    animal().say()             #animal()是实例化对象的过程,然后分别调用 Cat、Dog 和
                               #Duck 的 say 方法
'''
i am Cat
i am Dog.
i am Duck
'''
```

如上述代码所示,如果定义的若干个对象都有同一种方法,例如下面的 say()方法,则无论它们是否继承同一个父类,它们都可以统一通过方法的调用(say()方法的调用)实现。

换句话说,鸭子类型避免了继承和方法重写的关系绑定。

在鸭子类型中,关注的不是对象的类型本身,而是它是如何使用的。鸭子类型的好处就在于能够避免一些类的重写与继承,无须大量复制相同的代码。

鸭子类型使用的前提是需要良好的文档支持,不然会让代码变得很混乱,如果没有良好的文档及说明,则有可能会导致"你家大鹅是鸭子?"的情况。

3.5.7 模块的介绍和制作

1. Python 中的模块

在 Python 中有一个概念叫作模块(module),这和 C 语言中的头文件及 Java 中的包很类似,例如如果在 Python 中要调用 sqrt 函数,则必须用 import 关键字引入 math 模块,下面就来了解一下 Python 中的模块。

更通俗的说法:模块就好比工具包,如果要想使用这个工具包中的工具(就好比函数),就需要导入这个模块。

在 Python 中用关键字 import 来引入某个模块,例如如果要引用模块 math,就可以在文件最开始的地方用 import math 来引入。在调用 Math 模块中的函数时,必须以"模块名.函数名"的方式进行引用。这是因为可能存在这样一种情况:在多个模块中含有相同名称的函数,此时如果只是通过函数名来调用,则解释器无法知道到底要调用哪个函数,所以如果像上述这样引入模块,则调用函数必须加上模块名,代码如下:

```
import math
print (sqrt(2))            #这样会报错
print (math.sqrt(2))       #这样才能正确地输出结果
```

有时只需用到模块中的某个函数,而不需要引入完整的包,只需通过"from 包名 import 函数名"的方法引入该函数,代码如下:

```
from math import sqrt
#注意:此时在调用函数时,可以直接使用函数名,不需要以"包名.函数名"的方式进行调用
print(sqrt(2)
```

另外,使用 from…import * 把一个模块的所有内容全都导入当前的命名空间也是可行的,代码如下:

```
#注意,*提供了一个简单的方法来导入一个模块中的所有项目,然而这种声明方法不建议被过多地
#使用
from math import *
print(sqrt(2))
```

此外,在 Python 导入包名的过程中,一个常见的操作是用关键字 as 为被引入的包名进行重命名,代码如下:

```
import math as m
#重命名的目的是简化包名,在调用函数时更简洁一些
print(m.sqrt(2))
```

2. Python 中的模块制作

在 Python 中,每个 Python 文件都可以作为一个模块,模块的名字就是文件的名字。

例如有一个文件 test.py,在 test.py 文件中定义了函数 add(),代码如下:

```
def add(a,b):
    return a+b
```

那么在其他文件中就可以先执行 import test 语句,然后通过 test.add(a, b)来调用了,当然也可以通过 from test import add 语句来引入函数,代码如下:

```
import test
result = test.add(11,22)
print(result)
```

在实际开发中,当一名开发人员编写完一个模块后,为了让模块能够在项目中达到想要的效果,这名开发人员可能会自行在".py 文件"中添加一些测试信息,代码如下:

```
def add(a,b):
    return a+b
#用来进行测试
ret = add(7,21)
```

如果此时在其他".py 文件"中引入了此文件,则测试的那段代码也会被执行,代码如下:

```
#第 3 章/mokuai.py
import test
result = test.add(11,22)
print(result)
'''
28
33
'''
#因为 test.py 中存在测试代码 ret= add(7,21),所以在当前.py 文件中 import test 时,
#ret= add(7,21)会被自动执行
```

但是,这其实并不符合逻辑,希望在被执行的 Python 脚本中导入模块时,只执行脚本中调用的模块函数,而其他模块代码不应该被执行。为了解决这个问题,Python 在执行一个文件时有个变量__name__。在被执行的 Python 脚本中执行 print(__name__)会得到结果__main__,而在被导入的模块中执行 print(__name__)会得到结果"__模块名称__"。

因此,我们经常会在项目的主程序脚本中看到代码"if __name__ == '__main__'"。用

这种方法来选择性地执行被导入的模块代码,这在实际开发中经常被用到。

3.5.8 Python 中的包和库

在实际开发中,一个大型的项目往往需要使用成百上千个 Python 模块,如果将这些模块都堆放在一起,则势必不好管理,而且,使用模块可以有效地避免变量名或函数名重名引发的冲突,但是如果模块名重复,则该怎么办呢?因此,Python 提出了包(Package)的概念。

什么是包呢?简单理解,包就是文件夹,只不过在该文件夹下必须存在一个名为"__init__.py"的文件,包将有联系的模块组织在一起,即放到同一个文件夹下。

其中,每个包的目录下都必须建立一个"__init__.py"模块,可以是一个空模块,也可以写一些初始化代码,其作用就是告诉 Python 要将该目录当成包来处理。不过,这是 Python 2.X 的规定,而在 Python 3.X 中,"__init__.py"对包来讲并不是必需的。

另外,"__init__.py"不同于其他模块文件,此模块的模块名不是__init__,而是它所在的包名。例如,在 Settings 包中的"__init__.py 文件",其模块名就是 settings。包是一个包含多个模块的文件夹,它的本质依然是模块,因此包中也可以包含包。

至于 Python 库:相比模块和包,库是一个更大的概念,例如在 Python 标准库中的每个库都有好多个包,而每个包中都有若干个模块。

3.5.9 Python 的 pip 命令

pip 是 Python 自带的一个软件,相当于手机里的应用市场,可以用来安装、卸载、搜索 Python 的常见模块。

直接输入 pip 后按 Enter 键,可以查看 pip 命令的所有可用参数。常见的操作如下。

安装模块时在终端中执行命令行,命令如下:

```
pip install 模块名
```

卸载模块时在终端中执行命令行,命令如下:

```
pip uninstall 模块名
```

搜索模块时在终端中执行命令行,命令如下:

```
pip search 模块名
```

当提到 pip 的功能时,可能会想到 Conda 命令,因为它们都可以用于包的下载、安装、卸载和查询。两者的主要区别在于:pip 是 Python 包的通用管理器,而 Conda 则是一款与编程语言无关的跨平台环境管理器。pip 能够在任何环境中安装 Python 包(但只能安装与 Python 相关的包,例如 C、Java 等其他语言的包则不支持),而 Conda 需要先安装 Anaconda,才能在 Conda 环境中安装任何包。

实际上,Conda 比 pip 的功能更为丰富。pip 只是一个用于安装包的工具,而 Conda 则是一款环境管理器。Conda 可以用来创建环境,而 pip 不能。这意味着,使用 Conda 可以安装 Python 解释器,而使用 pip 则不能。这也是 Conda 的一个优势,因为使用 conda env 可以轻松管理多个不同版本的 Python。

其次,Conda 和 pip 对于环境依赖的处理不同,总体来讲,Conda 比 pip 更加严格,Conda 会检查当前环境下所有包之间的依赖关系。这样做的好处是,Conda 基本上能够保证安装后可以正常工作,而 pip 则有可能出现安装后无法正常工作的情况。这个影响其实并不大,因为主流的包都得到了很好的支持,很少出现损坏的情况。这个区别也导致了 Conda 在安装时需要额外算出依赖项,因此会比 pip 多花一些时间。

最重要的是,作为环境管理工具,Conda 具有创建不同环境的功能,可以为不同的任务创建独立的环境,因此具有环境隔离的优势。对于个人计算机用户而言,使用 pip 和 Conda 下载包的区别不大,但如果是在一台服务器上多人共享使用,或者进行研究和开发等需要进行版本迭代的工作,则建议使用 Conda。此外,当使用版本迭代较快的库时,也建议使用 Conda。

3.6 PyTorch 的基础知识

3.6.1 PyTorch 的基本数据类型

PyTorch 是一款基于 Python 的深度学习库,通过自动微分和 GPU 加速实现动态张量计算,并且保持了与当前最快的深度学习库相当的性能。它的大部分核心是用 C++编写的,这也是 PyTorch 与其他框架相比可以实现低得多的开销的主要原因之一。PyTorch 似乎最适合大幅缩短特定用途的新神经网络的设计、训练和测试周期,因此,它在研究界变得非常流行。

1. PyTorch 的基本数据类型:张量

PyTorch 里面处理的最基本的操作对象就是张量(Tensor),它表示的其实就是一个多维矩阵,并有矩阵相关的运算操作。PyTorch 在使用上和 NumPy 是对应的,它和 NumPy 唯一的不同就是 PyTorch 可以在 GPU 上运行,而 NumPy 不可以。

张量的基本数据类型有 5 种。32 位浮点型:torch.FloatTensor(注:pyorch.Tensor() 默认的就是这种类型);64 位整型:torch.LongTensor;32 位整型:torch.IntTensor;16 位整型:torch.ShortTensor;64 位浮点型:torch.DoubleTensor。

那么如何定义张量呢?其实定义的方式和 NumPy 一样,直接传入相应的矩阵即可。定义一个三行两列的矩阵,代码如下:

```
import torch
a = torch.Tensor([[1, 2], [3, 4], [5, 6]])
print(a)
```

不过在项目之中,更多的做法是以特殊值或者随机值初始化一个矩阵,代码如下:

```
#第 3 章/zhangliang.py
import torch
b = torch.zeros((3, 2))      #定义一个 3 行 2 列的全为 0 的矩阵
c = torch.randn((3, 2))      #定义一个 3 行 2 列的随机值矩阵
d = torch.ones((3, 2))       #定义一个 3 行 2 列全为 1 的矩阵
print(b)
print(c)
print(d)
```

张量是 PyTorch 中的数据类型，它和 NumPy 中的数据类型 numpy. ndarray 之间还可以相互转换，其方式为使用 torch. from_numpy(NumPy 矩阵)将 numpy. ndarray 转换为张量；使用 Tensor 矩阵. numpy()将张量转换为 numpy. ndarray，代码如下：

```
#第 3 章/zhangliang.py
import torch
import numpy as np
b = torch.randn((3, 2))                              #定义一个 3 行 2 列的全为 0 的矩阵
numpy_b = b.numpy()                                  #tensor 转换为 numpy
print(numpy_b)
numpy_e = np.array([[1, 2], [3, 4], [5, 6]])         #numpy 转换为 tensor
torch_e = torch.from_numpy(numpy_e)
print(numpy_e)
print(torch_e)
```

之前说过，NumPy 的数据类型与张量最大的区别就是在对 GPU 的支持上。张量只需调用 cuda()函数就可以将其转换为能在 GPU 上运行的类型。可以通过 torch. cuda. is_available()函数来判断当前的环境是否支持 GPU，如果支持，则返回值为 True，所以为保险起见，在项目代码中一般采取“先判断，后使用”的策略来保证代码的正常运行，代码如下：

```
#第 3 章/zhangliang.py
import torch
#定义一个 3 行 2 列的全为 0 的矩阵
a = torch.randn((3, 2))
#如果支持 GPU,则定义为 GPU 类型
if torch.cuda.is_available():
    inputs = a.cuda()
#否则定义为一般的 Tensor 类型
else:
    inputs = a
```

此外，不同维度的张量可以涵盖不同含义的数据，举例如下：

(1) 当一个张量的维度为 0 时，等价于一个标量。在深度学习模型的训练过程中常见的标量为模型的训练损失(loss)。

(2) 当一个张量的维度为 1 时，等价于一个向量。在深度学习模型的训练过程中常见的向量为模型的偏置(bias)，神经网络的输入/输出(linear input/output)等。

(3) 当一个张量的维度为2时,等价于一个矩阵。在深度学习模型的训练过程中常见的矩阵为带批量大小的神经网络的输入/输出,即[batch,linear_input]。

(4) 当一个张量的维度为3时,一般表示循环神经网络的输入信息,即[batch, num_world, world_embedding]。

(5) 当一个张量的维度为4时,一般表示卷积神经网络的输入信息,即[batch, channel, height, weight]。

当然,张量的维度也可以大于5,在不同的模型和不同的问题中,张量可以通过增加维度来合并不同的信息特征。需要注意的是,一般会约定俗成地将概念比较大的特征放在靠前的维度,将概念比较小的特征放在靠后的维度。

2. 创建张量

在3.6.1节中展示了使用NumPy数据类型创建张量的方法及两者的互换。除此之外,也可以利用Python的序列数据类型转化张量,代码如下:

```
import torch
#使用函数 torch.tensor()进行 List 到 Tensor 的转化
t = torch.tensor([2., 3.2])
print(t)
#输出:tensor([2.0000, 3.2000])
```

除了可以将NumPy数据类型或Python数据类型转换为张量以外,PyTorch当然也提供了初始化张量的方法,其中,根据初始化张量值的随机性和确定性可以对张量初始化方法进行区分。

1) 确定性的初始化方法

torch.tensor()可将想要初始化的张量值作为参数传进函数里,代码如下:

```
#第3章/zhangliang.py
import torch
t0 = torch.tensor(2)
t1 = torch.tensor(2.3)
t2 = torch.tensor([1,2,3])
print(t0)
print(t1)
print(t2)
'''
tensor(2)
tensor(2.3000)
tensor([1, 2, 3])
'''
```

torch.arange()可按照设定的区间对左闭右开的整数进行取值,代码如下:

```
torch.arange(start=0, end, step=1, *, out=None, dtype=None, layout=torch.
strided, device=None, requires_grad=False) -> Tensor
```

常用的参数介绍如下。

（1）start(数字)：这组点的起始值，默认值为 0。

（2）end(数字)：这组点的结束值。

（3）step(Number)：每对相邻点之间的间隔，默认值为 1。

（4）dtype(torch.dtype，optional)：返回张量的理想数据类型。默认值：如果没有，则使用全局默认值（见 torch.set_default_tensor_type()的输出）。如果没有给出 dtype，则从其他输入参数中推断出数据类型。如果 start、end 或 stop 中的任何一个是浮点型，则推断出的 dtype 是浮点型，否则 dtype 被推断为 torch.int64，代码如下：

```
import torch
t = torch.arange(0, 10)
print(t)
#输出:tensor([0, 1, 2, 3, 4, 5, 6, 7, 8, 9])
```

torch.linspace()可按照设定的取值数量在一个区间中以左闭右闭的方式取平均值，代码如下：

```
torch.linspace(start, end, steps, *, out=None, dtype=None, layout=torch.
strided, device=None, requires_grad=False) -> Tensor
```

常用参数介绍如下。

（1）start(float)：这组点的起始值（起始的数）。

（2）end(float)：这组点的结束值（结束的数）。

（3）steps(int)：构建张量的大小（定义数据生成的个数）。

（4）dtype(torch.dpython：type，optional)：用来进行计算的数据类型。默认情况：如果没有，当 start 和 end 都是实数时，则使用全局默认的 dtype（见 torch.get_default_dtype()的输出），代码如下：

```
import torch
t = torch.linspace(0, 10, steps=4)
print(t)
#输出:tensor([ 0.0000, 3.3333, 6.6667, 10.0000])
```

torch.logspace()可在给定区间内以左闭右闭的取值方式创建对数均分的一维张量，代码如下：

```
torch.logspace(start, end, steps, base=10.0, *, out=None, dtype=None, layout=
torch.strided, device=None, requires_grad=False) -> Tensor
```

常用参数介绍如下。

（1）start(float)：这组点的起始值。

（2）end(float)：这组点的结束值。

（3）steps(int)：构造张量的大小。

（4）base(float，optional)：对数函数的基数，默认值为10.0。

（5）dtype(torch.dpython：type，optional)：执行计算的数据类型。在默认情况下：如果没有，则当start和end都是实数时使用全局默认的dtype(见torch.get_default_dtype())，代码如下：

```
import torch
t = torch.logspace(0, 10, steps=4)
print(t)
#输出:tensor([1.0000e+00, 2.1544e+03, 4.6416e+06, 1.0000e+10])
```

ones/zeros/eye/full可按照定义好的值来创建数组，ones/zeros/eye中的参数是张量的形状，而不是张量的值，代码如下：

```
#第3章/zhangliang.py
import torch
t0 = torch.zeros(3, 3)
t1 = torch.ones(3, 3)
t2 = torch.eye(4, 4)
t3 = torch.full([4,4], 7)
print('3×3大小的全零矩阵:', t0)
print('3×3大小的全一矩阵:', t1)
print('4×4大小的对角矩阵:', t2)
print('4×4大小的全值矩阵:', t3)
'''
3×3大小的全零矩阵: tensor([[0, 0, 0],
        [0, 0, 0],
        [0, 0, 0]])
3×3大小的全一矩阵: tensor([[1, 1, 1],
        [1, 1, 1],
        [1, 1, 1]])
4×4大小的对角矩阵: tensor([[1, 0, 0, 0],
        [0, 1, 0, 0],
        [0, 0, 1, 0],
        [0, 0, 0, 1]])
4×4大小的全值矩阵: tensor([[7, 7, 7, 7],
        [7, 7, 7, 7],
        [7, 7, 7, 7],
        [7, 7, 7, 7]])
'''
```

2）随机性的初始化方法

torch.Tensor()：随机创建给定尺寸大小的张量。

虽然与torch.tensor()方法只有一个大写字符的区别，但是两个函数的功能相差却很大。torch.tensor()接受的参数是张量的值，而torch.Tensor()接受的参数是张量的形状或值，当接受的是张量的形状时，值是随机初始化的。

torch.Tensor()创建的张量数据类型是默认值，可以通过 torch.set_default_tensor_type()函数进行默认数据类型的修改。此外，也可以直接通过函数 torch.IntTensor()、torch.FloatTensor 等方法直接创建想使用的数据类型的张量，代码如下：

```
#第 3 章/zhangliang.py
import torch
#当直接传入整数时,代表要生成的张量的形状
t0 = torch.Tensor(2)
#当传参代表生成的张量的形状时,值是随机初始化的,因此下方的输出结果可以观察到两次
#torch.Tensor(2)的输出并不一样
t1 = torch.Tensor(2)
#当传参是列表时,列表中的元素为创建张量的值
t2 = torch.Tensor([2])
print(t0 )
print(t1 )
print(t2 )
'''
tensor([4.9407e-324, 0.0000e+00])
tensor([7.5660e-307, 1.1858e-322])
tensor([2.])
'''
```

torch.rand()可返回区间[0,1)上均匀分布的随机数填充的张量，张量的形状由可变参数的大小定义，代码如下：

```
torch.rand(*size, *, out=None, dtype=None, layout=torch.strided, device=None,
requires_grad=False) -> Tensor
```

其中，常用的参数是 size，它是一系列整数，用于定义输出张量的形状。可以是一个可变数量的参数，也可以是列表或元组的集合，代码如下：

```
#第 3 章/zhangliang.py
import torch
a = torch.rand(4)
b = torch.rand(2, 3)
print(a)
print(b)
'''
tensor([0.7941, 0.0129, 0.1017, 0.9915])
tensor([[0.6631, 0.1887, 0.6564],
        [0.8320, 0.2993, 0.3459]])
'''
```

torch.rand_like()可返回一个与输入相同大小的张量，该张量由区间[0,1]上的均匀分布的随机数填充，代码如下：

```
torch.rand_like(input, *, dtype=None, layout=None, device=None, requires_grad=
False, memory_format=torch.preserve_format) -> Tensor
```

常用的参数是 input，其含义是输入的张量，该方法将输出一个与输入张量相同维度的结果，代码如下：

```
#第 3 章/zhangliang.py
import torch
a = torch.rand(3, 3)
b = torch.rand_like(a)
print(b)
'''
tensor([[0.9052, 0.5308, 0.8432],
        [0.4911, 0.0161, 0.8085],
        [0.3560, 0.7462, 0.5321]])
'''
```

torch.randint()方法将返回一个充满随机整数的张量，代码如下：

```
torch.randint(low=0, high, size, \*, generator=None, out=None, dtype=None,
layout=torch.strided, device=None, requires_grad=False) -> Tensor
```

常用参数的含义如下。

(1) low(int, optional)：从分布中提取的最低整数，默认值为 0。

(2) high(int)：从分布中抽取的最高整数(不包括其本身，即左闭右开)。

(3) size(tuple)：定义输出张量形状的一个元组。

代码如下：

```
#第 3 章/zhangliang.py
import torch
a = torch.randint(3, 5, (3,))
b = torch.randint(10, (2, 2))
print(a)
print(b)
'''
tensor([3, 3, 4])
tensor([[0, 9],
        [5, 2]])
'''
```

torch.randn()可返回一个充满随机数的张量，该张量来自均值为 0 且方差为 1 的正态分布(也称为标准正态分布)，代码如下：

```
torch.randn(*size, *, out=None, dtype=None, layout=torch.strided, device=None,
requires_grad=False) -> Tensor
```

常用参数为 size，其含义是定义输出张量形状的一组整数，可以是一个可变数量的参数，也可以是列表或元组的集合，代码如下：

```
#第 3 章/zhangliang.py
import torch
a = torch.randn(4)
b = torch.randn(2, 3)
print(a)
print(b)
'''
tensor([-0.0885, -1.2670, 0.8074, -1.7912])
tensor([[-0.1660, 1.2347, -0.7935],
        [ 2.6255, -0.6558, -0.1465]])
'''
```

torch.randperm()可返回一个从 0 到 n－1 的整数的随机排列，代码如下：

```
torch.randperm(n, *, generator=None, out=None, dtype=torch.int64, layout=
torch.strided, device=None, requires_grad=False, pin_memory=False) -> Tensor
```

常用参数是 n，其含义是取值上限的意思，代码如下：

```
#第 3 章/zhangliang.py
import torch
a = torch.randperm(10)
b = torch.randperm(10)
print(a)
print(b)
'''
tensor([6, 4, 8, 0, 1, 5, 7, 2, 3, 9])
tensor([5, 2, 1, 3, 6, 9, 0, 4, 7, 8])
'''
```

3.6.2 张量的索引、切片与维度变换

在 3.6.1 节中介绍了张量的概念及创建张量的方法。那么针对张量中的值，该如何取出及使用呢？这里引入索引与切片的概念。

1. 张量的维度索引

张量的索引是从第零维度开始的。创建一个四维的张量来说明：torch.Tensor(2,3,64,64)，此时，这个张量可以表示两张边长为 64 的正方形彩色图像，具体来讲，张量的第零维表示图像的数量；第一维表示图像的颜色通道（3 表示彩色图片，代表 RGB 三通道）；第二维和第三维代表图像的高度和宽度。对张量进行索引的代码如下：

```
#第 3 章/zhangliang.py
import torch
a = torch.Tensor(2, 3, 64, 64)
#通过.shape 的方法查看当前张量的形状
print(a.shape)                    #图像的形状
```

```
print(a[0].shape)          #获取第 1 张图像，形状为 [3, 64, 64]
print(a[0][0].shape)       #获取第 1 张图像的第 1 种颜色通道，形状为[64, 64]
print(a[0][0][0].shape)    #获取第 1 张图像的第 1 种颜色通道的第 1 列像素值，形状为 64
print(a[0][0][0][0].shape)     #获取第 1 张图像的第 1 种颜色通道的第 1 像素值，形状为 0
                               #因为是标量
'''
torch.Size([2, 3, 64, 64])
torch.Size([3, 64, 64])
torch.Size([64, 64])
torch.Size([64])
torch.Size([])

'''
```

另外，需要注意的是 PyTorch 也支持负索引，使用方法与 Python 中的负索引相同。

2. 张量的维度切片

了解了如何使用索引访问张量的全部数据，但是，有时我们只需访问张量的某个维度的一部分数据，这时就需要使用切片实现。

切片方法的格式为 tensor[first : last : step]，first 与 last 为切片的起始和结束位置，取值方法是按照 step 的间隔以左闭右开的方式进行取值；当间隔为 1 时，step 可以默认不写；当取到该维度的所有数据时，使用冒号即可，代码如下：

```
#第 3 章/zhangliang.py
import torch
a = torch.Tensor(2, 3, 64, 64)
#通过.shape 的方法查看当前张量的形状
print(a.shape)                             #图像的形状
print(a[1:2, :, :, :].shape)               #获取第 2 张图像
print(a[ : , : , 0:32, 0:32].shape)        #获取两张图像 1/4 大小的左上角子图
print(a[ : , : , 0:32:2, 0:32:2].shape)    #获取两张图像 1/4 大小的左上角子图后在子图上
                                           #隔点取样
print(a[ : , : , : : 2, : : 2].shape)      #在原图上隔点取样
'''
torch.Size([2, 3, 64, 64])
torch.Size([1, 3, 64, 64])
torch.Size([2, 3, 32, 32])
torch.Size([2, 3, 16, 16])
torch.Size([2, 3, 32, 32])

'''
```

3. 张量的维度变换

在后续的学习中，我们会发现每个算法模型都有自己要求的输入数据维度，每个问题下的数据维度也不同。为了使用各种算法来处理各种问题，往往需要对数据进行维度变换。例如，如果想用神经网络层来处理图像数据，则会发现图片是三维的数据维度（颜色通道、高

度、宽度)，但是神经网络层能接受的二维的数据维度，此时维度是不匹配的，因此需要将图像的空间维度打平成向量。下面介绍 PyTorch 中一些常见的维度变换方法。

1) view()和 reshape()变换维度

```
#第 3 章/zhangliang.py
import torch
a = torch.Tensor(2, 3, 32, 32)
print((a.view(2, 3, 32*32)).shape)
print((a.reshape(2, 3, 32*32)).shape)
print((a.reshape(2, 3, -1)).shape)
'''
torch.Size([2, 3, 1024])
torch.Size([2, 3, 1024])
torch.Size([2, 3, 1024])
'''
```

以上代码的输出结果是相同的，view()和 reshape()方法都可以对某张量进行维度的变化，但是 reshape()方法的稳健性更强，更推荐读者使用。此外，view()和 reshape()接受的参数都是变换后的维度大小，在设置变换后维度的参数时，如果只剩一个维度没有给予，则可直接使用−1 来代替，PyTorch 会根据之前已设置的维度自动推导出最后未给予的维度。最后，这里需要注意的是变换后的总维度数量必须与变换前相等，否则会报错，代码如下：

```
#第 3 章/zhangliang1.py
import torch
a = torch.Tensor(2, 3, 32, 32)
print(a.reshape(2, 3, 10).shape)
#---------------------------------------------------------------------------
#RuntimeError Traceback (most recent call last)
#Input In [15], in <cell line: 5>()
#1 import torch
#3 a = torch.Tensor(2, 3, 32, 32)
#----> 5 print(a.reshape(2, 3, 10).shape)
#RuntimeError: shape '[2, 3, 10]' is invalid for input of size 6144
```

2) unsqueeze()方法增加新的数据维度

有时，因为数据的增加，往往需要在原始张量表示的基础上扩展维度来存储新增加的数据。例如，当我们创建一个小学年级档案时，可以创建一个三维张量"[年级数量，每个年级的班级数量，每个班级的人数]"。如果此时需要合并另一所学校的年级档案，则最好的方法是再添加一个学校的维度，使其变成四维张量"[学校数量，年级数量，每个年级的班级数量，每个班级的人数]"。unsqueeze()方法就是用来增加数据维度的，接受的参数的含义是在哪个维度之前增加新维度，这个参数也支持负索引，代码如下：

```
#第 3 章/zhangliang.py
import torch
```

```
a = torch.Tensor(2, 3, 64, 64)
print(a.unsqueeze(0).shape)
print(a.unsqueeze(1).shape)
print(a.unsqueeze(2).shape)
print(a.unsqueeze(-1).shape)
'''
torch.Size([1, 2, 3, 64, 64])
torch.Size([2, 1, 3, 64, 64])
torch.Size([2, 3, 1, 64, 64])
torch.Size([2, 3, 64, 64, 1])

'''
```

3) squeeze()方法缩减数据维度

增加某张量维度的反操作是减少维度，对于PyTorch中的方法是squeeze()，接受的参数是要进行维度缩减的维度索引，注意，缩减的维度值必须等于1，否则不能进行缩减，而且程序不会报错，代码如下：

```
#第3章/zhangliang.py
import torch
a = torch.Tensor(2, 1, 64, 64)
print(a.squeeze(1).shape)
print(a.squeeze(2).shape)
'''
torch.Size([2, 64, 64])
torch.Size([2, 1, 64, 64])

'''
```

4) expand()和repeat()在某维度上扩展数据

expand()方法可以在某维度上进行数据扩展，扩展的方法是复制原始数据。需要注意的是，expand()方法不能扩展维度大于1的维度，否则会报错。因为其扩展方式是复制，当维度大于1时，expand()方法不清楚应该复制哪个数据，代码如下：

```
#第3章/zhangliang2.py
import torch
a = torch.Tensor(2, 1, 64, 64)
print(a.shape)
print(a.expand(2,3,64,64).shape)
print(a.expand(2,3,65,65).shape)
#torch.Size([2, 1, 64, 64])
#torch.Size([2, 3, 64, 64])
#---------------------------------------------------------------------------
#RuntimeError Traceback (most recent call last)
#Input In [22], in <cell line: 6>()
#4 print(a.shape)
#5 print(a.expand(2,3,64,64).shape)
```

```
#----> 6 print(a.expand(2,3,65,65).shape)

#RuntimeError: The expanded size of the tensor (65) must match the existing size
#(64)
#at non-singleton dimension 3 Target sizes: [2, 3, 65, 65]. Tensor sizes: [2, 1, 64,
#64]
```

repeat()方法也可以在某维度上进行数据扩展，但是其接受的参数含义与 expand()方法不同。repeat()方法接受的是在该维度上复制全部数据的次数，代码如下：

```
#第 3 章/zhangliang.py
import torch
a = torch.Tensor(2, 1, 64, 64)
print(a.shape)
print(a.repeat(1,3,1,1).shape)
print(a.repeat(3,3,3,3).shape)
'''
torch.Size([2, 1, 64, 64])
torch.Size([2, 3, 64, 64])
torch.Size([6, 3, 192, 192])

'''
```

5）transpose()和 permute()进行张量的维度调整

transpose()方法可以通过指定张量中某两个维度的索引来对这两个维度的数据进行交换维度操作，代码如下：

```
#第 3 章/zhangliang.py
import torch
a = torch.Tensor(2, 3, 64, 64)
print(a.shape)
print(a.transpose(0, 1).shape)
'''
torch.Size([2, 3, 64, 64])
torch.Size([3, 2, 64, 64])

'''
```

permute()方法也可以对张量进行交换维度操作，而且比 transpose()方法强大一些，它可以同时对两个以上的维度进行交换操作，接受的参数含义是张量维度交换后的新维度索引，代码如下：

```
#第 3 章/zhangliang.py
import torch
a = torch.Tensor(2, 3, 64, 64)
print(a.shape)
print(a.permute(1, 0, 2, 3).shape)
```

```
'''
torch.Size([2, 3, 64, 64])
torch.Size([3, 2, 64, 64])

'''
```

6) 广播机制

广播机制是 PyTorch 对不同维度张量进行计算时的自动补全规则。

广播机制不是函数,而是 PyTorch 在加减两个不同维度张量时,底层自动实现的计算逻辑。首先,一个常识是当两个张量维度不同时,是不能进行加减操作的。广播机制的主要思想是针对维度小的数据依次从最后一个维度开始匹配维度大的数据,如果没匹配上,则插入一个新的维度。举例如下:

[2,3,32,32]和[3,1,1]是不能直接相加的。

广播机制会先对[3,1,1]增加新维度,使其变为[1,3,1,1](等价于 unsqueeze()方法),然后对[1,3,1,1]扩展维度,使其变为[2,3,32,32](等价于 expand()方法)。

从某种程度上说,广播机制等价于 unsqueeze()和 expand()两种方法的组合,其目的是在处理两个维度不同的张量时,可以不做任何处理而直接进行加减操作。实际上,在底层隐式地进行了 unsqueeze()和 expand()。

广播机制也有限制:当维度小的数据依次从最后一个维度开始匹配维度大的数据时,小维度数据的维度值必须符合以下两种情况之一才能进行广播机制:等于1,与大维度数据的维度值相等,否则会报错,代码如下:

```
#第 3 章/zhangliang3.py
import torch
a = torch.Tensor(2,3,32,32)
b = torch.Tensor(1,1,1)
c = torch.Tensor(32)
d = torch.Tensor(32, 1)
e = torch.Tensor(2, 32, 32)
print((a + b).shape)
print((a + c).shape)
print((a + d).shape)
print((a + e) .shape)
#torch.Size([2, 3, 32, 32])
#torch.Size([2, 3, 32, 32])
#torch.Size([2, 3, 32, 32])
#---------------------------------------------------------------------------
#RuntimeError Traceback (most recent call last)
#Input In [29], in <cell line: 11>()
#9 print((a + c).shape)
#10 print((a + d).shape)
#---> 11 print((a + e) .shape)

#RuntimeError: The size of tensor a (3) must match the size of tensor b (2)
#at non-singleton dimension 1
```

3.6.3 张量的拼接、拆分与统计

3.6.2节中介绍了张量的维度变换、增加、缩减和交换。除了这些操作以外，其实还可以通过拼接或拆分张量的方式来改变张量的维度，这在基于深度学习的模型中是很常见的操作。

1. 张量的拼接

张量的拼接主要通过cat()和stack()函数实现，其中torch.cat([a,b],dim=n)是在n维度上进行两个张量的拼接，其参数n的含义代表要进行拼接操作的维度，a和b则代表要拼接的张量。在使用cat()方法时需要注意的是两个张量除了拼接的维度可以不同，其他的维度必须相同，否则会报错，代码如下：

```
#第3章/zhangliang.py
import torch
a = torch.rand(3, 32, 8)
b = torch.rand(6, 32, 8)
print(a.shape)
print(b.shape)
print(torch.cat([a, b], dim=0).shape)
'''
torch.Size([3, 32, 8])
torch.Size([6, 32, 8])
torch.Size([9, 32, 8])

'''
```

torch.cat([a,b],dim=n)是在拼接两个张量a、b时，在维度n之前生成一个新的维度。注意，stack()方法对于带拼接的两个张量的形状的要求更加严格，具体来讲当使用stack()方法时，要保证拼接的两个张量形状是相同的，否则会报错，代码如下：

```
#第3章/zhangliang4.py
import torch
a = torch.rand(3, 32, 8)
b = torch.rand(6, 32, 8)
c = torch.rand(3, 32, 8)
print(torch.stack([a, c], dim=0).shape)
print(torch.stack([a, b], dim=0).shape)
#torch.Size([2, 3, 32, 8])
#---------------------------------------------------------------------------
#RuntimeError Traceback (most recent call last)
#Input In [35], in <cell line: 8>()
#5 c = torch.rand(3, 32, 8)
#7 print(torch.stack([a, c], dim=0).shape)
#----> 8 print(torch.stack([a, b], dim=0).shape)

#RuntimeError: stack expects each tensor to be equal size,
#but got [3, 32, 8] at entry 0 and [6, 32, 8] at entry 1
```

2. 张量的拆分

张量的拆分主要通过split()和chunk()函数实现,其中split()是在某维度上按照定义的间隔进行维度拆分的,该方法的格式为"torch.split"(要拆掉的张量,拆分时的间隔数,要拆分的维度索引),拆分后的结果将以列表的形式返回,代码如下:

```
#第3章/zhangliang.py
import torch
a = torch.rand(5, 32, 8)
#对张量a中的第0维以间隔2进行拆分
b = torch.split(a, 2, 0)
print(a.shape)
print(len(b))
print(b[0].shape)
print(b[1].shape)
print(b[2].shape)
'''
torch.Size([5, 32, 8])
3
torch.Size([2, 32, 8])
torch.Size([2, 32, 8])
torch.Size([1, 32, 8])

'''
```

至于chunk(),则是在某维度上按照定义的数量进行维度拆分的,该方法的格式为"torch.chunk"(要拆掉的张量,拆分后的数量,要拆分的维度索引),拆分后的结果将以列表的形式返回,代码如下:

```
#第3章/zhangliang.py
import torch
a = torch.rand(5, 32, 8)
#对张量a中的第1维进行拆分,拆分后可得到两个子集
b = torch.chunk(a, 2, 1)
print(a.shape)
print(len(b))
print(b[0].shape)
print(b[1].shape)
'''
torch.Size([5, 32, 8])
2
torch.Size([5, 16, 8])
torch.Size([5, 16, 8])

'''
```

3. 张量的统计运算

在PyTorch中,常用的张量的取整方法有以下5种。

(1) .floor():向下取整。

(2) .ceil():向上取整。

(3) .round():四舍五入。

(4) .trunc():裁剪出整数部分。

(5) .frac():裁剪出小数部分。

代码如下:

```
#第3章/zhangliang.py
import torch
a = torch.tensor(3.1415926)
print(a.floor())
print(a.ceil())
print(a.round())
print(a.trunc())
print(a.frac())
'''
tensor(3.)
tensor(4.)
tensor(3.)
tensor(3.)
tensor(0.1416)

'''
```

在PyTorch中,常用的张量统计方法有以下5种。

(1) .mean():求均值。

(2) .sum():求和。

(3) .max():求最大值。

(4) .min():求最小值。

(5) .prod():求乘积。

示例代码如下:

```
#第3章/zhangliang.py
import torch
a = torch.tensor([1., 2., 3., 4., 5., 6., 7.])
print(a.mean())
print(a.sum())
print(a.max())
print(a.min())
print(a.prod())
'''
tensor(4.)
tensor(28.)
tensor(7.)
tensor(1.)
```

```
tensor(5040.)

'''
```

在 PyTorch 中，还可以取到一个张量的最大值或最小值的索引，使用的方法是 argmin()和 argmax()。这个在执行识别任务时非常常见，在之后的章节中会涉及应用，代码如下：

```
#第 3 章/zhangliang.py
import torch
a = torch.tensor([1., 2., 3., 4., 5., 6., 7.])
print(a.argmin())
print(a.argmax())
'''
tensor(0)
tensor(6)

'''
```

在 PyTorch 中，可以使用 torch.eq()方法和 torch.equal()方法来判断两个张量是否相等。两者接受的参数都是两个张量，其中 eq()方法的返回值是按元素的位置返回值 True 或 False，False 代表不等，True 代表相等，而 equal()方法的返回值是 True 或 False，当两个张量完全一样时，才会返回值 True，否则返回值 False，代码如下：

```
#第 3 章/zhangliang.py
import torch
a = torch.ones(3,3)
b = torch.eye(3,3)
print(torch.eq(a, b))
print(torch.equal(a, b))
'''
tensor([[ True, False, False],
        [False, True, False],
        [False, False, True]])
False

'''
```

第4章 卷积神经网络理论基础

4.1 全连接神经网络

全连接神经网络(Fully Connected Neural Network,FCNN)也被称为多层感知器(Multi-Layer Perceptron,MLP),是一种常见的人工神经网络模型,也是深度学习的基础。本章从线性模型开始讲解全连接神经网络算法。

4.1.1 线性模型

1. 线性模型的定义

线性模型有一个 n 维权重 $\boldsymbol{\omega}$ 和一个标量偏差 b:

$$\boldsymbol{\omega}=[\boldsymbol{\omega}_1,\boldsymbol{\omega}_2,\cdots,\boldsymbol{\omega}_n]^{\mathrm{T}},b \tag{4-1}$$

对于给定的输入 $\boldsymbol{x}$:

$$\boldsymbol{x}=[\boldsymbol{x}_1,\boldsymbol{x}_2,\cdots,\boldsymbol{x}_n]^{\mathrm{T}} \tag{4-2}$$

线性模型得到的输出 $\boldsymbol{y}$ 等于输入 $\boldsymbol{x}$ 与权重 $\boldsymbol{\omega}$ 的加权求和,再加上偏置 b,即

$$\boldsymbol{y}=\boldsymbol{\omega}_1\boldsymbol{x}_1+\boldsymbol{\omega}_2\boldsymbol{x}_2+\cdots+\boldsymbol{\omega}_n\boldsymbol{x}_n+b \tag{4-3}$$

向量版本的写法:

$$\boldsymbol{y}=\langle\boldsymbol{\omega},\boldsymbol{x}\rangle+b \tag{4-4}$$

线性模型相乘求和的含义是什么?相乘的含义是通过权重对输入信息进行重要程度的重分配,而求和的目的是综合考虑所有信息。例如,生活中的房价。假设影响房价的关键因素是卧室的个数、卫生间的个数、居住面积,记为 $\boldsymbol{x}_1,\boldsymbol{x}_2,\boldsymbol{x}_3$,则成交价 $\boldsymbol{y}$ 等于:

$$\boldsymbol{y}=\boldsymbol{\omega}_1\boldsymbol{x}_1+\boldsymbol{\omega}_2\boldsymbol{x}_2+\boldsymbol{\omega}_3\boldsymbol{x}_3+b \tag{4-5}$$

其中,$\boldsymbol{\omega}_1,\boldsymbol{\omega}_2,\boldsymbol{\omega}_3$ 通过相乘的方法决定了因素 $\boldsymbol{x}_1,\boldsymbol{x}_2,\boldsymbol{x}_3$ 的权重,而偏置 b 则是一种纠正,例如即使是同一地域条件差不多的房型,因为卖家和买主的个人原因,成交价也是在一个小范围内浮动的,这就是偏置的概念。

2. 线性模型的衡量

上述介绍了线性模型的计算方法,那么如何衡量线性模型的输出值是否准确呢?一般

会使用数据的真实值作为衡量标准。还是之前房价的例子,当对某地域的某房型进行估值时,可以使用往年该地域的同类房型的成交价格作为真实值。

假设 $\boldsymbol{y}$ 是真实值,$\hat{\boldsymbol{y}}$ 是估计值,则可以比较:

$$\ell(\boldsymbol{y},\hat{\boldsymbol{y}})=\frac{1}{2}(\boldsymbol{y}-\hat{\boldsymbol{y}})^2 \tag{4-6}$$

这就是经典的平方损失。$\ell(\boldsymbol{y},\hat{\boldsymbol{y}})$可作为衡量估计值和真实值之间距离的表征,期望的是让 ℓ 尽可能地小,因为当 ℓ 足够小时,就说明模型的输出结果无限接近于数据的真值。将 $\hat{\boldsymbol{y}}$ 替换为$\langle\boldsymbol{\omega},\boldsymbol{x}\rangle+b$,则上式变成:

$$\ell(X,\boldsymbol{y},\boldsymbol{\omega},b)=\frac{1}{2n}\sum_{i=1}^{n}(\boldsymbol{y}_i-\langle\boldsymbol{x}_i,\boldsymbol{\omega}\rangle-b)^2=\frac{1}{2n}\|\boldsymbol{y}-X\boldsymbol{\omega}-b\|^2 \tag{4-7}$$

实现让 ℓ 尽可能地小的方法被称作模型的训练。深度学习中常用的模型训练方法是有监督训练,详细流程如下。

首先制作一个训练数据集,在当前房价的例子中,可以收集过去两年的房子交易记录。将房子的数据(面积、地域、采光等)作为训练集,将对应的房子成交价格作为真实值。这些训练数据会随着时间的积累越来越多,然后可以创建一个线性模型,先随机初始化其中的权重和偏置,再将训练数据送进模型,得到一个计算结果,即估计值。此时,由于参数是随机初始化的,这个预估值大概率不准确。接下来使用真实值与预估值进行比较,根据比较的结果反馈来更新新的模型权重,这个更新权重的方法被称为梯度下降算法,具体解释如下。

从某种程度上,读者可以把梯度理解成某函数偏导数的集合,例如函数 $f(x,y)$的梯度为

$$\mathbf{grad}f(x,y)=\left(\frac{\partial f}{\partial x},\frac{\partial f}{\partial y}\right) \tag{4-8}$$

当某函数只有一个自变量时,梯度实际上就是导数的概念。

需要注意的是,梯度是一个向量,既有大小又有方向。梯度的方向是最大方向导数的方向,而梯度的模是最大方向导数的值。另外,梯度在几何上的含义是函数变化率最大的方向。沿着梯度向量的方向前进,更容易找到函数的最大值,反过来讲,沿着梯度向量相反的方向前进是梯度减少最快的方向,也就是说更容易找到函数的最小值。

例如,维基百科上用来说明梯度的图片特别典型,说明非常形象,所以引来供读者学习。

设函数 $f(x,y)=-(\cos 2x+\cos 2y)^2$,则梯度 $\mathbf{grad}f(x,y)$的几何意义可以描述为在底部平面上的向量投影。每个点的梯度是一个向量,其长度代表这点的变化速度,而方向表示其函数增长速率最快的方向。通过梯度图可以很清楚地看到,在向量长的地方,函数增长速度就快,而其方向代表了增长最快的方向,梯度图如图 4-1 所示。

现在回到损失 ℓ 的概念,ℓ 也是一种函数(例如平方差损失函数),因此要求 ℓ 的最小值,实际上只需沿着 ℓ 梯度的反方向寻找,这就是梯度下降的概念。其公式表示为

$$\mathbf{grad}=\frac{\partial\ell}{\partial\boldsymbol{\omega}_{t-1}} \tag{4-9}$$

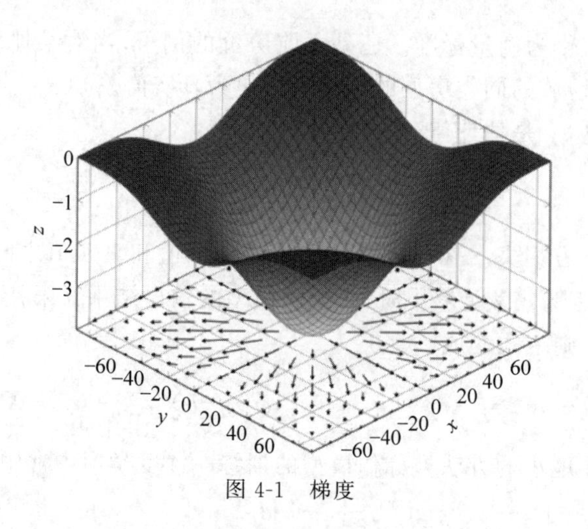

图 4-1 梯度

$$\boldsymbol{\omega}_t = \boldsymbol{\omega}_{t-1} - \eta \times \mathbf{grad} \tag{4-10}$$

式(4-10)中 **grad** 表示梯度的反方向，新的权重$\boldsymbol{\omega}_t$ 等于之前的权重$\boldsymbol{\omega}_{t-1}$ 向梯度的反方向前进 $\eta\times$**grad** 的量。图 4-1 中的函数平面化后表示的梯度下降过程如图 4-2 所示。

(1) 随机初始化一个初始值$\boldsymbol{\omega}_0$。

(2) 重复迭代梯度下降算法，即

$$\boldsymbol{\omega}_t = \boldsymbol{\omega}_{t-1} - \eta \times \mathbf{grad}(t=1,2,3)$$

(3) 此时，更新后的权重会比之前的权重使模型计算得到一个更小的损失，即

$$\ell(\boldsymbol{\omega}_0) > \ell(\boldsymbol{\omega}_1) > \ell(\boldsymbol{\omega}_2)\cdots \approx \ell_{\min}$$

(4) η 是学习率的意思，表征参数更新的快慢，通过 $\eta\times$**grad** 直接影响参数的更新速度。当 η 过小时，更新速度太慢，如图 4-3(a)所示；当 η 过大时，容易出现梯度振荡，如图 4-3(b)所示，这些都是不好的影响。

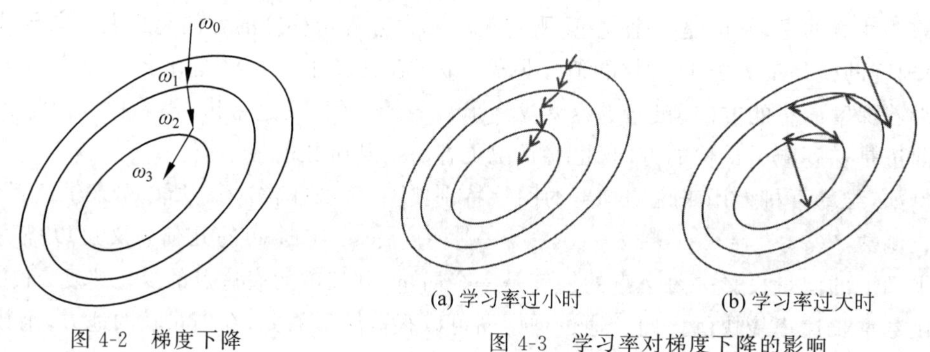

图 4-2 梯度下降

图 4-3 学习率对梯度下降的影响

需要注意的是，学习率是直接决定深度学习模型训练成功与否的关键因素之一。当一个深度学习模型效果不好或者训练失败时，不一定是模型设计的原因，也可能是训练策略所导致的，其中学习率就是训练策略的主要因素之一。在训练时往往会先选择一个较小的学习率(例如 0.0001)进行训练，再逐步调大学习率以观察模型的训练结果。此外，训练数据

集也会直接影响模型的效果，即模型的效果＝训练集＋模型设计＋训练策略。

最后，在有监督训练深度学习模型时，往往不会在一次计算中使用全部的数据集，因为训练数据集往往很大，全部使用时计算资源和内存会不够用，因此，一般情况下会采用一种被称为小批量随机梯度下降的算法。具体的方法是从训练数据集中随机采用 b 个样本 $\boldsymbol{i}_1$，$\boldsymbol{i}_2,\cdots,\boldsymbol{i}_b$ 来近似损失，此时损失的表示如下：

$$\frac{1}{b}\sum_{i\in I_b}\ell(\boldsymbol{x}_i,\boldsymbol{y}_i,\boldsymbol{\omega}) \tag{4-11}$$

在式(4-11)中，b 代表批量大小，是一个深度学习在训练过程中重要的超参数。当 b 太小时，每次计算量太小，不适合最大限度地利用并行资源；更重要的是，b 太小意味着从训练数据集中抽样的样本子集数量少，此时子集的数据分布可能与原始数据集相差较大，并不能很好地代替原始数据集。当 b 太大时，可能会导致存储或计算资源不足，因此，一般情况下建议根据自己的硬件设备选择一个尽可能大的批量。

3. 广义线性模型

除了可以直接让模型预测值逼近实值标记 y，还可以让它逼近 y 的衍生物，这就是广义线性模型(Generalized Linear Model，GLM)。

$$y=g^{-1}(\boldsymbol{\omega}^{\mathrm{T}}x+b) \tag{4-12}$$

其中，$g(.)$称为联系函数(Link Function)，要求单调可微。使用广义线性模型可以实现强大的非线性函数映射功能。例如对数线性回归(Log-linear Regression，LR)，令 $g(.)=\ln(.)$，此时模型预测值对应的是真实值标记在指数尺度上的变化，如图 4-4 所示。

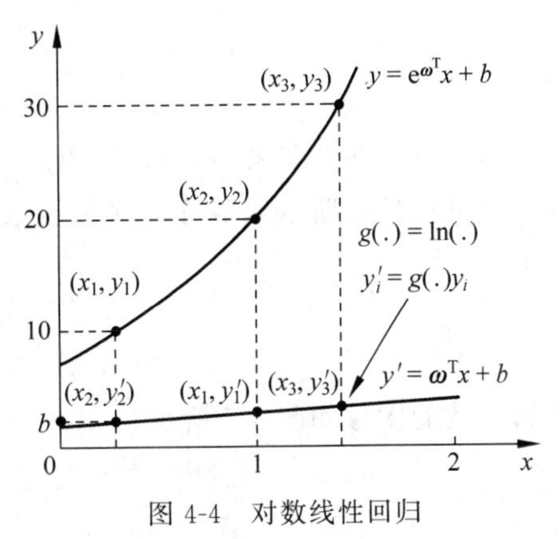

图 4-4 对数线性回归

4.1.2 回归与分类

1. 回归和分类问题的定义与联系

本节的主要目的是考虑如何将线性模型运用到回归和分类任务中。不管是分类，还是回归，其本质是一样的，即都是对输入做出预测，并且都是监督学习。也就是根据特征分析输入的内容来判断它的类别或者预测其值，而回归和分类的区别在于它们的输出不同：分类问题输出的是物体所属的类别，而回归问题输出的是物体的值。

例如，最近曼彻斯特的天气比较怪(阴晴不定)，为了能够对明天穿衣服的数量和是否携带雨具做判断，就要根据已有天气情况做预测。如果定性地预测明天及以后几天的天气情况，如周日阴，下周一晴，这就是分类；如果要预测每个时刻的温度值，则得到这个值用的方法就是回归。

(1) 分类问题输出的结果是离散的，回归问题输出的值是连续的。

总体来讲，对于预测每一时刻的温度这个问题，在时间上是连续的，因此属于回归问题，而对于预测某一天天气情况的问题，在时间上是离散的，因此属于分类问题。

（2）分类问题输出的结果是定性的，回归问题输出的值是定量的。

定性是指确定某种东西的确切的组成有什么或者某种物质是什么，定性不需要测定这种物质的各种确切的数值量。所谓定量就是指确定某种成分（物质）的确切数值量，这种测定一般不用特别地鉴定物质是什么。例如，这是一杯水，这句话是定性；这杯液体有10mL，这是定量。

2. 线性模型解决回归和分类问题

线性模型的输出可以是任意一个实值，也就是值域是连续的，因此可以天然用于做回归问题，例如预测房价、股票的成交额、未来的天气情况等，而分类任务的标记是离散值，怎么把这两者联系起来呢？其实广义线性模型已经给了我们答案。我们要做的就是找到一个单调可微的联系函数，把两者联系起来。对于一个二分类任务，比较理想的联系函数是单位阶跃函数（Unit-step Function）：

$$\sigma(x)=\begin{cases}1, & \text{如果 } x>0 \\ -1, & \text{其他}\end{cases} \tag{4-13}$$

但是单位阶跃函数不连续，所以不能直接用作联系函数。这时思路转换为如何在一定程度上近似单位阶跃函数呢？逻辑函数（Logistic Function）正是常用的替代函数，其公式如下：

$$y=\frac{1}{1+\mathrm{e}^{-z}} \tag{4-14}$$

逻辑函数的图像如图4-5所示。

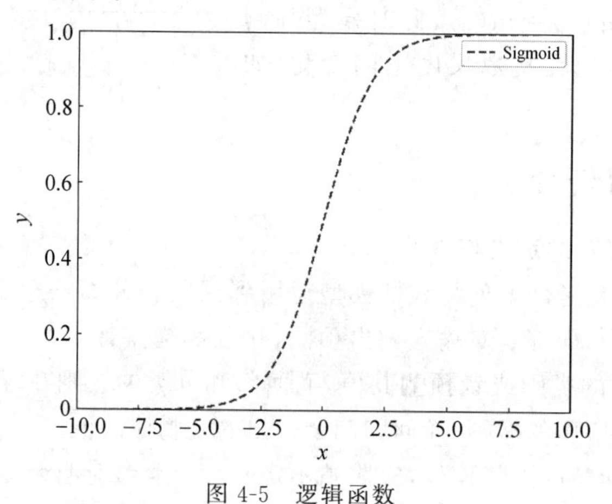

图4-5 逻辑函数

逻辑函数有时也称为Sigmoid函数（形似S的函数）。将它作为$g(.)$代入广义线性模型，即可将模型任意的连续输出映射到一个[0,1]的值域中，此时可以使用阈值分割的方法进行分类问题。例如，根据模型的输出大于0.5或小于0.5可以把输入信息分成两个不同的类别。

4.1.3 感知机模型

1. 感知机模型的定义与理解

感知机模型是神经网络算法中最基础的计算单元，模型公式如下：

$$o=\sigma(\langle \boldsymbol{\omega},x\rangle+b) \quad \sigma(x)=\begin{cases}1, & 如果\ x>0 \\ -1, & 其他\end{cases} \tag{4-15}$$

其中，x 是感知机模型接收的输入信息；$\boldsymbol{\omega}$ 是一个长度为任意长度的向量，也是感知器在训练过程中需要求得的参数。以长度为 4 的输入向量举例，感知机模型的图形化表示如图 4-6 所示。

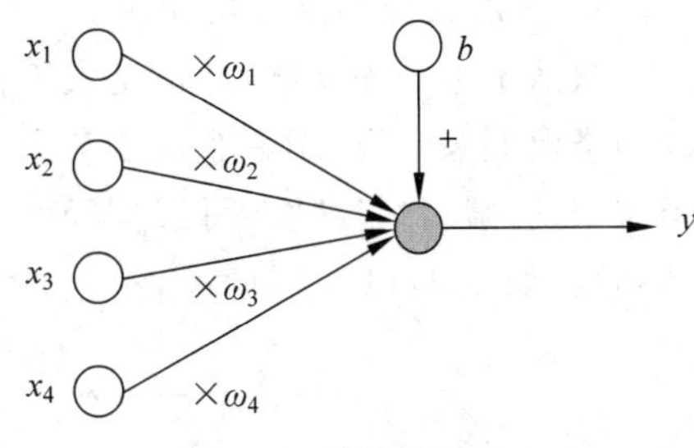

图 4-6 感知机模型 1

实际上，感知机就是一个类似广义线性模型的模型，为什么说广义呢？可以回顾一下关于广义线性模型的定义：除了直接让模型预测值逼近实值标记 y，还可以让它逼近 y 的衍生物。这就是广义线性模型：

$$y=g^{-1}(\boldsymbol{\omega}^{\mathrm{T}}x+b) \tag{4-16}$$

其中，$g(.)$称为联系函数，要求单调可微。使用广义线性模型可以实现强大的非线性函数映射功能。注意，这里的 $g(.)$要求单调可微，但是感知机中的 $g(.)$是一个判断结果是否大于 0 的判断语句，并不满足单调可微的要求。

至于神经网络模型，就是由很多感知机模型组成的结果，如图 4-7 所示。

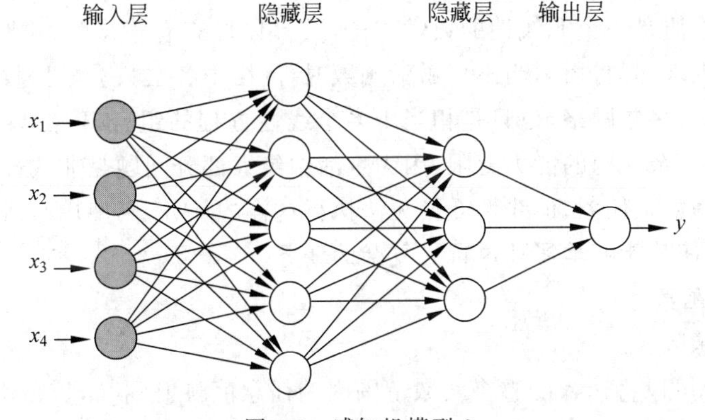

图 4-7 感知机模型 2

2. 神经网络算法与深度学习模型

神经网络模型有 3 个组成部分：输入层、隐藏层和输出层，每个都由感知机模型组成，其中，输入层指的是网络的第 1 层，是负责接收输入信息的；输出层指的是网络的最后一层，是负责输出网络计算结果的，而中间的所有层统一称为隐藏层，隐藏层的层数和每层的感知机数量都属于神经网络模型的超参数，可以进行调整，如果隐藏层的数量大于一层，则通常称这样的模型为多层感知机模型(Multi-layer Perception Model，MLP)。当隐藏层的数量很多时，例如十几层、几百层甚至几千层，则称这样的模型为深度学习模型。

所以，深度学习其实并不神秘，它就等价于神经网络算法；我们把隐藏层很多的模型称作深度学习模型。深度学习模型的训练方式与4.1.1节中介绍的有监督训练是一样的，这里就不再赘述。

4.1.4 激活函数

1. 激活函数的定义与作用

激活函数是深度学习，也是人工神经网络中一个十分重要的学习内容，对于通过人工神经网络模型去学习、理解非常复杂和非线性的函数来讲具有非常重要的作用。在深度学习模型中，一般习惯性地在每层神经网络的计算结果输入下一层神经网络之前先经过一个激活函数，如图4-8所示。

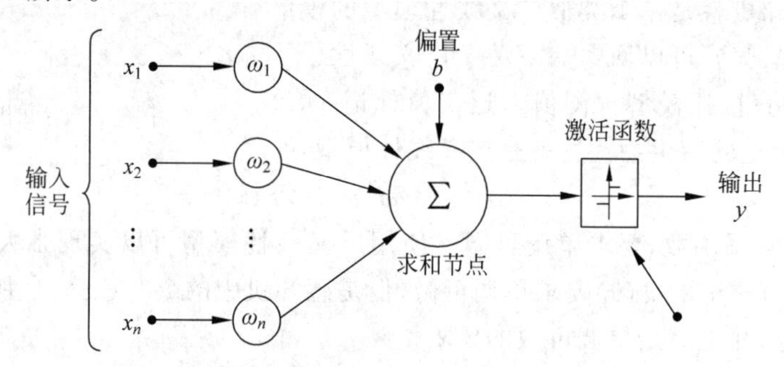

图4-8 感知机模型＋激活函数

激活函数的本质是一个非线性的数学式子，其具体形态有很多种。神经网络的计算本质上就是一个相乘求和的过程，当不用激活函数时，网络中各层只会根据权重$\boldsymbol{\omega}$和偏差b进行线性变换，就算有多层网络，也只是相当于多个线性方程的组合，依然只是相当于一个线性回归模型，解决复杂问题的能力有限，因为生活中绝大部分问题是非线性问题。如果希望神经网络能够处理复杂任务，但线性变换无法执行这样的任务，则使用激活函数就能对输入进行非线性变换，使其能够学习和执行更复杂的任务。

2. 常用激活函数

1）Sigmoid函数

Sigmoid函数可以将输入的整个实数范围内的任意值映射到[0,1]范围内，当输入值较大时，会返回一个接近1的值；当输入值较小时，会返回一个接近0的值。Sigmoid函数的数学公式如下，Sigmoid函数的图像如图4-9所示。

$$f(x)=\frac{1}{1+\mathrm{e}^{-x}} \tag{4-17}$$

Sigmoid函数的优点：输出在映射区间(0,1)内单调连续，非常适合用作输出层，并且比较容易求导。

Sigmoid函数的缺点：其解析式中含有幂运算，计算机求解时相对比较耗时，对于规模

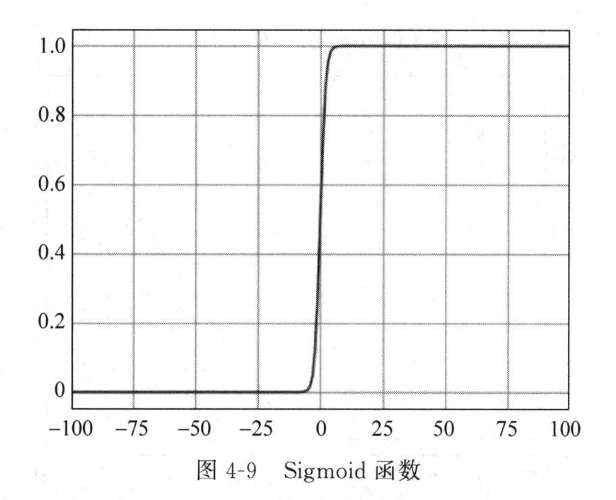

图 4-9　Sigmoid 函数

比较大的深度网络，会较大地增加训练时间，且当输入值太大或者太小时，对应的值域变化很小，这容易导致网络在训练过程中的梯度弥散问题。

2）tanh 函数

tanh 函数与 Sigmoid 函数相似，实际上，它是 Sigmoid 函数向下平移和伸缩后的结果，它能将值映射到[−1,1]的范围。相较于 Sigmoid 函数，tanh 函数的输出均值是 0，使其收敛速度要比 Sigmoid 函数快，减少了迭代次数，但它的幂运算的问题依然存在。

tanh 函数的数学公式如下，tanh 函数的图像如图 4-10 所示。

$$\tanh(x)=\frac{(\mathrm{e}^{x}-\mathrm{e}^{-x})}{(\mathrm{e}^{x}+\mathrm{e}^{-x})}=2\times \mathrm{Sigmoid}(2x)-1 \tag{4-18}$$

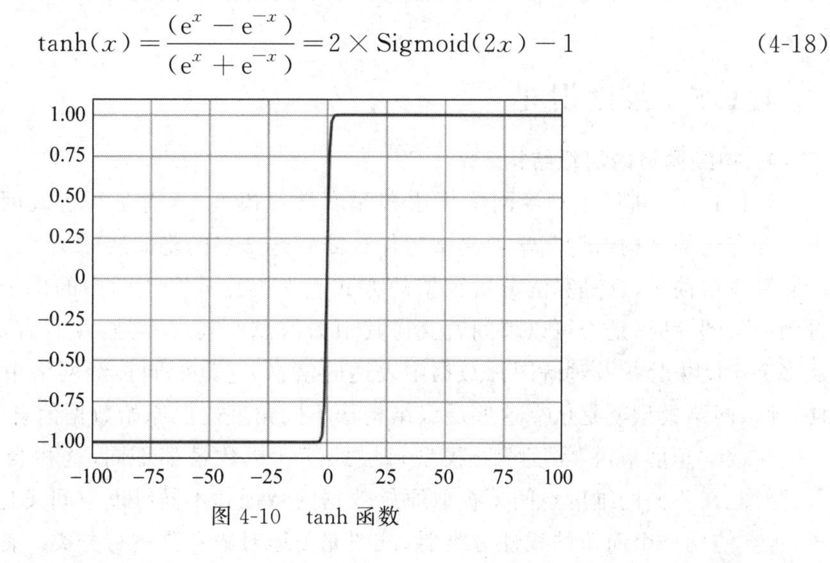

图 4-10　tanh 函数

3）ReLU 函数

ReLU 函数是目前被使用最为频繁的激活函数，当 $x<0$ 时，ReLU 函数的输出始终为 0；当 $x>0$ 时，由于 ReLU 函数的导数为 1，即保持输出为 x，所以 ReLU 函数能够在 $x>0$ 时保持梯度不断衰减，从而缓解梯度弥散的问题，还能加快收敛速度。

ReLU 函数的数学公式如下，ReLU 函数的图像如图 4-11 所示。

$$f(x)=\max(0,x) \tag{4-19}$$

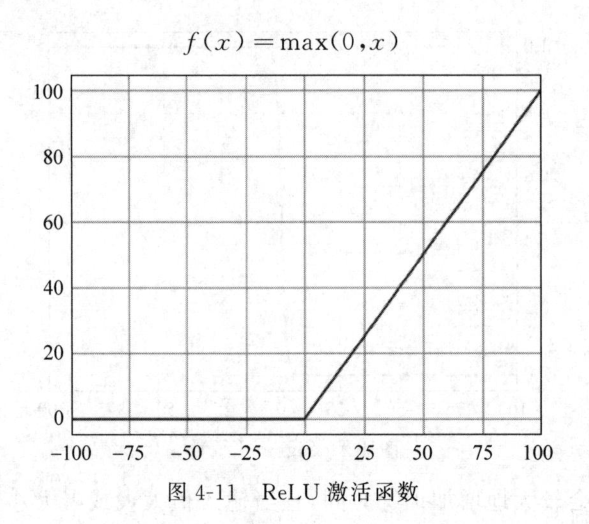

图 4-11 ReLU 激活函数

类比初中生物课的一个小实验来理解非线性。读者应该还记得初中生物课本上有一个使用电流来刺激青蛙大腿肌肉的实验吧。当电流不强时,青蛙的大腿肌肉是不反应的,只有电流到达一定强度,青蛙大腿肌肉才开始抽搐,而且电流越大,抽搐得越剧烈。这个反应过程如果画出来,实际上与 ReLU 函数非常相似,这体现了生物的非线性,正是这种非线性反应,让生物体拥有了决策的能力,以适应复杂的环境,所以在神经网络层后接激活函数的原因,就是给模型赋予这种非线性的能力,让模型通过训练的方式可以拟合更复杂的问题与场景。

4.1.5 维度诅咒

1. 神经网络的层级结构

4.1.4 节中讲解了神经网络算法和深度学习模型,读者是否有疑问:为什么神经网络模型要有层级结构?深度学习模型为什么需要这么多的隐藏层?

答案很简单,这是算法分析数据的方式。先类比一个生活中的例子以便理解:当我们看到一张图片时,是否可以瞬间就获得其中的信息?其实不是,我们需要一定的思考时间,从多个角度去分析及理解图片数据中表达的信息,这就如同神经网络中的多个层级结构一样,神经网络模型就是依靠这些层级结构从不同角度提取原始数据信息。

从数学角度来讲,深度学习模型每层的感知机数量都不同,这相当于对原始数据进行升、降维,在不同的维度空间下提取原始数据的特征。不同维度空间又是什么意思?举个例子,现在使用一个简单的线性分类器,试图完美地对猫和狗进行分类。首先可以从一个特征开始,如"圆眼"特征,分类结果如图 4-12 所示。

图 4-12 猫和狗在一维特征空间下的分类结果

由于猫和狗都是圆眼睛，此时无法获得完美的分类结果，因此，可能会决定增加其他特征，如“尖耳朵”特征，分类结果如图 4-13 所示。

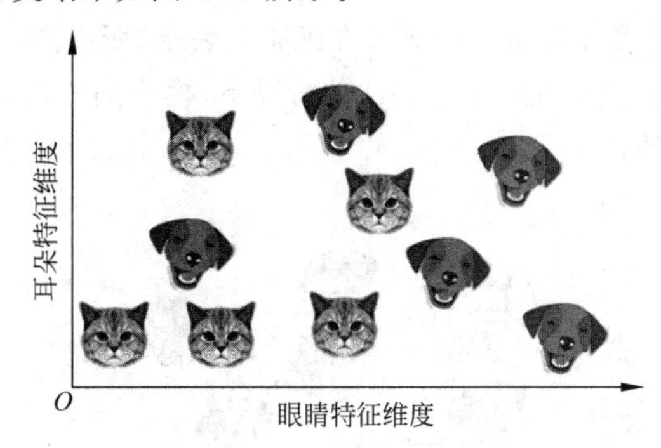

图 4-13　猫和狗在二维特征空间下的分类结果

此时发现，猫和狗两种类型的数据分布渐渐离散，最后，增加第 3 个特征，例如“长鼻子”特征，得到一个三维特征空间，如图 4-14 所示。

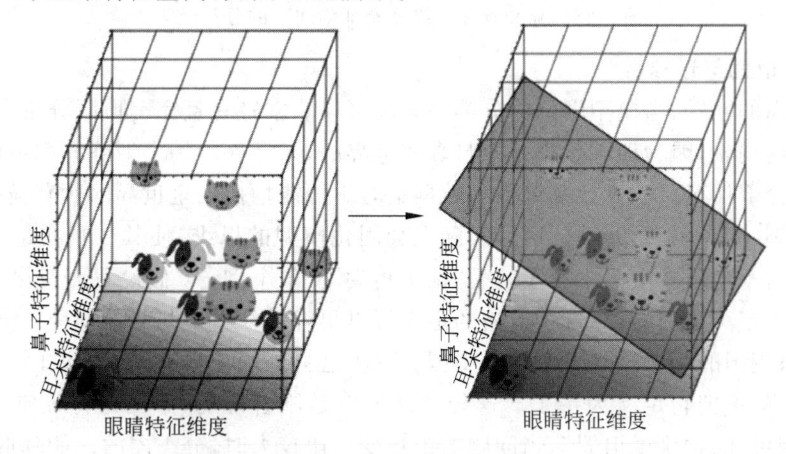

图 4-14　猫和狗在三维特征空间下的分类结果

此时，模型已经可以很好地拟合出一个分类决策面对猫和狗两种类型进行分类了。那么很自然地联想一下：如果继续增加特征数量，则将原始数据映射到更高维度的空间下是不是更有利于分类呢？

事实并非如此。注意，当增加问题维数时，训练样本的密度是呈指数下降的。假设 10 个训练实例涵盖了完整的一维特征空间，其宽度为 5 个单元间隔，因此，在一维情况下，样本密度为 10/5＝2 样本/间隔。

在二维情况下，仍然有 10 个训练实例，现在它用 5×5＝25 个单位正方形面积涵盖了二维的特征空间，因此，在二维情况下，样本密度为 10/25＝0.4 样本/间隔。

最后，在三维的情况下，10 个样本覆盖了 5×5×5＝125 个单位立方体特征空间体积，因此，在三维的情况下，样本密度为 10/125＝0.08 样本/间隔。

如果不断增加特征，则特征空间的维数也在增长，并变得越来越稀疏。由于这种稀疏性，找到一个可分离的超平面会变得非常容易。如果将高维的分类结果映射到低维空间，则与此方法相关联的严重问题就凸显出来了。猫和狗在高维度特征空间下的分类结果如图 4-15 所示。注意，因为高维特征空间难以在纸张上表示，所以图 4-15 是将高维空间的分类结果映射到二维空间下进行展示的。在这种情况下，模型训练的分类决策面可以非常轻易且完美地区分所有个体。

图 4-15　猫和狗在高维度特征空间下的分类结果

2. 维度诅咒与过拟合

接着上面的问题，当模型训练的分类决策面可以非常轻易且完美地区分所有个体时，实际上是不好的现象，因为训练数据是取自真实世界的，并且任何一个训练集都不可能包含大千世界中的全部情况。就好比采集猫狗数据集时不可能拍摄到全世界的所有猫狗一样。此时对于这个训练数据集做完美的区分实际上会固化模型的思维，使其在真实世界中的泛化能力很差。这个现象在生活中其实就是"钻牛角尖"。举个例子：假设我们费尽心思想出了一百种特征来定义中国的牛，这种严格的定义可以很容易地将牛与其他物种区分开来，但是有一天，一只英国的奶牛漂洋过海到了中国。由于这只外国牛只有 90 种特征符合中国对牛的定义，所以就不把它定义为牛了。这种做法显然是不合理的，原因是特征空间的维度太高，把这种现象称为"维度诅咒"，当问题的维数变得比较大时，分类器的性能降低。"维度诅咒"现象如图 4-16 所示。

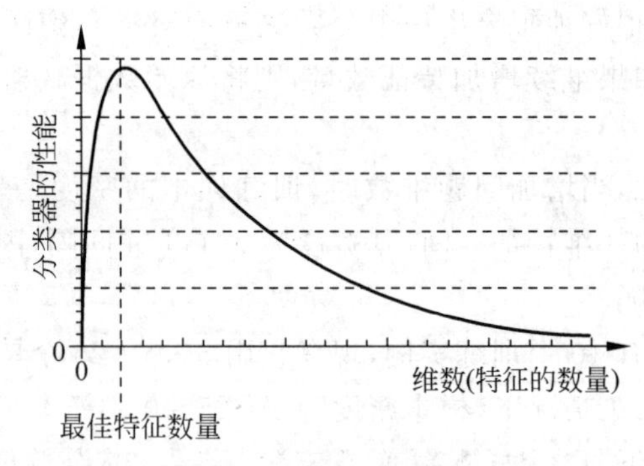

图 4-16　维度诅咒

接下来的问题是"太大"指的是多大，如何避免维度诅咒？遗憾的是没有固定的规则来确定分类中应该有多少特征。事实上,这取决于可用训练数据的数量,决策边界的复杂性及所使用分类器的类型。如果可以获得训练样本的理论无限量,则维度的诅咒将被终结。

在实际工作中,我们似乎都认同这样一个事实:如果增加数据提取的特征维度,或者说如果模型需要更高维度的输入,则相应地需要增加训练数据。

例如在人工提取特征时,如果结合了多个特征,则最后的求解模型的训练往往也需要更多的数据。又如在深度神经网络中,由于输入维度过高,往往需要增加大量的训练数据,否则模型会“喂不饱”。

回顾刚才的例子,由于高特征维度的空间膨胀,使原来样本变得稀疏,原来距离相近的一些样本也都变得距离极远。此时相似性没有意义,需要添加数据使样本稠密。

深度神经网络的输入一般是高维的数据。例如一个单词如果定义为300维的词向量,把一段1000个单词的文本作为一个样本,这就是一个拥有300×1000的元素矩阵,在这么高维度的空间里,样本之间的相似性难以被挖掘,因此需要使用深度网络对维度进行压缩,使样本分布更加稠密,便于下游分类器分类。最后说一下,这个由维度诅咒引起的现象在深度学习模型中又被称为模型的过拟合现象。

4.1.6　过拟合与欠拟合

1. 过拟合和欠拟合现象的定义

在深度学习模型的训练过程中,过拟合或者欠拟合现象基本上可以看作一个不可避免的事件。

当模型的表现能力弱于事件的真实表现时会出现欠拟合现象。某个非线性模型合适的解如图4-17(a)所示。如果用线性模型去训练这个非线性问题,则自然难以得到合适的解,如图4-17(b)所示。

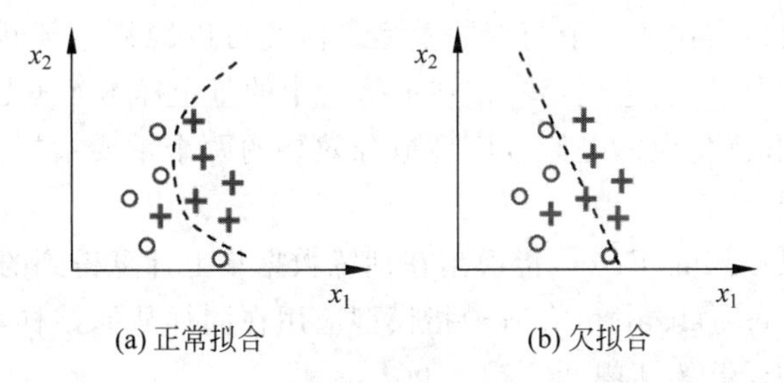

(a) 正常拟合　　(b) 欠拟合

图4-17　欠拟合现象

相反,当模型的表现能力强于事件的真实表现时会出现过拟合现象,过拟合现象是指模型为了追求训练集的准确率,过多地学习一些非普遍的特征,从而导致模型的泛化能力下降。虽然能很好地拟合训练集,但是在测试集上表现不佳。正常拟合的模型如图4-18(a)所示,过拟合的模型如图4-18(b)所示。

2. 过拟合和欠拟合现象的产生原因

影响模型过拟合和欠拟合的原因主要有两个:数据(数据量大小)和模型容量(模型复

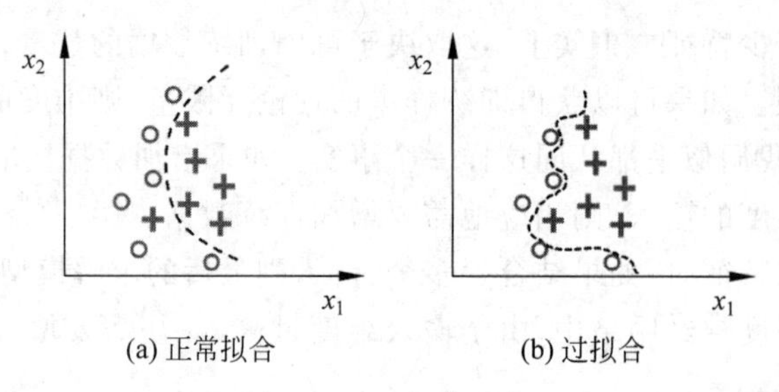

(a) 正常拟合　　(b) 过拟合

图 4-18　过拟合现象

杂度)，其关系见表 4-1。

表 4-1　欠/过拟合现象产生的原因

容　　量	数据简单	数据复杂
模型容量低	正常	欠拟合
模型容量高	过拟合	正常

从数据量的角度理解：当用于训练模型的数据太少时容易出现过拟合现象；当数据太多时容易出现欠拟合现象。这个现象可以通过生活中的例子来解释：假设一名大学生正在努力准备期末考试。如果用于考试的备考题库(训练集)太简单，则学生可能试图通过死记硬背考题的答案来做准备。他甚至可以完全记住过去考题的答案，实际上这样做他并没有真的理解题目。这种记住训练集中每个样本的现象被称为过拟合。相反，如果用于考试的备考题库中的考题太多太难，超出学生记忆的范围，则学生很难理解题目之间的相关性及分析数据的特征。这种训练集太难，模型无法胜任处理工作的现象被称为欠拟合。

从模型复杂程度的角度理解：为什么一名大学生会想到背答案？如果换个幼儿园的小朋友来做题还会想到背答案这种方法吗？其实，一名大学生可以类比成一个复杂的模型，而一名幼儿园小朋友可以类比成一个简单的模型。由此可以轻易地判断出，一个复杂的模型更容易出现过拟合现象，因为它更容易记住训练集中的每个样本而不是学习普适的特征。

最后，训练误差和泛化误差是衡量模型拟合效果的两个重要指标。首先解释一下什么是训练误差和泛化误差：

(1) 训练误差(Training Error)指模型在训练数据集上计算得到的误差。

(2) 泛化误差(Generalization Error)指模型应用在同样从原始样本的分布中抽取的无限多数据样本时模型误差的期望。

问题是，我们永远不能准确地计算出泛化误差。这是因为无限多的数据样本是一个虚构的对象。在实际中，只能通过将模型应用于一个独立的测试集来估计泛化误差，该测试集由随机选取的未曾在训练集中出现的数据样本构成。

过拟合现象的一个明显的特点是模型的训练误差很小，但是泛化误差很大，而欠拟合现象的体现是模型的训练误差和泛化误差都很大。训练模型的目的是希望模型能适用于真实世界，即模型的泛化误差要小，因此，过拟合和欠拟合现象都是在训练深度学习模型中应该尽量避免的问题。

4.1.7　正则

深度学习中的正则可以看作通过约束模型复杂度来防止过拟合现象的一些手段。首先，模型复杂度是由模型的参数量大小和参数的可取值范围一起决定的，因此正则方法也分为两个方向：一个方向致力于约束模型参数的取值范围，例如权重衰减(Weight Decay)；一个方向致力于约束模型的参数量，例如丢弃法(DropOut)。

(1) 通过限制参数值的取值范围来约束模型复杂度。

可以使用均方范数作为硬性限制，让其小于某超参数 θ，小的 θ 意味着更强的约束：

$$\min \ell(\boldsymbol{\omega},b) \text{ subject to } \|\boldsymbol{\omega}\|^2 \leqslant \theta \tag{4-20}$$

此外，也可以使用均方范数作为柔性限制，方法如下：

$$\min\left(\ell(\boldsymbol{\omega},b)+\frac{\lambda}{2}\|\omega\|^2\right) \tag{4-21}$$

由于求最小值的括号里是两项相加的操作，所以两个子项都要求最小，第 1 个子项是训练损失的求解；第 2 个子项则是添加的约束：当 $\lambda\to\infty$ 时，为了求最小值，$\boldsymbol{\omega}$ 会趋近零，这相当于对权重的取值进行了约束；当 $\lambda=0$ 时，子项也等于 0，这相当于没有约束，即 λ 越大，对于权重取值范围的约束就越强。这种正则方法被称作 L2 正则或权重衰减。当带有这种正则项的损失函数进行梯度计算时：

$$\frac{\partial}{\partial\boldsymbol{\omega}}\left(\ell(\boldsymbol{\omega},b)+\frac{\lambda}{2}\|\boldsymbol{\omega}\|^2\right)=\frac{\partial l(\boldsymbol{\omega},b)}{\partial\boldsymbol{\omega}}+\lambda\boldsymbol{\omega} \tag{4-22}$$

然后使用梯度下降算法更新参数，推导得出：

$$\boldsymbol{\omega}_{t+1}=(1-\eta\lambda)\boldsymbol{\omega}_t-\eta\frac{\partial\lambda(\boldsymbol{\omega}_t,b_t)}{\partial\boldsymbol{\omega}_t} \tag{4-23}$$

可以发现，相较于正常的梯度下降算法公式，此时多出了一个$(1-\eta\lambda)$项，这一项通常是小于 1 的，因此相乘时会减弱权重 ω_t，这也是它的名字权重衰减的由来。

(2) 通过限制参数值的容量范围来约束模型复杂度。

防止模型过拟合的第 2 个方向是通过限制参数值的容量范围来约束模型复杂度。在这个方向下，最著名的算法称为丢弃法，完整网络如图 4-19(a)所示，丢弃法网络模型如图 4-19(b)所示。在训练过程中，丢弃法随机地将一些神经元的输出置为 0，即将其DropOut，这些被丢弃的神经元在当前训练样本的前向传播和反向传播过程中不会被激活或更新。

具体来讲，丢弃法在每次训练迭代中以一定的概率(通常为 0.5)随机地将某些神经元的输出置为 0。这样做的效果是，每个神经元都不能过于依赖其他特定的神经元，因为在每次迭代中都可能有不同的神经元被丢弃。这有助于减少神经网络中的过拟合，因为网络无法过度地依赖特定的神经元，从而增加了网络的稳健性和泛化能力。

在测试阶段，不再使用 DropOut，而是使用所有神经元的输出，但为了保持训练和测试阶段的一致性，通常会在每个神经元的输出上乘以 DropOut 的概率(在训练时保留的概率)。

通过引入随机性和减少神经元的依赖性，DropOut 可以有效地降低过拟合风险，从而提高神经网络的泛化能力，并改善模型在未见过的数据上的性能。

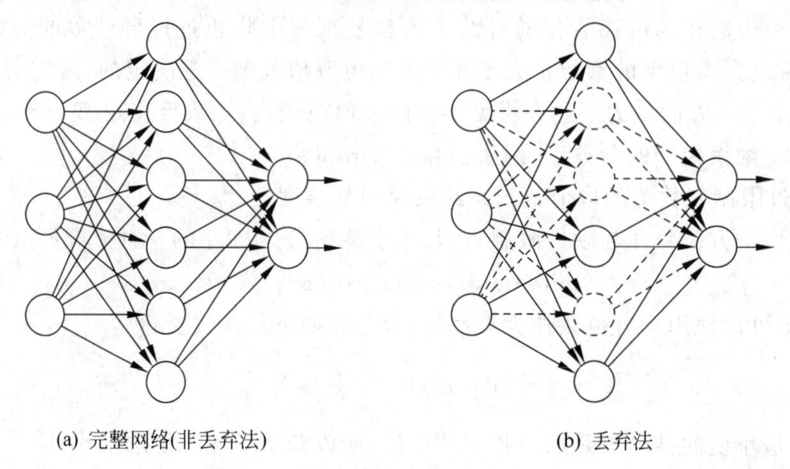

图 4-19 DropOut

从图 4-19 中可以发现，经过 DropOut 计算之后的模型，其参数数量明显减少了，可以通过这种方式来降低模型的复杂度。

4.1.8 数据增强

4.1.7 节是从模型复杂度的角度来防止过拟合现象的。本节主要从训练集容量的角度来防止过拟合现象，采用的方法叫作数据增强(Data Augmentation)。

原理很简单，只要提升训练数据集的样本数量就可以防止过拟合现象。以计算机视觉任务为例，可以从图像数据集中抽出每个样本，针对每个样本做不同的随机裁剪、水平翻转、颜色光照变换、对比度增减等操作，这样可以由一张原图得到很多副本图像。将这些图像一起作为模型的训练集即可增加数据集的容量，示例图片如图 4-20 所示。

图 4-20 数据增强

当然，这种简单的方式已经比较古老了。现在也有人使用生成对抗网络(基于神经网络的一种变体，擅长生成数据)来生成新的样本作为训练样本，经过实验验证也是可行的。

到此，关于防止深度学习训练产生过拟合现象的两种手段已经介绍完了(正则和数据增强)，而防止模型欠拟合的方法比较简单，直接通过增加深度学习模型隐藏层的数量，让模型变深一些即可有效地缓解模型欠拟合的问题。

4.1.9 数值不稳定性

深度学习模型是通过不断堆叠层级结构组成的神经网络模型，由于每层神经网络其实是一次相乘求和的操作，所以堆叠多层的深度学习模型的计算本质是一个累乘的模型，而累乘就会导致数值不稳定的问题，如图 4-21 所示。

图 4-21 数值不稳定的问题

这种数值不稳定性问题在深度学习的训练过程中被称作梯度消失和梯度爆炸。

（1）梯度消失：由于累乘导致的梯度接近 0 的现象，此时训练没有进展。

（2）梯度爆炸：由于累乘导致计算结果超出数据类型能记录的数据范围，从而导致报错。

防止出现数值不稳定的方法是对数据进行归一化处理，这将在之后的内容中展开讲解，具体详见 5.5.2 节 GoogLeNet V2。

4.2 基于梯度下降的优化算法

本节主要介绍基于梯度下降的各种经典的优化算法，以及它们的 PyTorch 实现。在正式介绍优化算法之前，先了解一些前置知识。

4.2.1 优化算法的数学基础

1. 指数移动平均

指数移动平均（Exponential Moving Average，EMA）是一种给予近期数据更高权重的平均方法。其数学表达式如下：

$$v_t = \beta v_{t-1} + (1-\beta)\theta_t \tag{4-24}$$

下面来看一下公式推导。

假设：$\beta = 0.9, v_0 = 0$

$$\begin{aligned} v_t &= 0.9v_{t-1} + 0.1\theta_t \\ v_{t-1} &= 0.9v_{t-2} + 0.1\theta_{t-1} \\ &\vdots \\ v_1 &= 0.9v_0 + 0.1\theta_1 \end{aligned} \tag{4-25}$$

逐层向上代入：

$$v_t = 0.1 \times (\theta_t + 0.9\theta_{t-1} + 0.9^2\theta_{t-2} + \cdots + 0.9^{t-1}\theta_1) \tag{4-26}$$

式(4-26)实际上是对时刻 t 之前(包括 t)的实际数值进行加权平均，时间越近，权重越大，而且采用指数式的加权方式，因此被称为指数加权平均。

与一般情况下计算截至时刻 t 的平均值 $s_t = \frac{\theta_1 + \theta_2 + \cdots + \theta_t}{t}$ 相比，指数移动平均的方法有两个明显的好处：

(1) 一般的平均值计算方法需要保存前面所有时刻的实际数值，这会消耗额外的内存，而 EMA 则不会。

(2) 指数移动平均在有些场景下，其实更符合实际情况，例如股票价格、天气等，上一个时间戳的情况对当前时间戳下的结果影响最大。

2. L2 正则

L2 正则(L2 Regularization)是在损失函数上加一个 $\boldsymbol{\omega}$ 的绝对值平方项，产生让 $\boldsymbol{\omega}$ 尽可能不要太大的效果。

L2 正则一般不考虑参数 b 的正则，只是计入参数 $\boldsymbol{\omega}$ 的正则，因为 b 参数量小，不易增加模型的复杂性，也不易带来模型输出的方差。正则化参数 b 反而可能导致模型欠拟合。

损失函数在加入 L2 正则后，新的损失函数 L' 表示为

$$L' = L + \frac{1}{2}\lambda \|\boldsymbol{\omega}_{t-1}\|^2 \tag{4-27}$$

对损失函数 L' 求导得到导数 g'：

$$g' = g + \lambda\boldsymbol{\omega}_{t-1} \tag{4-28}$$

使用梯度下降算法更新参数 $\boldsymbol{\omega}_t$：

$$\boldsymbol{\omega}_t = \boldsymbol{\omega}_t - \eta g - \eta\lambda\boldsymbol{\omega}_{t-1} = (1 - \eta\lambda)\boldsymbol{\omega}_t - \eta g \tag{4-29}$$

通常 $\eta\lambda < 1$，所以与参数 $\boldsymbol{\omega}_t$ 相乘时有衰减权重的作用，因此 L2 正则又被称为权重衰减。

3. 梯度下降

这里主要介绍批量梯度下降法(Batch Gradient Descent，BGD)、随机梯度下降法(Stochastic Gradient Descent，SGD)和小批量梯度下降法(Mini-batch Gradient Descent，MBGD)的概念和区别。

批量梯度下降法是梯度下降法常用的形式。具体做法是在更新参数时使用所有的样本进行更新。由于需要计算整个数据集的梯度，所以将导致梯度下降法的速度可能非常缓慢，并且对于内存小而数据集庞大的情况十分棘手，而批量梯度下降法的优点是在理想状态下经过足够多的迭代后可以达到全局最优。

随机梯度下降法和批量梯度下降法的原理类似，区别在于随机梯度下降法在求梯度时没有用所有的样本数据，而是仅仅选取一个样本来求梯度。正是为了加快收敛速度，并且解决大数据量无法一次性塞入内存的问题。因为每次只用一个样本来更新参数，随机梯度下

降法会导致不稳定。每次更新的方向不像批量梯度下降法那样每次都朝着最优点的方向逼近，而是在最优点附近振荡。

其实，批量梯度下降法与随机梯度下降法是两个极端，前者采用所有数据进行梯度下降，如图4-22(a)所示；后者采用一个样本进行梯度下降，如图4-22(b)所示。两种方法的优缺点都非常突出，对于训练速度来讲，随机梯度下降法由于每次仅仅采用一个样本来迭代，所以训练速度很快，而批量梯度下降法在样本量很大时，训练速度不能让人满意。对于准确度来讲，随机梯度下降法仅仅用一个样本决定梯度方向，导致有可能不是最优解。对于收敛速度来讲，由于随机梯度下降法一次迭代一个样本，所以导致迭代方向变化很大，不能很快地收敛到局部最优解。那么，有没有一个办法能够结合两种方法的优点呢？

这就是小批量梯度下降法，如图4-22(c)所示，即每次训练从整个数据集中随机选取一个小批量样本用于模型训练，这个小批量样本的大小是超参数，一般来讲越大越准，当然训练也会越慢。

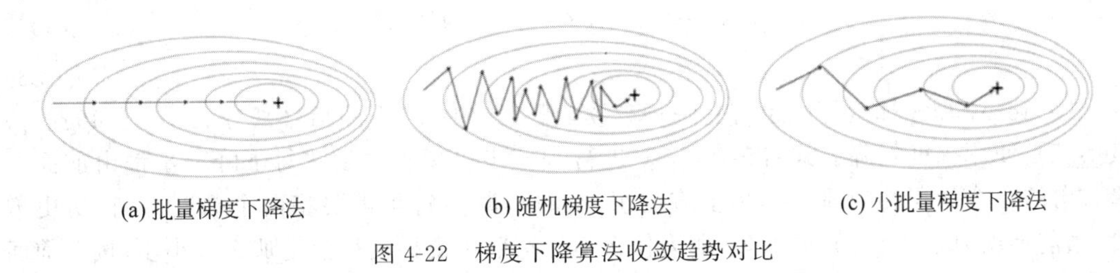

(a) 批量梯度下降法　　(b) 随机梯度下降法　　(c) 小批量梯度下降法

图4-22　梯度下降算法收敛趋势对比

4.2.2　优化器

1. SGD优化器

SGD一般指小批量梯度下降法，是一种十分常见的优化方法。除了每次迭代计算小批量的梯度，然后对参数进行更新，在PyTorch中的SGD默认实现了另外两个功能：动量梯度(Momentum Gradient，MG)和Nesterov加速累计梯度(Nesterov Accelerated Gradient，NAG)。

梯度下降过程中，用指数移动平均融合历史的梯度，收敛速度和稳定性都有显著收益，其中历史梯度被称为动量项(Momentum)。带动量的SGD优化步骤如下：

$$m_t = \beta m_{t-1} + (1-\beta) g_t \tag{4-30}$$

$$\omega_t = \omega_{t-1} - \eta m_t \tag{4-31}$$

其中，m_{t-1}是上一时刻的梯度，m_t是用EMA融合历史梯度后的梯度，g_t是当前时刻的梯度。β是一个超参数，βm_{t-1}被称为动量项。由EMA的原理可知，虽然式(4-30)里只用到了上一时刻的梯度，但其实是当前时刻之前的所有历史梯度的指数平均。

加入动量项后进行模型权重的更新，比直接用原始梯度值时的抖动更小更加稳定，也可以快速冲过误差曲面(Error Surface)上的鞍点等比较平坦的区域。其原理可以想象成滑雪运动，当前的运动趋势总会受到之前动能的影响，所以滑雪的曲线才比较优美平滑，不可能划出90°这样陡峭的直角弯；当滑到谷底时，虽然地势平坦，但是由于之前动能的影响，也会继续往前滑，有可能借助动量冲出谷底。

小结一下，加入动量项的好处如下：

(1) 在下降初期时，动量方向与当前梯度方向一致，能够达到很好的收敛加速效果。

(2) 在下降后期时，梯度可能在局部最小值附近振荡，动量可能帮助跳出局部最小值。

(3) 在梯度改变方向时，动量能够抵消方向相对的梯度，抑制振荡，从而加快收敛。

加入动量的梯度下降公式还有另一种简单的实现，即

$$g_i = \beta g_{i-1} + g(\theta_{i-1}) \tag{4-32}$$

$$\theta_i = \theta_{i-1} - \alpha g_i \tag{4-33}$$

其中，β 是动量因子。将上式代入并展开后得到：

$$\theta_t = -\alpha\beta g_{t-1} - \alpha g_t \tag{4-34}$$

可以看出，g_{t-1} 并没有直接改变当前梯度 g_t，对此 Yurii Nesterov 的改进思路就是让之前的动量可以直接影响当前的梯度，即

$$g_i = \beta g_{i-1} + g(\theta_{i-1} - \alpha\beta g_{i-1}) \tag{4-35}$$

$$\theta_i = \theta_{i-1} - \alpha g_i \tag{4-36}$$

Nesterov 加速梯度算法也有另一种解读，观察式(4-35)中的括号部分，$(\theta_{i-1} - \alpha\beta g_{i-1})$ 其实就是使用梯度下降公式对参数 θ_{i-1} 进行进一步更新。动量法每下降一步都由前面下降方向的一个累积和当前点的梯度方向组合而成，既然每步都要将两个梯度方向(历史梯度、当前梯度)做一个合并再下降，那为什么不先按照历史梯度往前走那么一小步，按照前面一小步位置的"超前梯度"来做梯度合并呢？听上去很神奇，但是这种有"超前"眼界的更新在实际的训练效果中表现很好，收敛速度更快。

2. AdaGrad 优化器

随着模型的训练，AdaGrad 算法可以自动调节学习率，其参数更新的公式如下：

$$r_k \leftarrow r_{k-1} + g \odot g \tag{4-37}$$

$$\theta_k \leftarrow \theta_{k-1} - \frac{\eta}{\sqrt{r_k + \sigma}} \odot g \tag{4-38}$$

从式(4-38)可以看出，与普通的梯度下降公式相比，式中的 η 变成了 $\frac{\eta}{\sqrt{r_k + \sigma}}$，其中 σ 是一个极小的实数，以便防止除零的情况，而 r_k 是之前时刻梯度平方的累加值，这里考虑两个问题，梯度为什么要平方？为什么要进行累加？

梯度平方的作用是为了平滑当前的梯度，如果 g 比较小，$g \odot g$ 就会更小，r_k 就会小，$\frac{1}{\sqrt{r_k + \sigma}}$ 就会大，这时起到了放大学习率 η 的作用。反之一样，如果 g 比较大，学习率 η 就会减小。

累加历史梯度是为了让学习率随着训练的进行逐渐减小。由于累加的作用，r_k 会越来越大，$\frac{\eta}{\sqrt{r_k + \sigma}}$ 就会随着训练越来越小。这是一个合适的学习率调节策略，就像打高尔夫球

一样，可以把学习率看作挥球杆的力度，刚开始打球时肯定用大力，希望快速接近球洞；打球后期需要用小力，将球慢慢打进洞。

当然，AdaGrad优化器也有缺点。首先由公式可以看出，它仍依赖于人工设置一个全局学习率。其次当η设置过大时会使$\sqrt{r_k+\sigma}$过于敏感，对梯度的调节太大。最后在训练中后期，分母上梯度平方的累加将会越来越大，使gradient→0，这可能会使训练提前结束。

3. RMSprop 优化器

RMSprop算是AdaGrad的一种发展，对于循环神经网络效果很好，本质上就是在r_k中融入EMA的思想，公式如下：

$$r_k \leftarrow \beta r_{k-1} + (1-\beta) g \odot g \tag{4-39}$$

$$\theta_k \leftarrow \theta_{k-1} - \frac{\eta}{\sqrt{r_k+\sigma}} \odot g \tag{4-40}$$

其目的是在累加历史梯度平方时，给近期的梯度以更大的权重，而不是一味地累积，最后导致梯度为0。虽然RMSprop可以更好地自动调节学习率，但其实依然依赖于全局学习率的初值设置。

4. Adam 优化器

Adam优化器可以说是深度学习中最常用的优化器之一了，因为它融合了其他优化算法的优点，可以看作带有动量项的RMSprop优化器，并在此基础上还做了进一步的优化，避免了冷启动的问题。它的计算过程如下。

输入：学习率ε、初始参数θ、小常数σ、累计梯度v、累计平方梯度r、衰减系数ρ、动量参数α。

从训练集中采集m个样本$\{x^{(1)},x^{(2)},\cdots,x^{(m)}\}$，其中数据$x^{(i)}$和对应目标$y^{(i)}$计算梯度：

$$g \leftarrow \frac{1}{m} \nabla\theta_{k-1} L(f(x^{(i)},\theta_{k-1}),y^{(i)}) \tag{4-41}$$

计算累计梯度：$v_t=\alpha v_{t-1}+(1-\alpha)g$（加入动量项）；

计算累计平方梯度：$r_t=\rho r_{t-1}+(1-\rho)g\odot g$（通过RMSprop算法实现学习率的调节）；

修正：$\hat{v}_t=\frac{v_t}{1-\alpha}$，$\hat{r}_t=\frac{r_t}{1-\rho}$（避免冷启动）；

更新参数：$\theta_k \leftarrow \theta_{k-1}-\varepsilon\frac{\hat{v}_t}{\sqrt{\hat{r}_t+\sigma}}$。

这里说一下什么叫冷启动，假设：衰减系数＝0.999，动量参数＝0.9。

那么，当训练刚开始时：

$$v=0.9\times 0+0.1\times g=0.1g \tag{4-42}$$

$$r=0.999\times 0+0.001\times g^2=0.001g^2 \tag{4-43}$$

r和v在初始训练时都很小，意味着初始训练时梯度很小，参数更新很慢，而修正后：

$$V=\frac{v}{1-0.9}=\frac{0.1g}{0.1}=g \tag{4-44}$$

$$R=\frac{r}{1-0.999}=\frac{0.001g^2}{0.001}=g^2 \tag{4-45}$$

4.3 卷积神经网络

卷积神经网络是一种前馈神经网络，它的人工神经元可以响应周围单个区域的刺激，在图像和语音识别等领域已经取得了显著效果。CNN 具有权值共享和局部感受野的特点，这使 CNN 相比于其他全连接网络结构能够更有效地处理图像等高维数据。

以下是卷积神经网络的一些主要组成部分。

卷积层(Convolutional Layer)：在这一层中，卷积操作是通过一系列的滤波器(也称为卷积核)进行的，这些滤波器在输入数据上滑动，计算滤波器和输入数据的点积，生成一个新的特征映射(Feature Map)。这种操作可以在保留空间信息的同时，提取图像的特征。

激活函数(Activation Function)：在卷积层之后，通常会使用一个非线性激活函数，例如 ReLU。这个函数可以增加模型的非线性，使模型可以学习更复杂的模式。

池化层(Pooling Layer)：这一层的作用是降低特征映射的维度，同时保留最重要的信息。可以通过减小数据的空间大小来提高计算效率，同时减少过拟合。

全连接层(Fully Connected Layer)：在卷积神经网络的最后通常会有一个或多个全连接层。在这些层中，神经元与前一层的所有神经元相连接，从而对全局信息进行整合。

损失函数(Loss Function)：损失函数用于衡量模型预测结果与实际结果的差距，通过优化损失函数，可以让模型更好地拟合和预测数据。

以上就是卷积神经网络的基本介绍，当然实际的卷积神经网络可能会包含更多的组件和技巧，例如批量数据标准化(Batch Normalization，BN)、残差连接(Residual Connection)等，将会在第 5 章展开详细讲解。卷积神经网络结构在图像识别、物体检测、语音识别等许多领域取得了优秀的成果。

4.3.1 卷积神经网络的计算

首先，要讲解基于深度学习的图像识别，卷积神经网络是大家必须掌握的前置知识。在讲解卷积之前，先来了解一下什么是核。

1. 核概念与卷积操作

$g(x,y)$即为核(Kernel)，每个小方格上都有一个标量，代表权重 ω，如图 4-23 所示。$f(x,y)$为输入图像的像素矩阵，每个小方格上都有一个标量，代表该图片在该点上的像素值。图像中卷积操作定义为核中的元素 $g(x,y)$与输入数据 $f(x,y)$对应元素进行相乘求和。

在图 4-23 的示例中，与核中的权重 ω 对应的一共有 9 个元素，相乘求和的结果即为卷

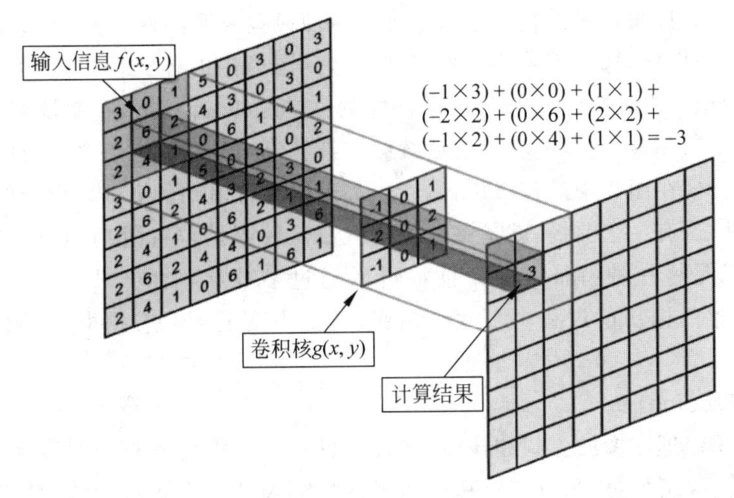

图 4-23　卷积 1

积操作的输出。核中的权重 ω 就是卷积神经网络训练需要求得的参数。

此外，通过图 4-23 可以发现，由于卷积核的尺寸一般远远小于图像的像素矩阵尺寸，因此，对图像进行一次卷积操作只能处理图像中的一小部分信息，这肯定是不合理的，所以使用卷积处理图像还有多个滑动遍历的过程，如图 4-24 所示。卷积核会从图像的起始位置（左上角）开始，以一定的顺序（从左到右，从上到下）遍历整张图像，每滑动一次就与对应的位置做一次卷积操作，直到遍历到最终位置（右下角），这个过程叫作卷积对图像的一次处理，其中，卷积核每次滑动的像素大小被定义为步长（Stride），图 4-24 中的步长为 2（Stride＝2）。

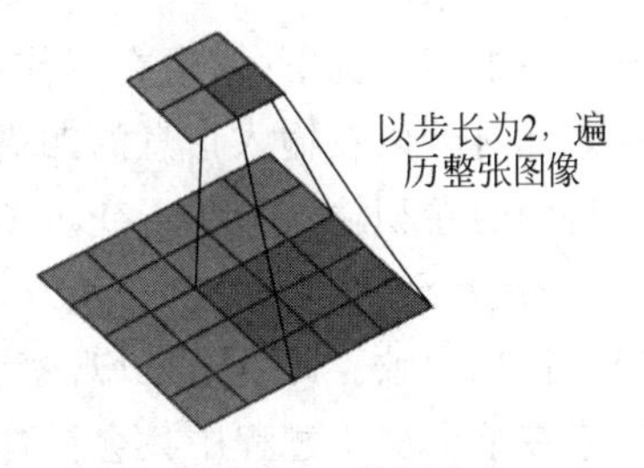

图 4-24　卷积 2

需要注意的一点是：卷积核会从图像的初始位置（左上角）滑动到最后位置（右下角），在这个过程中，卷积核中的参数是不会发生改变的，即参数共享，这是卷积操作的重要性质之一。参数独立的情况如图 4-25(a)所示，即核每滑动一次，其中的参数就要重新计算一次；参数共享的情况，也是卷积操作所采用的方式，如图 4-25(b)所示。

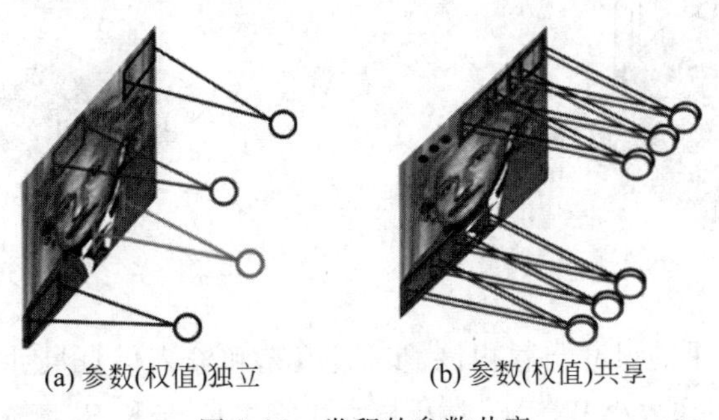

(a) 参数(权值)独立　　(b) 参数(权值)共享

图 4-25　卷积的参数共享

参数共享从某种角度来讲是在模仿人类的一种视觉习惯：平移不变性。也就是在图像中，只要是同一种特征，那么不管这个特征被平移到图像中的什么位置，人类都能很好地识别。实际上，卷积的设计是天然符合这个特性的：首先，剧透一下，卷积核在输入信息上做卷积的目的就是识别某一种特征(本章后续会详细解释)；其次，由于滑动遍历的原因，不管要识别的特征出现在图片中的什么位置，卷积都可以通过滑动的方式，滑动到该特征的上面进行识别，但是，这有一个前提，就是该卷积核从图像的起始位置滑动到结尾位置的这个过程中，寻找的都是这一种特征。这个前提可以通过参数共享的方式实现，即卷积核在对图像做一次完整的遍历的过程中不发生改变，一个不变的卷积核寻找的肯定是同一种特征了。

2. 填充(Padding)

经过对卷积处理图像的方式和核概念的认识后，可以将卷积神经网络理解为一个卷积核在输入图片上遍历的过程，遍历过程中卷积核与输入信息之间对应点的乘积求和即为卷积输出，而且输出结果的尺寸是要小于输入信息的，除非卷积核的大小为 1×1，具体操作如图 4-26 所示。

在很多情况下，希望在不使用 1×1 大小卷积核的前提下，可以调整卷积输出结果的尺寸。此时可以在输入信息的四周填充一圈新像素(一般填充 0 值像素)，使卷积核遍历图像后得到的卷积输出大小不变。填充的像素多少与卷积核的尺寸大小成正相关，填充过程如图 4-27 所示。当卷积核尺寸为 3 且步长大小为 1 时，需要填充一行一列像素使输出大小与输入信息一致。此外，可以观察图 4-27 中 1 号和 2 号的两像素。根据卷积的遍历规则，1 号像素在整个遍历过程中只会被计算一次，而 2 号像素在整个遍历过程中会被计算多次。这体现了卷积算法的一个性质：更关注图片中心区域的信息，因此，如果想让卷积操作对整张图像的关注度差不多，则可以通过填充的方式将原本在边缘的像素信息变换到靠近中心的位置。

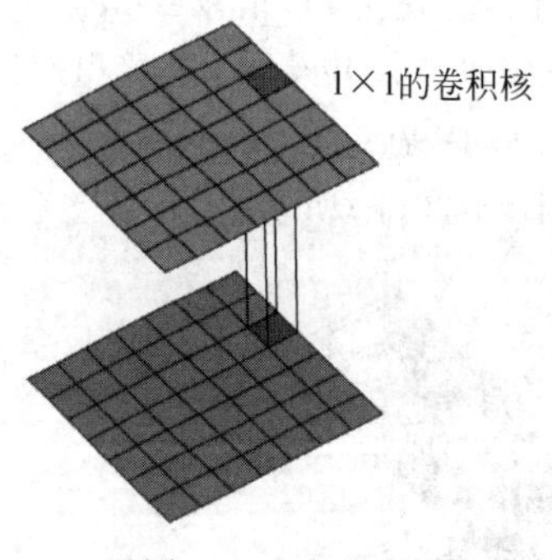

图 4-26　卷积 3

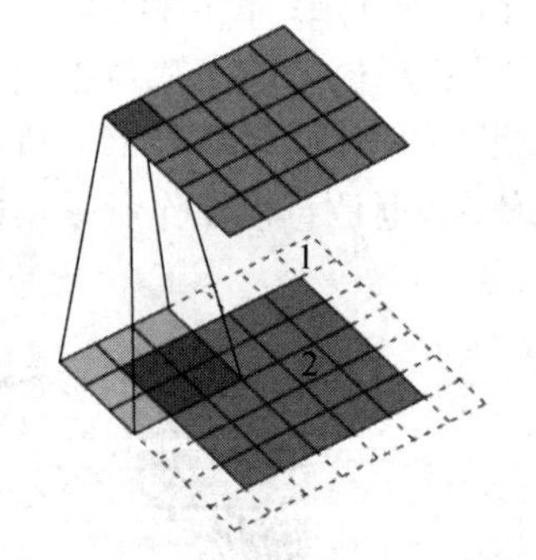

图 4-27　带填充的卷积

最后，卷积计算结果的尺寸与卷积核、步长、填充和输入信息尺寸这 4 个因素相关。先定义几个参数：输入图像大小 $W \times W$、卷积核大小 $F \times F$、步长 S、填充的像素数 P。于是可以得出卷积结果的尺寸计算公式：

$$N=\frac{W-F+2P}{S+1} \tag{4-46}$$

即卷积输出结果的尺寸为 $N\times N$。

3. 通道(Channel)

将一个图片数据集抽象为四维[数量、长、宽、色彩]，每个维度都是一个通道的概念，一个通道中往往存储着相同概念的数据。例如对于一张 32×32 分辨率的彩色照片来讲，一般将其抽象为向量[1,32,32,3]，3 指的是特征通道，具体来讲，当前的特征是 RGB 三种颜色。颜色通道的原理可以回忆一下小学美术课中的三原色：世界上任何一种色彩都可以使用红色(Red)、绿色(Green)和蓝色(Blue)这 3 种颜色调配得到，因此计算机在存储彩色图像时，也借鉴了这一原理，其存储模式是 3 个相同大小的像素矩阵一同表征一张彩色图像，如图 4-28 所示。卷积核的维度与输入图像的维度相同，也是四维信息，其维度是[3,kernel_H,kernel_W,3]。第一维度的 3 代表图片数量通道，对应图中的 3 个卷积核。第二维度和第三维度是高宽通道，对应着卷积核的尺寸。第四维度的 3 代表特征通道，对应的是卷积核的通道数目。需要注意的是，卷积核的特征通道与输入信息的特征通道必须是相等的，这是因为在一次卷积操作中，一个卷积核的特征通道会与一个输入信息的特征通道做卷积操作，每个通道一一对应，如图 4-28 所示。在示例中，一个卷积核的 3 个特征通道会分别计算得到 3 张特征图，但是，这 3 张特征图最后对应位置求和会得到一个计算结果，即不管一个卷积核的特征通道数量是多少，一个卷积核只能计算得到一张特征图。

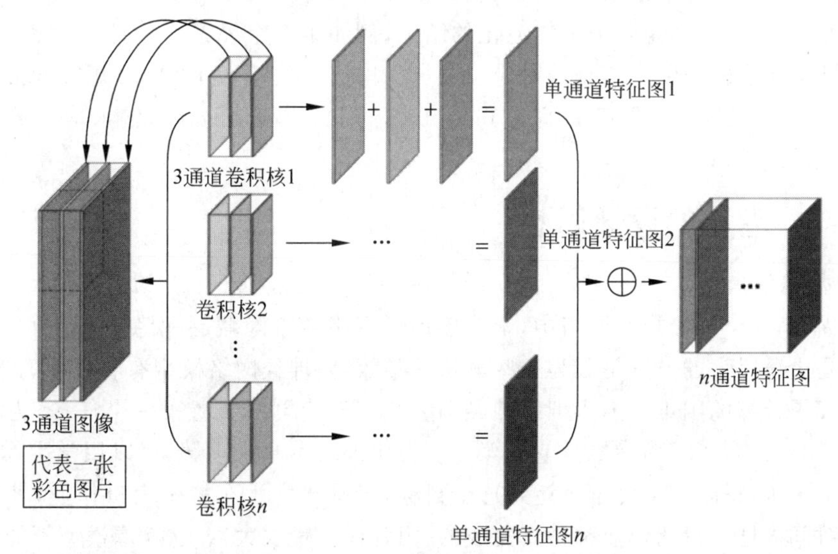

图 4-28　三像素矩阵表征一张彩色图像

除此之外，为了保证模型的学习能力，一般会设计多个卷积核，尝试从图像中分别提取不同的特征，在 4.3.3 节中会详细介绍。在图 4-28 中，一次卷积操作使用 n 个卷积核，这 n 个卷积核会计算得到 n 张特征图，它们一起作为这次卷积的计算结果。

这里一定要明确的是每次卷积的维度变化，假设：输入信息的维度是[1,32,32,3]；卷积操作的步长为1,填充也为1；卷积核的维度是[4,3 ,3,3],这个参数配置表示当前有4个卷积核,每个卷积核的形状是3×3×3。

那么每个卷积核都会得到[1,32,32,1]的输出结果。最后,由于有4个不同的卷积核,将4个[1,32,32,1]拼到一起才得到维度[1,32,32,4]。

最后,回到特征通道的概念。刚刚解释过计算机要表示整张彩色图片,需要特征通道为三维来存储R、G、B三种颜色。实际上,一个数据的特征通道可以是任意整数,在深度学习模型中,往往是成百上千的,每个通道存储的都是一种特征,用于表示图像某一方面的信息。

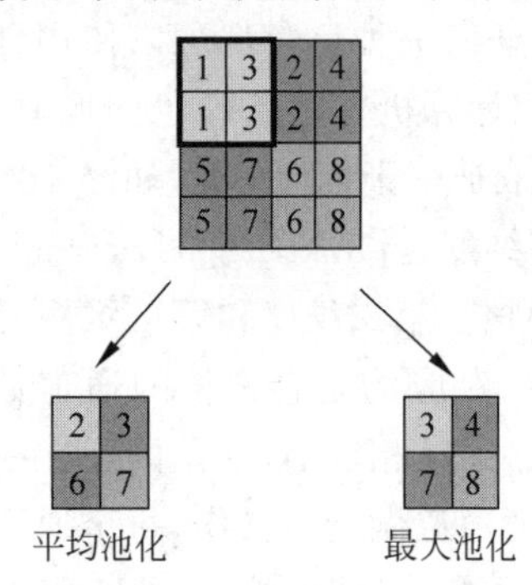

图4-29 平均池化和最大池化

4. 池化与采样

从某种程度上,池化可以看作特殊的卷积,因为池化操作包含卷积中常见的概念(核、填充、步长)。区别在于,池化的核与输入信息的对应位置元素进行的操作不同,在卷积中,该操作是相乘求和,而池化中,这个操作是求平均或最大,分别对应平均池化(Average Pooling)和最大池化(Max Pooling)。池化最主要的作用是对输入信息进行降维,如图4-29所示。池化的核是左上角方框所示部分,大小为2×2；原始输入数据的填充为0,因为在原始数据的四周并没有像素填充；池化操作的步长为2,即初始位置为左上角的2×2矩阵,滑动后到了右上角的2×2矩阵,滑动了两像素位置。

至于左下角的2×2矩阵为平均池化的结果,例如第1个元素2的计算过程为(1+3+1+3)/4,即池化的核与输入信息的对应位置求平均值,而右下角的2×2矩阵为最大池化的结果,例如第1个元素3的计算过程为max(1,3,1,3),即池化的核与输入信息的对应位置比较取最大的结果。

4.3.2 卷积的设计思想

1. 参数量的角度

众所周知,在全连接神经网络中,全连接神经网络随着隐藏层和隐藏节点的增加,参数的增加量是十分巨大的。正是因为这些大量的参数,使神经网络模型有着极强的学习能力,但是也造成了计算的困难。因为训练神经网络相当于给网络布置了一个任务,为了完成任务,我们给网络设置了很多参数让它去学习；类比人类本身来理解,可以用学生作比喻：给学生设置了一个目标,为了使学生达到这个目标,老师给学生布置了大量作业,其实学生是难以在短时间内把大量的作业都认真完成的(因为任务量太大)。这就像模型不能在短时间内训练好大量的参数是一样的。

卷积神经网络的发明很好地解决了这一问题。为了更好地理解卷积的概念,可以先从生物学的角度进行理解。当欣赏一张图片时,大概有两种欣赏方式。其一是纵观全局,这便相当于全连接神经网络方式,如图4-30 (a)所示；其二是关注局部,然后保证观察角度不变,进行上下左右平移,以此来观察整张图片,这便相当于卷积神经网络,如图4-30(b)所示。

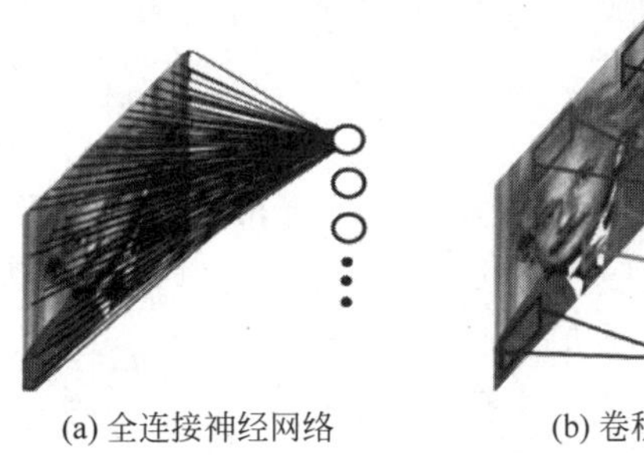
(a) 全连接神经网络

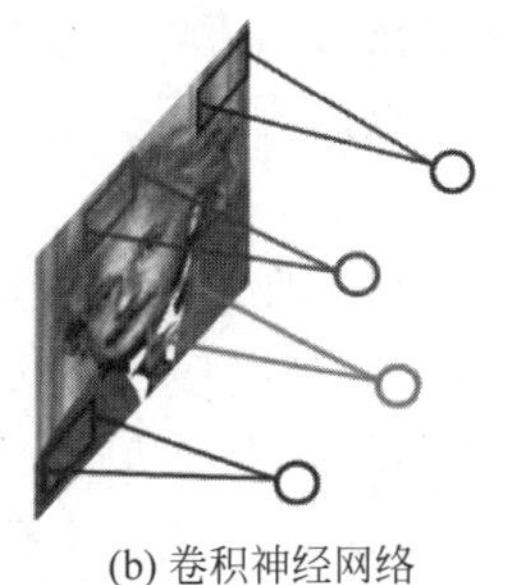
(b) 卷积神经网络

图 4-30 绘画

每个圆圈可理解为隐藏层的节点,连线的角度可以抽象成权重 ω。当以全连接层的方式观察时,每变换一个节点,相当于变换一个观察角度,所有的连线角度都会改变,造成了所有的 ω 都不一样,所以全连接层的参数会很多。反观卷积层方式,当选定一个卷积核(图中彩色长方形区域)大小时,可以通过卷积核的上下左右移动来遍历整张图片,在此过程中,连线的角度不变,即权重 ω 的大小不变,由此可以解释采用卷积的方式可使参数大量下降的原因。

2. 局部相关性的角度

从图像的性质来讲,卷积的设计天然符合图像的局部相关性。首先关于图像的局部相关性的理解可以列举一个场景:从图 4-30(b)人物的眼睛附近随机选取一像素值 a_1,如果单独地把 a_1 从图像的像素矩阵中拿出来,则 a_1 仅仅是一个数值,它代表不了任何东西,这是没有意义的,但是,如果把 a_1 再放回原本的像素矩阵中,则它就可以跟周边的像素值一起表示眼睛这一特征,这叫作相关性。此外,考虑离 a_1 相距较远的其他像素值 a_2(例如图像右下角衣服中的像素值),由于两像素在原图中的距离较远,所以它们之间的联系也是比较小的,这就体现了局部,因此,图像是一种局部相关的数据,在此性质的背景下,全连接神经网络这种计算全局信息的方式反而是冗余的,不符合图像性质,而卷积处理局部的方式则显得更加合理。

卷积神经网络在图片识别上意义重大,它的意义远不止减少参数量这一点。实际上,对图片进行卷积操作就是把卷积核与原图片做点积操作。点积的数学解释可以解释为两个向量之间的相似度。在当前的例子里,可以说成卷积核与原图的相似度,卷积的结果越大,说明图片中某位置和卷积核的相似度越大,反之亦然。如果把卷积核作为特征算子或者特征向量,则卷积的过程就是通过移动卷积核在原图中的对应位置,不断去寻找原始数据中是否存在跟卷积核表征相似的特征,这在图片识别中意义重大。例如,判断一张图片是否为车的照片,假设卷积模型设置了 4 个核,它们的特征可能代表["轱辘","车窗","方向盘","车门"],通过卷积核在原图上进行匹配,进而综合判断图像中是否存在这 4 种特征,如果存在,则该图片大概率是车子的照片。

实际上,深度卷积神经网络就是去求解这些卷积核的一种网络。它们不是凭借经验随便定义的,而是通过网络不断地学习更新参数得来的,而卷积神经网络的不易解释性就在于此,随着模型的复杂,抽象出很多不同的卷积核,我们难以去解释每个核的具体含义,也难以介绍每个中间层和中间节点的含义。

3. 人类的视觉习惯

可以从人类的视觉习惯来理解卷积的设计思想。相较于全连接神经网络,卷积神经网络的计算方法更符合人类的视觉习惯。可以想象这样一个场景:当突然置身于一个复杂且陌生的环境时,是怎么快速地获得周边信息的?

如果以神经网络的方式,由于神经网络的计算是全局性的,为了模仿这一性质,则在观察场景时需要同时观察全局,思考全局。这其实并不是人类视觉的观察习惯。我们往往会选择先观察一个感兴趣的局部区域,观察时,只需思考这个局部区域有什么。之后,再选择查看其他地方,看到哪里思考到哪里,通过有规律地扫视对全局做完整的观察。这其实与卷积神经网络先观察局部,再通过滑动的方式遍历全局,滑动到哪里就计算到哪里是一样的,所以说,卷积的设计更符合人类的视觉习惯。

4.3.3 卷积对图像的特征提取过程

来看一个例子:如图 4-31 所示,这是一个识别字母 X 的图像识别示例。图像的像素矩阵中,白色的像素块值为 1,黑色的像素块值为负 1。图像上方的 3 个小矩阵分别是 3 个不同的卷积核。现在使用第 1 个卷积核到图像中进行滑动遍历:当这个卷积核滑动到图中方框所在的位置时,其卷积计算结果等于 9,此时 9 为这个 3×3 卷积核能够计算得到的最大值。

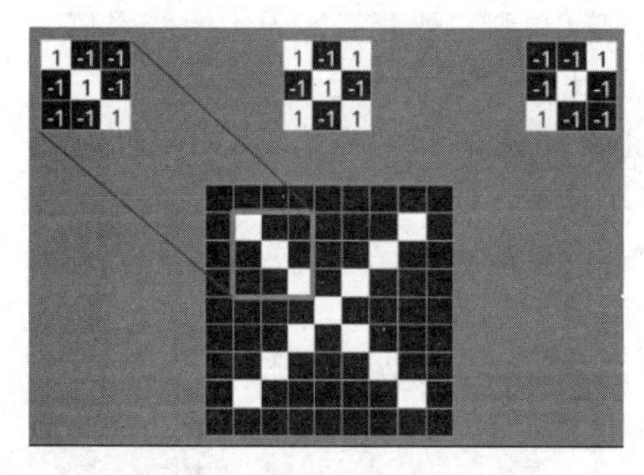

图 4-31 卷积的特征提取过程

继续思考,当在图 4-31 所示的位置附近做卷积操作时,卷积计算结果应该是比 9 要小的数值,如图 4-32 所示,向右滑动一像素位置卷积计算结果为-1。

现在,继续滑动卷积核,如图 4-33 所示,直到滑动到图 4-33 所示的右下角位置时,其卷积计算结果又等于 9。思考图 4-31 所示的左上角卷积核位置及图 4-33 所示的右下角卷积核位置是否有什么联系?答案很简单,它们特征相同。

实际上,第 1 个卷积核就是到图像里滑动遍历,然后寻找一个是否有跟它长得一模一样的对角特征;如果找到了,则卷积计算结果就是最大值;如果没有找到,则卷积计算结果就是一个非极大值;通过极大值与非极大值的区分,就可以完成这种对角特征与其他特征的区分。卷积就是通过这种方法对输入信息进行特征提取的。简而言之,可以把卷积核看作识别某种特征的模式,卷积核的目的就是尝试从图像中提取这种特征。

需要注意的是,在一个卷积操作中,往往会选择使用不同的卷积核对图像做卷积操作,如图 4-34 所示。

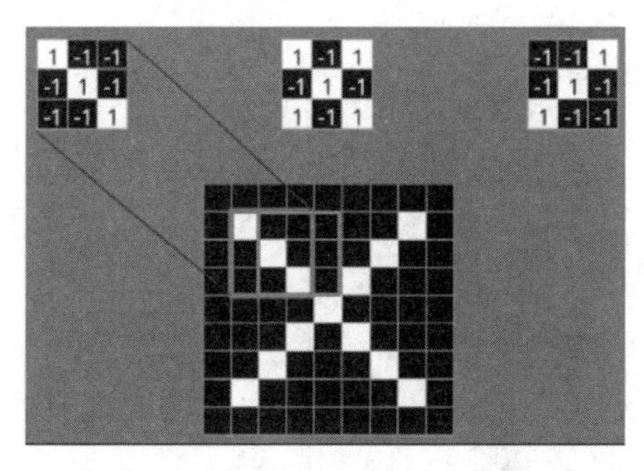

图 4-32　卷积的特征提取过程(见彩插)

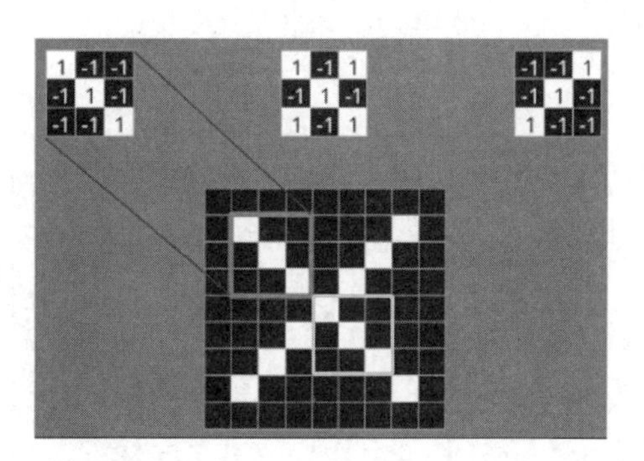

图 4-33　卷积的特征提取过程(见彩插)

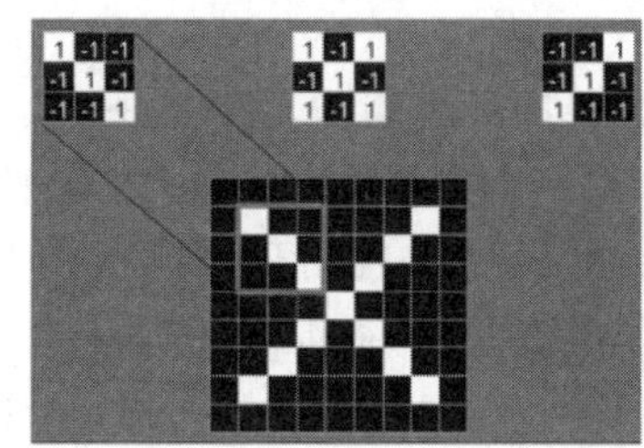

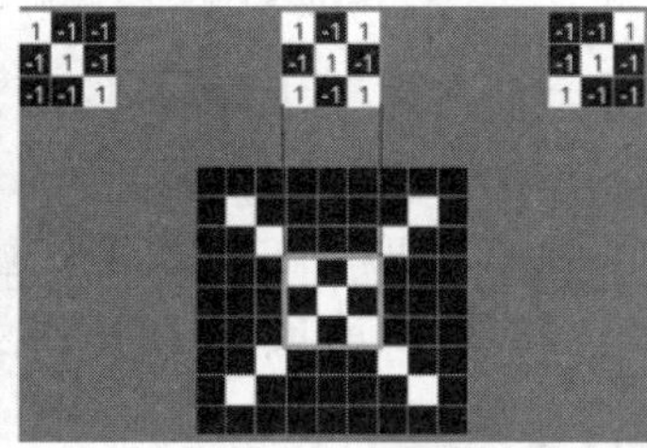

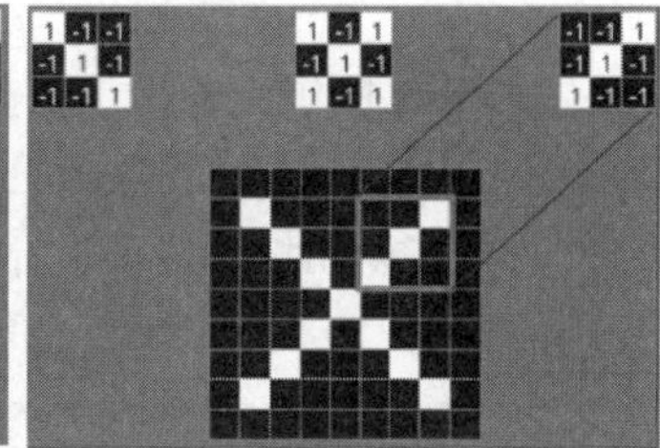

图 4-34　卷积的特征提取过程(见彩插)

其目的是：希望不同的卷积核可以从图像中提取不同的特征。如果提取的特征太少，则无法完成该图像识别任务。例如，我们不能凭借眼睛这一种特征来识别猫和狗这两个类别，往往需要根据眼睛、嘴巴、外形、毛发、耳朵等多种特征才能对猫和狗进行正确的识别。

4.3.4　卷积模型实现图像识别

卷积模型实现图像识别的标准网络结构如图 4-35 所示。卷积网络被分为两个阶段，分别用两个方框圈出。

左侧方框内，模型的第一阶段是通过不断堆叠卷积层和池化层组成的(虽然图中只显示了一层卷积和池化，实际的模型中会有多层)，其中，卷积的目的是做特征提取，池化的目的是做特征汇聚。

右侧方框内，模型的第二阶段是通过不断堆叠全连接神经网络层组成的，其目的是对上一阶段输出的特征进行学习，判断这些特征最有可能属于哪个类别。

在图 4-35 中，卷积操作已经在之前详细地解释了，这里主要解释一下池化和全连接层的操作。

当池化操作与卷积操作配合使用时，池化的作用是做特征的汇聚。继续刚才的例子，从图像的起始位置开始做卷积操作，每次滑动的步长为 2，直到末尾的位置。当第 1 个卷积核依次滑动到图中 4 个位置时，卷积结果分别是 9、3、－1、－3，如图 4-36 所示。

这 4 个值在本次卷积的计算结果中大致如图 4-37 所示，注意，滑动到其他位置的卷积计算结果也应该有输出值，这里以“…”代替。池化操作一般接在卷积操作之后，即卷积的计

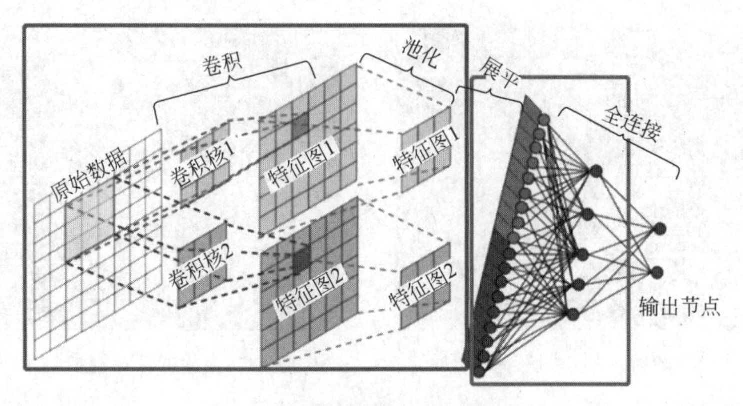

图 4-35　卷积模型实现图像识别

算结果是池化操作的输入信息，在当前案例中，图 4-37 即为卷积的计算结果。当使用一个 2×2 大小的池化核对上述卷积结果进行操作时，我们发现被保留下来的数值是 9。对此解释是：9 正是卷积操作在原图中找到的对角特征，通过最大池化的方式被保留下来了；同时把卷积操作认为不是很重要的特征（例如 3、—1、—3）删掉，这就完成了特征汇聚的过程。

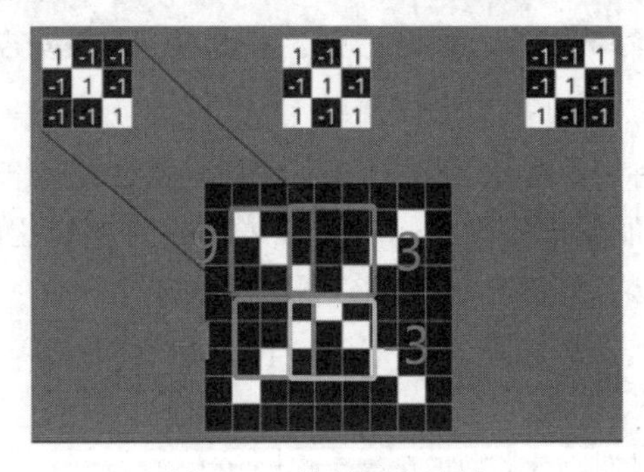

图 4-36　特征汇聚示例

…	…	…	…
…	9	3	…
…	–1	3	…
…	…	…	…

图 4-37　特征汇聚示例

到此，卷积和池化操作已经解释完了，注意这两个操作在卷积神经网络模型中一般是重复出现的。接下来解释一下全连接神经网络操作，如图 4-38 所示。输入图像在经过多次卷积和池化操作之后，送进全连接神经网络之前，有一步叫作展平（Flatten）的操作。对此的解释是：卷积的计算结果是一组特征图，这些数据是有空间维度的（高度和宽度），但是全连接神经网络层能接受的数据是向量格式（维度等于 1 的数据），因此，展平操作的目的是把多维的特征图压缩成长度为 Height×Width×Channel 的一维数组，然后与全连接层连接，通过全连接层处理卷积操作提取的特征并输出结果。

需要注意的是，图 4-38 中全连接神经网络层最后只输出了 128 节点，此时表明是一个关于 128 个类别的分类问题。读者可以通过设计最后一层的节点数量来决定当前是一个几分类的问题。此外，在做图像识别时，一般习惯在模型输出结果后增加一个简单的分类器，例如 Softmax 分类器，其作用是把输入数据归一化到[0,1]区间，并且归一化后的所有元素相加等于 1。归一化后的数值即可表示图像属于某种类别的可能性。

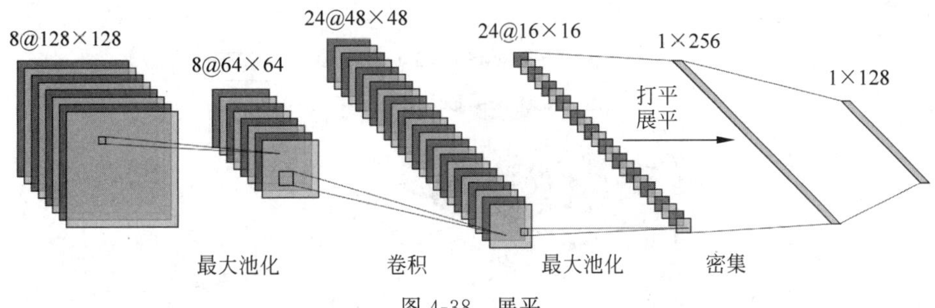

图 4-38　展平

Softmax 分类器的作用简单地说就是计算一组数值中每个值的占比，公式一般描述为设一共有 n 个用数值表示的分类 S_k，$k\in(0,n]$，其中 n 表示分类的个数。那么 Softmax 函数的计算公式：

$$P(S_i)=\frac{\mathrm{e}^{gi}}{\sum_{k}^{n}\mathrm{e}^{gk}} \tag{4-47}$$

其中，i 表示 k 中的某个分类，g_i 表示该分类的值。

到此，卷积模型的标准结构已经全部介绍完了，具体基于卷积算法的模型结构如图 4-39 所示。在第 5 章中将详细介绍从 2012 年到 2023 年以来的经典卷积神经网络模型。

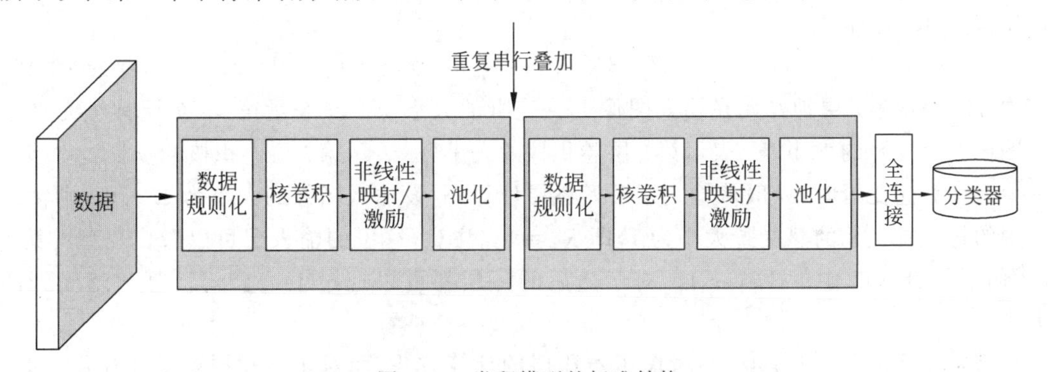

图 4-39　卷积模型的标准结构

4.3.5　卷积神经网络的层级结构和感受野

感受野(Receptive Field)是指卷积神经网络中某一神经元在输入图像上感受到的区域大小。换句话说，感受野描述了神经元对输入图像的哪些部分产生响应。在卷积神经网络中，随着网络层数的增加，每个神经元的感受野会逐渐变大，能够感受到更广阔的输入图像区域，从而提高网络对整个图像的理解能力。

举个例子来理解，假设现在有两层卷积神经网络，它们的卷积核大小都是 3×3。在网络的第 1 层中，每个神经元计算的输入信息范围是由卷积核定义的，即 3×3=9，也就是说第 1 层神经元的感受野是 9，但在第 2 层中，因为层级结构的原因，感受野会明显增加，如

图 4-40 所示。

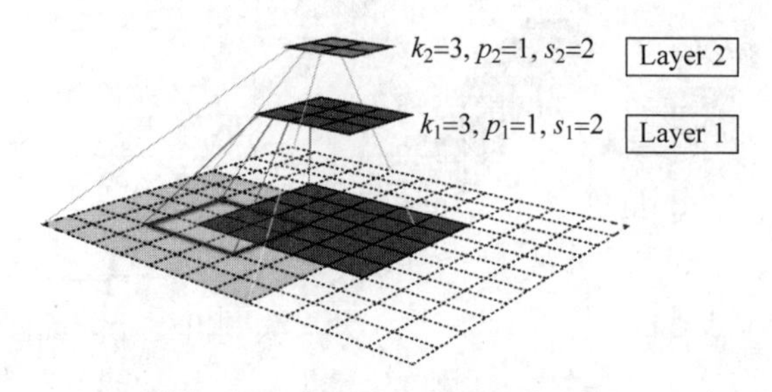

图 4-40　卷积层级结构的感受野

卷积神经网络感受野的作用如下。

(1) 提高特征表征能力：随着网络层数的增加，每个神经元的感受野增大，能够感受到更广阔的输入图像区域，从而提高网络对整个图像的理解能力，进一步提高特征表征能力。这也是卷积神经网络为什么要设计成层级结构的原因。

(2) 提高模型的稳健性：感受野的增大能够提高模型的稳健性，使网络在面对不同尺寸、姿态、光照等情况下都能够进行有效的特征提取和图像识别。此外，通过适当地调整卷积核的大小和填充等参数，可以实现对不同尺寸的输入图像进行有效处理。

计算感受野大小的公式是基于递归计算每层神经元在输入图像上感受野的大小，可以使用式(4-48)计算：

$$R_i = R_{i-1} + (k_{i-1}) \times s_i \tag{4-48}$$

其中，R_i 表示第 i 层神经元在输入图像上感受野的大小，R_{i-1} 表示第 $i-1$ 层神经元在输入图像上感受野的大小，k_i 表示第 i 层卷积核的大小，s_i 表示第 i 层卷积核的步长。

在计算感受野时，一般从输入层开始逐层计算，假设输入图像的大小为 $H \times W$，则输入层中的每个神经元的感受野大小为 1，即 $R_1 = 1$。注意，这里的输入层可以看作模型的第 0 层，而不是图 4-41 中的 Layer 1。对于之后的每层都可以通过上述公式计算出感受野的大小。

需要注意的是，式(4-48)只考虑了卷积层的计算方式，而对于池化层等其他操作，其感受野的计算方式可能会有所不同。此外，还有一些基于卷积的变体操作也可以改变感受野，例如第 5 章涉及的膨胀卷积。到此，卷积模型的标准结构已经全部介绍完了。接下来，以 LeNet 模型为例来讲解卷积操作在图像处理中的模型结构和代码的实现方法。

4.3.6　第 1 个卷积神经网络模型：LeNet

1. LeNet 介绍

LeNet 模型诞生于 1994 年，是最早的卷积神经网络之一，由 Yann LeCun 完成，推动了深度学习领域的发展。彼时，没有 GPU 帮助训练模型，甚至 CPU 的速度也很慢，神经网络模型处理图像时的大量参数并不能通过计算机很好地进行计算，LeNet 模型通过巧妙的设计，利用卷积、参数共享、池化等操作提取特征，避免了大量的计算成本，最后使用全连接神经网络进行分类识别。从此卷积成为图像处理的可行方式。

LeNet 作为最初的卷积神经网络，其模型结构及组成较为简单：两个卷积层、两个下采样和 3 个全连接层，如图 4-41 所示。

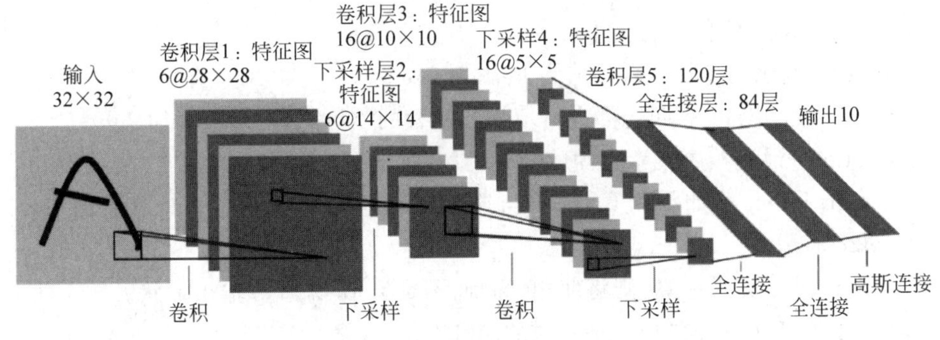

图 4-41 LeNet

其中，卷积层和池化层负责对原始图像进行特征提取，全连接层负责对卷积池化提取的特征进行学习，进一步根据这些特征来判断该输入图片属于哪一个类别。

下面介绍一下相关的代码实现。首先介绍卷积、池化和全连接层在 PyTorch 深度学习框架中对应的 API。

2. 卷积操作在 PyTorch 中的 API

卷积操作在 PyTorch 中被封装成一个名称为 torch. nn. Conv2d 的类，代码如下：

```
class torch.nn.Conv2d(in_channels, out_channels, kernel_size, stride=1, padding=0,
dilation=1, groups=1, bias=True, padding_mode='zeros', device=None, dtype=None)
```

其中，类的参数解释如下。

(1) in_channels(int)：输入图像中的通道数。

(2) out_channels(int)：由卷积产生的通道数。

(3) kernel_size(int or tuple)：卷积核的大小。

(4) stride(int or tuple,optional)：卷积的步长，默认值为 1。

(5) padding(int,tuple or str,optional)：在输入的四边都进行填充。默认值为 0。

(6) padding_mode(string,optional)：padding 的模式，可选参数有 zeros、reflect、replicate 和 circular，分别代表零填充、镜像填充、复制填充和循环填充。默认值为 0 填充。

(7) dilation(int or tuple,optional)：卷积核中元素之间的间距，对应卷积变体的扩张卷积，默认值为 1。

(8) groups(int,optional)：从输入通道到输出通道的阻塞连接的数量，对应卷积变体的组卷积，默认值为 1。

(9) bias(bool,optional)：如果为真，则给输出增加一个可学习的偏置，默认值为真。

3. 最大池化操作在 PyTorch 中的 API

池化操作在 PyTorch 中被封装成一个名称为 torch. nn. MaxPool2d 的类，代码如下：

```
class torch.nn.MaxPool2d(kernel_size, stride=None, padding=0, dilation=1,
return_indices=False, ceil_mode=False)
```

其中,类的参数解释如下。

(1) kernel_size：池化核的大小。

(2) stride：池化的步长。默认值为 kernel_size。

(3) padding：在输入的四边都进行填充。隐含的零填充,在两边添加。

(4) dilation：池化核中元素之间的间距,默认值为 1。

(5) return_indices：如果为真,则将与输出一起返回最大索引。对以后的 torch. nn. MaxUnpool2d 有用。

(6) ceil_mode：如果为真,则将使用 ceil 而不是 floor 来计算输出形状。

4. 全连接神经网络层在 PyTorch 中的 API

全连接神经网络层在 PyTorch 中被封装成一个名称为 torch. nn. Linear 的类,代码如下：

```
class torch.nn.Linear(in_features, out_features, bias=True, device=None, dtype=
None)
```

其中,类的参数解释如下。

(1) in_features：每个输入样本的大小。

(2) out_features：每个输出样本的大小。

(3) bias：如果设置为 False,则该层将不学习加性偏置。默认值为 True。

5. 激活函数 ReLU 在 PyTorch 中的 API

常见的激活函数 ReLU 在 PyTorch 中被封装成一个名称为 torch. nn. ReLU 的类,代码如下：

```
class torch.nn.ReLU(inplace=False)
```

其中,参数一般习惯指定为 True,当参数为真时,ReLU 的计算在底层会节省计算和存储资源。

6. 使用 PyTorch 搭建 LeNet 卷积模型

使用 PyTorch 搭建 LeNet 卷积模型,代码如下：

```
#第 4 章 LeNet.py
import torch.nn as nn
import torch

class Model(nn.Module):
    def __init__(self): #函数 init 定义的模型层级结构
        super().__init__()
```

```
        self.conv1 = nn.Conv2d(1, 6, 5)  #输入为单通道灰度图,第 1 次卷积
        self.relu1 = nn.ReLU()
        self.pool1 = nn.MaxPool2d(2)     #第 1 次池化
        self.conv2 = nn.Conv2d(6, 16, 5) #第 2 次卷积
        self.relu2 = nn.ReLU()
        self.pool2 = nn.MaxPool2d(2)     #第 2 次池化
        self.fc1 = nn.Linear(256, 120)   #第 1 次全连接
        self.relu3 = nn.ReLU()
        self.fc2 = nn.Linear(120, 84)    #第 2 次全连接
        self.relu4 = nn.ReLU()
        self.fc3 = nn.Linear(84, 10)     #第 3 次全连接
        self.relu5 = nn.ReLU()

#函数 forward 定义的模型的前向计算过程,其中参数 x 代表输入图像
#下述过程表示图像 x 先经过第 1 次卷积 conv1 得到结果 y 后送入激活函数,得到新的结果 y 后送
#入第 2 层卷积,以此类推
    def forward(self, x):
        y = self.conv1(x)
        y = self.relu1(y)
        y = self.pool1(y)
        y = self.conv2(y)
        y = self.relu2(y)
        y = self.pool2(y)
        y = y.view(y.shape[0], -1)          #展平操作(Flatten)
        y = self.fc1(y)
        y = self.relu3(y)
        y = self.fc2(y)
        y = self.relu4(y)
        y = self.fc3(y)
        y = self.relu5(y)
        return y
```

第 5 章

那些年我们追过的 ImageNet 图像识别大赛

5.1 ImageNet

5.1.1 什么是 ImageNet

ImageNet 是一个计算机视觉系统识别项目，也是当前世界上最大的图像识别数据库之一。该项目由斯坦福大学的李飞飞教授等于 2009 年发起，并在 CVPR2009 上发表了一篇名为 *ImageNet: A Large-Scale Hierarchical Image Database* 的论文。从 2010 年至 2017 年，一系列基于 ImageNet 数据集的图像分类比赛被举办。

本章将讨论 ImageNet 数据集和相关的 ImageNet 大规模视觉识别挑战（ILSVRC）。这一挑战是评估图像分类算法事实上的基准。自 2012 年基于卷积的开创性模型 AlexNet 发布以来，卷积神经网络和深度学习技术一直主导着 ILSVRC 排行榜。

自那时起，深度学习方法不断缩小 CNN 与其他传统计算机视觉分类方法之间的准确性差距。毫无疑问，CNN 是强大的图像分类器。在本章的后半段，我们将探讨获取 ImageNet 数据集的方法，这是复现本章所提及的神经网络结构所必需的。

5.1.2 ImageNet 数据集

ImageNet 是一种基于类似 WordNet 的层次结构来组织图像数据的方法。WordNet 是一个英语词汇数据库，根据词汇的意义将它们分组，并将每个具有相同意义的词汇组成的集合称为同义词集（Synset）。WordNet 数据库为每个同义词提供了简要的定义，并记录不同同义词之间的语义关系，而 ImageNet 是一个基于 WordNet 主干结构的大规模图像库，旨在用平均 500 到 1000 张清晰分辨率的图像来展示 WordNet 中的大多数同义词集合。

目前，ImageNet 数据集共包含 14 197 122 张图像，分为 21 841 个类别（Synsets）。通常所讲的 ImageNet 数据集是指 ISLVRC 2012 比赛使用的子数据集，其中训练集（Train）包含 1 281 167 张图像和标签，共 1000 个类别，每个类别大约有 1300 张图像；验证集（Val）包含 50 000 张图像，每个类别有 50 个数据；测试集（Test）包含 100 000 张图像，每个类别有 100 个数据。

自 2012 年以来，ILSVRC 挑战的排行榜一直是由基于深度学习的方法主导，图像识别准确度逐年增加。模型在 1200 万张训练图像上进行训练，另外还有 50 000 张图像用于验证(每个同义词集有 50 张图像)和 100 000 张图像用于测试(每个同义词集有 100 张图像)。

这 1000 个图像类别包含了在日常生活中可能遇到的各种对象类别，例如狗、猫、各种家居物品、车辆类型等。可以在官方 ImageNet 文档页面上的 ILSVRC 挑战中找到对象类别的完整列表。

与之前的图像分类基准数据集(如 PASCALVOC)相比，ImageNet 包含的类别更细致。例如，ImageNet 包括 120 种不同品种的狗。这种程度的细粒度的分类要求意味着我们的深度学习网络不仅需要将图像识别为“狗”，还需要有足够的辨别力来确定是什么品种的狗。

此外，ImageNet 数据集中的图像在对象尺度、实例数量、图像杂乱/遮挡、可变形性、纹理、颜色、形状及真实世界大小方面变化很大，因此，该数据集具有很高的挑战性，即使对于人类标注者而言，有时也很难正确标记。由于具有这种挑战性，表现良好的深度学习模型在 ImageNet 上训练出来后，能够泛化到验证和测试集之外的图像，这也是将迁移学习应用于这些模型的原因之一。

ImageNet 分类挑战数据集包括 138GB 的训练图像、6.3GB 的验证图像和 13GB 的测试图像。在下载 ImageNet 之前，需要先获得对 ILSVRC 挑战的访问权限，并下载图像和相关的类标签。由于 ILSVRC 挑战是普林斯顿大学和斯坦福大学的合作项目，因此是一个学术性质的项目，但 ImageNet 不拥有图像的版权，只允许出于非商业研究或教育目的访问原始图像文件。如果符合上述条件，则可以在 ILSVRC 网站上注册账号。需要注意的是，ImageNet 不接受免费提供的电子邮件地址，例如谷歌、雅虎邮箱等，因此，需要提供读者所在大学、政府或研究机构的电子邮件地址。

5.1.3　ImageNet 图像分类大赛

ILSVRC 挑战赛自 2010 年开始举办，到 2017 年结束，这八年来的比赛结果如图 5-1 所示，其中有两个重要的里程碑。

首先是 2012 年的 AlexNet 模型。当时参赛模型的分类准确度有惊人的提升。在此之前的参赛模型都是传统的机器学习模型，而 AlexNet 这个深度学习模型的出现，正式拉开了深度学习时代的序幕。

其次是 2015 年的 ResNet 模型。深度学习模型的图像分类能力正式超过了人类。这一年的模型是华人青年科学家何凯明提出的 ResNet，也是至今计算机视觉领域引用量最高的经典模型。

2010 年，第一届 ImageNet 挑战赛并没有像后来那样引起轰动，只有 11 个团队提交了结果，并且团队之间的成绩差距极大，仅有 4 个团队的错误率低于 50%，最后一名提交结果的错误率更是接近 99%。与此相比，NEC-UIUC 联队的 28.2%错误率已经是一枝独秀，赢得了 ImageNet 挑战赛的首个冠军。

实际上，2010 年与 2011 年参赛的模型都是基于传统的机器学习算法，当时深度学习还

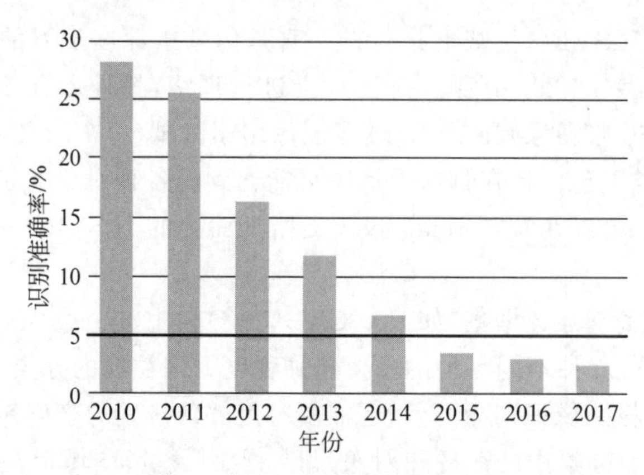

图 5-1 ImageNet 分类挑战大赛

没有被广泛使用。如果将 ImageNet 数据集比作新时代的石油，则在 2010 年，这些数据仍然只是刚刚被掩埋的生物沉积物，但是，谁也没有想到，仅仅两年后，它们就已经经历了奇妙的化学变化。

2012 年的 ImageNet 挑战赛上，多伦多大学的 Geoffrey Hinton 团队凭借全新的深度卷积神经网络结构 AlexNet，以压倒性优势夺得了 ImageNet 冠军。这一突破也使计算机视觉研究人员开始研究和复现 AlexNet，并在随后几年中将深度学习扩展到人工智能的每个领域。自此，ImageNet 挑战赛成为业界竞相追逐、以体现实力的重要指标。

2013 年的 ImageNet 挑战赛上，大多数团队试图通过复现 AlexNet 模型来取得好成绩。这一年大多数队伍的错误率降到了 25%的关口以内，但仍有半数以上的队伍未能超过 2012 年 AlexNet 的成绩，其中脱颖而出的模型是 ZFNet 模型。在这项工作之前，深度学习被诟病的一个关键问题是模型的黑盒性，即模型的可解释性不强。ZFNet 可以说是卷积神经网络可解释性工作的开创者，为人们提供了新的角度和方法来理解卷积网络和深度学习。

2014 年的 ImageNet 挑战赛上，两匹黑马同时脱颖而出，被称为当年的双子星，分别是 VGGNet 和 GoogLeNet 模型。VGGNet 继承了之前深度学习模型的特点，继续向模型深度方向发起研究，而 GoogLeNet 则另辟蹊径，注重不同尺度的特征图融合。这两个方向对后续的模型研究与开发有着深远的影响。

2015 年，神作 ResNet 模型应运而生。如果说 2012 年的 AlexNet 开创了深度学习从 0 到 1 的时代，则 2015 年的 ResNet 则开启了从 1 到无限可能的新时代。仍然套用石油的比喻，从这一刻起，石油不再只被用来燃烧、取暖、照明，而是被加工和分解组合成新的化工产品，真正成为现代工业的新型原料。大名鼎鼎的残差网络 ResNet 通过增加旁路的思想，使模型的层级结构可以达到一千多层。在参加的 ImageNet 的 5 个赛道中，它横扫对手，夺得冠军。

2016 年的 ImageNet 挑战赛中，ResNet 成为各参赛队伍的研究重点。虽然该年的挑战赛没有产生新的经典的网络模型，但是所有参赛队伍的表现都有了显著提高。由于大家的思路相似，因此 2016 年的 ImageNet 挑战赛成绩是有史以来最为接近的一次。令人惊喜的是，国内团队的表现也非常突出：商汤科技和香港中文大学团队研发的 CUImage 和 CUVideo，公安部第三研究所研发的 Trimps-Soushen，海康威视研发的 HikVision，商汤科技和香港城市大学研发的 SenseCUSceneParsing，以及南京信息工程大学研发的 NUIST 模型卷走了 6 个项目的冠军，这是 ImageNet 举办以来的第 1 次大面积丰收。

然而，这一年的 ImageNet 挑战赛也引起了计算机视觉界的广泛讨论。尤其是在模型结构上，很多优胜方案采用了模型集成(Ensemble Model)的方法，但这种方法的计算成本太高，而且容易导致过于臃肿。此外，一些大公司利用其更多的资源(包括计算资源和人才资源)，通过投入大量资金来提升成绩，这偏离了比赛初衷——“推动计算机视觉研究的创新”。这些问题或许也坚定了主办方在 2017 年后停办比赛的决心。

2017 年，ImageNet 挑战赛的参赛队伍从官网上看到了关于比赛的最重要公告：2017 年的比赛将是其最后一届。就像之前终止的 Pascal VOC 一样，在举办了八年之后，ImageNet 挑战赛也即将画下句号。SENet 模型赢得了这一年的冠军，通过引入通道注意力机制，获得了良好的效果。总体来讲，笔者认为 SENet 更像是一种思路，就像 ResNet 中的残差思路一样。SENet 可以以低复杂度和小计算量的代价轻松地加入其他网络中，从而改善网络效果，这比简单地堆叠网络层以换取性能的模型更具价值。

尽管 ImageNet 挑战赛的停办消息有些突然，但很多人都预见到这一天迟早会到来。

ImageNet 数据集的一个特点是它为分类中的每个图像都标注了一个主要的物体，这也决定了 ImageNet 主要用于单个物体的分类和定位。自 2010 年以来，每年的 ImageNet 挑战赛都会包括 3 个基本任务：图像分类、单物体定位和物体检测。

然而，ImageNet 的单一标签分类方式并不符合真实世界中图像的分布特征，因此具有较大的局限性。李飞飞早在 2014 年便考虑取消某个任务的比赛，但由于业界的偏爱而未做出调整。直到 2015 年，ResNet 模型提出了训练深度神经网络的有效方法，并通过超越人类的精度在图像分类任务中取得了突破性进展，这几乎宣告了 ImageNet 挑战赛的结束。此外，算法层面的模型已经达到了过拟合的极限，继续竞争的意义已不大。例如，2016 年有许多团队为了夺冠不惜花费巨资进行模型训练，其计算成本已经超出了普通人的想象，甚至有人开始研究非常规方法。实际上，这种为了夺冠而疯狂刷榜的行为已经偏离了 ImageNet 比赛的初衷。与其投入精力和成本来攀比，ImageNet 比赛的初衷应该是在算法上的创新。

每个比赛都承载了对技术发展的期望，然而，随着技术的进步，研究人员也逐渐发现这些数据集的局限性。虽然 ImageNet 挑战赛已经结束，但其中的一些任务，例如物体检测方面的研究，仍将继续下去。事实上，ImageNet 挑战赛的落幕只是一个曲终人散的过程，而不是终结。在短短的十几年内，人工智能与计算机视觉研究已经发生了翻天覆地的变化。这一切都离不开 ImageNet 大赛的贡献。

2017 年 7 月，太平洋上的小岛，旅游胜地檀香山(Honululu)迎来了来自世界各地的 5000 余名计算机视觉研究者，计算机视觉的顶级学术会议 CVPR 在此拉开序幕。同时，最后一届 ImageNet 挑战赛的研讨会也在 CVPR 2017 上举行。在 6 月 26 日，ImageNet 挑战赛的研讨会召开，李飞飞进行了题为 *ImageNet: Where Have We Been? Where Are We*

Going？（ImageNet：我们来自何方，我们去向何处）的演讲，回顾了 ImageNet 从 2010 年首次举办以来的 8 年历程。

李飞飞认为，ImageNet 对 AI 研究最大的贡献是改变了人们的思维模式。越来越多的研究者意识到，数据可能是迈向人类水平的人工智能过程中的关键因素，而不是模型。“数据重新定义了我们对模型的思考方式。”她表示，尽管 ImageNet 挑战赛结束了，但 ImageNet 数据集的维护和相关研究仍将会继续。在单标签识别问题基本得到解决后，近年来，她开始关注视觉理解、视觉关系的预测等视觉之外的内容，并开始着手建立相关的数据集。

5.2 AlexNet：拉开深度学习序幕

2012 年，Alex Krizhevsky、Ilya Sutskever 在多伦多大学 Geoffrey Hinton 带领的实验室设计出了一个深层的卷积神经网络，即 AlexNet。该网络在 2012 年的 ImageNet LSVRC 比赛中获得冠军，准确率（Top-5 错误率为 15.3%）远超第二名（Top-5 错误率为 26.2%），引起了巨大轰动。AlexNet 模型可以说是一个具有历史意义的网络结构，在此之前，深度学习已经沉寂了将近 20 年。自 2012 年 AlexNet 问世以来，后续的 ImageNet 冠军都是通过卷积神经网络获得的，并且网络结构也越来越深，使 CNN 成为计算机视觉领域的核心算法模型。在未来的 20 年中，CNN 在计算机视觉领域的地位始终是统治性的，可以说 AlexNet 引发了深度学习的大爆发。

由于 Alex Krizhevsky 团队并没有为自己的网络命名，所以后人为了方便而将这个网络模型称为 AlexNet。读者如果不想让别人随意给自己的网络取名字，则在写论文时应该为自己的网络取个名字。

论文名称：*ImageNet Classification with Deep Convolutional Neural Networks*，相关资源可扫描目录处二维码下载。

5.2.1 AlexNet 理论

AlexNet 模型与 LeNet 模型有很多相似之处，它可以被看作 LeNet 的改进版本都由卷积层和全连接层构成，然而，AlexNet 之所以能够在 ImageNet 比赛中大获成功，还要归功于其独特的模型设计特点，主要包括以下几点：

（1）使用了非线性激活函数（ReLU）。

（2）丢弃法（DropOut）。

（3）数据增强（Data Augmentation）。

（4）多 GPU 实现，LRN 归一化层的使用。

1. 激活函数：ReLU 函数

传统的神经网络普遍使用 Sigmoid 或者 tanh 等非线性函数作为激活函数，然而它们容易出现梯度弥散或梯度饱和的情况。以 Sigmoid 函数为例，当输入的值非常大或者非常小时，值域的变化范围非常小，使这些神经元的梯度值接近于0(梯度饱和现象)，如图5-2(a)所示。由于神经网络的计算本质上是矩阵的连乘，一些近乎0的值在连乘计算中会越来越小，从而导致网络训练中梯度更新的弥散现象，即梯度消失。

相较于其他激活函数，ReLU函数在第一象限的近似函数 $y=x$ 不会出现值域变化小的问题。ReLU函数直到现在也是学术界和工业界公认的最好用的激活函数之一，在各种不同的领域和模型中，ReLU函数都得到了广泛应用。ReLU函数曲线如图5-2(b)所示。

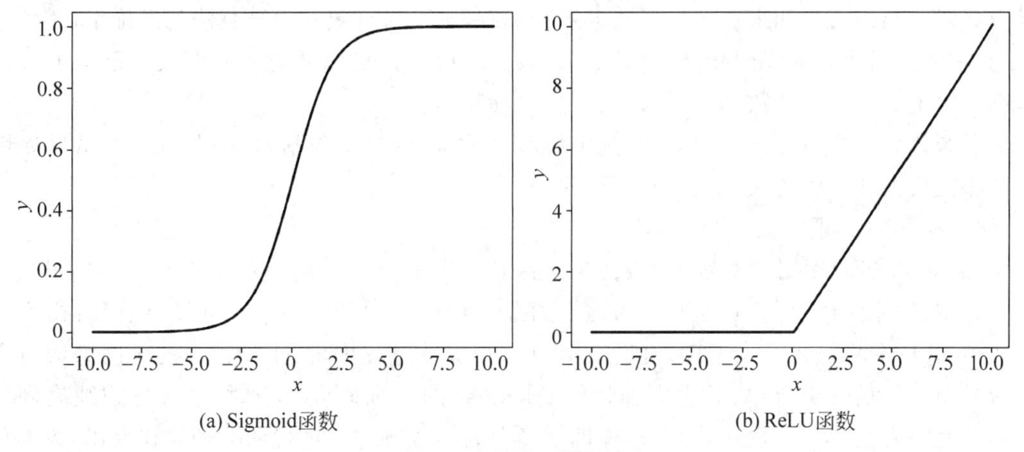

图5-2 激活函数曲线

2. 丢弃法(DropOut)

为了防止网络在训练过程中出现过拟合现象，引入了丢弃法。过拟合现象的出现通常有两个原因：一是数据集太小；二是模型太复杂。可以用一个生活中的例子来解释过拟合的原因：高三时，老师提供了一个小规模的题库用于练习，并告知期末考试的题目都是从这个题库中抽出来的，但是，这个题库的题量非常少，并且都是选择题，那么这时想要在期末考试中获取高分的最快捷方法是什么呢？实际上，不是理解每道题目并学会解答，而是单纯地背答案就够了！

所以模型也是一样的，当数据太小时，模型就不会去学习数据中的相关性，不会去尝试理解数据，不会去提取特征。最便捷的一种方式是把数据集中的所有数据强行记忆下来，这就叫过拟合。可以想象，一个过拟合的模型是没有举一反三的能力的，即对数据的泛化能力太差，只能处理训练数据集中的数据，一旦遇到新的类似数据，模型的处理能力就会很差。

那如何解决这个问题呢？以下提供了两个解决方案。

(1) 提升数据集容量：让模型难以记忆所有的数据，这时模型就会尝试学习数据、理解数据了，因为相较于记忆所有数据，这是种更容易的解决方案。

(2) 把模型变得简单些：模型会选择记忆数据，一方面是因为模型太复杂，另一方面是因为数据集太小，有能力去记忆所有数据。当降低模型的复杂度时，就不会出现过拟合现象。总之，过拟合的本质就是数据集与模型在复杂度上不匹配。

在神经网络中DropOut是通过降低模型复杂度来防止出现过拟合现象的，对于某一层的神经元，通过一定的概率将某些神经元的计算结果乘以0，这个神经元就不参与前向和后向传播，就如同在网络中被删除了一样，同时保持输入层与输出层神经元的个数不变，然后按照神经网络的学习方法进行参数更新。在下一次迭代中，又重新随机删除一些神经元(置为0)，直至训练结束。

3. 数据增强

神经网络算法是基于数据驱动的，因此，有一种被广泛认同的观点认为神经网络是靠大量数据训练出来的。如果提供海量数据进行训练，则可以有效地提升算法的准确率，避免过拟合，进一步增大和加深网络结构，而当训练数据有限时，可以通过一些变换从已有的训练数据集中生成一些新的数据，以快速地扩充训练数据。

图像数据的变换方式有很多种，其中最简单、通用的方式包括水平翻转图像、从原始图像中随机裁剪和平移变换、颜色和光照变换等。

4. 多GPU实现

AlexNet当时使用了型号为GTX 580的GPU进行训练，由于单个GTX 580 GPU只有3GB内存，限制了在其上可训练的网络的最大规模。为了解决这个问题，他们将模型拆分成两部分，分别放入两个GPU中进行训练。在训练过程中，两个硬件中的子网络通过交换特征图进行信息交流，从而大大加快了AlexNet的训练速度。当时，这种方式纯属硬件限制的无奈之举，但是，现在看来，这种拆分模型的训练方式与现代的一种卷积变体，组卷积(Group Convolution)非常相似。笔者认为，这也是AlexNet效果好的一个主要原因，算是无心插柳柳成荫了。

5. 局部响应归一化

局部响应归一化(Local Response Normalization，LRN)技术主要用于提高深度学习训练的准确性。一般来讲，LRN是在激活和池化之后进行的一种处理方法。这个归一化技术最早是在AlexNet模型中被提出的。通过实验证明它可以提高模型的泛化能力，但是提升的能力有限。后来这种方法逐渐被弃用，有些人甚至认为它是一个“伪命题”，因此备受争议。如今，批数据标准化已经成为局部归一化的主流替代方法。

下面简要介绍局部归一化的灵感来源：LRN的基本思想是模拟侧抑制效应，该效应是生物神经系统的一种现象，即一个活跃的神经元会抑制其邻近神经元的活跃度。在CNN中，通常通过在每个小批量样本上沿深度维度进行归一化实现。也就是说，一个特定的神经元的输出将被它的“邻居”神经元的活跃度所规范化。

具体地，LRN层会考虑每个神经元的n个相邻神经元，并计算其平方和，然后原始神经元的激活值将被规范化，即除以一个值，这个值等于常数k加上原始平方和乘以常数α的β次幂。在这里，k、n、α和β是LRN层的超参数。

实验总结：由于LRN模仿生物神经系统的侧抑制机制，对局部神经元的活动创建竞争机制，从而使响应较大的值更大，提高了模型的泛化能力。在ImageNet实验中，深度学习之父Geoffrey Hinton等使用LRN技术分别提升了模型1.4%和1.2%的准确率，然而，随后的研究并不太认可这项技术，以至于它至今仍然是一个争议性的技术，很少被使用。

5.2.2　AlexNet 代码

1. Introduction

从本章节开始，直到本书的最后，将以一个花朵识别的项目为基础，进行模型的训练和测试。完整的项目包含了自 AlexNet 以来的经典深度学习分类模型。大部分模型是基于卷积神经网络的，也有一部分是基于注意力机制的。在项目目录中，模型的搭建代码在 classic_models 文件夹中，所有的模型训练代码是共用的，有以下 3 个版本：

（1）train_sample. py：是最简单的实现，必须掌握，以下版本看个人能力和需求。

（2）train. py：是升级版的实现，具体改进的地方见 train. py 脚本中的注释。

（3）train_distrubuted. py：支持多 GPU 分布式训练。

最后，test. py 是推理脚本，用于测试训练好的模型。dataload 中的代码是数据集加载代码；utils 是封装的功能包，包括学习策略、训练和验证、分布式初始化、可视化等。建议先学习并掌握 classic_models、train_sample. py 和 test. py 这 3 部分。

2. Dataset And Project

默认的数据集是花朵数据集，此数据集包含 5 种不同种类的花朵图像，用于训练的图像共 3306 张，用于验证的图像共 364 张。下载链接也包含在了 GitHub 中。

数据集图像展示如图 5-3 所示。

图 5-3　数据集图像展示

开启模型的训练只需在 IDE 中执行 train_sample. py 脚本，或者在终端执行命令行 python train_sample. py，训练日志打印示例如图 5-4 所示。

将训练好的模型用于推理，给出一张向日葵的图像，模型的输出示例结果如图 5-5 所示。

5.2.3　AlexNet 模型小结

AlexNet 模型是一个开创性的卷积神经网络模型，该模型在 ImageNet 图像分类竞赛中

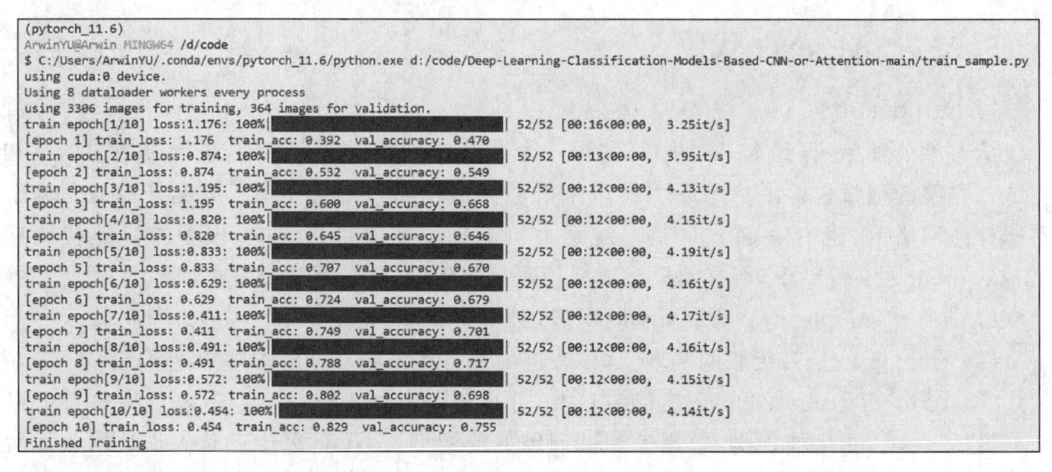

图 5-4 训练日志

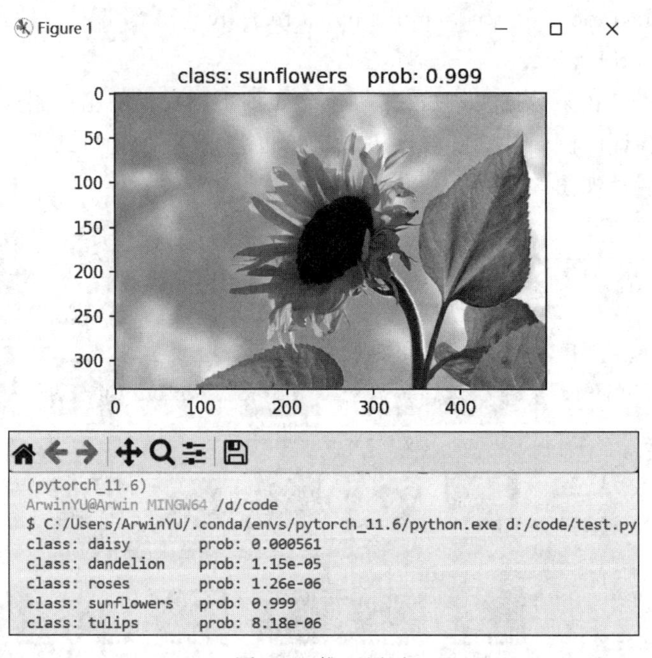

图 5-5 推理展示

有显著的优势，引起了深度学习技术的广泛关注，开启了人工智能的第 3 次浪潮：深度学习时代。

AlexNet 模型共包含 8 层，其中前 5 层为卷积层，后 3 层为全连接层。在卷积层中，AlexNet 采用了大量过滤器(Filter)，并且使用 ReLU 作为激活函数，可以加速网络的训练过程并提高分类准确率。此外，AlexNet 在全连接层中使用了 DropOut 技术，可以有效地减少过拟合现象。

另外，AlexNet 还采用了数据增强、局部响应归一化、并行计算等先进技术，使其在当时的图像分类竞赛中表现出色。

总体来讲，AlexNet 为深度学习技术在计算机视觉领域的应用奠定了重要基础，并对深度学习的发展产生了深远的影响。

5.3 ZFNet：开创卷积模型的可解释性

ZFNet 模型是由 Matthew D. Zeiler 和 Rob Fergus 在 AlexNet 的基础上提出的大型卷积网络，获得了 2013 年 ILSVRC 图像分类竞赛的冠军。其错误率为 11.19%，较 2012 年的 AlexNet 模型的错误率下降了 5%。ZFNet 解释了卷积神经网络在图像分类方面出色表现的原因，并研究了如何优化卷积神经网络。ZFNet 提出了一种可视化技术，可以用于了解卷积神经网络中间层的功能和分类器的操作，为找到更好的模型提供了可能性。此外，ZFNet 还通过消融实验来研究模型中每个组件对模型的影响。

论文名称：*Visualizing and Understanding Convolutional Networks*，相关资源可扫描目录处二维码下载。

5.3.1 ZFNet 简介

ZFNet 模型与 AlexNet 在结构上有很多相似之处（AlexNet 相关内容详见 5.2 节 AlexNet：拉开深度学习序幕），并且对 AlexNet 进行了一些改进。

首先是 ZFNet 改变了 AlexNet 的第 1 层，将卷积核的尺寸从 11×11 变为 7×7，并将步长从 4 变为 2。这一微小的修改就显著地改进了整个卷积神经网络的性能，使 ZFNet 在 2013 年 ImageNet 图像分类竞赛中获得了冠军。ZFNet 和 AlexNet 的详细网络参数对比见表 5-1。

表 5-1　ZFNet 和 AlexNet 模型的结构

网络结构	ZFNet	ZFNet 特征图尺寸	AlexNet	AlexNet 特征图尺寸
(Layer 1) 卷积层	7×7 卷积核(96 个) Stride=2，Padding=0	110×110	11×11 卷积核(96 个) Stride=4，Padding=0	55×55
(Layer 1) 激活函数	ReLU		ReLU	
(Layer 1) 池化层	3×3 池化核 Stride=2，Padding=0	55×55	3×3 池化核 Stride=2，Padding=0	27×27
(Layer 1) 归一化	Contrast Norm		LRN	
(Layer 2) 卷积层	5×5 卷积核(256 个) Stride=2，Padding=0	26×26	5×5 卷积核(256 个) Stride=1，Padding=2	27×27
(Layer 2) 激活函数	ReLU		ReLU	

续表

网络结构	ZFNet	ZFNet 特征图尺寸	AlexNet	AlexNet 特征图尺寸
(Layer 2)池化层	3×3 池化核 Stride=2,Padding=0	13×13	3×3 卷积核(384 个) Stride=1,Padding=1	13×13
(Layer 2)归一化	Contrast Norm		ReLU	
(Layer 3)卷积层	3×3 卷积核(384 个) Stride=1,Padding=1	13×13	3×3 卷积核(384 个) Stride=1,Padding=1	13×13
(Layer 3)激活函数	ReLU		ReLU	
(Layer 4)卷积层	3×3 卷积核(384 个) Stride=1,Padding=1	13×13	3×3 卷积核(384 个) Stride=1,Padding=1	13×13
(Layer 4)激活函数	ReLU		ReLU	
(Layer 5)卷积层	3×3 卷积核(256 个) Stride=1,Padding=1	13×13	3×3 卷积核(256 个) Stride=1,Padding=1	13×13
(Layer 5)激活函数	ReLU		ReLU	
(Layer 5)池化层	3×3 池化核 Stride=2,Padding=0	6×6	3×3 池化核 Stride=2,Padding=0	6×6
(Layer 6)全连接层	4096		4096	
(Layer 7)全连接层	4096		4096	
(Layer 8)全连接层	Class Num		Class Num	

除此之外,ZFNet 在深度学习领域的最大贡献是通过一系列实验和解释探究了卷积操作为什么对图像数据有效的问题。

5.3.2 对卷积计算结果的可视化

ZFNet 中一项重要的实验是将卷积核的计算结果映射回原始的像素空间(映射的方法为反卷积和反池化)并进行可视化,可视化过程如图 5-6 所示。以图 5-6 中 Layer 1 为例,图 5-6 中左上角的九宫格代表第 1 层卷积计算得到的前 9 张特征图映射回原图像素空间后的可视化(称为 F9)。第 1 层卷积使用 96 个卷积核,这意味着会得到 96 张特征图,这里的前 9 张特征图是指 96 个卷积核中值最大的 9 个卷积核对应生成的特征图(称这 9 个卷积核为 K9,即第 1 层卷积最关注的前 9 种特征)。可以发现,这 9 种特征都是颜色和纹理特征,即蕴含语义信息少的结构性特征。

为了证明这个观点,将数据集中的原始图像裁剪成小图,将所有的小图送进网络中,得到第 1 层卷积计算后的特征图。统计能使 K9 中每个卷积核输入计算结果最大的前 9 张输入小图，即 9×9＝81 张，如图 5-6 中右下角所示。结果表明刚刚可视化的 F9 和这 81 张小图表征的特征是相似的，并且是一一对应的。由此证明卷积网络在第 1 层提取的是一些颜色、纹理特征。同理，观察图 5-6 中 Layer 2 和 Layer 3 的可视化发现，第 2 次和第 3 次卷积提取的特征蕴含的语义信息更丰富，不再是简单的颜色纹理信息，而是一些结构化的特征，例如蜂窝形状、圆形、矩形等，可以推理得知网络的更深层将提取语义更丰富的特征。

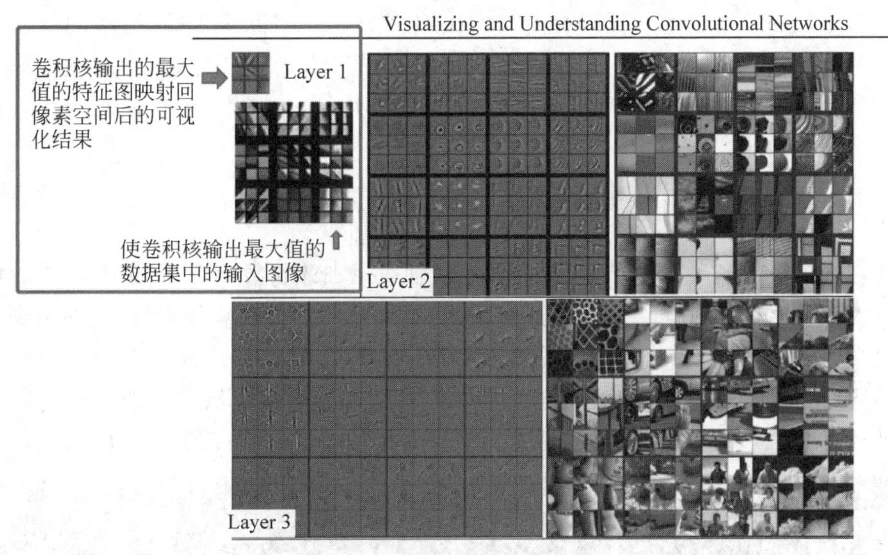

图 5-6　卷积网络浅层前 3 次卷积结果的可视化(见彩插)

在网络的深层，如第 4 层、第 5 层卷积提取的是更高级的语义信息，如人脸特征、狗脸特征、鸟腿特征、鸟喙特征等，如图 5-7 所示。

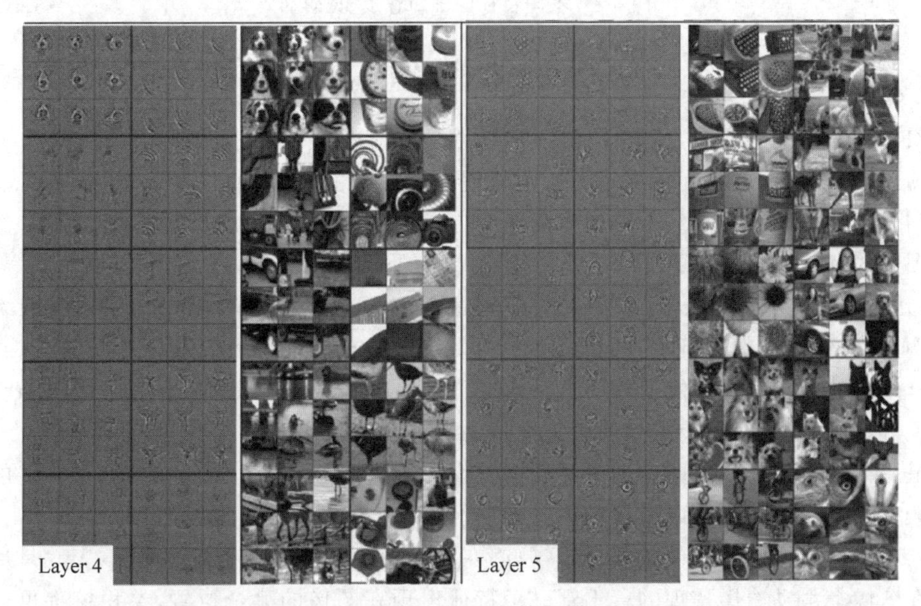

图 5-7　卷积网络深层后两次卷积结果的可视化(见彩插)

最后，越靠近输出端，能激活卷积核的输入图像的相关性越小(尤其是空间相关性)，例如图 5-7 中 Layer 5 最右上角的示例：特征图中表征的是一种绿色成片的特征，可是能激活这些特征的原图相关性却很低(原图是人、马、海边、公园等，语义上并不相干)；其实这种绿色成片的特征是“草地”，而这些语义不相干的图片里都有“草地”。“草地”是网络深层卷积核提取的高级语义信息，不再是低级的像素信息、空间信息等。

总而言之，CNN 输出的特征图有明显的层级区分。越靠近输入端，提取的特征所蕴含的语义信息越少，例如颜色特征、边缘特征、纹理特征等；越靠近输出端，提取的特征所蕴含的语义信息越丰富，例如图 5-7 中 Layer 4 中的狗脸特征、鸟腿特征等都属于目标级别的特征。

5.3.3 网络中对不同特征的学习速度

不同特征的学习速度如图 5-8 所示，其中横轴表示训练轮数，纵轴表示不同层的特征图映射回像素空间后的可视化结果。由此可以得出，低层特征(颜色、纹理等)在网络训练的前期就可以学习到，即更容易收敛；高层的语义特征在网络训练的后期才会逐渐学到。这也展示了不同特征的进化过程，即卷积神经网络在训练过程中逐步从低层特征向高层特征演化。这种过程是合理的，因为高级的语义特征需要依赖于低级特征的提取才可以得到。

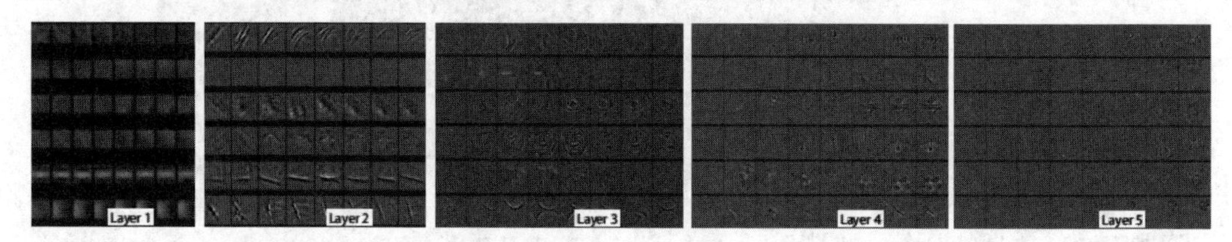

图 5-8 不同特征的学习速度(见彩插)

5.3.4 图片平移、缩放、旋转对 CNN 的影响

ZFNet 通过消融实验，研究了图片平移、缩放和旋转对卷积的影响。

图片的平移、缩放和旋转都是图像预处理中的常见步骤，这些步骤可能会对卷积网络的学习和识别能力产生影响。平移是将图像在二维空间内沿某一方向移动一定距离；缩放是改变图像的尺寸；旋转则是按照某个角度旋转图像。

通过消融实验，ZFNet 的作者试图理解这些图像变化将如何影响卷积神经网络的性能。例如，他们对图像进行了不同程度的平移、缩放或旋转，然后比较卷积神经网络在处理这些修改后的图像时的性能变化。这种研究方法有助于了解卷积神经网络对于图像变化的敏感性，以及图像预处理步骤如何影响模型的学习和预测能力。

最后结果显示卷积对图片的平移和缩放操作的处理具有一定的健壮性，对旋转的处理效果较差。这个结果是可以预计的。

卷积操作之所以对图像数据有效，原因在于它具有平移不变性。这种不变性是通过卷积核在图像上滑动遍历实现的。不管一个特征出现在图像的哪个位置，卷积核都可以通过滑动的方式识别出该特征。此外，卷积操作也具有缩放不变性，这是因为不同层的卷积核具有不同尺寸的感受野，可以识别出不同大小的特征。至于旋转不变性确实找不到对应的操作。那么，为什么现在的一些成熟项目，例如人脸识别、图像分类等依然可以对旋转的图片进行识别呢？这是因为有大量的训练数据，而旋转不变性可以从大量的训练数据中得到。实际上，不仅是旋转不变性，卷积本身计算方法带来的平移不变性和缩放不变性也是脆弱的，大部分也是从数据集中学习到的。不要忘记，深度学习是一种基于数据驱动的算法。

5.3.5 ZFNet的改进点

ZFNet通过对AlexNet可视化发现：由于第1层的卷积核尺寸过大而导致某些特征图失效。失效指的是一些值太大或太小的情况，容易引起网络的数值不稳定性，进而导致梯度消失或爆炸。图中的具体表现如图5-9(a)所示的黑白像素块。

此外，由于第1层的步长过大，导致第2层卷积结果出现棋盘状的伪影，如图5-9(b)中第2张小图所示。对此ZFNet做了对应的改进，即将第1层11×11步长为4的卷积操作变成7×7步长为2的卷积操作。

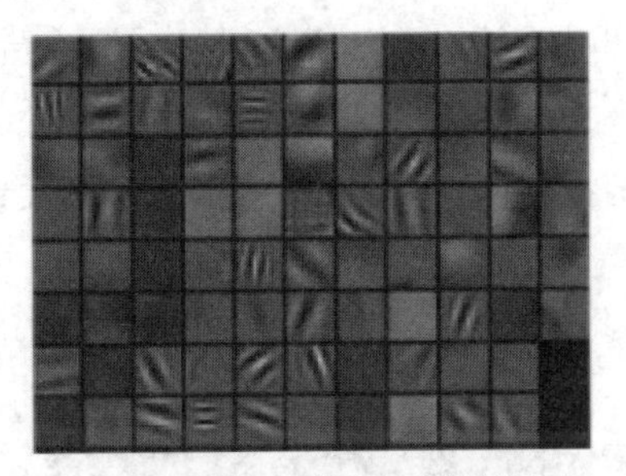

(a) AlexNet第1次卷积后的特征图

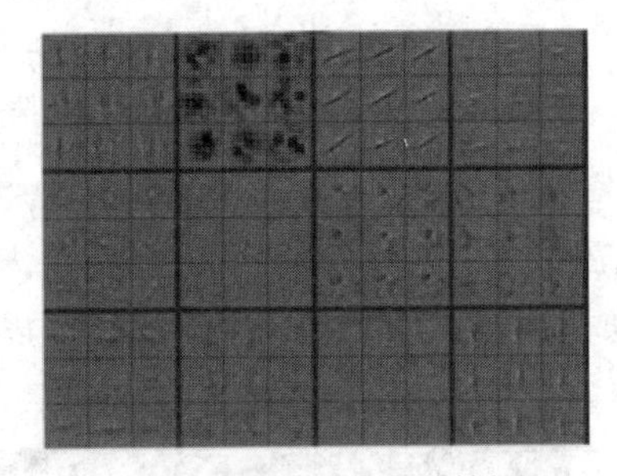

(b) AlexNet第2次卷积后的特征图

图5-9 通过可视化改进模型(见彩插)

5.3.6 遮挡对卷积模型的影响

ZFNet通过对原始图像进行矩形遮挡来探究其影响，原始图像如图5-10(a)所示。

计算遮挡后的图像经过第5个卷积层后得到的特征图值的总和如图5-10(b)所示。由此可以看出卷积计算后的特征图也保留了原始数据中不同类别对象在图像中的空间信息。

经过第5个卷积后值最大的特征图的反卷积可视化结果如图5-10(c)左上角所示。由此实例2(可视化结果为英文字母或汉字，但是原图标签的“车轮”)可以看出卷积后值最大的特征图不一定是对分类最有作用的。图5-10(c)中的其他小图是统计数据集中其他图像可以使该卷积核输出最大特征图的反卷积可视化结果。

灰色滑块所遮挡的位置对图像正确分类的影响结果如图5-10(d)所示。例如博美犬的图像，当灰色滑块遮挡到博美犬的面部时，模型对博美犬的识别准确率会大幅度下降。

模型对遮挡后的图像的分类结果如图5-10(e)所示。例如博美犬图像中，当灰色滑块遮挡在图片中非狗脸的位置时都不影响模型将其正确分类为博美犬。

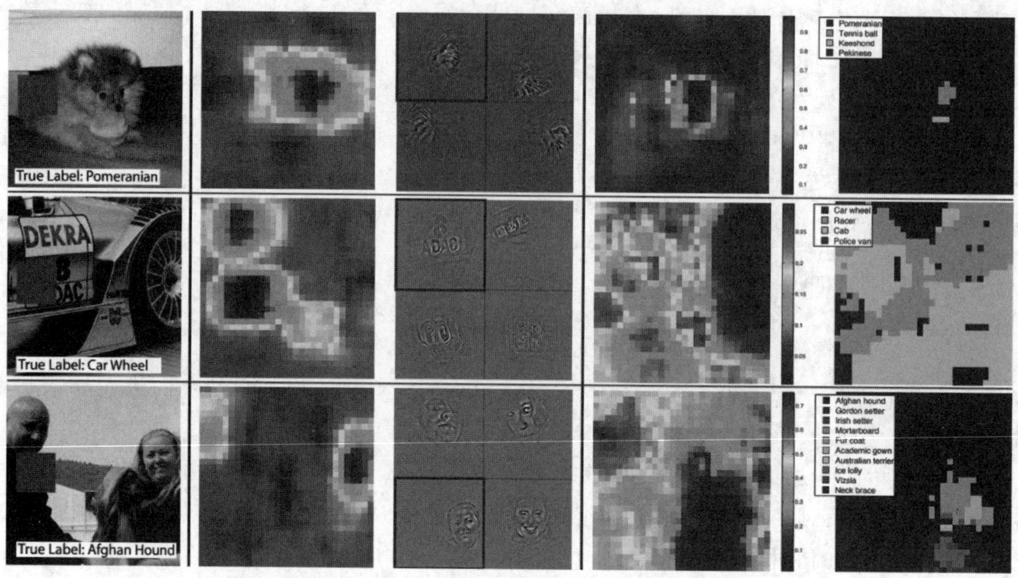

(a) 示例图片　(b) 特征图值的总和　(c) 反卷积可视化结果　(d) 遮挡对图片影响结果　(e) 遮挡后的分类结果

图 5-10　遮挡实验 1(见彩插)

此遮挡实验证明,模型确实可以理解图片,找到语义信息最丰富、识别最关键的特征,而不是仅仅依靠一些颜色、纹理特征去识别。

此外,模型还做了进一步的遮挡实验,以此来证明卷积可以提取高级的语义特征,如图 5-11 所示。

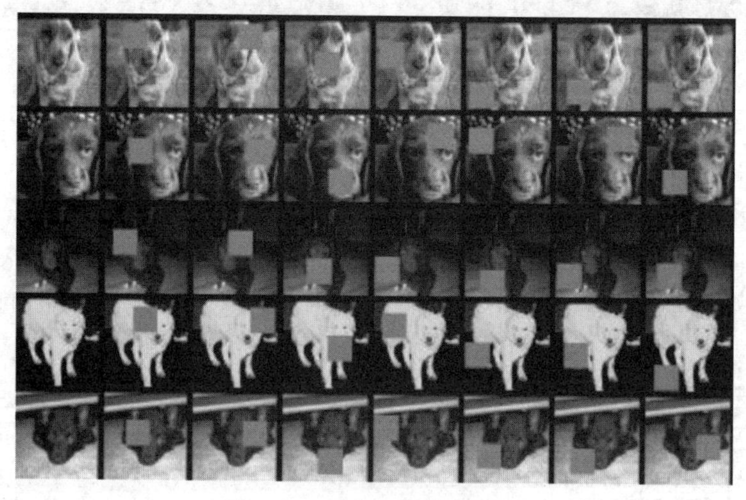

图 5-11　遮挡实验 2(见彩插)

通过遮挡图像的不同部位来证明 CNN 在处理图像时会关注局部的高级语义特征,而不是根据图像的全部信息来处理。

例如第2列遮挡狗的左眼，5种不同狗原始图像和遮挡图像的汉明距离之和见表5-2，汉明距离是指将它们分别送入卷积神经网络后得到的特征图之间的差异的总和。

表5-2　遮挡实验2中不同遮挡物之间的汉明距离

遮挡位置	Layer 5 特征图间的汉明距离	Layer 7 特征图间的汉明距离
右眼	0.067±0.007	0.069±0.015
左眼	0.069±0.007	0.068±0.013
鼻子	0.079±0.017	0.069±0.011
随机	0.107±0.017	0.073±0.014

数值越小表明遮挡左眼这个操作对不同种类的狗起到的作用是差不多的。

表中随机遮挡的结果（最后一列）明显大于有规律的遮挡，因此反映了CNN确实对不同类别的同种特征进行了总结。

值得注意的是，表5-2中Layer 7的随机遮挡结果明显小于Layer 5，这说明深层的网络提取的是语义信息（例如狗的类属），而不是低层空间特征，因此对随机遮挡可以不敏感。

5.3.7　ZFNet的调参实验

讲到这里，ZFNet的实验结果其实已经不重要了。其巧妙的实验设计，从各方面深入探究了卷积操作对图像的有效性及如何有效实施，这足以证明ZFNet模型的优秀性。为了遵守原论文的科学严谨性，本节给出ZFNet的实验结果，见表5-3。

表5-3　ZFNet对AlexNet的参数调整实验

Error%	Train Top-1	Val Top-1	Val Top-5
AlexNet	35.1	40.5	18.1
Removed Layers 3,4	41.8	45.4	22.1
Removed Layer 7	27.4	40.0	18.4
Removed Layers 6,7	27.4	44.8	22.4
Removed Layers 3,4,6,7	71.1	71.3	50.1
Adjust Layers 6,7：2048 units	40.3	41.7	18.8
Adjust Layers 6,7：8192 units	26.8	40.0	18.1
Our Model (as per Fig. 3)	33.1	38.4	16.5
Adjust Layers 6,7：2048 units	38.2	40.2	17.6
Adjust Layers 6,7：8192 units	22.0	38.8	17.0
Adjust Layers 3,4,5：512,1024,512 maps	18.8	**37.5**	16.0
Adjust Layers 6,7：8192 units and Layers 3,4,5：512,1024,512 maps	**10.0**	38.5	16.9

ZFNet对AlexNet进行了针对调参的消融实验。值得注意的是减少全连接层的参数反而可以提升准确率，在一定程度上证明了即使经过DropOut操作，全连接层的参数仍然过于冗余。

此外，为了验证不同卷积层提取的特征图对最终分类结果的影响，研究人员将不同层提取的特征图直接输入分类器(如 SVM 或 Softmax 分类器)进行分类。实验结果表明,随着卷积层数的增加,提取的特征图对图像分类的帮助逐渐增大,具体结果见表 5-4。

表 5-4 对不同的特征图进行分类

分类器	Cal-101 (30/class)	Cal-256 (60/class)
SVM(1)	44.8±0.7	24.6±0.4
SVM(2)	66.2±0.5	39.6±0.3
SVM(3)	72.3±0.4	46.0±0.3
SVM(4)	76.6±0.4	51.3±0.1
SVM(5)	86.2±0.8	65.6±0.3
SVM(7)	85.5±0.4	71.7±0.2
Softmax(5)	82.9±0.4	65.7±0.5
Softmax(7)	85.4±0.4	72.6±0.1

5.3.8 ZFNet 的模型代码实现

通过 PyTorch 搭建 ZFNet 模型,代码如下:

```
#第 5 章/ZFNet.py
import torch.nn as nn
import torch

#与 AlexNet 有两处不同:第 1 处,第 1 次的卷积核变小,步幅减小;第 2 处,将第 2 层卷积步长设
#置为 2
class ZFNet(nn.Module):
    def __init__(self, num_classes=1000 ):
        super(ZFNet, self).__init__()
        self.features = nn.Sequential(
            nn.Conv2d(3, 96, kernel_size=7, stride=2, padding=2),
            #输入尺寸为[3, 224, 224],输出尺寸为[96, 111, 111]
            nn.ReLU(inplace=True),
            nn.MaxPool2d(kernel_size=3, stride=2),
            #输出尺寸为[96, 55, 55]

            nn.Conv2d(96, 256, kernel_size=5, padding=2),
            #输出尺寸为[256, 55, 55]
            nn.ReLU(inplace=True),
            nn.MaxPool2d(kernel_size=3, stride=2),
            #输出尺寸为[256, 27, 27]

            nn.Conv2d(256, 512, kernel_size=3, padding=1),
            #输出尺寸为[512, 27, 27]
            nn.ReLU(inplace=True),

            nn.Conv2d(512, 1024, kernel_size=3, padding=1),
            #输出尺寸为[1024, 27, 27]
            nn.ReLU(inplace=True),
```

```
            nn.Conv2d(1024, 512, kernel_size=3, padding=1),
            #输出尺寸为[512, 27, 27]
            nn.ReLU(inplace=True),
            nn.MaxPool2d(kernel_size=3, stride=2),
            #输出尺寸为[512, 13, 13]
        )
        self.classifier = nn.Sequential(
            nn.DropOut(p=0.5),
            nn.Linear(512 *13 *13, 4096),
            nn.ReLU(inplace=True),

            nn.DropOut(p=0.5),
            nn.Linear(4096, 4096),
            nn.ReLU(inplace=True),
            nn.Linear(4096, num_classes),
        )

    def forward(self, x):
        x = self.features(x)
        x = torch.flatten(x, start_dim=1)
        x = self.classifier(x)
        return x

def zfnet(num_classes):
    model = ZFNet(num_classes=num_classes)
    return model
```

5.3.9 ZFNet 模型小结

ZFNet 模型是一个基于卷积神经网络的图像分类模型，由 Matthew D. Zeiler 和 Rob Fergus 于 2013 年提出，旨在改进 AlexNet 模型并提高其分类性能。改进主要包括以下几方面。

(1) 更小的卷积核：AlexNet 采用的卷积核尺寸为 11×11，而 ZFNet 将卷积核尺寸缩小到 7×7，使模型更加适合处理高分辨率的图像。

(2) 特征可视化：ZFNet 通过对网络中的特征进行可视化，帮助人们理解网络中不同层次的特征所表达的语义含义。

ZFNet 同样采用了 ReLU 作为激活函数，并使用 DropOut 操作进行正则化。此外，ZFNet 还使用了数据增强技术，包括随机裁剪、随机水平翻转等，增加了训练数据的多样性。

在 ImageNet 图像分类竞赛中，ZFNet 在 Top-5 错误率上取得了 15.4% 的成绩，比 AlexNet 提高了 4%左右，表现出了更好的模型性能。

5.4 VGGNet：探索深度的力量

5.4.1 VGGNet 模型总览

2014 年，牛津大学计算机视觉组(Visual Geometry Group)和 Google DeepMind 公司

的研究员 Karen Simonyan 和 Andrew Zisserman 研发出了新的深度卷积神经网络：VGGNet，并在 ILSVRC 2014 比赛分类项目中取得了第二名的好成绩（第一名是同年提出的 GoogLeNet 模型），同时在定位项目中获得第一名。

VGGNet 模型通过探索卷积神经网络的深度与性能之间的关系，成功构建了 16～19 层深的卷积神经网络，并证明了增加网络深度可以在一定程度上提高网络性能，大幅降低错误率。此外，VGGNet 具有很强的拓展性和泛化性，适用于其他类型的图像数据。至今，VGGNet 仍然被广泛地应用于图像特征提取。

VGGNet 可以看成加深版本的 AlexNet，它们都由卷积层、全连接层两大部分构成。

论文名称：*Very Deep Convolutional Networks for Large-scale Image Recognition*，相关资源可扫描目录处二维码下载。

经典的 VGG-16 网络模型如图 5-12 所示。模型接收的输入是彩色图像，数据存储的形状为（B，C，H，W），B 表示图像数量，C 表示图片色彩通道，H 表示图片高度，W 为图片宽度）。在本示例中，输入数据为（1，3，224，224）。

模型的特征提取阶段是通过不断重复堆叠卷积层和池化层实现的。一共经过 5 次下采样，下采样方式为最大池化。值得注意的是，通过调整步长和填充，网络中的所有卷积操作都没有改变输入特征图的尺寸。

在最后的顶层设计中，通过 3 个全连接层实现对图片的分类操作。值得注意的是，由于全连接层的存在，网络只能接收固定大小的图像尺寸。

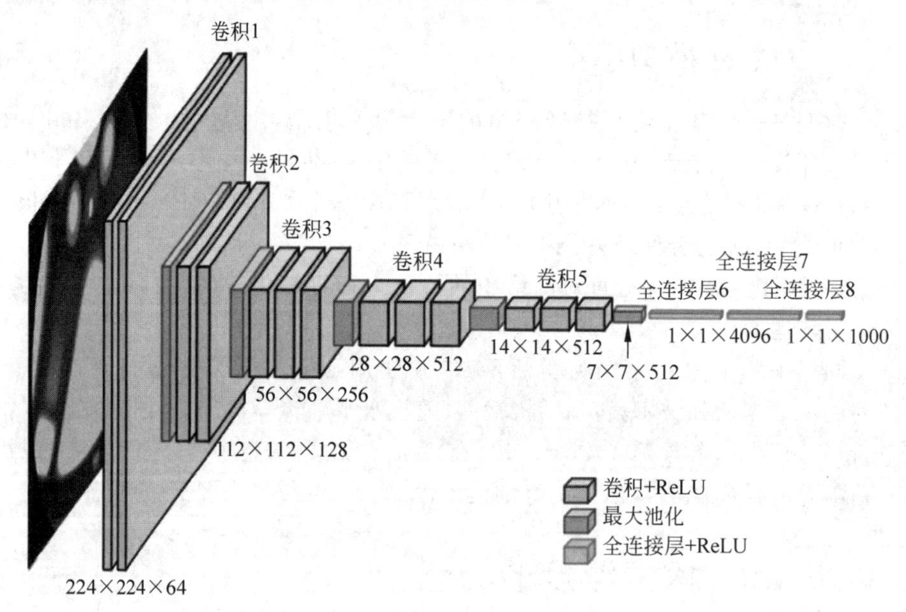

图 5-12　VGG-16

5.4.2　网络贡献总结

1. 结构简洁

VGG 网络中，所有卷积层的卷积核大小、步长和填充都相同，并且通过最大池化对卷积层进行分层。所有隐藏层的激活单元都采用 ReLU 函数。在最后的顶层设计中，通过 3 层全连接层和 Softmax 分类器输出层实现对图像的分类操作。由于其极简且清晰的结构，VGGNet 至今仍广泛用于图像特征提取。

2. 小卷积核

VGGNet 中所有的卷积层都使用了小卷积核(3×3)。这种设计有两个优点：一方面，可以大幅减少参数量；另一方面，节省下来的参数可以用于堆叠更多的卷积层，进一步增加了网络的深度和非线性映射能力，从而提高了网络的表达和特征提取能力。

小卷积核是 VGGNet 的一个重要特点，虽然 VGGNet 是在模仿 AlexNet 的网络结构，但并没有采用 AlexNet 中比较大的卷积核尺寸(如 7×7)，而是通过降低卷积核的大小(3×3)，并且增加卷积层数来达到同样的性能。

VGG 模型中指出两个 3×3 的卷积堆叠获得的感受野大小，相当于一个 5×5 的卷积，而 3 个 3×3 卷积的堆叠获取的感受野相当于一个 7×7 的卷积。这样可以增加非线性映射，也能很好地减少参数(例如 7×7 的参数为 49 个，而 3 个 3×3 的参数为 27 个)。

卷积计算结果尺寸(卷积后特征图的尺寸)的计算方式如下：

输入的特征图尺寸为 i，卷积核的尺寸为 k，步长(Stride)为 s，填充(Padding)为 p，则输出的特征图的尺寸 o 为

$$o=\left[\frac{i+2p-k}{s}\right]+1 \tag{5-1}$$

假设特征图是 28×28 的，假设卷积的步长 step=1，padding=0。

(1) 使用一层 5×5 卷积核，由(28－5)/1＋1＝24 可得，输出的特征图尺寸为 24×24。

(2) 使用两层 3×3 卷积核：第 1 层，由(28－3)/1＋1＝26 可得，输出的特征图尺寸为 26×26；第 2 层，由(26－3)/1＋1＝24 可得，输出的特征图尺寸为 24×24。

可以看到最终结果两者相同，即两个 3×3 的卷积堆叠获得的感受野大小，相当于一个 5×5 的卷积。

3. 小池化核

相比 AlexNet 的 3×3 的池化核，VGGNet 全部采用 2×2 的池化核。

4. 通道数多

VGGNet 第 1 层的通道数为 64，后面每层都进行了翻倍，最多达到 512 个通道。相比于 AlexNet 和 ZFNet 最多得到的通道数是 256，VGGNet 翻倍的通道数使更多的信息可以被卷积操作提取出来。

5. 层数更深、特征图更多

网络中，卷积层专注于扩大特征图的通道数、池化层专注于缩小特征图的宽和高，使模

型架构上更深更宽的同时，控制了计算量的增加规模。

5.4.3 VGGNet 的模型代码实现

通过 PyTorch 搭建 VGGNet 模型，代码如下：

```
#第 5 章/VGGNet.py
class VGG(nn.Module):
    def __init__(self, features, num_classes=1000, init_weights=False):
        super(VGG, self).__init__()
        self.features = features
        self.classifier = nn.Sequential(
            nn.Linear(512*7*7, 4096),
            nn.ReLU(True),
            nn.DropOut(p=0.5),
            nn.Linear(4096, 4096),
            nn.ReLU(True),
            nn.DropOut(p=0.5),
            nn.Linear(4096, num_classes)
        ) #全连接层
        if init_weights:
            self._initialize_weights()

    def forward(self, x):
        #N x 3 x 224 x 224
        x = self.features(x)
        #N x 512 x 7 x 7
        x = torch.flatten(x, start_dim=1)
        #N x 512 x 7 x 7
        x = self.classifier(x)
        return x

    def _initialize_weights(self):
        for m in self.modules():
            if isinstance(m, nn.Conv2d):
                nn.init.xavier_uniform_(m.weight)
                if m.bias is not None:
                    nn.init.constant_(m.bias, 0)
            elif isinstance(m, nn.Linear):
                nn.init.xavier_uniform_(m.weight)
                nn.init.constant_(m.bias, 0)

def make_features(cfg: list):
    layers = []
    in_channels = 3
    for v in cfg:
        if v == "M":
            layers += [nn.MaxPool2d(kernel_size=2, stride=2)]
            #最大池化层
```

```
            else:
                conv2d = nn.Conv2d(in_channels, v, kernel_size=3, padding=1)
                #卷积层操作,通道数由 cfgs 中的参数确定
                layers += [conv2d, nn.ReLU(True)]
                in_channels = v
        return nn.Sequential(*layers)

    cfgs = {
        'VGG-11': [64, 'M', 128, 'M', 256, 256, 'M', 512, 512, 'M', 512, 512, 'M'],
        'VGG-13': [64, 64, 'M', 128, 128, 'M', 256, 256, 'M', 512, 512, 'M', 512, 512, 'M'],
        'VGG-16': [64, 64, 'M', 128, 128, 'M', 256, 256, 256, 'M', 512, 512, 512, 'M',
    512, 512, 512, 'M'],
        'VGG-19': [64, 64, 'M', 128, 128, 'M', 256, 256, 256, 256, 'M', 512, 512, 512,
    512, 'M', 512, 512, 512, 512, 'M'],
        } #输入/输出通道设置

    def VGG-11(num_classes):
        cfg = cfgs["VGG-11"]
        model = VGG(make_features(cfg), num_classes=num_classes)
        return model

    def VGG-13(num_classes):
        cfg = cfgs["VGG-13"]
        model = VGG(make_features(cfg), num_classes=num_classes)
        return model

    def VGG-16(num_classes):
        cfg = cfgs["VGG-16"]
        model = VGG(make_features(cfg), num_classes=num_classes)
        return model

    def VGG-19(num_classes):
        cfg = cfgs['VGG-19']
        model = VGG(make_features(cfg), num_classes=num_classes)
        return model
```

5.4.4　VGGNet 模型小结

VGGNet 是于 2014 年提出的经典卷积神经网络模型。VGG 网络结构简单而规整，由一系列重复的卷积块(Conv Block)和池化块(Pool Block)构成。每个卷积块包含若干个卷积层和激活函数，每个池化块则包含一个池化层。所有的卷积层和池化层都使用相同的卷积核尺寸和步长，从而使网络结构规整。

此外，VGGNet 采用了较小的卷积核尺寸(通常为 3×3)，这样可以减少模型参数的数量，并且通过堆叠多层卷积层来增加模型的深度，从而提高模型的表达能力和分类准确率。

在池化层中，VGGNet 使用最大池化（Max Pooling）来减少特征图的大小。

VGGNet 有多个版本，包括 VGG-16、VGG-19 等，其中 VGG-16 包含 16 个卷积层和 3 个全连接层，而 VGG-19 包含 19 个卷积层和 3 个全连接层。这些版本的 VGGNet 都在 ImageNet 图像分类竞赛中取得了优异的成绩，并成为图像分类任务中的经典模型之一。

5.5 GoogLeNet：探索宽度的力量

在 2014 年的 ImageNet 挑战赛（ILSVRC 2014）上，GoogLeNet 和 VGGNet 成为当年的双雄。GoogLeNet 获得了图片分类大赛的第一名，VGGNet 紧随其后。这两种模型的共同特点是网络深度更深。VGGNet 是基于 LeNet 和 AlexNet 的框架结构，而 GoogLeNet 则采用了更加大胆的网络结构。尽管 GoogLeNet 有 22 层，但它的尺寸比 AlexNet 和 VGGNet 要小得多。GoogLeNet 的参数数量为 500 万个，而 AlexNet 的参数数量是 GoogLeNet 的 12 倍，VGGNet 的参数数量又是 AlexNet 的 3 倍，因此，当内存或计算资源有限时，GoogLeNet 是更好的选择。从模型结果来看，GoogLeNet 的性能表现更加优秀。

小知识：GoogLeNet 是谷歌公司研究出来的深度网络结构，命名为 GoogLeNet 而不是 Google Net 的原因据说是为了向 LeNet 致敬。

GoogLeNet V1 论文名称：*Going Deeper with Convolutions*，相关资源可扫描目录处二维码下载。

GoogLeNet V2 论文名称：*Batch Normalization：Accelerating Deep Network Training by Reducing Internal Covariate Shift*，相关资源可扫描目录处二维码下载。

GoogLeNet V3 论文名称：*Rethinking the Inception Architecture for Computer Vision*，相关资源可扫描目录处二维码下载。

GoogLeNet V4 论文名称：*Inception-V4，Inception-ResNet and the Impact of Residual Connections on Learning*，相关资源可扫描目录处二维码下载。

GoogLeNet V5 论文名称：*Xception：Deep Learning with Depthwise Separable Convolutions*，相关资源可扫描目录处二维码下载。

5.5.1 GoogLeNet V1

1. 研发动机

一般来讲，提升网络性能最直接的办法就是增加网络深度和宽度，或者提高输入数据的大小，但这种方式存在以下问题。

（1）参数太多：如果训练数据集有限，则参数太多很容易产生过拟合。

（2）难以应用：网络越大、参数越多，计算复杂度越大，从而会导致应用问题。

（3）难以优化模型：网络越深，越容易出现梯度弥散或爆炸问题（梯度越往后越不稳定），难以进行模型优化。

所以，有人调侃“深度学习”其实是“深度调参”。

GoogLeNet V1 认为解决上述几个缺点的根本方法是将全连接层甚至一般的卷积层都转换为稀疏连接。一方面，现实中的生物神经系统连接也是稀疏的，即神经系统在传递信息时，只有少部分神经元会被激活，大部分神经元处于不反应状态。另一方面，一些文献指出，对于大规模稀疏的神经网络，可以通过分析激活值的统计特性和对高度相关的输出进行聚类，以此逐层构建出一个最优网络。这表明，臃肿的稀疏网络可能会失去性能，但可以在不影响性能的情况下简化。

早些时候，为了打破网络的对称性和提高其学习能力，同时受限于硬件设备的能力，传统的卷积网络（LeNet 模型时代）都使用了随机稀疏连接（每次卷积得到的特征图随机选取一部分送入后续计算），然而，计算机软硬件对非均匀稀疏数据的计算效率很差，因此，在 AlexNet 中重新启用了常规的卷积（每次卷积得到的特征图全部送入后续计算），以便更好地优化并行运算。

那么，有没有一种方法，既能保持网络结构的稀疏性，又能利用密集矩阵的高计算性能？大量的文献表明可以将稀疏矩阵聚类为较为密集的子矩阵集合，以此来提高计算性能，基于这一想法，此论文提出了名为 Inception 的结构以达到此目的。

2. 模型结构

Inception 结构将 4 个不同卷积核尺寸的卷积操作聚类成一个集合，如图 5-13 所示。

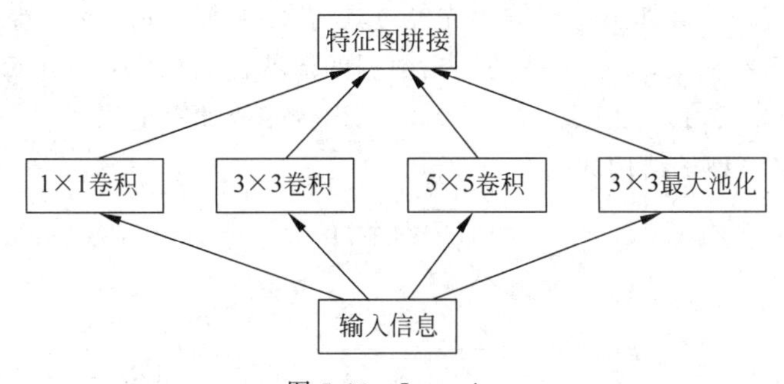

图 5-13　Inception

具体来讲，就是将输入信息复制 4 份，分别送入 4 个不同的分支，分支中是卷积核尺寸不同的卷积操作，4 个分支卷积计算后的特征图在特征通道维度上合并，得到一组特征图送入后续操作，如图 5-14 所示。这种设计结构有以下 5 个原因。

(1) 卷积核的大小在神经网络里是一种超参数，没有一种严格的数学理论证明哪种尺寸的卷积核更适合提取特征，因此 GoogLeNet 选择了成年人的方式：“我全都要”。

(2) 采用不同大小的卷积核意味着不同大小的计算感受野，最后拼接操作意味着不同尺度特征的融合。

(3) 卷积核大小采用 1、3 和 5 是为了对齐。设定卷积步长为 1 之后，只要分别将填充尺寸设置为 0、1、2，那么卷积之后便可以得到相同维度的特征，然后这些特征就可以直接在特征通道维度拼接在一起了。

(4) 很多工作已经证明了池化的有效性，所以 Inception 结构中也嵌入了池化操作。

(5) 网络越到后面，特征越抽象，而且每个特征所涉及的感受野也更大了，因此随着层数的增加，3×3 和 5×5 卷积的比例也要增加。

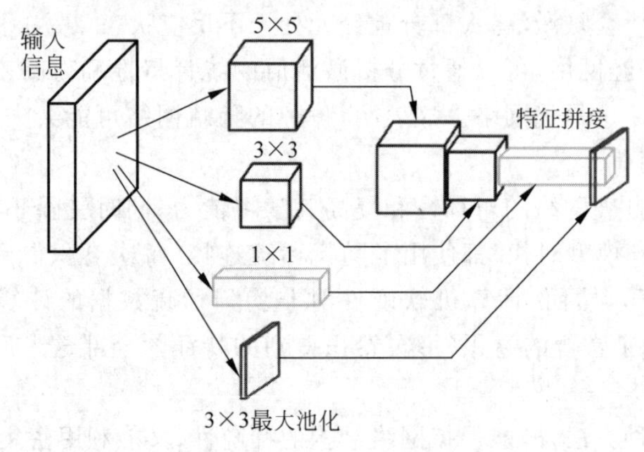

图 5-14　Inception 结构

但是，使用 5×5 的卷积核仍然会带来相对较大的计算量。为此，可以先采用 1×1 卷积核进行降维。例如上一层的输出数据形状为(100×100×128)，经过具有 256 个输出的 5×5 卷积层之后(Stride=1，Padding=2)，输出数据形状为(100×100×256)，其中，卷积层的参数为 128×5×5×256。假如上一层输出先经过具有 32 个输出的 1×1 卷积层，再经过具有 256 个输出的 5×5 卷积层，那么最终的输出数据的形状仍为(100×100×256)，但卷积参数量已经减少为 128×1×1×32+32×5×5×256，大约变为原来的 1/4。

改进后的网络模型子结构如图 5-15 所示。

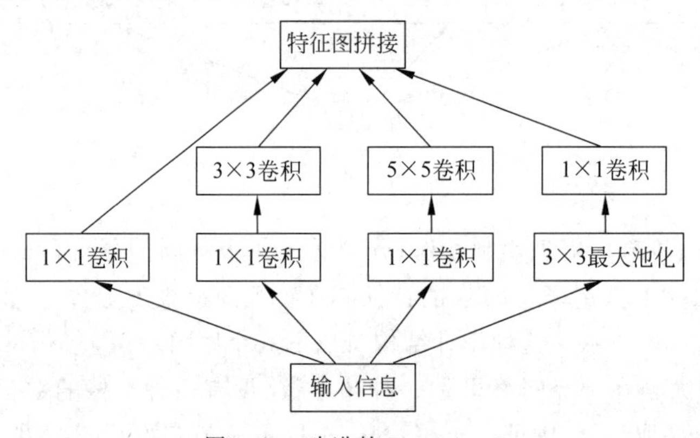

图 5-15　改进的 Inception 1

改进后的 Inception 模块的代码如下：

```
#第 5 章/Inception.py
class Inception(nn.Module):
    def __init__(self, in_channels, ch1x1, ch3x3red, ch3x3, ch5x5red, ch5x5, pool_
proj):
        super(Inception, self).__init__()
```

```
        self.branch1 = BasicConv2d(in_channels, ch1x1, kernel_size=1)

        self.branch2 = nn.Sequential(
                BasicConv2d(in_channels, ch3x3red, kernel_size=1),
                BasicConv2d(ch3x3red, ch3x3, kernel_size=3, padding=1)
                #保证输出大小等于输入大小
        )

        self.branch3 = nn.Sequential(
                BasicConv2d(in_channels, ch5x5red, kernel_size=1),
                BasicConv2d(ch5x5red, ch5x5, kernel_size=5, padding=2)
                #保证输出大小等于输入大小
        )

        self.branch4 = nn.Sequential(
                nn.MaxPool2d(kernel_size=3, stride=1, padding=1),
                BasicConv2d(in_channels, pool_proj, kernel_size=1)
        )

    def forward(self, x):
        branch1 = self.branch1(x)
        branch2 = self.branch2(x)
        branch3 = self.branch3(x)
        branch4 = self.branch4(x)

        outputs = [branch1, branch2, branch3, branch4]
        return torch.cat(outputs, 1)
```

完整的 GoogLeNet 就是由这种 Inception 模块堆叠而成的,如图 5-16 所示。

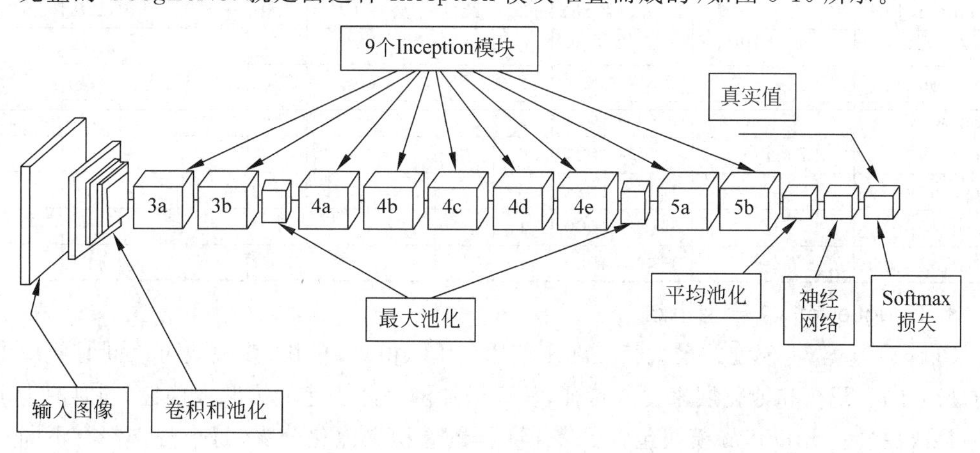

图 5-16 改进的 Inception 2

对图 5-16 做以下说明:

(1) GoogLeNet 采用了模块化的结构(Stage、Block、Layer),每个 Stage 中都由多个 Block 堆叠而成,GoogLeNet 中 Block 就是 Inception 模块,每个 Block 中又包含多个神经网

络层。这样模块化结构的优点是方便增添和修改模型结构。

(2) 网络最后采用了平均池化层来代替全连接层。事实证明可以将准确率提高0.6%，此外，平均池化允许网络接受不同大小的输入图片。最后，尽管添加了一个全连接层，但这主要是为了方便进行微调。

(3) 在最后一个全连接层之前，GoogLeNet 仍然使用了 DropOut 来减轻过拟合的问题。最后一个全连接层前依然使用了 DropOut。

(4) 为了避免梯度消失，GoogLeNet 在网络中额外增加了两个 Softmax 辅助分类器，用于帮助模型训练时回传梯度，但是在实际测试中，这两个辅助分类器会被去掉。网络的详细参数见表 5-5。

表 5-5　改进的 Inception

type	Patch size stride	output size	depth	1×1	3×3 reduce	3×3	5×5 reduce	5×5	pool proj
convolution	7×7/2	112×112×64	1						
max pool	3×3/2	56×56×64	0						
convolution	3×3/1	56×56×192	2		64	192			
max pool	3×3/2	28×28×192	0						
inception(3a)		28×28×256	2	64	96	128	16	32	32
inception(3b)		28×28×480	2	128	128	192	32	96	64
max pool	3×3/2	14×14×480	0						
inception(4a)		14×14×512	2	192	96	208	16	48	64
inception(4b)		14×14×512	2	160	112	224	24	64	64
inception(4c)		14×14×512	2	128	128	256	24	64	64
inception(4d)		14×14×528	2	112	144	288	32	64	64
inception(4e)		14×14×832	2	256	160	320	32	128	128
max pool	3×3/2	7×7×832	0						
inception(5a)		7×7×832	2	256	160	320	32	128	128
inception(5b)		7×7×1024	2	384	192	384	48	128	128
avg pool	7×7/1	1×1×1024	0						
DropOut(40%)		1×1×1024	0						
linear		1×1×1000	1						
softmax		1×1×1000	0						

3. GoogLeNet V1 模型小结

GoogLeNet V1 模型的最大特点在于使用了 Inception 模块，该模块可以同时使用多种不同尺寸的卷积核和池化层来提取特征，从而增加网络的表达能力和准确性，同时减少了模型的参数数量。Inception 模块包含了多个不同的卷积和池化分支，每个分支都有不同的卷积核尺寸和步长。在训练过程中，网络会自动学习如何选择最优的分支及如何将它们组合起来。

另外，GoogLeNet V1 还采用了全局平均池化来替代展平操作，从而减少模型的参数数量，并防止过拟合。全局平均池化可以对整张特征图进行平均化操作，得到一个特征向量作为最终的输出。

GoogLeNet V1 还引入了一种被称为辅助分类器的技术，用于帮助网络更快地收敛。该技术在网络中添加了两个辅助的分类器，分别在中间层和末尾层进行分类，可以在训练过程中提供额外的监督信号，从而促进网络的训练。

GoogLeNet V1 在 ImageNet 图像分类竞赛中取得了优异的成绩，准确率达到了 74.8%，并且模型参数数量仅为 AlexNet 的 1/12。这表明了 GoogLeNet V1 在参数数量和分类准确率之间取得了很好的平衡。

5.5.2　GoogLeNet V2

GoogLeNet V2 最显著的贡献是提出了批量数据归一化方法。

1. 研发动机

首先，虽然与 VGGNet 模型在图像分类领域的性能接近，但 GoogLeNet V1 模型在其他领域也都得到了成功的应用，然而，与 VGGNet 相比，GoogLeNet 具有更高的计算效率，仅使用大约 500 万个参数，相当于 AlexNet 的 1/12。

此外，二者的发展方向不同。从某种角度可以这样理解：VGGNet 追求的是网络深度，而 GoogLeNet 追求的是网络宽度。

尽管 GoogLeNet V1 表现良好，但是在尝试通过简单地放大 Inception 结构来构建更大的网络时会遇到计算过程中数值不稳定的问题。为了提升训练速度和稳健性，提出对模型结构的部分做归一化处理，即对每个训练的小批量数据做批量数据归一化。随后，批量数据归一化被广泛地应用于神经网络中，并成为神经网络中必不可少的一环。BN 操作的主要好处如下：

(1) BN 使模型可以使用较大的学习率而不用特别关心诸如梯度爆炸或消失等优化问题。

(2) BN 降低了模型效果对初始权重的依赖。

(3) BN 不仅可以加速收敛，还起到了正则化作用，从而提高了模型的泛化性。

由于网络在训练过程中参数不断改变，所以会导致后续每层输入的分布也随之发生变化，而学习的过程又要使每层适应输入的分布，因此我们不得不降低学习率、小心地初始化。这个分布发生变化的现象被称为内部协变量偏移(Internal Covariate Shift，ICS)。

为了解决这个问题，研究人员提出了一种解决方案：在训练网络时，将输入数据减去均值。这一操作的目的是加快网络的训练速度。

首先，图像数据具有高度的相关性，相似的图像在抽象为高维空间的数据分布时是接近的。假设其分布如图 5-17(a)所示(一个点代表一张图像，简化为二维)。由于初始化时，参数一般为 0 均值的，因此开始的拟合 $y=\omega x+b$，基本在原点附近，如图 5-17(b)线所示，因此，网络需要经过多次学习才能逐步达到如实线的拟合，即收敛得比较慢。如果对输入数据先做减均值操作，则显然可以加快学习，如图 5-17(c)所示。

再用一个可视化的解释：BN 就是对神经网络每层输入数据的数据分布进行归一化操

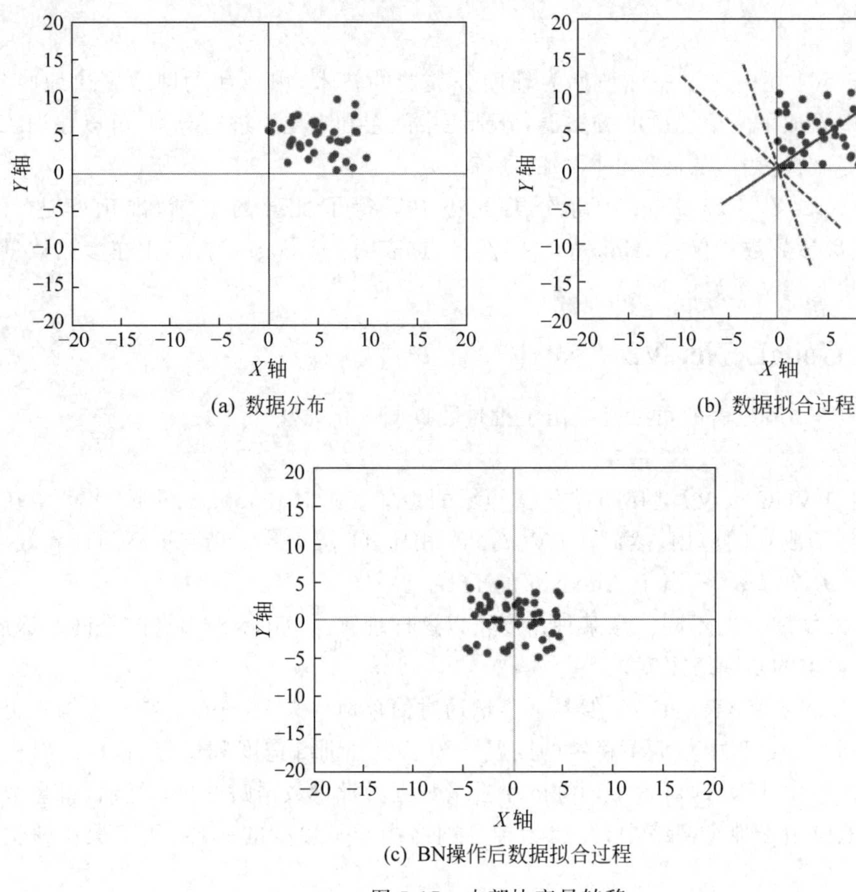

(a) 数据分布　(b) 数据拟合过程　(c) BN操作后数据拟合过程

图 5-17　内部协变量转移

作，由不规律的数据分布，如图 5-18(a)所示，变成了规则的数据分布，如图 5-18(b)所示。箭头表示模型寻找最优解的过程，显然图 5-18(b)中的方式更方便，更容易。

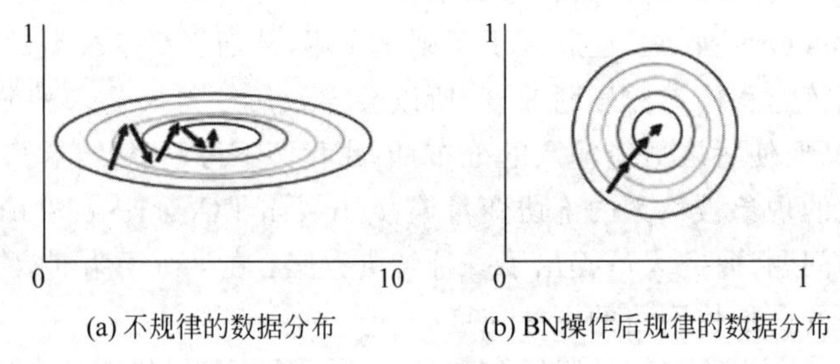

(a) 不规律的数据分布　(b) BN操作后规律的数据分布

图 5-18　内部协变量转移

最后，BN 方法的公式如下所示。

输入信息：x 的值超过小批量：$B=\{x_{1,\cdots,m}\}$；

要学习的参数：γ、β。

输出信息：$\{y_i=\mathrm{BN}_{\gamma,\beta}(x_i)\}$。

算法过程如下：

$$\mu_B \leftarrow \frac{1}{m}\sum_{i=1}^{m} x_i \tag{5-2}$$

$$\sigma_B{}^2 \leftarrow \frac{1}{m}\sum_{i=1}^{m}(x_i-\mu_B)^2 \tag{5-3}$$

$$\hat{X}_1 \leftarrow \frac{X_i-\mu_B}{\sqrt{\sigma_B+\varepsilon}} \tag{5-4}$$

$$y_i \leftarrow \gamma x_i+\beta \equiv \mathrm{BN}_{\beta,\gamma}(x_i) \tag{5-5}$$

式(5-2)沿着通道计算了每个批量的均值 μ；接着式(5-3)沿着通道计算了每个批量的方差 σ^2；式(5-4)对 x 做归一化 $x'=(x-\mu)/\sqrt{\delta^2+\varepsilon}$；最后式(5-6)加入了缩放和平移变量 γ 和 β,其中归一化后的值,$y=\gamma x'+\beta$ 加入缩放平移变量的原因是：不一定每次都是标准正态分布,也许需要偏移或者拉伸。保证每次数据经过归一化后还保留原有学习得来的特征,同时又能完成归一化操作,加速训练。这两个参数是用来学习的参数。

2. 模型结构

GoogLeNet V2 网络的详细参数见表 5-6,除了 BN 层,基本没有什么太大的变动。

表 5-6　GoogLeNet V2 configuration

type	Patch size stride	depth	1×1	3×3 reduce	3×3	double 3×3 reduce	double 3×3	pool proj
convolution *	7×7/2	1						
max pool	3×3/2	0						
convolution	3×3/1	1		64	192			
max pool	3×3/2	0						
inception (3a)		3	64	64	64	64	96	avg+32
inception(3b)		3	64	64	96	64	96	avg+64
inception(3c)	stride 2	3	0	128	160	64	96	max+pass through
inception(4a)		3	224	64	96	96	128	avg+128
inception(4b)		3	192	96	128	96	128	avg+128
inception(4c)		3	160	128	160	128	160	avg+128
inception(4d)		3	96	128	192	160	192	avg+128
inception(4e)	stride 2	3	0	128	192	192	256	max+pass through
inception(5a)		3	352	192	320	160	224	avg+128
inception(5b)		3	352	192	320	192	224	max+128
avg pool	7×7/1	0						

3. GoogLeNet V2 模型小结

GoogLeNet V2 模型引入了批量数据归一化技术。这可以使网络更加稳定和收敛更快。在训练过程中，批量数据归一化可以对每个小批量的数据进行标准化操作，从而使输入数据更加平稳和稳定。

GoogLeNet V2 在 ImageNet 图像分类竞赛中取得了优异的成绩，准确率达到了78.8%。它的性能和效率都比 GoogLeNet V1 更好。

5.5.3 GoogLeNet V3

GoogLeNet V3 在 *Rethinking the Inception Architecture for Computer Vision* 中被提出，该论文的亮点在于：

(1) 提出 4 个通用的网络结构设计准则。

(2) 引入卷积分解以提高效率（空间可分离卷积）。

(3) 引入高效的特征图降维方法。

(4) 平滑样本标签。

1. 研发动机

在 GoogLeNet V1 版本中，并没有给出对于如何构建 Inception 结构清晰明确的指导。GoogLeNet V3 首先提出了一些通用准则和优化方法，这些方法已经被证明可以有效地用于放大网络，不仅适用于 Inception 结构的构建，也适用于其他结构的构建。

2. 网络通用设计准则(General Design Principles)

(1) 准则 1：模型设计者应避免在神经网络的前若干层产生特征表示的瓶颈。

神经网络的特征提取过程包括多层卷积。一个直观且符合常识的理解是：如果网络前面的特征提取过程过于粗糙，就可能会丢失细节信息，即使后面的结构再精细也无法有效地进行特征表示和组合。

例如，如果一开始就直接从 35×35×320 被抽样降维到 17×17×320，则特征的细节就会大量丢失，即使后续使用 Inception 结构进行各种特征提取和组合也无济于事，因此，在对特征图进行降维的同时，一般会对通道进行升维。

因此，随着层数的加深，特征图的大小应该逐渐变小，但为了保证特征可以得到有效表示和组合，其通道数量会逐渐增加。一个简单的理解是：卷积操作可以在图像的空间维度上进行特征提取，并把提取的特征转移到通道维度上。

(2) 准则 2：在模型中增加卷积次数可以解耦更多特征，帮助网络进行收敛。

当输出特征相互独立时，输入信息就能被更彻底地分解，而子特征内部相关性就会更高。将相关性强的特征聚集在一起会更容易收敛。简单点说就是：提取的特征越多，对下游任务的帮助就越大。例如，如果只知道眼睛这一个特征，则识别某个人会很难，但如果能够了解到五官的所有特征，则问题就会更容易解决，从而提高识别准确率。

对于神经网络的某一层，通过更多的输出分支，可以产生互相解耦的特征表示，从而产生更多高阶稀疏特征，以加速收敛，具体方法如下：

首先，一个前置小知识：5×5 大小的卷积核可以使用两个 3×3 的小卷积核代替。因为5×5 大小的卷积核感受野是 5×5=25，而当两个 3×3 的卷积核堆叠在一起时，第 1 层的感受野是 9，第 2 层的感受野是 25，两者的感受野相同。同理，3×3 卷积核大小的卷积核可以使用一个 3×1 和一个 1×3 的小卷积核代替，3×3 卷积核如图 5-19(a)所示，两个小卷积核如图 5-19(b)所示。

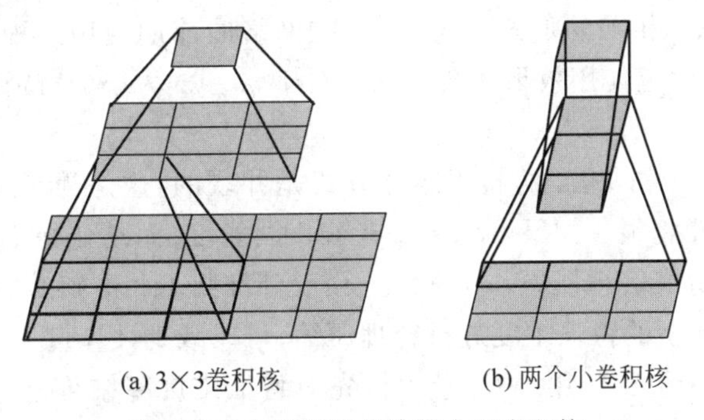

图 5-19 小型卷积核代替大型卷积核

所以，为了在网络中增加更多的卷积次数，GoogLeNet V3 对 Inception 做了如下改进：首先将 Inception 中卷积核大小为 5×5 的卷积使用两个卷积核大小为 3×3 的卷积进行替代，再组合使用卷积核大小为 1×3 和卷积核大小为 3×1 的卷积来替代卷积核大小为 3×3 的卷积，具体过程如图 5-20 所示。

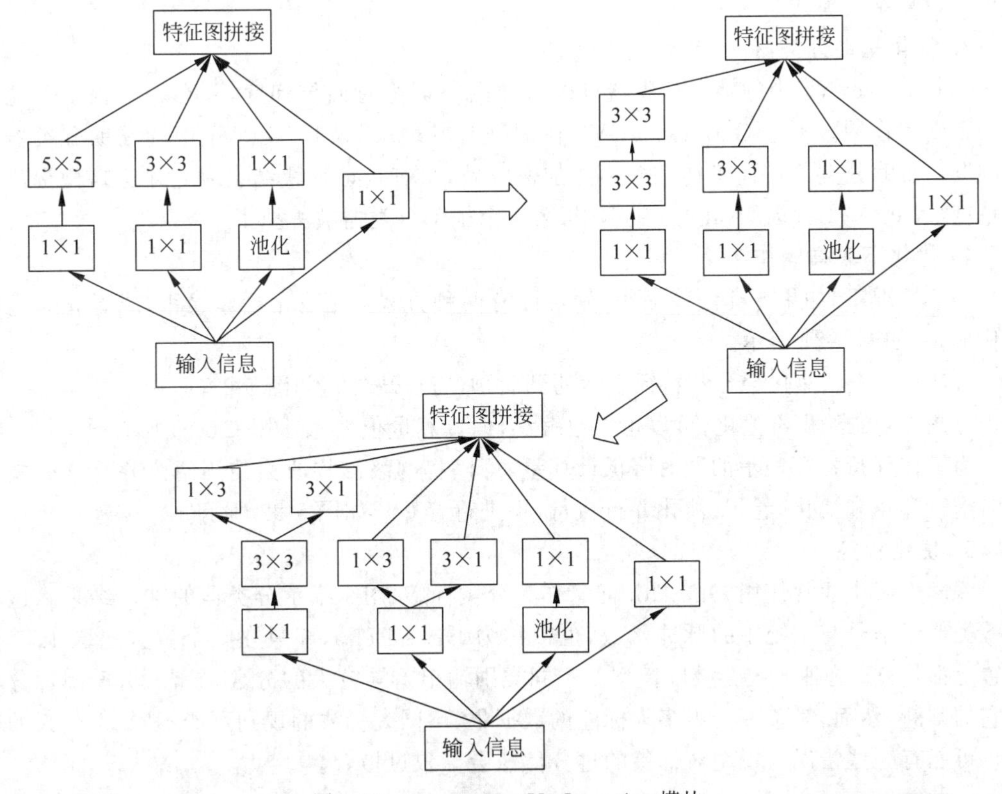

图 5-20 GoogLeNet V3 Inception 模块

值得一提的是：一个 $n \times n$ 卷积核可以分解为通过顺序相连的两个 $1 \times n$ 和 $n \times 1$ 的卷积核，这种操作也称为空间可分离卷积（类似于矩阵分解）。如果 $n=3$，则计算性能可以提升 $[1-(3+3)/9] \times 100\% \approx 33\%$。它的缺点也很明显，并不是所有的卷积核都可以拆成两个 $1 \times n$ 和 $n \times 1$ 卷积核相乘的形式。实际上，在网络的前期使用这种分解效果并不好，只有在中度大小的特征图上使用效果才会更好。对于 $m \times m$ 大小的特征图，建议 m 的取值在 12 到 20 之间。

在图 5-20 中，$1 \times n$ 和 $n \times 1$ 的卷积组合方式是并联的，这是为了使模型变得更宽而不是更深，以解决表征性瓶颈。如果该模块没有被拓展宽度，而是变得更深，则特征图的维度会减小得过快，从而造成信息损失。在网络通用设计准则 1 和准则 2 中也有解释。

(3) 准则 3：对模型的特征维度进行合理压缩，可以减少计算量。

GoogLeNet V1 中提出的用 1×1 卷积核先对特征维度降维再进行特征提取就是利用这个准则。这是因为在降维过程中，相邻单元之间存在强关联性，因此在输出用于空间聚合的情况下，信息损失要小得多。由于这些信号易于压缩，所以降维甚至有助于更快地学习。

(4) 准则 4：模型网络结构的深度和宽度（特征维度数）要做到平衡。

深度和宽度都是神经网络的重要参数。深度通常与网络的抽象能力相关，而宽度则与网络的容量相关。在设计网络时，需要在深度和宽度之间找到合适的平衡，以便网络能够有效地学习复杂的模式。

3. 优化辅助分类器

GoogLeNet V1 中的辅助分类器可以帮助网络训练时回传梯度，并在一定程度上能够起到正则的作用。不过 GoogLeNet V3 在训练时发现，GoogLeNet V1 中的辅助分类器存在问题：辅助分类器在训练初期并不能加速收敛，只有当训练快结束时它才会略微提高网络精度，因此，在 GoogLeNet V3 版本中，第 1 个辅助分类器被去掉了。

4. 优化下采样操作

一般情况下，如果想让图像缩小，则可以有两种方式：先池化再作卷积，或者先做卷积再作池化，如图 5-21 所示。

方法一：先做池化会导致特征表示遇到瓶颈（特征缺失），如图 5-21(a)所示。

方法二：先卷积再池化，可以正常地缩小，但计算量很大，如图 5-21(b)所示。

为了在保持特征表示的同时降低计算量，可以将网络结构改为使用两个并行化的模块同时进行卷积和池化（卷积、池化并行执行，再进行合并），如图 5-22 所示。

5. 优化标签

深度学习中通常使用 One-Hot 向量作为分类标签，用于指示分类器的唯一结果。这种标签类似于信号与系统中的脉冲函数，也被称为 Dirac Delta，即只在某个位置上取 1，其他位置上都是 0。这种方式会鼓励模型对不同类别输出差异较大的分数，或者说，模型过分相信它的判断，然而，对于一个由多人标注的数据集，不同人标注的规则可能不同，每个人的标注也可能有一些错误。模型对标签的过分信任会导致过拟合。

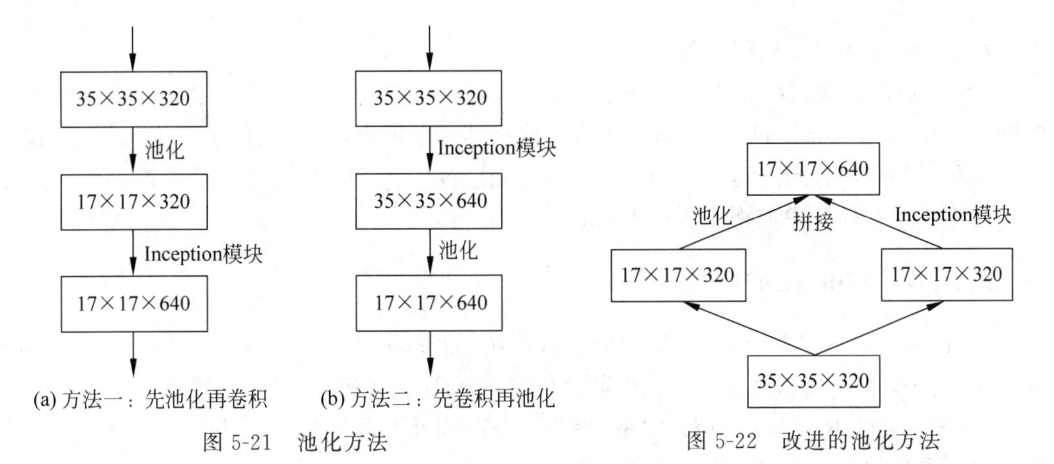

图 5-21 池化方法

图 5-22 改进的池化方法

标签平滑(Label-Smoothing Regularization，LSR)是一种正则化方法，是应对该问题的有效方法之一，它的具体思想是降低对标签的信任，例如将目标标签从 1 稍微降到 0.9，或者从 0 稍微升到 0.1，转换成的 Python 代码如下：

```
New_labels = (1.0 - label_smoothing) *one_hot_labels + label_smoothing / num_classes
```

在网络实现时，令 label_smoothing=0.1，num_classes=1000，标签平滑提高了 0.2%的网络精度。

标签平滑操作稍微地平滑了原本突兀的 one_hot_labels，避免了网络过度学习标签而产生的弊端。

6. 模型结构

GoogLeNet V3 模型的详细超参数配置，见表 5-7。

表 5-7 GoogLeNet V3 结构细节

type	patch size/Stride	input size
conv	3×3/2	299×299×3
conv	3×3/1	149×149×32
conv padded	3×3/1	147×147×32
pool	3×3/2	147×147×64
conv	3×3/1	73×73×64
conv	3×3/2	71×71×80
conv	3×3/1	35×35×192
3×Inception		35×35×288
5×Inception		17×17×768
2×Inception		8×8×1280
pool	8×8	8×8×2048
linear	logits	1×1×2048
softmax	classifier	1×1×1000

注：网络架构的概述：每个模块的输出大小是下一个模块的输入大小。使用填充操作来保持不同卷积层输出的特征图大小一致。

7. GoogLeNet V3 模型小结

GoogLeNet V3 模型旨在通过重新设计 Inception 模块的结构提高深度卷积神经网络的性能和效率。GoogLeNet V3 总结了设计网络的 4 个准则，并且优化了下采样操作、辅助分类器和标签平滑。通过这些技巧和方法，GoogLeNet V3 在图像分类、目标检测和语义分割等计算机视觉任务中取得了很好的表现。

5.5.4 GoogLeNet V4

GoogLeNet V4，Inception-ResNet and the Impact of Residual Connections on Learning 一文中的亮点是：提出了效果更好的 GoogLeNet Inception V4 网络结构；与残差网络(详见 5.6 节 ResNet：神来之"路")融合，提出效果不逊于 GoogLeNet Inception V4 但训练速度更快的 GoogLeNet Inception ResNet 结构。

1. GoogLeNet Inception V4 网络结构

网络子结构如图 5-23 所示(展示的仅为部分网络结构，完整的网络结构可扫描目录处二维码下载)。

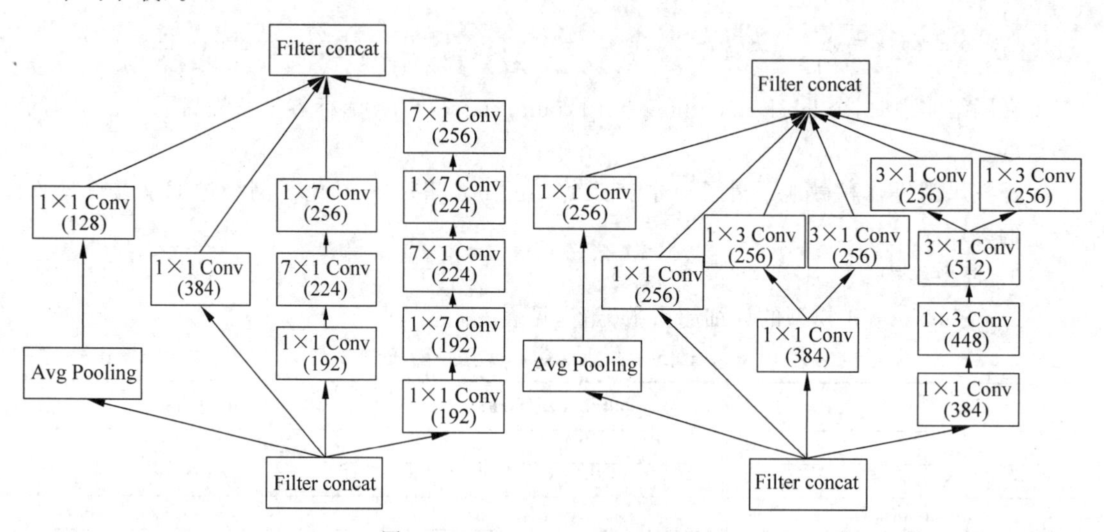

图 5-23　GoogLeNet Inception V4

2. GoogLeNet Inception Residual V4 网络结构

网络子结构如图 5-24 所示(展示的仅为部分网络结构，完整的网络结构可扫描目录处二维码下载)。

总而言之，GoogLeNet V4 模型变得更加复杂了，笔者认为这样复杂的模型设计实际上融合了大量的人为先验知识；不如像 ResNet 这样简单的模型，通过大量的数据来让模型自己学习并总结知识。模型学习到的知识往往比人为赋予的归纳偏置上限更高，所以这里不再对这些结构做展开介绍。

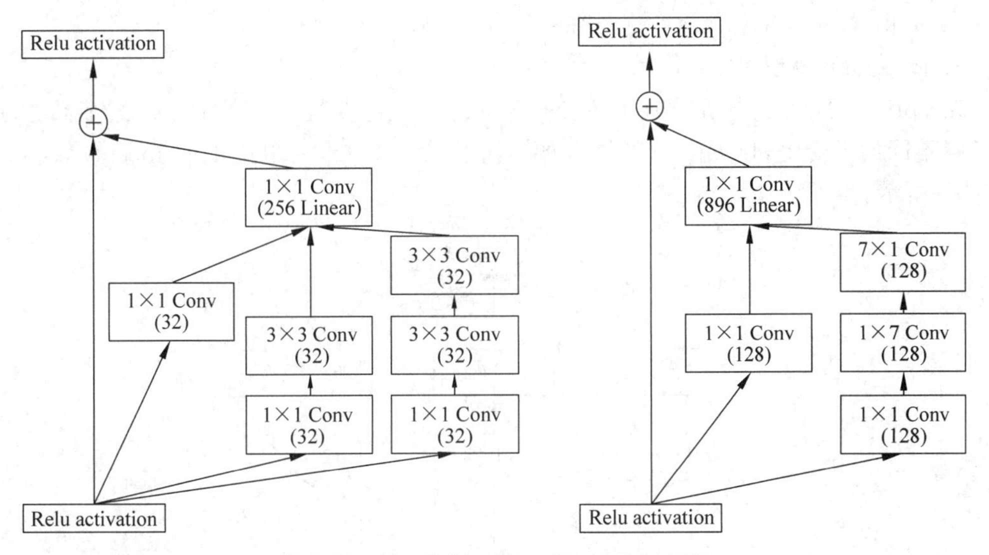

图 5-24　GoogLeNet Inception Residual V4

3. GoogLeNet V4 模型小结

GoogLeNet V4,也被称为 Inception V4,是一个卷积神经网络模型,它是 Inception 系列模型的一个重要扩展。Inception 系列模型最初由谷歌提出,旨在通过复杂的 Inception 模块优化网络的结构,以提高效率和性能。

Inception V4 模型引入了许多改进,包括以下几方面。

(1) 更深更宽的网络: Inception V4 有更多的层和更宽的层,这使它能够学习更复杂的模式,然而,这也增加了计算的复杂性。

(2) 引入残差连接: 在 Inception V4 中,引入了残差连接,这是一种跳跃连接,可以帮助梯度更好地流过网络。这种结构的灵感来自 ResNet,它已经在深度学习中显示出其强大的性能。

(3) 进一步优化的 Inception 模块: Inception V4 进一步优化了 Inception 模块,包括更多的分支和更复杂的结构。这使模型能够更好地平衡宽度和深度,从而提高性能。

总体来讲,Inception V4 通过一系列的优化和改进,提高了网络的性能和效率,然而,这也增加了模型的复杂性和计算负担。不过,考虑到其在各种任务上的优秀表现,这种复杂性是值得的。

5.5.5　GoogLeNet V5

深度可分离卷积(Depthwise Separable Convolution)最初由 Laurent Sifre 在其博士论文 *Rigid-Motion Scattering For Image Classification* 中提出。

这篇文章主要从 Inception 模块的角度出发,探讨了 Inception 模块和深度可分离卷积的关系,以一个全新的角度解释深度可分离卷积。再结合经典的残差网络(详见 5.6 节 ResNet: 神来之“路”),一个新的架构 Xception 应运而生。Xception 取义自 Extreme

Inception，即 Xception 是一种极致的 Inception 模型。

1. Inception 模型回顾

Inception 的核心思想是将通道拆分成若干个不同感受野大小的通道。这个操作除了能获得不同的感受野，Inception 还能大幅地降低参数数量，简单版本的 Inception 模型如图 5-25 所示。

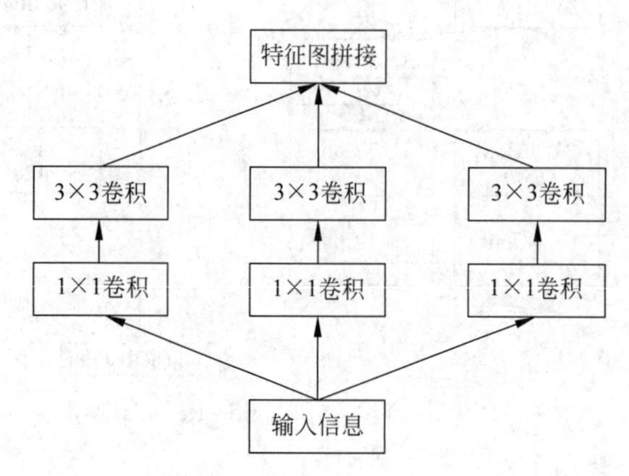

图 5-25　简单的 Inception 模型

2. Inception 模型改进

对于一个输入的特征图，首先通过 3 组 1×1 卷积得到 3 组特征图，它和先使用一组 1×1 卷积得到特征图，再将这组特征图分成 3 组是完全等价的，如图 5-26 所示。假设图 5-26 中 1×1 卷积核的个数都是 k_1，3×3 的卷积核的个数都是 k_2，输入特征图的通道数为 m，那么这个简单版本的参数个数为

$$m \times k_1 + 3 \times 3 \times 3 \times k_1/3 \times k_2/3 = m \times k_1 + 3 \times k_1 \times k_2 \tag{5-6}$$

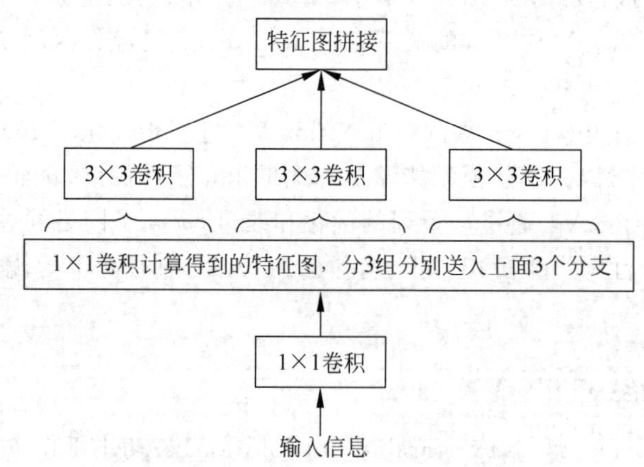

图 5-26　改进的简单 Inception 模型 1

对比相同通道数，但是没有分组的普通卷积，普通卷积的参数数量为

$$m \times k_1 + 3 \times 3 \times k_1 \times k_2 \tag{5-7}$$

参数数量约为图 5-26 中 Inception 模块参数量的 3 倍。

值得注意的是，像图 5-26 中这种基于分组的卷积（不含图中 1×1 卷积部分）称为分组卷积。分组卷积中的 k 有两个极端值，一个是 1，另一个是 N。经典的 ShuffLeNet 系列算法（详见 6.4 节和 6.5 节 ShuffLeNet 系列模型）便是采用分组卷积作为其核心结构。

3. Xception

如果 Inception 是将 3×3 卷积分成 3 组，则可考虑一种极端的情况，我们如果将 Inception 的 1×1 得到的 k_1 个通道的特征图完全分开呢？也就是使用 k_1 个不同的 3×3 卷积分别在每个通道上进行卷积，它的参数数量是 $m \times k_1 + k_1 \times 3 \times 3$。

这个的参数数量是普通卷积的 $1/k$，我们把这种形式的 Inception 叫作 Extreme Inception，如图 5-27 所示。

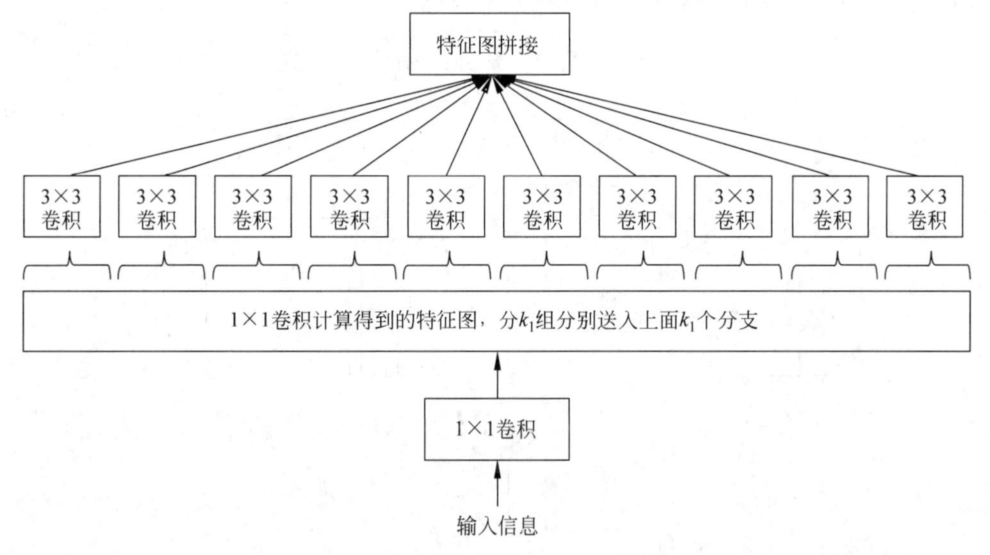

图 5-27　改进的简单 Inception 模型 2

代码如下：

```
#第 5 章/gaijinInception.py
class SeperableConv2d(nn.Module):
    def __init__(self, input_channels, output_channels, kernel_size, **kwargs):

        super().__init__()
        self.depthwise = nn.Conv2d(
            input_channels,
            input_channels,
            kernel_size,
            groups=input_channels,
            bias=False,
            **kwargs
```

```
        )

        self.pointwise = nn.Conv2d(input_channels, output_channels, 1, bias=False)

    def forward(self, x):
        x = self.depthwise(x)
        x = self.pointwise(x)

        return x
```

4. 对比深度可分离卷积

深度可分离卷积的详细介绍移步 MobileNet 系列文章(详见 6.1～6.3 节 MobileNet 系列模型),深度可分离卷积的操作简图如图 5-28 所示。

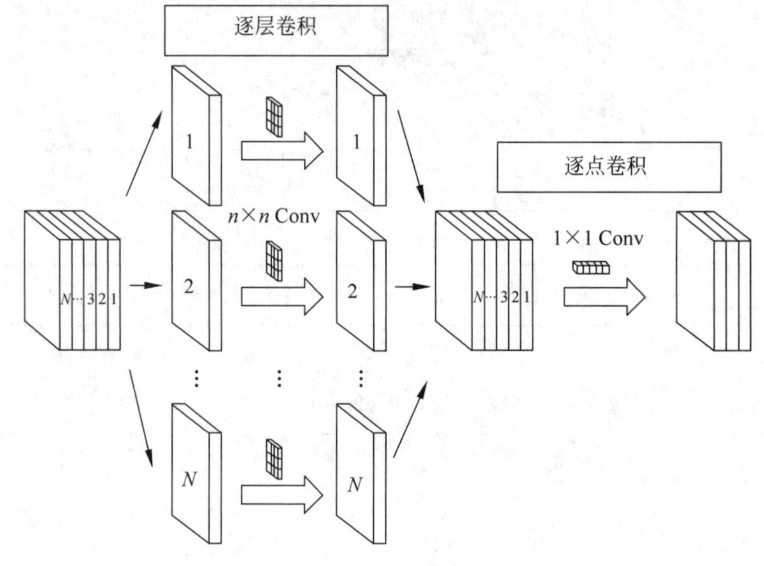

图 5-28 深度可分离卷积

可以看出,两者非常类似。唯一的区别是在执行 1×1 卷积的先后顺序不同。两个算法的提出时间相近,不存在抄袭的问题。他们从不同的角度揭示了深度可分离卷积的强大作用,MobileNet 的思路是通过将普通卷积拆分的形式来减少参数数量,而 Xception 是通过对 Inception 的充分解耦来完成的。

5. GoogLeNet V5 模型结构

GoogLeNet V5 模型的详细超参数配置如图 5-29 所示。

6. GoogLeNet V5 模型小结

作为 GoogLeNet 系列文章的终章,GoogLeNet V5 模型以实验结果为导向,放弃了 GoogLeNet V1～V4 中将 1×1、3×3、5×5 卷积核并列的结构。与 GoogLeNet V4 中复杂的模型结构相比,Xception 这种简单的模型结构反而取得了更好的性能。这也是为什么笔者没有详细介绍 GoogLeNet V4 模型的原因。在笔者看来,在 GoogLeNet V4 模型的设计中

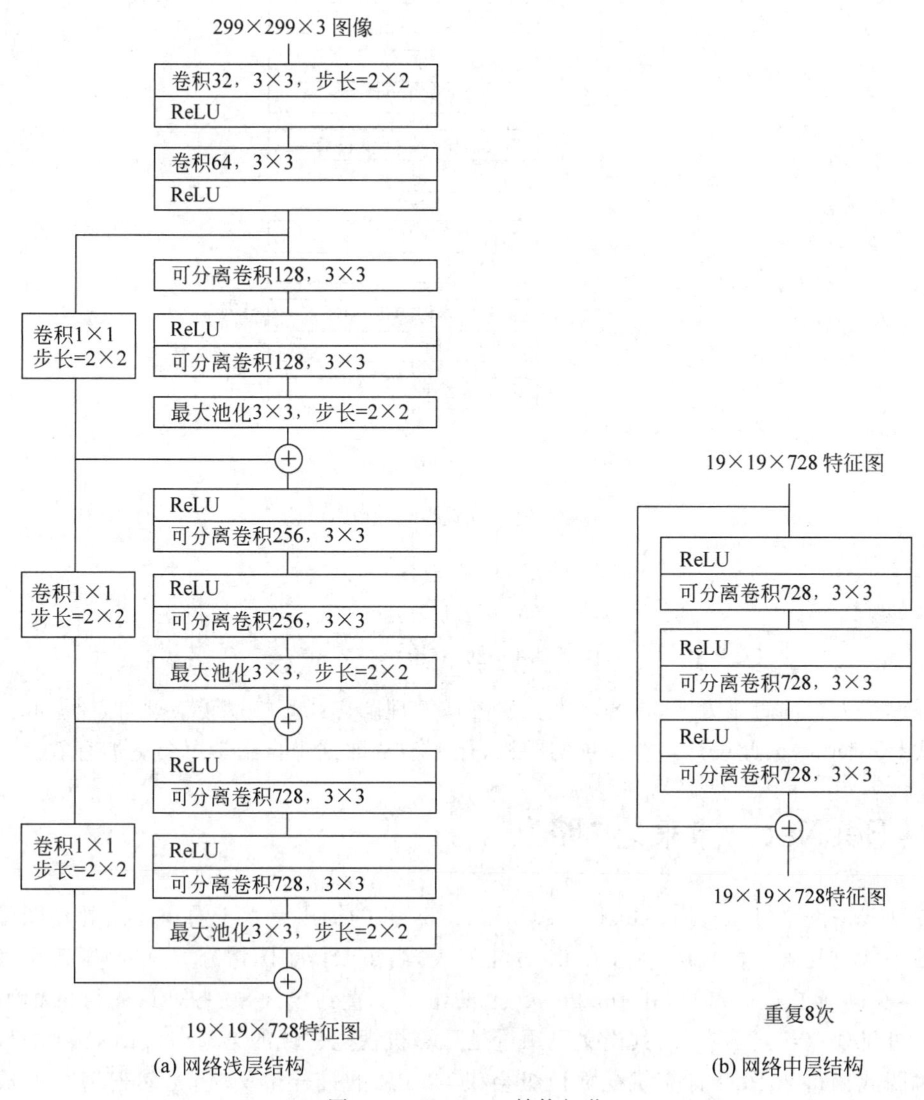

图 5-29　Xception 结构细节

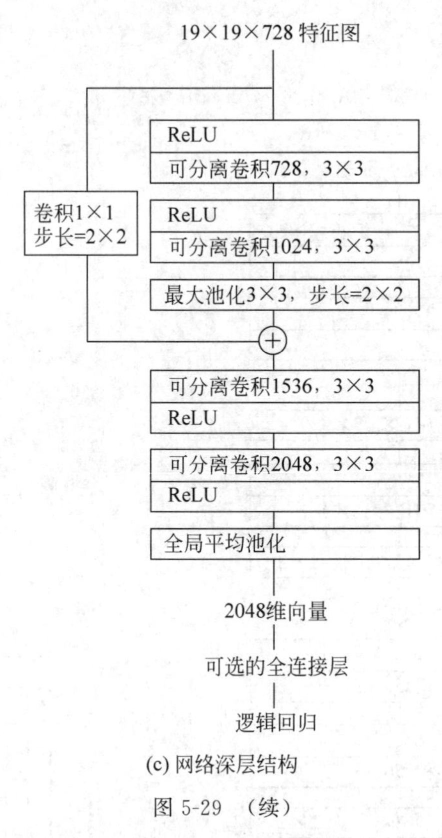

(c) 网络深层结构

图 5-29 （续）

过于强调了人为的思维方式，试图将人类对图像的理解方式直接赋予模型，但模型和人的思维方式是不同的，因此设计一个简单的结构，让模型从数据中自主学习会更加有效。

5.6 ResNet：神来之“路”

深度残差网络(Deep Residual Network，ResNet)的提出是基于卷积算法处理图像问题领域的一件里程碑事件。ResNet 在 2015 年发表，当年取得了图像分类、检测等 5 项大赛第一，并再次刷新了 CNN 模型在 ImageNet 上的纪录。直到今天，在各种最先进的模型中依然处处可见残差连接的身影，其论文引用量是计算机视觉领域的第一名。ResNet 的作者何恺明也因此摘得 2016 年计算机视觉顶级会议 CVPR 的最佳论文奖，当然何博士的成就远不止于此，感兴趣的读者可以搜索一下他后来的辉煌战绩。

ResNet 论文名称：*Deep Residual Learning for Image Recognition*，相关资源可扫描目录处二维码下载。

5.6.1 深度学习网络退化问题

从经验来看，网络的深度对模型的性能至关重要，当增加网络层数后，网络可以进行更加复杂的特征提取，所以当模型更深时理论上可以取得更好的结果，例如 VGG 网络就证明了更深的网络可以带来更好的效果，但是更深的网络其性能一定会更好吗？

实验发现深度网络出现了退化问题(Degradation Problem)：当网络深度持续增加时，网络准确度出现饱和，甚至出现下降。图 5-30 节选自 ResNet 原文，不管是训练阶段还是验证阶段，56 层的网络比 20 层网络的错误率更高，效果更差，训练阶段如图 5-30(a)所示，测试阶段如图 5-30(b)所示。究竟是什么原因导致这一问题的出现？

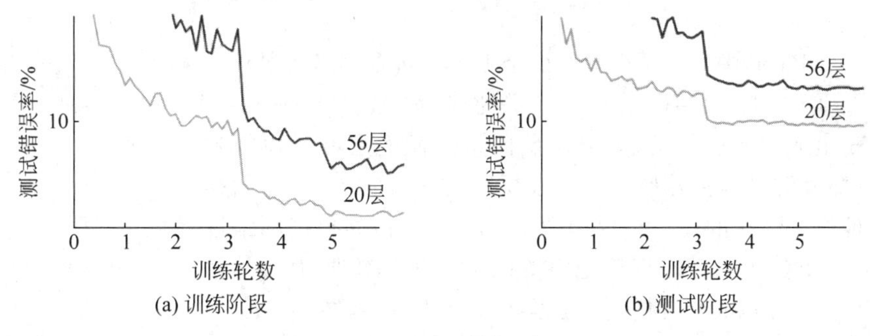

(a) 训练阶段　(b) 测试阶段

图 5-30　退化问题

首先想到的是神经网络中的一个普遍问题：过拟合问题，但是，过拟合的主要表现是在训练阶段效果良好，但在测试阶段表现欠佳，这与图 5-30 所示的情况是不相符的。

因此，造成网络性能下降的原因可能是梯度爆炸或梯度消失。为了理解梯度不稳定性的原因，首先回顾一下反向传播的知识：

反向传播结果的数值大小不仅取决于导数计算公式，同时也取决于输入数据的大小。因为神经网络的计算本质其实是矩阵的连乘，当计算图每次输入的值都大于 1 时，经过很多层回传，梯度将不可避免地呈几何倍数增长，直到不可计量，这就是梯度爆炸现象。反之，如果每个阶段的输入值都小于 1，则梯度将会几何级别地下降，最终可能会趋于 0，这就是梯度消失。由于目前神经网络的参数更新基于反向传播，因此梯度不稳定性看似是一个非常重要的问题。

然而，事实并非如此简单。现在无论用 PyTorch 还是 TensorFlow 都会自然而然地加上 BN 操作(详见 5.5.2 节 GoogLeNet V2)，而 BN 操作的作用本质上也是控制每层输入的模值，因此梯度的爆炸、梯度消失现象理论上应该在很早就被解决了，至少解决了大部分。

在模型表现退化的问题上，可以排除过拟合和梯度不稳定的可能性。这引出了一个困境：尽管卷积神经网络并未遇到这两个典型的问题，但随着模型深度的增加，其性能却出现了下降。在没有数学证明的情况下，这个现象显得与预期相悖。

模型性能退化的现象在直觉上似乎违反了常理。通常认为当模型层数增加时，其性能应该提升。例如，如果一个浅层网络已经能达到良好的效果，在其上添加更多层，则即使这些额外的层并不进行任何操作，模型的性能理论上也不应该下降，然而，实际情况却并非如此。实际上，“什么也不做”恰恰是现有神经网络最难实现的一点。

也许赋予神经网络无限可能性的“非线性”让神经网络模型走得太远，使特征随着层层前向传播得到完整保留，什么也不做的可能性微乎其微。学术点地说，这种“不忘初心”的品质在神经网络领域被称为恒等映射(Identity Mapping)，因此，残差学习的初衷是让模型至少有一定的恒等映射能力，以确保在叠加网络的过程中，模型不会因继续叠加而退化。

5.6.2 残差连接

ResNet 模型解决网络退化问题的方法是设计了残差连接，最简单的残差如图 5-31 所示，其中右侧的曲线被称为残差连接（Residual Connection），通过跳接在激活函数前，将上一层（或几层）之前的输出与本层计算的输出相加，将求和的结果输入激活函数中作为本层的输出。

这里一个 Block 中必须至少含有两个 Layer，否则网络将退化成一个简单的神经网络：$y=(wx+b)+x$ 等价于 $y=wx+(b+x)$。

从 5.6.1 节中分析得出，如果深层网络后面的层都是恒等映射的，则模型就可以等价转换为一个浅层网络。事实上，已有的神经网络很难拟合潜在的恒等映射函数 $H(x)=x$，但如果把网络设计为 $H(x)=F(x)+x$，即直接把恒等映射作为网络要学习并输出的一部分，就可以把问题转换为学习一个残差函数 $F(x)=H(x)-x$。

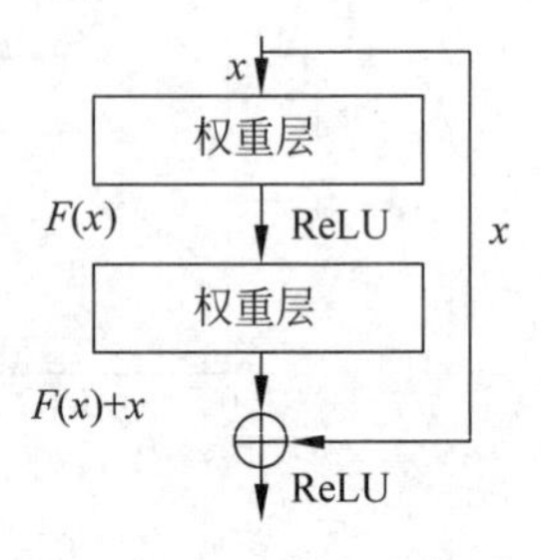

图 5-31 残差连接

所谓残差连接指的就是对浅层的输出和深层的输出求和并作为下一阶段的输入，这样做的结果就是本来这一层权重需要学习，是一个对 x 到 $H(x)$ 的映射。使用残差连接以后，权重需要学习的映射从 x 变成了 $H(x)-x$。

这样在反向传播的过程中，小损失的梯度更容易抵达浅层的神经元。其实这个和循环神经网络 LSTM 中控制门的原理是一样的。

残差连接的代码如下：

```
#第 5 章/ResNet.py
class BasicBlock(nn.Module):
    expansion = 1

    def __init__(self, in_channel, out_channel, stride=1, downsample=None, **
kwargs):
        super(BasicBlock, self).__init__()
        self.conv1 = nn.Conv2d(in_channels=in_channel, out_channels=out_
channel, kernel_size=3, stride=stride, padding=1, bias=False)
        self.bn1 = nn.BatchNorm2d(out_channel)
        self.relu = nn.ReLU()
        self.conv2 = nn.Conv2d(in_channels=out_channel, out_channels=out_
channel, kernel_size=3, stride=1, padding=1, bias=False)
        self.bn2 = nn.BatchNorm2d(out_channel)
        self.downsample = downsample

    def forward(self, x):
        identity = x
        if self.downsample is not None:
            identity = self.downsample(x)

        out = self.conv1(x)
        out = self.bn1(out)
        out = self.relu(out)
```

```
        out = self.conv2(out)
        out = self.bn2(out)

        out += identity
        out = self.relu(out)

        return out
```

5.6.3 ResNet 模型的网络结构

ResNet 网络是基于 VGG-19 网络进行改进的，并引入了短路机制来添加残差连接。与 VGG-19 相比，ResNet 直接使用步长为 2 的卷积进行下采样（取代了 VGGNet 中的池化），并使用全局平均池化层替换了全连接层，这样可以接收不同尺寸的输入图像，并且模型层数更深。与 VGG-19 类似，两者都通过堆叠 3×3 的卷积进行特征提取。

ResNet 的一个重要设计原则是：当特征图的大小减半时，特征图的数量增加一倍。这在一定程度上减轻了因减少特征图尺寸而带来的信息损失，从而将输入信息的特征从空间维度提取到通道维度上。

在 ResNet 原文中，给出了 5 个不同层次的模型结构，分别是 18 层、34 层、50 层、101 层、152 层。所有模型的结构参数见表 5-8。

表 5-8 模型结构参数

各层名称	输出特征图尺寸	18-layer	34-layer	50-layer	101-layer	152-layer
conv1	112×112	7×7,64,stride 2				
conv2_x	56×56	3×3 max pool,stride 2				
		Basic Block×2 3×3×64	Basic Block×2 3×3×64	Bottleneck Block×3 3×3×256	Bottleneck Block×3 3×3×256	Bottleneck Block×3 3×3×256
conv3_x	28×28	Basic Block×2 3×3×128	Basic Block×4 3×3×128	Bottleneck Block×4 3×3×512	Bottleneck Block×4 3×3×512	Bottleneck Block×8 3×3×512
conv4_x	14×14	Basic Block×2 3×3×256	Basic Block×6 3×3×256	Bottleneck Block×6 3×3×1024	Bottleneck Block×23 3×3×1024	Bottleneck Block×36 3×3×1024
conv5_x	7×7	Basic Block×2 3×3×512	Basic Block×3 3×3×512	Bottleneck Block×3 3×3×2048	Bottleneck Block×3 3×3×2048	Bottleneck Block×3 3×3×2048
Top Layer	1×1	average pool, 1000-d fc,softmax				

值得注意的是：50 层、101 层和 152 层使用的残差模块与之前介绍的不同。主要原因是深层次的网络中参数量太大，为了减少参数，模型设计在 3×3 卷积前可以先通过 1×1 卷积对特征通道维度进行降维处理（其灵感应该是来自 GoogLeNet V3 中提出了网络设计准则，详见 5.5.3 节 GoogLeNet V3）。

浅层模型用的残差结构如图 5-32(a)所示，深层模型用的残差结构如图 5-32(b)所示。

注意：对于残差，只有当输入和输出维度一致时，才可以直接将输入加到输出上，但是当维度不一致时，不能直接相加。这时可以采用新的映射（Projection Shortcut），例如一般采用 1×1 的卷积对残差传递的信息进行维度调整。

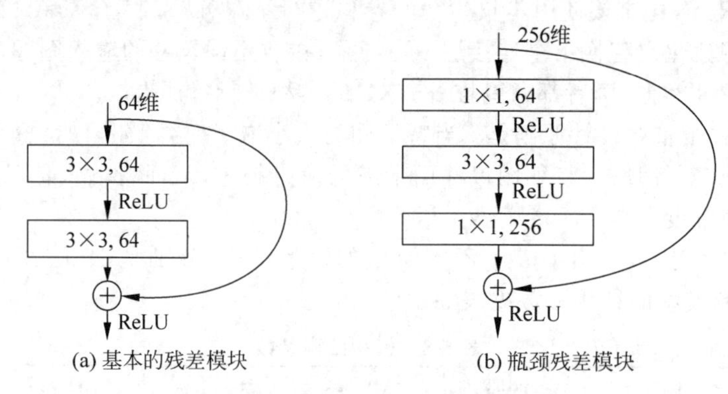

图 5-32 改进的残差连接

改进版本的残差连接，代码如下：

```
#第 5 章/gaijinResNet.py
class Bottleneck(nn.Module):
#注意:原论文中,在虚线残差结构的主分支上,第 1 个 1×1 卷积层的步距是 2,第 2 个 3×3 卷积层
#步距是 1,但在 PyTorch 官方实现过程中是第 1 个 1×1 卷积层的步距是 1,第 2 个 3×3 卷积层步
#距是 2,这么做的好处是能够在 top1 上提升大概 0.5%的准确率。可参考 ResNet v1.5
https://ngc.nvidia.com/catalog/model-
scripts/nvidia:resnet_50_v1_5_for_pytorch
    expansion = 4
    def __init__(self, in_channel, out_channel, stride=1, downsample=None,
groups=1, width_per_group=64):
        super(Bottleneck, self).__init__()
        width = int(out_channel * (width_per_group / 64.)) * groups
        self.conv1 = nn.Conv2d(in_channels=in_channel, out_channels=width,
kernel_size=1, stride=1, bias=False) #squeeze channels
        self.bn1 = nn.BatchNorm2d(width)
        #-----------------------------------------
        self.conv2 = nn.Conv2d(in_channels=width, out_channels=width, groups=
groups, kernel_size=3, stride=stride, bias=False, padding=1)
        self.bn2 = nn.BatchNorm2d(width)
        #-----------------------------------------
        self.conv3 = nn.Conv2d(in_channels=width, out_channels=out_channel *
self.expansion, kernel_size=1, stride=1, bias=False) #unsqueeze channels
```

```
        self.bn3 = nn.BatchNorm2d(out_channel * self.expansion)
        self.relu = nn.ReLU(inplace=True)
        self.downsample = downsample
    def forward(self, x):
        identity = x
        if self.downsample is not None:
            identity = self.downsample(x)

        out = self.conv1(x)
        out = self.bn1(out)
        out = self.relu(out)

        out = self.conv2(out)
        out = self.bn2(out)
        out = self.relu(out)

        out = self.conv3(out)
        out = self.bn3(out)

        out += identity
        out = self.relu(out)
        return out
```

5.6.4 残差的调参

其实残差连接有多种调整方式，例如激活函数的位置、BN操作的位置、连接跨越的卷积数量等都是可以调整的地方，因此，有文献对这些变体残差做了研究并进行了实验。最后根据实验结果提出了一个效果更好的残差方式，如图5-33所示。改进前后的一个明显的变化是后者进行了预激活(Preactivation)，BN操作和ReLU函数都放置在卷积层前面。

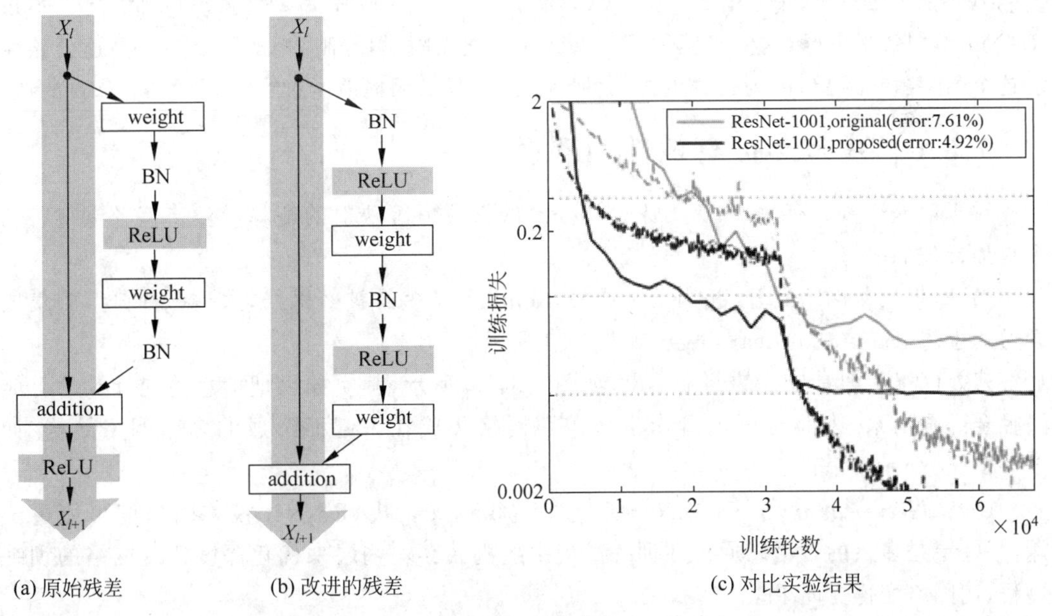

图5-33　残差方法

值得一提的是这篇文献中的 ResNet 深度是上千层的模型。之后，研究者觉得 ResNet 已经足够深了，便开始对模块进行加宽。

5.6.5 残差连接的渊源

其实残差连接可以看成一种特殊的跳跃连接，早在 2015 年时，一篇题为 *Highway Networks* 的论文中使用了类似的结构，在旁路中设置了可训练参数。

传统的神经网络对输入 x 使用一个非线性变换 H 来得到输出，公式如下：

$$\boldsymbol{y}=H(\boldsymbol{x},\boldsymbol{W}_H) \tag{5-8}$$

Highway Network 模型基于门机制引入了两个非线性函数，转换门 T(Transform Gate)和携带门 C(Carry Gate)，输出是由转换输入和携带输入两部分组成的，公式如下：

$$\boldsymbol{y}=H(\boldsymbol{x},\boldsymbol{W}_H)\cdot T(\boldsymbol{x},\boldsymbol{W}_T)+\boldsymbol{x}\cdot C(\boldsymbol{x},\boldsymbol{W}_C) \tag{5-9}$$

T 为转换门(输出须经 H 处理)，C 为携带门(直接输出原始信息 x)。它们分别表示通过转换输入和携带输入分别产生多少输出。为了简单起见，我们设定 $C=1-T$，也就是 $C=T-1$。公式变为

$$\boldsymbol{y}=H(\boldsymbol{x},\boldsymbol{W}_H)\cdot \boldsymbol{T}(\boldsymbol{x},\boldsymbol{W}_T)+\boldsymbol{x}\cdot(1-\boldsymbol{T}(\boldsymbol{x},\boldsymbol{W}_T)) \tag{5-10}$$

特别地：

$$\boldsymbol{y}=\begin{cases}\boldsymbol{x}, & \text{如果 } T(\boldsymbol{x},\boldsymbol{W}_T)=0\\ H(\boldsymbol{x},\boldsymbol{W}_H), & \text{如果 } T(\boldsymbol{x},\boldsymbol{W}_T)=1\end{cases} \tag{5-11}$$

可以看到 Highway Network 模型其实就是对输入的一部分输入数据进行处理(和传统神经网络相同)，另一部分输入数据则直接通过。其实，ResNet 可以看成 Highway Network 模型的一种特殊情况，即 $T(\boldsymbol{x},\boldsymbol{W}_T)$ 和 $(1-T(\boldsymbol{x},\boldsymbol{W}_T))$ 都等于 1 的情况。不过 ResNet 模型效果更好，这似乎验证了保持旁路畅通无阻(恒等映射)的重要性。高速公路网络这个名字就很形象，因为这样的结构使特定信息可以无损地通过“高速公路”直达目的地。

5.6.6 残差连接有效性的解释

对于残差连接的有效性，除了原论文提出的学习恒等映射的解释以外。笔者觉得有两个更加合理的解释：

第一，把残差网络展开，相当于集成(Ensemble)了多个神经网络，这是一种典型的集成学习的思想(Ensemble Learning)，如图 5-34 所示。

残差网络看似是单路的网络结果，如图 5-34(a)所示，其实如果把信息前向计算的可能路径全部画出来，则此时可以看作很多单路网络集成在一起而形成的多路网络结构，如图 5-34(b)所示。

Deep Networks with Stochastic Depth 这篇论文指出，ResNet 模型的深度可能过于深，某些层是多余的。可以通过在训练过程中随机丢弃一些层来优化深度残差网络的训练过程，使网络变得更简单。

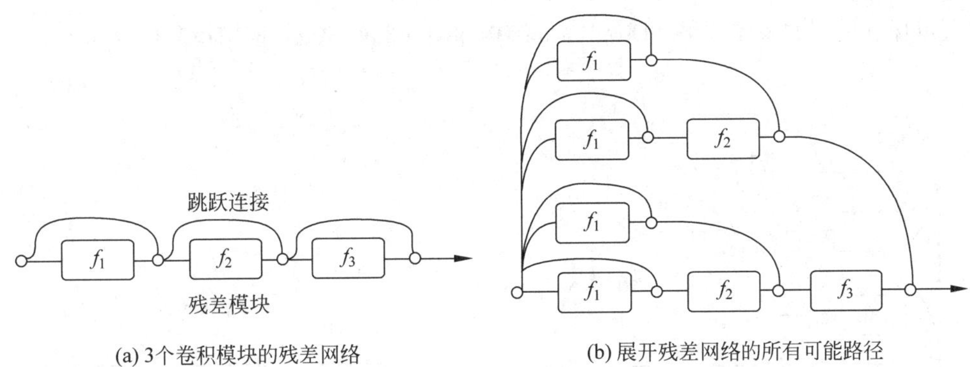

(a) 3个卷积模块的残差网络　　(b) 展开残差网络的所有可能路径

图 5-34　残差联合学习

具体是通过 Drop Path 正则化实现的：假设残差网络的表达为 $y=H(x)+x$，Stochastic Depth Net 模型训练时，加入了随机变量 b（伯努利随机变量），通过 $y=b\times H(x)+x$，对 ResBlock 的残差部分进行随机丢弃。如果 $b=1$，则简化为原始的 ResNet 结构；如果 $b=0$，则这个 ResBlock 未被激活，降为恒等函数。此外，Stochastic Depth Net 模型还使用线性衰减的生存概率原则来随机丢弃整个模型中不同深度的层级结构，将“线性衰减规律”应用于每层的生存概率，由于较早的层会提取低级特征，而这些低级特征会被后面的层所利用，所以这些层不应该频繁地被丢弃。最终生存概率生成的规则如图 5-35 所示。

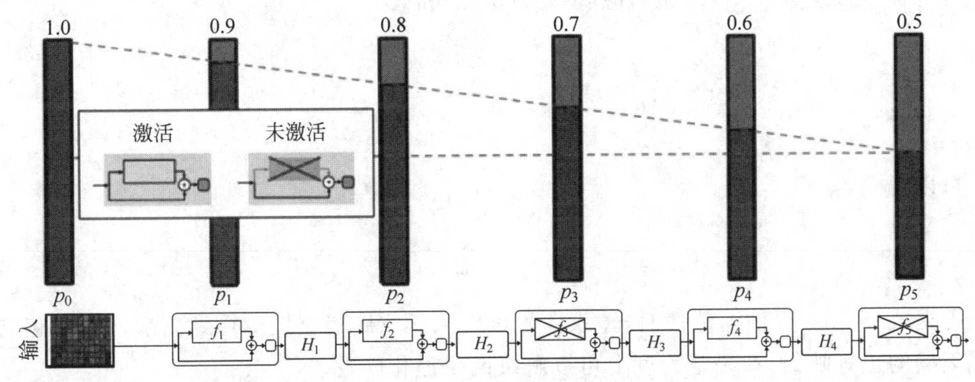

图 5-35　深度随机的深度网络

实际上，Stochastic Depth Net 的 Drop Path 操作与 AlexNet 中提出的 DropOut 操作大同小异；只是两者的作用对象不同：DropOut 是作用在神经元级别上的，而 Drop Path 是作用在网络的层级结构上的。Drop Path 方法在后期的模型中被广泛应用，例如 ViT、Swin Transformer 等。

Drop Path 也是一种集成学习的思想，因为每次训练模型时随机失活的层级结构都不一样，等同于每次都训练了一个全新的子模型；在测试过程（推理预测）中，所有的网络层都将保持被激活状态，以充分利用整个长度网络的所有模型容量，这实际上是集成了训练时期的所有子模型来做推理。因为隐含了集成神经网络的结构，所以即使在某些神经元失效时，仍然可以保证模型的整体效果。Drop Path 结构如图 5-36(a)所示，前向传播过程如图 5-36(b)所示。

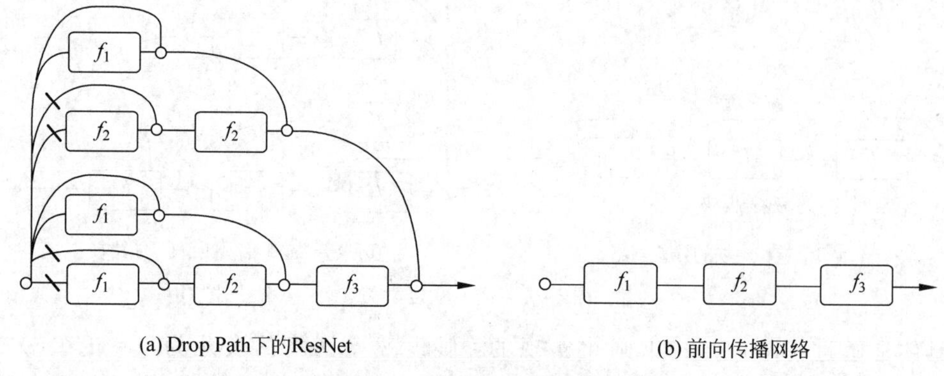

图 5-36 残差关联的下降路径

第二，残差连接更有利于梯度传播：

$$z^{(l)}=H(\alpha^{(l-1)})=\alpha^{(l-1)}+F(\alpha^{(l-1)}) \tag{5-12}$$

考虑式(5-12)这样的残差块组成的前馈神经网络，为了讨论简便，暂且假设残差块不适用任何激活函数，即

$$\alpha^{(l)}=z^{(l)} \tag{5-13}$$

考虑任意两层数 $l_2>l_1$，递归地展开式(5-12)和式(5-13)：

$$\begin{aligned}\alpha^{(l_2)}&=\alpha^{(l_2-1)}+\mathcal{F}(\alpha^{(l_2-1)})\\&=(\alpha^{(l_2-2)}+F(\alpha^{(l_2-2)}))+\mathcal{F}(\alpha^{(l_2-1)})\\&=\cdots\end{aligned} \tag{5-14}$$

可以得到：

$$\alpha^{(l_2)}=\alpha^{(l_1)}+\sum_{i=l_1}^{l_2-1}\mathcal{F}(\alpha^{(i)}) \tag{5-15}$$

根据式(5-15)，在前向传播时，输入信号可以从任意底层直接传播到高层。由于包含了一个天然的恒等映射，在一定程度上可以解决网络退化问题。

这样，最终的损失 ε，对某低层输出的梯度可以展开为

$$\frac{\partial\varepsilon}{\partial\alpha^{(l_1)}}=\frac{\partial\varepsilon}{\partial\alpha^{(l_2)}}\frac{\partial\alpha^{(l_2)}}{\partial\alpha^{(l_1)}}=\frac{\partial\varepsilon}{\partial\alpha^{(l_2)}}\left(1+\frac{\partial}{\partial\alpha^{(l_1)}}\sum_{i=l_1}^{l_2-1}\mathcal{F}(\alpha^{(i)})\right) \tag{5-16}$$

或展开写为

$$\frac{\partial\varepsilon}{\partial\alpha^{(l_1)}}=\frac{\partial\varepsilon}{\partial\alpha^{(l_2)}}+\frac{\partial\varepsilon}{\partial\alpha^{(l_2)}}\frac{\partial}{\partial\alpha^{(l_1)}}\sum_{i=l_1}^{l_2-1}\mathcal{F}(\alpha^{(i)}) \tag{5-17}$$

根据式(5-17)，损失对某低层输出的梯度被分解为两项，前一项 $\frac{\partial\varepsilon}{\partial\alpha^{(l_2)}}$ 表明，反向传播

时，信号可以通过残差连接不经过任何中间权重矩阵变换直接进行传递，在一定程度上可以缓解梯度弥散问题。

综上，可以认为残差连接使信息前后向传播更加顺畅。

5.6.7　ResNet 的变体

由于 ResNet 在神经网络里的地位实在是无可撼动的，其论文的引用量在计算机视觉领域中居首位，因此，基于 ResNet 的变体也相继涌现，其数量达数十种之多，其中最知名的包括 ResNeXt、SENet、GENet、SKNet、CBAM 等。尤其是 ResNeXt、SENet 和 SKNet 备受关注，而亚马逊出品的这篇 ResNeXt 一经开源同样引起了不小的轰动。这一节将介绍这些变体。

另外，有很多经典的网络也是受到 ResNet 的启发提出的，例如 DenseNet、FractalNet 等。

ResNeXt 论文名称：*Aggregated residual transformations for deep neural networks*，相关资源可扫描目录处二维码下载。

5.6.8　ResNeXt

1. 研发动机

传统的模型优化方法主要依赖于增加网络的深度或宽度，然而，随着网络参数数量的增长，调整参数、设计网络和计算成本等问题也随之增加。当超参数过多时，往往很难保证所有参数都被优化到最佳状态。此外，传统模型训练出的网络对超参数的依赖性较强，使模型在不同的数据集上需要频繁地调整参数，这对模型的可扩展性造成了影响。

ResNeXt 模型的出现，希望在提高准确率的同时，不增加甚至降低模型的复杂度，并减少超参数的数量。其使用的分组卷积方法提供了一种新的优化思路。

实验结果表明，ResNeXt 在可扩展性、简单性、模块化设计及超参数数量上都表现出优越性。在参数数量相同的情况下，ResNeXt 的表现优于其他模型。例如，ResNeXt-101 的准确率与 ResNet-200 相当，但计算量却减少了一半。这种优化使 ResNeXt 模型在深度学习领域具有重要价值。

2. 模型架构

ResNeXt 模型架构的设计理念十分简洁：它将 ResNet 中的 3×3 卷积层替换为分组卷积层。模型里增加了一个参数 Cardinality（类似于组卷积中的 Group 的概念），并讨论了相较于增加网络的宽度和深度，简单地增加参数 Cardinality 会更好。

正常的残差块如图 5-37 所示。

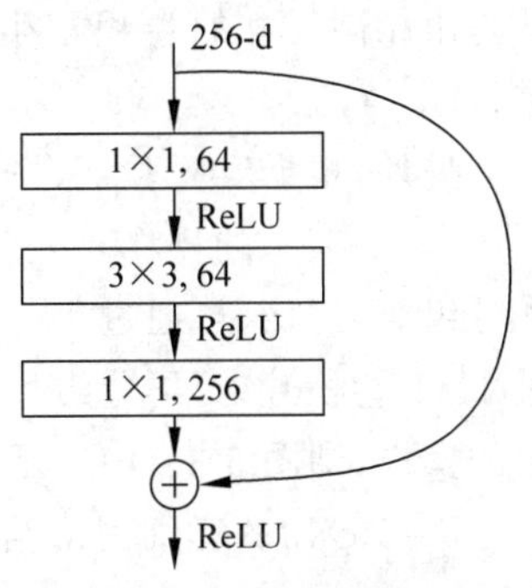

图 5-37　正常的残差块

ResNeXt 的残差块如图 5-38 所示，可以看出 ResNeXt 先对 1×1 的卷积进行了一个分组（Cardinality 为 32）；ResNeXt

残差块经过第 1 个 1×1 卷积后的维度是 32×4=128，相比原始残差块 64 的维度来讲是上升的。由于分组卷积可以减少参数量，所有这里即便维度上升了，总参数量也是下降的。

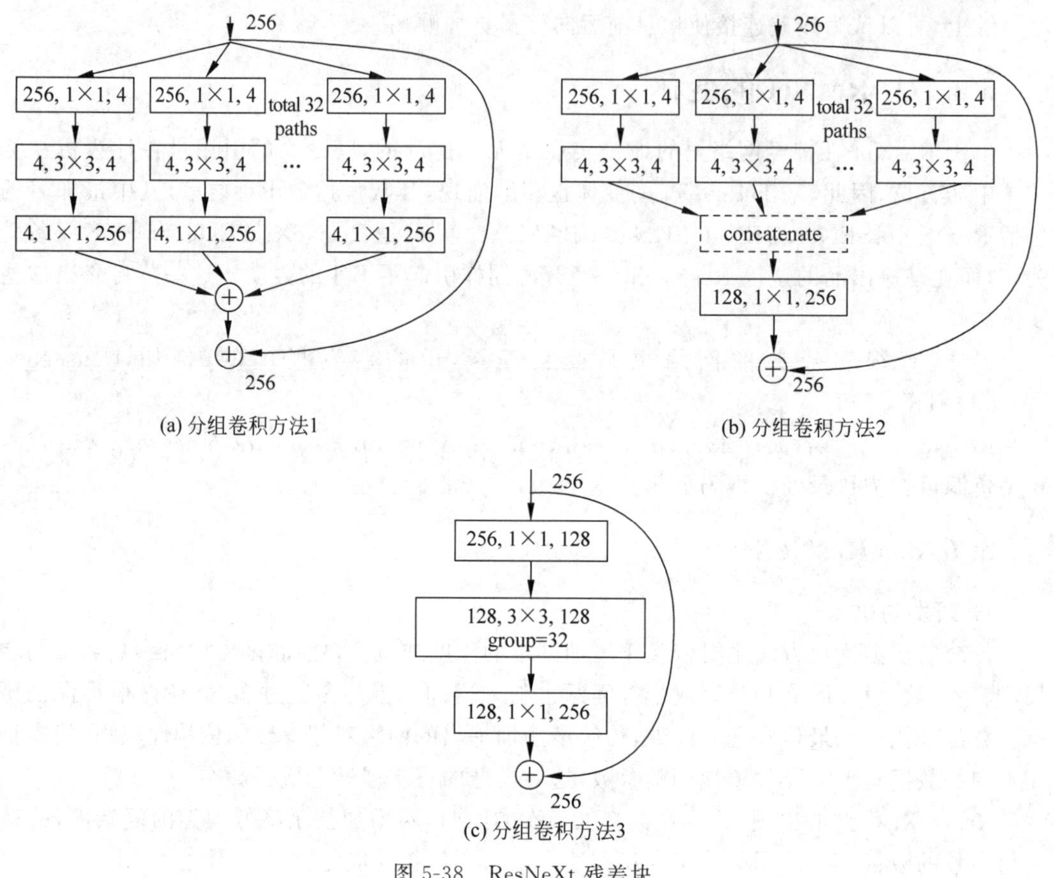

(a) 分组卷积方法1

(b) 分组卷积方法2

(c) 分组卷积方法3

图 5-38 ResNeXt 残差块

ResNeXt 模型融合了 Inception 和 ResNet 的优势，如图 5-38 所示，ResNet 的优势在于其残差连接，而 Inception 的优势则在于多张特征图的融合。Inception 通过不同尺寸的卷积核生成多张特征图，从而实现了多尺度特征图的融合，然而，ResNeXt 中的多个并行特征图是由相同尺寸的卷积核生成的，这种设计的含义是什么呢？具体解释将在 5.6.8 节中进行。

另外，根据实验验证，图 5-38 中展示的 3 种操作基本上具有相同的效果：具体来讲，图 5-38(a)表示的操作是先分组卷积再相加，最后加上残差连接；图 5-38(b)表示的操作是先分组，再拼接，再通过 1×1 卷积升维，最后加上残差连接；图 5-38(c)表示的操作是先通过 1×1 卷积升维，再分组卷积，最后通过 1×1 卷积升维，因此，在工程实践上直接采用最简单的操作，即图 5-38(c)表示的操作。

ResNeXt 的详细网络结构见表 5-9。

表 5-9 ResNeXt 配置

stage	output	ResNet-50		ResNeXt-50(32×4d)	
Conv1	112×112	7×7×64, stride 2		7×7×64, stride 2	
Conv2	56×56	3×3 max pool, stride 2		3×3 max pool, stride 2	
		1×1,64 3×3,64 1×1,256	×3	1×1,128 3×3,128,C=32 1×1,256	×3
Conv3	28×28	1×1,128 3×3,128 1×1,512	×4	1×1,256 3×3,256,C=32 1×1,512	×4
Conv4	14×14	1×1,256 3×3,256 1×1,1024	×6	1×1,512 3×3,512,C=32 1×1,1024	×6
Conv5	7×7	1×1,512 3×3,512 1×1,2048	×3	1×1,1024 3×3,1024,C=32 1×1,2048	×3
Top Layer	1×1	global average pool 1000-d fc, softmax		global average pool 1000-d fc, softmax	
# params.		25.5×10^6		25.0×10^6	

3. 为什么有效

ResNeXt 中引入参数 Cardinality 的实际意义是将组卷积中的“组”概念重新定义。为了探究 ResNeXt 的有效性，需要思考分组卷积为何有效。

众所周知，在卷积过程中，设计多个卷积核的作用是期望每个卷积核能够学习到特征图所能表征的不同特征。类比于人类思考问题的方式，希望能够从不同的角度思考问题。同理，在卷积核提取特征时也希望可以从不同的角度提取特征(多个卷积核就是多个不同的角度)。那么分组卷积就是以另一种方式实现这个目标。

不同的组之间实际上是不同的子空间，它们确实可以学习到更多样化的特征表示。这一点是有迹可循的，可以追溯到 AlexNet 提出时(AlexNet 将网络分成两组，这种设计实际上是为了适应当时的硬件限制，通过分组来减少显存占用，然而，这种设计意外地引发了一些有趣的现象，可以被视为一种意料之外的发现)，如图 5-41 所示。两组子网络，一组倾向于学习黑白信息(图 5-39 的前 3 行特征)，而另一组倾向于学习到彩色的信息(图 5-39 的后 3 行特征)。

在 AlexNet 的论文中，虽然没有明确地提出组卷积这一概念，也没有明确指出不同组卷积可以学习更多元的特征表示，但是实际上这一现象确实存在，分组卷积这种操作导致了不同组的卷积核可以学习更多样的不同特征表示。现在看来，相比分组卷积带来的参数量减少这一好处，分组卷积可以学习更多元的特征表示这一好处显得更加重要。因为后面的研究发现，分组卷积能减少大量参数，但是其在硬件上的实际运行并没有加快。

此外，这个思路还被应用到 Transformer 网络中的多头注意力(Multi-Head Attention)

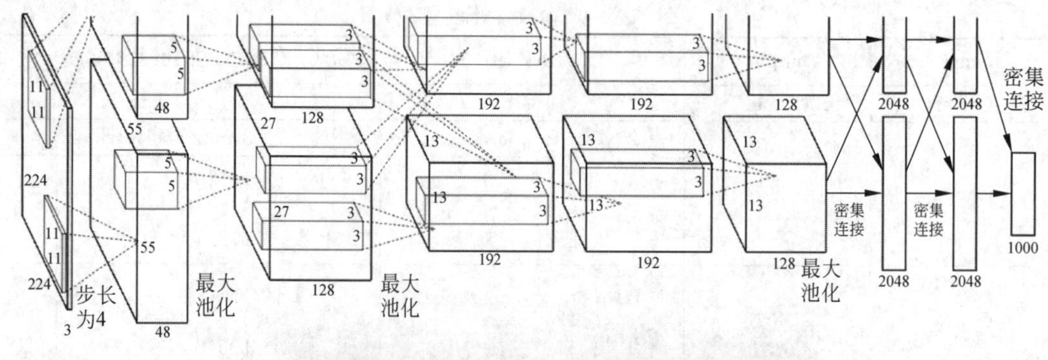

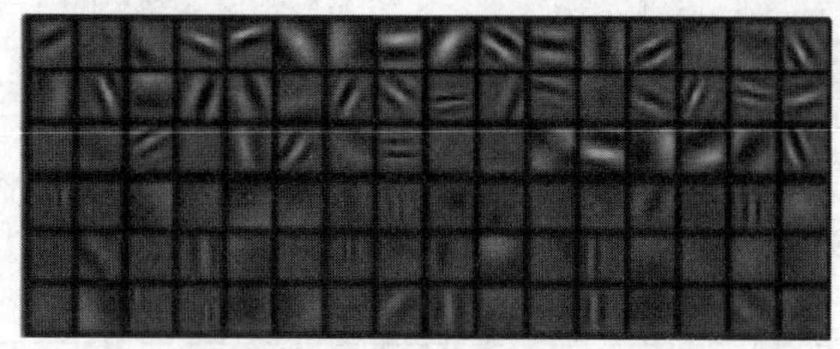

图 5-39　用两个 GPU 训练的 AlexNet

机制中。

由此可以看到，ResNeXt 或者多头注意力，相比于原始的 ResNet 或者单头注意力(Single-Head Attention)具有更强的表征能力，这里引用 Transformer 原文的一句 Multi-head Attention Allows the Model to Jointly Attend to Information from Different Representation Subspaces。简单来讲，这句话的意思是，多头注意力机制使模型能够从不同的表示子空间(Representation Subspaces)中同时关注和提取信息。在这里，“表示子空间”可以理解为不同的特征空间或信息空间，即模型学习和编码输入数据的不同方式。多头注意力机制允许模型在这些不同的子空间中同时寻找和关注信息，这样可以提取更丰富和多样化的特征，从而提高模型的性能。

ResNeXt 既有残差结构(便于训练)，又对特征层进行了分组训练(对特征多角度理解)。这就类似于模型融合了，把具有不同优点的子模型融合在一起，效果会更好。另外，有文献表明这种分组的操作或许能起到网络正则化的作用。

5.7 DenseNet：特征复用

作为 CVPR 2017 年的最佳论文，DenseNet 模型脱离了通过加深网络层数(如 VGGNet、ResNet)和加宽网络结构(如 GoogLeNet)来提升网络性能的定式思维。转而从特征的角度考虑，通过特征重用和旁路(Bypass)设置，既大幅度减少了网络的参数量，又在一定程度上缓解了梯度弥散问题的产生。结合信息流和特征复用的假设，DenseNet 当之无愧成为 2017 年计算机视觉顶会的年度最佳论文。

先列出 DenseNet 的几个优点，感受下它的强大：

(1) 减轻了梯度消失问题。

(2) 加强了特征的传递，更有效地利用了不同层的特征。

(3) 网络更易于训练，并具有一定的正则效果。

(4) 因为整个网络并不深，所以在一定程度上较少了参数数量。

DenseNet 论文名称：*Densely Connected Convolutional Networks*，相关资源可扫描目录处二维码下载。

5.7.1　模型设计动机

卷积神经网络在沉睡了近 20 年后，如今成为深度学习方向最主要的网络结构之一。从一开始的只有 5 层结构的 LeNet，到后来拥有 19 层结构的 VGGNet，再到首次跨越 100 层网络的 Highway Networks 与 1000 层的 ResNet，网络层数的加深成为 CNN 发展的主要方向之一；另一个方向则是以 GoogLeNet 为代表的加深网络宽度。

随着 CNN 网络层数的不断增加，梯度消失和模型退化的问题出现在人们的面前，BN 的广泛使用在一定程度上缓解了梯度消失的问题，而 ResNet 和 Highway Networks 通过构造旁路，进一步减少梯度消失和模型退化的产生。Fractal Nets 模型通过将不同深度的网络并行化，在获得了深度的同时保证了梯度的传播，Stochastic Deep Network 模型通过对网络中一些层进行失活，既证明了 ResNet 深度的冗余性，又缓解了上述问题。尽管这些网络框架的实现方法不同，但它们都包含了相同的核心思想，即跨网络层连接不同层的特征图。

何恺明在提出 ResNet 时做了这样一个假设：如果一个深层网络增加了几个能够学习恒等映射的层，则这一较深网络训练得到的模型性能一定不会弱于该浅层网络。换句话说，如果将能够学习恒等映射的层添加到某个网络中以形成一个新的网络，则最坏的结果也只是新网络中的这些层在训练后变成了恒等映射，而不会影响原始网络的性能。同样地，DenseNet 在提出时也做过类似假设：与其多次学习冗余的特征，特征复用是一种更好的特征提取方式。

5.7.2　DenseNet 模型结构

假设输入为一张图片 x_0，经过一个 l 层的神经网络，第 l 层的特征输出记作 x_l。

那么残差连接的公式如下所示。

$$x_l = H_l(x_{l-1}) + x_{l-1} \tag{5-18}$$

对于 ResNet 而言，l 层的输出是 $l-1$ 层的输出加上对 $l-1$ 层输出的非线性变换。

对与 DenseNet 而言，l 层的输出是之前所有层的输出集合，公式如下所示。

$$x_l = H_l([x_0, x_1, \cdots, x_{l-1}]) \tag{5-19}$$

其中[]代表拼接(Concatenation)，即将第 0 层到 $l-1$ 层的所有输出特征图在通道维度上组合在一起。这里所用到的非线性变换 H 为 BN＋ReLU＋Conv(3×3)的组合，所以从这两个公式就能看出 DenseNet 和 ResNet 在本质上的区别，DenseBlock 是 DenseNet 网络的重要组成部分，从 DenseNet 网络中节选出来的 DenseBlock 模块如图 5-40 所示。

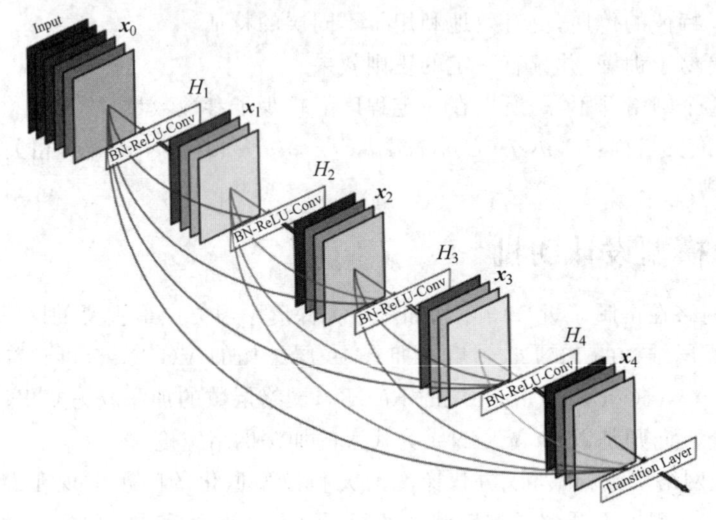

图 5-40 DenseBlock 模块

1. DenseBlock

虽然这些残差模块(DenseBlock)中的连线很多，但是它们代表的操作只是一个空间上的拼接，并不是实际上的加、减、乘、除运算，所以 DenseNet 相比传统的卷积神经网络计算量更少，但是，为了在网络深层实现拼接操作，必须把之前的计算结果保存下来，这就比较占内存了。这是 DenseNet 的一大缺点。DenseNet 模型的代码如下：

```
#第 5 章/DenseNet.py
class _DenseBlock(nn.ModuleDict):
    def __init__(self, num_layers, input_c, bn_size, growth_rate, drop_rate):
        super(_DenseBlock, self).__init__()
        for i in range(num_layers):
            layer = _DenseLayer(input_c + i *growth_rate, growth_rate=growth_
rate, bn_size=bn_size, drop_rate=drop_rate)
            self.add_module("denselayer%d" % (i + 1), layer)
    def forward(self, init_features):
        features =[init_features]
        for name, layer in self.items():
            new_features = layer(features)
            features.append(new_features)
        return torch.cat(features, 1)
```

2. 下采样层

由于在 DenseNet 中需要对不同层的特征图进行拼接操作，所以需要不同层的特征图保持相同的尺寸，这就限制了网络中下采样的实现。为了使用下采样，DenseNet 被分为多个阶段，每个阶段包含多个 DenseBlock，阶段之间进行下采样操作，如图 5-41 所示。

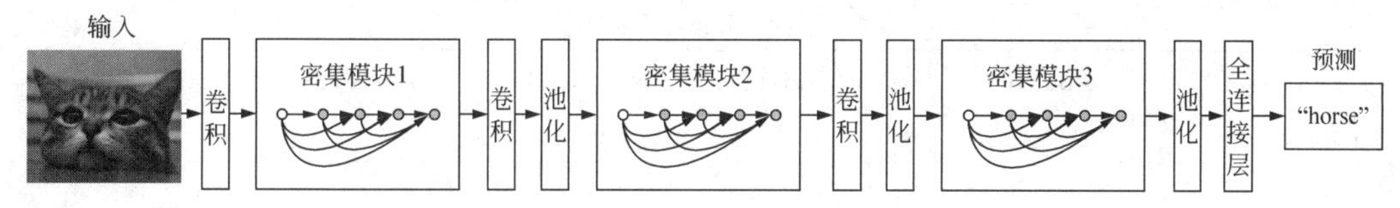

图 5-41 DenseNet 模型

在同一个 DenseBlock 中要求特征图尺寸保持相同大小，在不同 DenseBlock 之间设置过渡层实现下采样操作，具体来讲，过渡层由 BN＋Conv（Kernel Size 1×1）＋AveragePooling（Kernel Size 2×2）组成。

注意这里 1×1 卷积是为了对特征通道数量进行降维，而池化才是为了降低特征图的尺寸。

在 DenseNet 模型中，DenseBlock 的每个子结构都将前面所有子结构的输出结果作为输入。例如，假设我们考虑 Dense Block 3，该 Block 包含 32 个 3×3 的卷积操作。如果每层输出的特征通道数为 32，则第 32 层的 3×3 卷积操作的输入通道数将是前 31 层所有输出的累积，即 31×32，加上上一个 Dense Block 的输出特征通道数。这可以使特征通道数达到近 1000 个。

为了降低特征通道数，DenseNet 在每个 DenseBlock 后引入了过渡层，其中使用了 1×1 的卷积核进行降维操作。过渡层包含一个取值范围为 0～1 的参数 Reduction，用于控制输出通道数相对于输入通道数的比例。在默认情况下，会将参数 Reduction 设为 0.5，这意味着过渡层将特征通道数减少到原来的一半，然后将结果传给下一个 DenseBlock。

此外，为了防止过拟合，模型在最后的神经网络层中引入了 DropOut 操作，用于随机丢弃一部分神经元，以降低模型复杂度，代码如下：

```
#第 5 章/DropOutDenseNet.py
class _Transition(nn.Sequential):
    def __init__(self, input_c: int, output_c: int):
        super(_Transition, self).__init__()
        self.add_module("norm", nn.BatchNorm2d(input_c))
        self.add_module("relu", nn.ReLU(inplace=True))
        self.add_module("conv", nn.Conv2d(input_c, output_c, kernel_size=1,
stride=1, bias=False))
        self.add_module("pool", nn.AvgPool2d(kernel_size=2, stride=2))
```

3. Growth Rate

在 DenseBlock 中，假设每个卷积操作的输出为 K 张特征图，那么第 i 层网络的输入便为 $(i-1)\times K$，加上上一个 DenseBlock 的输出通道，这个 K 在论文中被称为 Growth Rate，默认为 32。这里可以看到 DenseNet 和现有网络的一个主要的不同点：DenseNet 可以接受较少的特征图数量 32 作为网络层的输出。具体网络参数见表 5-10。

表 5-10 DenseNet 配置

Layers	Output Size	DenseNet-121	DenseNet-169	DenseNet-201	DenseNet-264
Convolution	112×112	7×7 Conv, stride 2			
Pooling	56×56	3×3 max pool, stride 2			
Dense Block (1)	56×56	1×1 Conv 3×3 Conv ×6	1×1 Conv 3×3 Conv ×6	1×1 Conv 3×3 Conv ×6	1×1 Conv 3×3 Conv ×6
Transition Layer (1)	56×56	1×1 Conv			
	28×28	2×2 average pool, stride 2			
Dense Block (2)	28×28	1×1 Conv 3×3 Conv ×12	1×1 Conv 3×3 Conv ×12	1×1 Conv 3×3 Conv ×12	1×1 Conv 3×3 Conv ×12
Transition Layer (2)	28×28	1×1 Conv			
	14×14	2×2 average pool, stride 2			
Dense Block (3)	14×14	1×1 Conv 3×3 Conv ×24	1×1 Conv 3×3 Conv ×32	1×1 Conv 3×3 Conv ×48	1×1 Conv 3×3 Conv ×64
Transition Layer (3)	14×14	1×1 Conv			
	7×7	2×2 average pool, stride 2			
Dense Block (4)	7×7	1×1 Conv 3×3 Conv ×16	1×1 Conv 3×3 Conv ×32	1×1 Conv 3×3 Conv ×32	1×1 Conv 3×3 Conv ×48
Classification Layer	1×1	7×7 global average pool			
		1000D fully-connected, softmax			

值得注意的是这里每个 DenseBlock 的 3×3 卷积前面都包含了一个 1×1 的卷积操作，这就是瓶颈层(Bottleneck Layer)，目的是减少输入的特征图数量，既能对通道数量降维来减少计算量，又能融合各个通道的特征。

5.7.3 DenseNet 模型比较

DenseNet 与 ResNet 的对比如图 5-42 所示，在相同的错误率下，DenseNet 的参数更少，计算复杂度也更低。

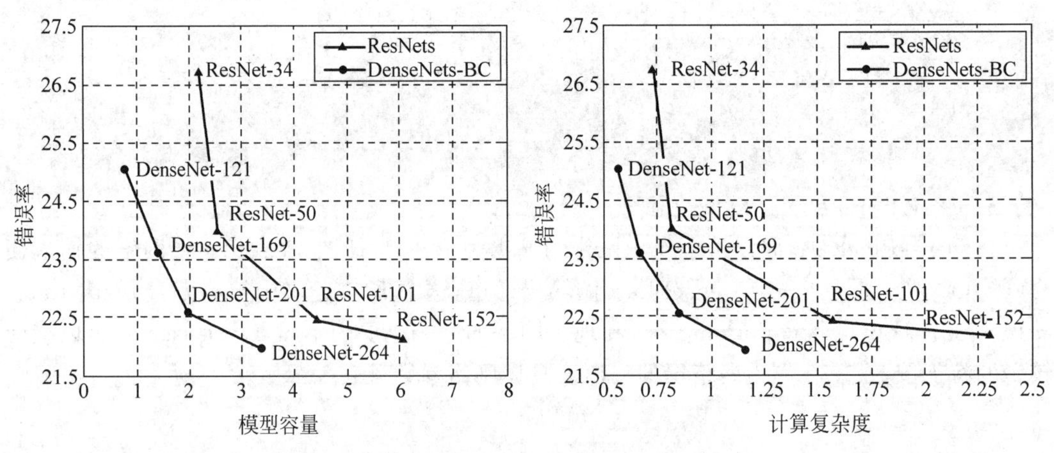

图 5-42 DenseNet 和 ResNet

但是，DenseNet 在实际训练中是非常占用内存的。原因是在计算的过程中需要保留浅层的特征图，这是为了与后面的特征图进行拼接。简单来讲，虽然 DenseNet 参数量少，但是在训练过程中中间产物（特征图）多，这可能就是 DenseNet 不及 ResNet 流行的原因吧。

5.8 SENet：通道维度的注意力机制

SENet 由胡杰于 2017 年 9 月提出，其通过显式建模卷积特征通道之间的相互依赖性，以此来提高网络的表示能力，即通道维度上的注意力机制。SE 模块仅需微小的计算成本，便可产生显著的性能改进。SENet Block 与 ResNeXt 的结合在 ILSVRC 2017 比赛中获得了第一名。

论文名称：*Squeeze-and-excitation networks*，相关资源可扫描目录处二维码下载。

5.8.1 SENet 模型总览

提出背景：卷积核通常被视为在局部感受野内，在空间和通道维度上同时对信息进行相乘求和计算，然而，现有的许多网络大多数是通过在空间维度上进行特征融合（如 Inception 的多尺度）来提高性能的，而忽略了通道维度的重要性。

通道维度的注意力机制：在常规的卷积操作中，输入信息的每个通道会对计算后的结果进行求和输出，这时每个通道的重要程度是相同的，而通道维度的注意力机制，则通过学习的方式来自动获取每个特征通道的重要程度（特征图层的权重），以增强有用的通道特征，抑制不重要的通道特征。提到卷积对通道信息的处理，有人或许会想到逐点卷积，即核大小为 1×1 的常规卷积。与 1×1 卷积相比，SENet 则是为每个通道重新分配一个权重（重要程度），而 1×1 卷积只是在做通道的融合计算，同时进行升维和降维，每个通道在计算时的重要程度是相同的。

5.8.2 SE 模块

SENet 是一种基于注意力机制的卷积神经网络架构，其主要思想是通过自适应地重新校准卷积特征的通道响应。SENet 中的压缩操作（Squeeze）和激励操作（Excitation）分别对应着该过程的两个主要步骤。

Squeeze：压缩操作是全局信息嵌入的过程，主要用于对空间维度进行全局平均池化，得到每个通道的全局空间信息，形成一个通道描述符。换句话说，通过这个操作，可以获得每个特征通道的全局上下文信息。

Excitation：激励操作是通过一个全连接层来学习非线性交互，以便捕获特征通道之间的依赖关系。具体来讲，首先通过一个全连接层对通道描述符进行降维（通常通过一个收缩因子进行降维，例如 16），然后通过 ReLU 激活函数进行非线性变换，接着通过一个全连接层恢复到原始维度，并通过 Sigmoid 激活函数将其映射到 0 到 1 之间，得到每个通道的权重。这个权重就可以用来重新校准原始特征通道。

通过这种方式,SENet 可以有效地模拟特征通道之间的依赖关系,并且能够动态地调整每个特征通道的权重,从而提高模型的表现。网络结构如图 5-43 所示。

(1) 输入 X 经过一系列传统卷积得到特征图 U,对 U 先做一个全局平均池化,输出特征向量 $1\times1\times C$ 数据,这个特征向量在一定程度上可以代表之前的输入信息,论文中称为压缩操作(Squeeze)。

(2) 再经过两个全连接来学习通道间的重要性,用 Sigmoid 限制到[0,1]的范围,这时得到的输出可以看作每个通道重要程度的权重,论文中称为激励操作(Excitation)。

(3) 最后,把这个 $1\times1\times C$ 的权重乘到 U 的 C 个通道上,这时就可根据权重对 U 的通道进行重要程度的重新分配。

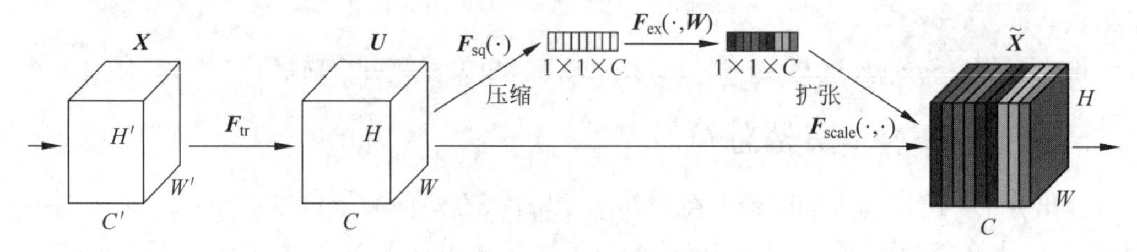

图 5-43　SENet 模块

SENet 模块的代码如下:

```
#第 5 章/SENet.py
class SEModule(nn.Module):
    def __init__(self, channels, reduction):
        super(SEModule, self).__init__()
        self.avg_pool = nn.AdaptiveAvgPool2d(1)
         self.fc1 = nn.Conv2d(channels, channels //reduction, kernel_size=1,
padding=0)
        self.relu = nn.ReLU(inplace=True)
         self.fc2 = nn.Conv2d(channels //reduction, channels, kernel_size=1,
padding=0)
        self.sigmoid = nn.Sigmoid()

    def forward(self, x):
        module_input = x
        x = self.avg_pool(x)
        x = self.fc1(x)
        x = self.relu(x)
        x = self.fc2(x)
        x = self.sigmoid(x)
        return module_input *x
```

5.8.3 SENet 效果

SE 模块可以嵌入现在绝大多数的网络结构中,而且都可以得到不错的效果提升,"用过的都说好"。

在大部分模型中嵌入 SENet 要比非 SENet 的准确率高出 1%左右，而在计算复杂度上只有略微提升，具体见表 5-11。

表 5-11　SENet 结合经典的基线模型

模　型	原模型(Top-5)	加入 SE 后(Top-5)	SENet
ResNet-50	7.8	7.48	6.62(0.86)
ResNet-101	7.1	6.52	6.07(0.45)
ResNet-152	6.7	6.34	5.73(0.61)
ResNeXt-50		5.90	5.49(0.41)
ResNeXt-101	5.6	5.57	5.01(0.56)
VGG-6		8.81	7.70(1.11)
BN-Inception	7.82	7.89	7.14(0.75)
Incepon-ResNet-v2	4.91	5.21	4.79(0.42)

5.8.4　SENet 模型小结

SENet 模型是一种通过自适应地重新加权输入特征图的通道来增强模型表达能力的卷积神经网络结构。由胡杰等在 2018 年提出。

SENet 的核心思想是通过一个 Squeeze-and-Excitation 模块来学习输入特征图的通道之间的关系，从而自适应地调整特征图中每个通道的权重。具体来讲，Squeeze-and-Excitation 模块包含以下两个步骤。

Squeeze：压缩操作通过全局池化操作，将输入特征图的每个通道压缩成一个标量，用于表示该通道的重要性。

Excitation：激励操作使用一个小型的全连接神经网络，学习一个激活函数，将上一步中得到的每个通道的重要性进行自适应调整，并重新加权输入特征图的通道。

通过这样的操作，SENet 可以自适应地增强模型的表达能力，减少冗余信息的传递，并且在不增加网络复杂度的情况下提高模型的准确率。此外，SENet 可以很容易地嵌入其他深度卷积神经网络结构中，使其更容易应用于实际的计算机视觉任务中。

SENet 模型在许多视觉任务中取得了出色的表现，例如在 ImageNet 图像分类任务中，SENet-154 取得了迄今为止最好的单模型结果。同时，SENet 还被广泛地应用于各种其他视觉任务中，如目标检测、语义分割等。

第6章 易于应用部署的轻量卷积模型

6.1 MobileNet V1：为移动端量身打造的轻量级模型

MobileNet 系列是由谷歌公司的 Andrew G. Howard 等于 2016 年提出的轻量级网络结构，并于 2017 年发布在 arXiv 上。在论文 *MobileNets：Efficient Convolutional Neural Networks for Mobile Vision Applications* 中进行了详细描述。MobileNet 系列的特点是模型小、计算速度快，适合部署到移动端或者嵌入式系统中。相较于后期的巨型、难以训练的模型（如 Transformer），MobileNet 系列在卷积神经网络中是轻量级网络的经典。MobileNet 对嵌入式设备非常友好。原作者团队后续对模型进行了进一步改进，先后提出了 MobileNet V2 和 MobileNet V3 版本，与 GoogLeNet 类似，关于 MobileNet 也发表了一系列文章。

MobileNet V1 论文名称：*MobileNets：Efficient Convolutional Neural Networks for Mobile Vision Applications*，相关资源可扫描目录处二维码下载。

MobileNet V2 论文名称：*MobileNet V2：Inverted Residuals and Linear Bottlenecks*，相关资源可扫描目录处二维码下载。

MobileNet V3 论文名称：*Searching for MobileNet V3*，相关资源可扫描目录处二维码下载。

6.1.1 模型设计动机

卷积神经网络已经广泛应用于计算机视觉领域，并且取得了不错的效果，然而近年来 CNN 为了在 ImageNet 竞赛中追求更高的分类准确度，模型深度越来越深，模型的计算量和复杂度也随之增加，如深度残差网络其层数已经多达 152 层，然而，在某些真实的应用场景中，如移动端或者嵌入式设备，如此庞大而复杂的模型是难以被应用的。

首先，因为模型过于庞大，这些场景面临着内存不足的问题。其次，这些场景要求低延迟，换而言之就是响应速度要快，想象一下自动驾驶汽车的行人检测系统如果响应速度太慢，则会发生什么可怕的事情，因此，研究小而高效的 CNN 模型在这些场景中非常重要。

目前的研究可以归纳为两个方向：第一是对已经训练好的复杂模型进行压缩以得到小型模型，即模型量化；第二是直接设计小型模型并进行训练。无论哪种方法，其目标都是在保持模型准确度（Accuracy）的前提下降低模型参数量（Parameters Size），同时提升模型的运行速度。

本章的主角是 MobileNet 系列网络，这是谷歌最近提出的一种小巧而高效的 CNN 模型，它在准确度和延时性之间做出了折中选择。

6.1.2　深度可分离卷积

MobileNet V1 之所以轻量，与深度可分离卷积（Depthwise Separable Convolution）的关系密不可分。

AlexNet 各层计算在 GPU 和 CPU 上的耗时分别如图 6-1(a)和图 6-1(b)所示，观察图片可得出在模型推理中卷积操作占用了大部分的时间，因此 MobileNet V1 使用了深度可分离卷积对卷积操作做了进一步的优化。

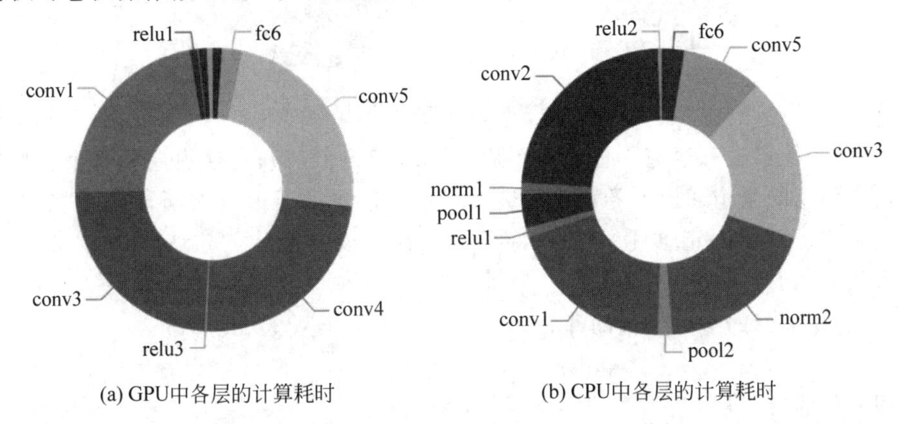

图 6-1　对 AlexNet 各层占用的计算时间分析

在常规卷积操作中对于 5×5×3 的输入信息，如果想要得到 3×3×4 的特征图输出，则卷积核的形状为 3×3×3×4，如图 6-2 所示。

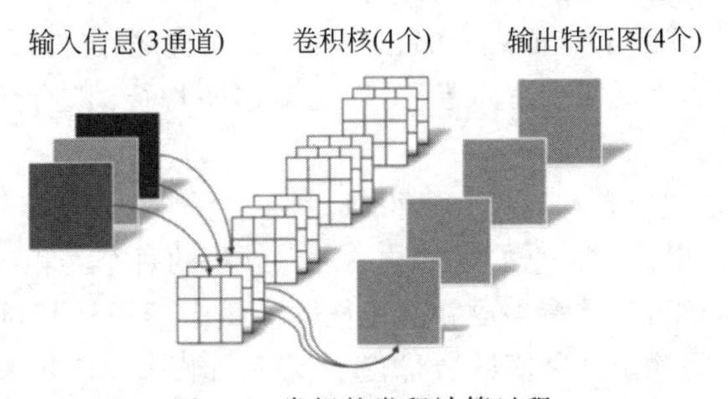

图 6-2　常规的卷积计算过程

卷积层共有 4 个卷积核，每个卷积核包含一个通道数为 3（与输入信息通道相同），并且尺寸为 3×3 的卷积核，因此卷积层的参数数量可以用公式：卷积层的参数量 ＝ 卷积核宽

度×卷积核高度×输入通道数×输出通道数来计算，即

$$N\_std = 4 \times 3 \times 3 \times 3 = 108 \tag{6-1}$$

卷积层的计算量公式为卷积层的计算量 = 卷积核宽度×卷积核高度×(输入信息宽度－卷积核宽度＋1)×(输入信息高度－卷积核高度＋1)×输入通道数×输出通道数，即

$$C\_std = 3 \times 3 \times (5-2) \times (5-2) \times 3 \times 4 = 972 \tag{6-2}$$

深度可分离卷积主要是两种卷积变体组合使用，两种卷积分别为逐通道卷积(Depthwise Convolution，DW)和逐点卷积(Pointwise Convolution，PW)。

逐通道卷积的一个卷积核只有一个通道，输入信息的一个通道只被一个卷积核卷积，这个卷积过程产生的特征图通道数和输入的通道数相等，如图 6-3 所示。

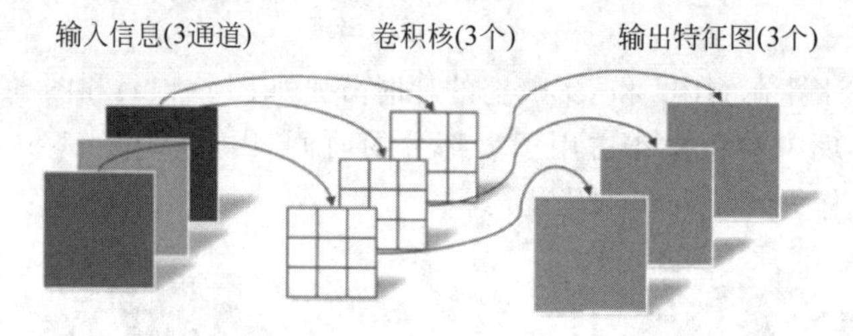

图 6-3 逐通道卷积的卷积计算过程

一张 5×5 像素的三通道彩色输入图片(形状为 5×5×3)，逐通道卷积每个卷积核只负责计算输入信息的某个通道。卷积核的数量与输入信息的通道数相同，所以一个三通道的图像经过卷积运算后一定会生成 3 张特征图。卷积核的形状一定为卷积核 W×卷积核 H×输入数据的通道数 C。

此时，卷积部分的参数个数的计算为

$$N\_depthwise = 3 \times 3 \times 3 = 27 \tag{6-3}$$

卷积操作的计算量为

$$C\_depthwise = 3 \times 3 \times (5-2) \times (5-2) \times 3 = 243 \tag{6-4}$$

逐通道卷积输出的特征图的数量与输入层的通道数相同，无法在通道维度上扩展或压缩特征图的数量。此外，这种运算对输入层的每个通道独立地进行卷积运算，无法充分利用不同通道在相同空间位置上的特征之间的相关性。简而言之，虽然减少了计算量，但丢失了通道维度上的信息交互，因此需要逐点卷积，以此对这些特征图进行组合，以实现在通道维度上信息交互。

逐点卷积的运算与常规卷积运算非常相似，其实就是 1×1 的卷积。它的卷积核的形状为 1×1×M，M 为上一层输出信息的通道数。逐点卷积的每个卷积核会将上一步的特征图在通道方向上进行加权组合，计算生成新的特征图。每个卷积核都可以生成一个输出特征图，而卷积核的个数就是输出特征图的数量，逐点卷积如图 6-4 所示。

此时，逐点卷积中卷积涉及的参数个数可以计算为

$$N\_pointwise = 1 \times 1 \times 3 \times 4 = 12 \tag{6-5}$$

卷积操作的计算量则为

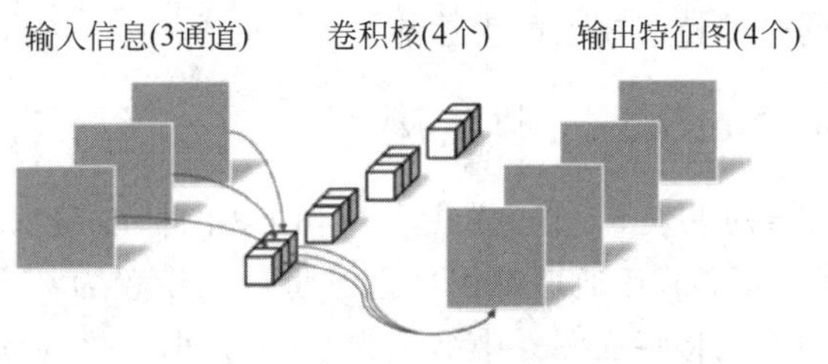

图 6-4 逐点卷积的卷积计算过程

$$\text{C\_pointwise} = 1 \times 1 \times 3 \times 3 \times 3 \times 4 = 108 \tag{6-6}$$

经过逐点卷积之后，4 个卷积核输出了 4 张特征图，与常规卷积的输出维度相同。

最后对比一下常规卷积和深度可分离卷积的参数量和计算量。常规卷积的参数个数由式(6-1)得出为 108，而深度可分离卷积的参数个数由式(6-3)的逐通道卷积参数和式(6-5)的逐点卷积参数两部分相加得到：

$$\text{N\_separable} = \text{N\_depthwise} + \text{N\_pointwise} = 12 + 27 = 39 \tag{6-7}$$

相同的输入，同样是得到 4 张特征图的输出，深度可分离卷积的参数个数是常规卷积的约 1/3，因此，在参数量相同的前提下，采用深度可分离卷积的神经网络层数可以做得更深。

在计算量对比方面，常规卷积的计算量由式(6-2)得出为 972，而深度可分离卷积的计算量由式(6-4)的逐通道卷积的计算量和式(6-6)的逐点卷积的计算量两部分相加得到：

$$\text{C\_separable} = \text{C\_depthwise} + \text{C\_pointwise} = 243 + 108 = 351 \tag{6-8}$$

相同的输入，同样是得到 4 张特征图的输出，深度可分离卷积的计算量也是常规卷积的约 1/3，因此，在计算量相同的情况下，通过深度可分离卷积，可以加深神经网络的层数。

6.1.3 MBConv 模块

在 6.1.2 节中介绍了深度可分离卷积作为 MobileNet 的基本操作，然而，在实际应用中一般会加入 BN 操作，并使用 ReLU 激活函数。正常的卷积模块结构如图 6-5(a)所示，深度可分离卷积模块(MBConv)的基本结构如图 6-5(b)所示。

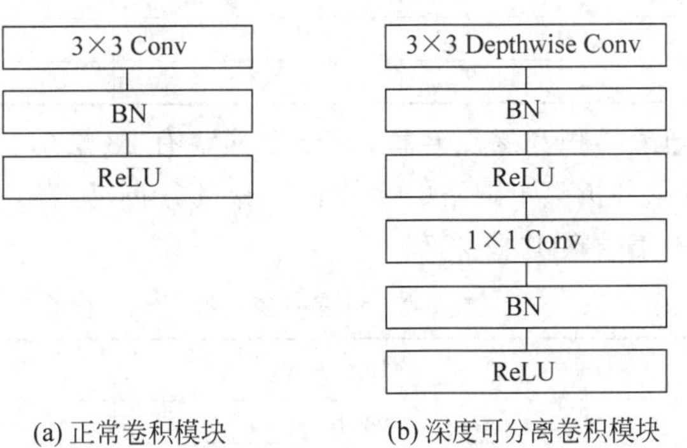

图 6-5 MBConv 模块

整体网络就是通过不断堆叠 MBConv 组件构建而成的。这种深度可分离卷积的操作方式在减少计算量的同时保持了模型的表达能力。

6.1.4 MobileNet V1 模型结构

MobileNet 的模型结构见表 6-1。首先是一个 3×3 的标准卷积，然后堆积深度可分离卷积模块，可以看到其中的部分逐通道卷积会通过将步长设置为 2 进行下采样。在卷积层提取特征后会进行平均池化将特征图大小缩小为 1×1 大小(一个标量)，接着通过全连接层计算预测类别的概率，最后使用 Softmax 层进行分类。

表 6-1 MobileNet 结构

Type / Stride	Filer Shape	Input Size
Conv/s2	3×3×3×32	224×224×3
Conv dw/s1	3×3×32 dw	112×112×32
Conv/s1	1×1×32×64	112×112×32
Conv dw/s2	3×3×64 dw	112×112×64
Conv/s1	1×1×64×128	56×56×64
Conv dw/s1	3×3×128 dw	56×56×128
Conv/s1	1×1×128×128	56×56×28
Conv dw/s2	3×3×128 dw	56×56×128
Conv/s1	1×1×128×256	28×28×128
Conv dw/s1	3×3×256 dw	28×28×256
Conv /s1	1×1×256×256	28×28×256
Conv dw/s2	3×3×256 dw	28×28×256
Conv/s1	1×1×256×512	14×14×256
Conv dw/s1 5×Conv/s1	3×3×512 dw 1×1×512×512	14×14×512 14×14×512
Conv dw/s2	3×3×512 dw	14×14×512
Conv/s1	1×1×512×1024	7×7×512
Conv dw/s2	3×3×1024 dw	7×7×1024
Conv/s1	1×1×1024×1024	7×7×1024
Avg Pool/s1	Pool 7×7	7×7×1024
FC/s1	1024×1000	1×1×1024
Softmax/s1	Classifier	1×1×1000

如果单独计算逐通道卷积和逐点卷积，则整个网络有 28 层(这里平均池化和 Softmax 层不计算在内)。还可以分析整个网络的参数和计算量分布，见表 6-2。可以看到整个模型的计算量和参数量基本集中在 1×1 卷积上。

表 6-2 每层资源类型

Type	Multi-Adds	Parameters
Conv 1×1	94.86%	74.59%
Conv dw 3×3	3.06%	1.06%
Conv 3×3	1.19%	0.02%
Fully Connected	0.18%	24.33%

将 MobileNet 与 GoogLeNet、VGG-16 进行对比，比较结果见表 6-3。相较于 VGG-16，MobileNet 的准确度稍微下降，但是优于 GoogLeNet，然而，在计算量和参数量层面，MobileNet 具有绝对优势。

表 6-3 MobileNet 与流行模型的比较

Model	ImageNet Accuracy	Million Parameters
MobileNet-224	70.6%	4.2
GoogLeNet	69.8%	6.8
VGG 16	71.5%	138

最后，MobileNet V1 还引入了宽度和分辨率调整系数，分别是宽度乘子(α)和分辨率乘子(ρ)，用于调整模型的大小和计算复杂性。

宽度乘子(α)：宽度乘子是一个介于 0～1 的比例因子。它被应用于模型中的每个卷积层的通道数，以减少模型的宽度。通过降低每个卷积层的通道数，可以减少模型中的参数数量和计算量，从而使模型更轻量化。较小的宽度乘子值(例如 0.5)将导致更窄的模型，而较大的值(例如 1.0)将保持原始模型的宽度。

分辨率乘子(ρ)：分辨率乘子是一个介于 0～1 的比例因子。它被应用于输入图像的分辨率，以减少输入图像的尺寸。通过降低输入图像的分辨率，可以减少卷积操作的计算量和内存消耗。较小的分辨率乘子值(例如 0.5)将导致输入图像的尺寸减小为原始尺寸的一半，而较大的值(例如 1.0)将保持原始尺寸。

通过调整宽度乘子和分辨率乘子，可以灵活地控制 MobileNet V1 模型的大小和计算复杂度。这对于在计算资源受限的移动设备上进行模型部署非常有用。较小的宽度乘子和分辨率乘子值可以产生更轻量化的模型，适用于资源受限的场景，而较大的值则可以保持模型的原始性能。这使 MobileNet V1 可以根据具体应用的需求进行定制化和优化。

读者可以根据设备性能和应用场景选择合适的参数，权衡模型的精度和速度。

6.1.5 MobileNet V1 模型小结

MobileNet V1 是一种轻量级的深度学习卷积神经网络架构，于 2017 年由谷歌团队提出。它旨在在移动设备和嵌入式系统上实现高效的图像识别和分类。MobileNet V1 的主要特点如下。

(1) 采用深度可分离卷积：MobileNet V1 采用这种特殊的卷积技术，将传统卷积分解为两个独立的操作，即深度卷积和逐点卷积。这种方法大幅减少了计算复杂性和参数数量，降低了计算成本和存储需求。

(2) 引入宽度和分辨率调整系数：MobileNet V1 引入了两个超参数，分别是宽度乘子(α)和分辨率乘子(ρ)，用于调整模型的大小和计算复杂性。用户可以根据设备性能和应用场景选择合适的参数，权衡模型的精度和速度。

(3) 低延迟、低计算资源占用：由于其轻量化的设计，MobileNet V1 在移动设备和嵌入式系统上运行时具有较低的延迟和较少的计算资源占用，适合实时应用和边缘计算。

（4）应用广泛：MobileNet V1 可用于多种计算机视觉任务，如图像分类、物体检测、语义分割等。其模型结构和参数可根据不同场景进行调整，以满足各种需求。

总之，MobileNet V1 是一种高效、轻量级的深度学习模型，适用于移动设备和嵌入式系统，其主要特点包括采用深度可分离卷积技术、具有宽度和分辨率调整系数、低延迟、低计算资源占用，以及广泛应用于多种计算机视觉任务。

6.2 MobileNet V2：翻转残差与线性瓶颈的效率变革

Andrew G. Howard 等于 2018 年在 MobileNet V1 的基础上又提出了改进版本 MobileNet V2。具体可以参考原始论文 *MobileNet V2：Inverted Residuals and Linear Bottlenecks*。

6.2.1 逆残差结构

在 6.1 节中可以看到，MobileNet V1 的网络结构还是非常传统的直通模型（没有旁路），然而，ResNet（详见第 5.6 章）在模型中引入旁路并取得了很好的效果，因此，在 MobileNet V2 的设计中，作者也想引入旁路。

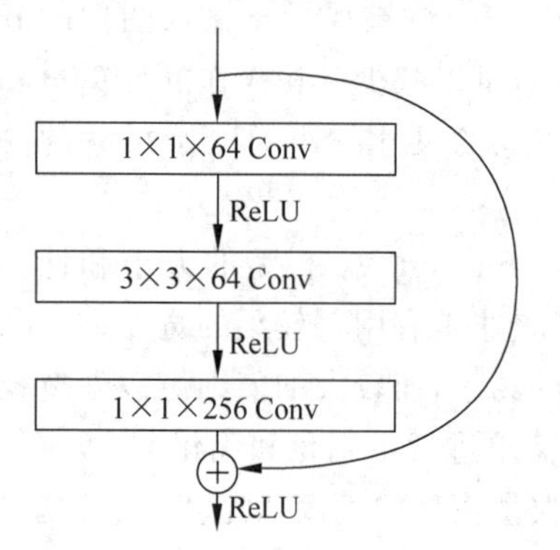

图 6-6 ResNet Bottleneck Block 结构图

首先看一下 ResNet Bottleneck Block，其结构图如图 6-6 所示。采用 1×1 的卷积核先将 256 维降到 64 维，经过 3×3 的卷积之后，又通过 1×1 的卷积核恢复到 256 维。

如果想将 ResNet Bottleneck Block 应用到 MobileNet 中，则采用相同的策略显然是不可行的。因为在 MobileNet 中，由于逐通道卷积输出的特征图维度本来就不大，如果再进行压缩，则会导致模型变得更小，所以作者提出了逆残差结构（Inverted Residuals），即先把逐通道卷积输出的特征图的维度扩展 6 倍，然后压缩，以避免模型被压缩得过于严重。原始残差结构如图 6-7(a)所示，逆残差结构如图 6-7(b)所示。

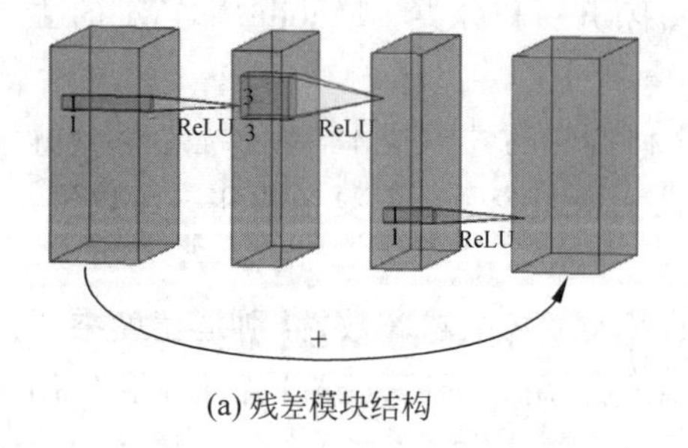

(a) 残差模块结构

3×3
ReLU6,DWise
ReLU6,1×1
逐通道卷积
+

(b) 逆残差模块结构

图 6-7 残差模块和逆残差模块结构图

Inverted Residual Block 的代码如下：

```
#第 6 章/MobileNet.py
class MBconv(nn.Module):
    def __init__(self, in_channels, out_channels, stride, padding):
        super().__init__()
        hidden_channel = in_channels * 6
        self.InvertMBconv = nn.Sequential(
        nn.Conv2d(in_channels, hidden_channel, kernel_size=1, stride=stride,
padding=padding, groups=in_channels),
        nn.BatchNorm2d(hidden_channel),
        nn.ReLU(inplace=True),
        nn.Conv2d(hidden_channel, hidden_channel, kernel_size=3, stride=stride,
padding=padding, groups=in_channels),
        nn.BatchNorm2d(hidden_channel ),
        nn.ReLU(inplace=True),
        nn.Conv2d(hidden_channel, out_channels, kernel_size=1, stride=stride,
padding=padding),
        nn.BatchNorm2d(out_channels),
        nn.ReLU(inplace=True)
        )
    def forward(self, x):
        return self.InvertMBconv(x) + x
```

6.2.2 线性瓶颈结构

线性瓶颈结构(Linear Bottlenecks)实际上是将逆残差模块中 Bottleneck 部分的 ReLU 函数去掉。MobileNet V1 主要模块结构图如图 6-8(a)所示,MobileNet V2 主要模块结构图如图 6-8(b)所示。通过对比图 6-8 的图片,可以很容易看出,Linear Bottlenecks 就是去掉了最后一个 1×1 卷积后面的 ReLU 函数。MobileNet V2 整体的网络模型是不断堆叠图 6-8(b)的两个模块结构而搭建成的。

去掉 ReLU 函数,尤其是最后一个 1×1 卷积后面的 ReLU 函数的原因在于,训练 MobileNet V1 时发现,最后深度可分离卷积中的部分卷积核容易失去作用,导致经过 ReLU 函数后输出为 0 的情况。这是因为 ReLU 会对通道数较低的特征图造成较大的信息损失,因此执行降维的卷积层后面不再接类似 ReLU 这样的非线性激活层。简单来说就是,1×1 卷积降维操作本来就会丢失一部分信息,而加上 ReLU 后信息丢失问题加重,因此去掉 ReLU 来缓解此问题。注意,去掉 ReLU 以缓解信息损失的操作只适用于输入特征图特征通道较小的情况。

6.2.3 MobileNet V2 模型结构

完整的 MobileNet V2 模型结构参数见表 6-4。

t 代表反转残差中第 1 个 1×1 卷积升为的倍数;c 代表通道数;n 代表堆叠 Bottleneck 的次数;s 代表深度可分离卷积的幅度(1 或 2),不同的步幅对应不同的模块。

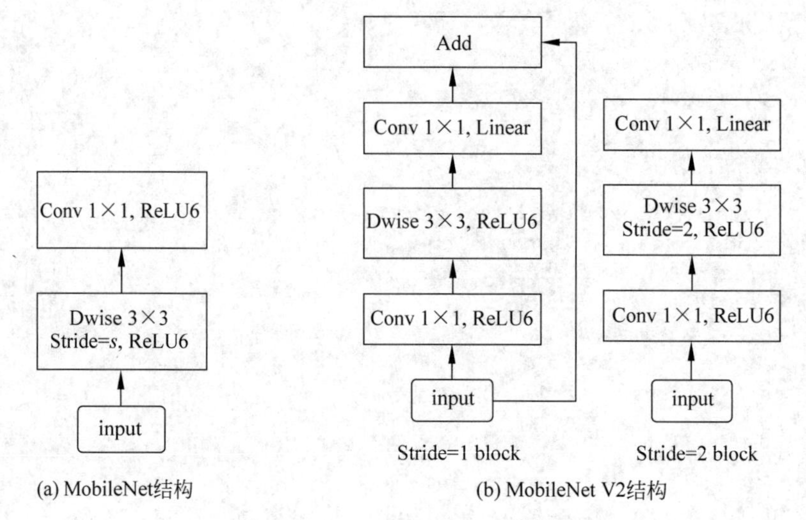

图 6-8 Linear Bottlenecks 结构图

表 6-4 模型详细结构

Input	Operator	*t*	*c*	*n*	*s*
$224^2 \times 3$	conv2d	—	32	1	2
$11^2 \times 32$	bottleneck	1	16	1	1
$11^2 \times 16$	bottleneck	6	24	2	2
$56^2 \times 24$	bottleneck	6	32	3	2
$28^2 \times 32$	bottleneck	6	64	4	2
$14^2 \times 64$	bottleneck	6	96	3	2
$11^2 \times 96$	bottleneck	6	160	3	1
$7^2 \times 160$	bottleneck	6	320	1	1
$7^2 \times 320$	conv2d 1×1	—	1280	1	1
$7^2 \times 1280$	avgpool 7×7	—	—	1	—
1×1×1280	conv2d 1×1	—	*k*	—	

效果上，在 ImageNet 图像分类的任务中，相比于 MobileNet V1 和 MobileNet V2 的参数量减少，效果也更好了，详见表 6-5。

表 6-5 模型结构比较

Network	Top 1	Params	MAdds	CPU
MobileNet V1	70.6	4.2M	575M	113ms
ShuffleNet (1.5)	71.5	3.4M	292M	—
ShuffleNet (x2)	73.7	5.4M	524M	—
NasNet-A	74.0	5.3M	564M	183ms
MobileNet V2	72	3.4M	300M	75ms
MobileNet V2 (1.4)	74.7	6.9M	585M	143ms

6.2.4 MobileNet V2 模型小结

MobileNet V2 是谷歌团队在 MobileNet V1 基础上提出的升级版轻量级深度学习卷积神经网络架构。它在提高性能的同时保持了低计算复杂性和参数数量的优势，适用于移动设备和嵌入式系统。MobileNet V2 的主要特点如下。

(1) 逆残差结构：MobileNet V2 引入了一种新的网络结构，将标准的残差结构翻转。这种结构使用轻量级的 1×1 卷积对输入进行扩张，接着进行 3×3 深度可分离卷积，最后用 1×1 卷积进行压缩。这种设计有助于减小计算成本，同时保持特征表达能力。

(2) 线性激活函数：在逆残差结构的输出部分，MobileNet V2 使用线性激活函数(而非 ReLU 等非线性激活函数)。这样做可以减少 ReLU 导致的信息损失，使特征更好地保存在网络中。

(3) 调整宽度和分辨率：与 MobileNet V1 类似，MobileNet V2 也使用宽度乘子(α)和分辨率乘子(ρ)这两个超参数调整模型的大小和计算复杂性。这使用户可以根据设备性能和应用场景进行权衡，平衡模型的精度和速度。

(4) 高效性能：相比 MobileNet V1，MobileNet V2 在保持轻量化、低延迟和低计算资源占用的基础上进一步提升了性能。这使其在多种计算机视觉任务中表现更优，如图像分类、物体检测和语义分割等。

6.3 MobileNet V3：结合自动搜索的移动端网络标杆

MobileNet 系列工作保持了一年更新一次的频率，Andrew G. Howard 等于 2019 年，也就是 MobileNet V2 提出的一年后再次提出了 MobileNet V3。文中提出了两个网络模型，MobileNet V3-Small 与 MobileNet V3-Large，分别对应对计算和存储要求低和高的场景。具体可以参考原始论文 *Searching for MobileNet V3*。

论文 *Searching for MobileNet V3* 并不是在描述 MobileNet V3 内部的内容，而是在探讨 MobileNet V3 的来源。这里的 Searching 指的是神经网络架构搜索技术(Neural Architecture Search，NAS)，即 V3 是通过搜索和网络优化而来的。

本节的重点并不再详细讨论 NAS 网络搜索技术，尽管它是论文的一个重要亮点。这项技术不是训练模型参数，而是训练模型结构，因此需要设计一个网络模型结构的集合空间，并通过不同网络层的排列组合来生成大量模型结构，然后通过 NAS 来搜索最佳网络结构。由于这项技术需要大量计算资源才能完成，所以只有像谷歌和百度这样的公司才有能力开展此研究。此外，在搜索的过程中最关注的是网络性能，因此最优的网络结构可能会有各种形状和层级结构的排列，这可能会影响模型的部署。

这就导致了两个缺点：

(1) 网络的可解释性更差，无法解释为什么这样的层级排列能获得更好的性能，只能将结果作为导向。

(2) 这种不规则的模型层级排列也不利于模型的部署,因此,经过 NAS 搜索得到的模型通常需要通过人工进一步地进行调整,使其更规则化。这是性能和部署之间的权衡。

当然,NAS 网络结构搜索技术仍然十分强大。通过设计不同的搜索空间,NAS 可以为不同的搜索目标设计不同的结构,但这属于较前沿的方向了,这里不具体展开。

6.3.1 优化网络深层结构

实验发现 MobileNet V2 网络最后一部分结构可以优化。原始的结构用 1×1 的卷积来调整特征的维度,从而提高预测的精度,但是这一部分也会造成一定的延时。为了减小延迟,作者将平均池化层提前,这样就可以提前将特征图的尺寸缩小。结果显示,虽然延迟减小了,但精度几乎没有降低。原始结构如图 6-9(a)所示,优化后的结构如图 6-9(b)所示。

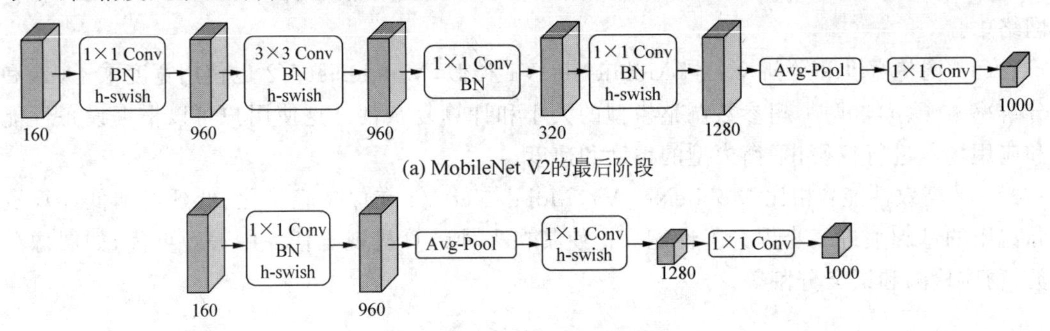

图 6-9 优化 MobileNet 网络深层结构

6.3.2 h-swish 激活函数

Swish 激活函数由谷歌公司开发,据说它可以很好地替代 ReLU 激活函数并提高模型的精度,然而,在移动设备上,使用 Swish 激活函数需要消耗大量资源,因此作者提出了一个新的"h-swish 激活函数",用来替代 Swish 激活函数。h-swish 激活函数的效果与 Swish 函数相似,但计算量却大大降低了。Sigmoid 激活函数与 h-sigmoid 激活函数的对比如图 6-10(a)所示,Swish 激活函数与 h-swish 激活函数的对比如图 6-10(b)所示。

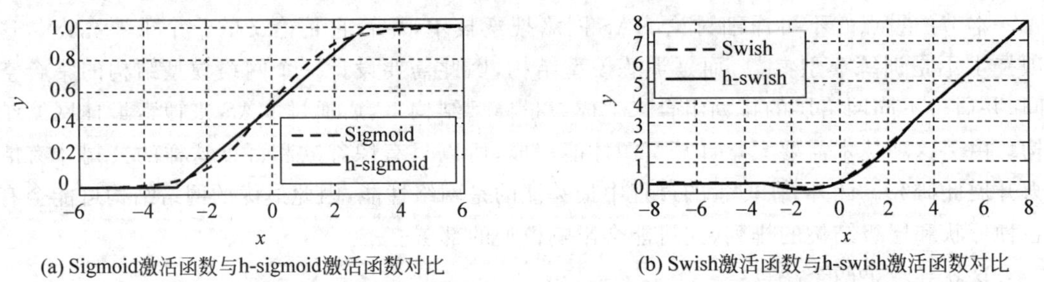

图 6-10 h-swish 激活函数

h-swish 激活函数的公式如下:

$$\text{h-swish}[x] = x\,\frac{\text{ReLU6}(x+3)}{6} \tag{6-9}$$

其中,需要说明一下激活函数 ReLU6。卷积之后通常会接一个 ReLU 非线性激活函数,在 MobileNet 系列模型里使用的都是 ReLU6 函数。ReLU6 函数与普通的 ReLU 函数类似,但将最大输出值限制为 6(对输出值进行裁剪)。这是为了在移动端设备 Float16 低精度时,也能有很好的数值分辨率,如果对 ReLU 的激活范围不加限制,则输出范围为 0 到正无穷。如果激活值非常大,分布在一个很大的范围内,则低精度的 Float16 无法精确地描述如此大范围的数值,从而导致精度损失。

6.3.3 SENet

SENet(Squeeze-and-Excitation Networks)是由自动驾驶公司 Momenta 于 2017 年公布的一种全新的图像识别结构(详见 5.8 节),它通过对特征通道间的相关性进行建模,把重要的特征进行强化来提升准确率。这个结构在 2017 年的 ILSVRC 竞赛中获得冠军,Top-5 错误率为 2.251%,相较于 2016 年的第一名低了 25%,可谓提升巨大。SENet 也被一些研究人员称为基于通道的注意力机制。

与 MobileNet V2 相比,MobileNet V3 中增加了 SE 结构,并且将含有 SE 结构部分的扩张通道数减少为原来的 1/4 以减小延迟(但是,从计算时间上看,只是减少了 1/2),实验发现在整体延迟没有增加的情况下,模型精度得到了提高。MobileNet V2 结构如图 6-11(a)所示,MobileNet V3 结构如图 6-11(b)所示。

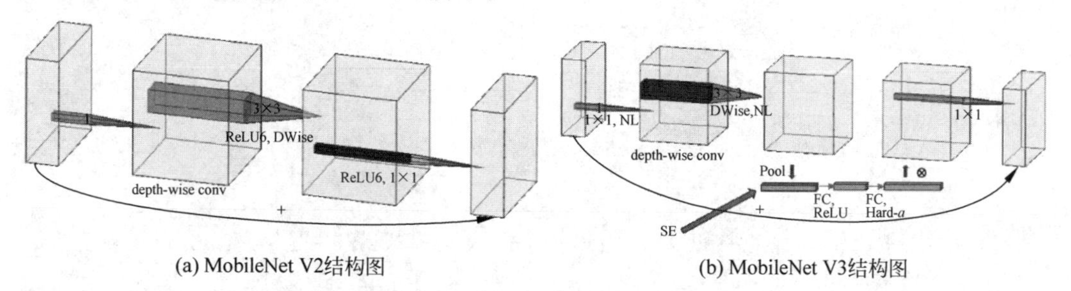

图 6-11 带有 SE 模块的 MobileNet V3 结构图

MobileNet V3 with SE 的代码如下:

```
#第 6 章/MobileNetV3.py
def _make_divisible(ch, divisor=8, min_ch=None):
#这个函数取自原始的 tf repo,它确保所有层都有一个能被 8 整除的通道号

    if min_ch is None:
        min_ch = divisor
    new_ch = max(min_ch, int(ch + divisor / 2) //divisor * divisor)
    #确保四舍五入后的下降幅度不超过 10%
    if new_ch < 0.9 * ch:
        new_ch += divisor
```

```
    return new_ch

class SqueezeExcitation(nn.Module):
    def __init__(self, input_c: int, squeeze_factor: int = 4):
        super(SqueezeExcitation, self).__init__()
        squeeze_c = _make_divisible(input_c //squeeze_factor, 8)
        self.fc1 = nn.Conv2d(input_c, squeeze_c, 1)
        self.fc2 = nn.Conv2d(squeeze_c, input_c, 1)

    def forward(self, x ):
        scale = F.adaptive_avg_pool2d(x, output_size=(1, 1))
        scale = self.fc1(scale)
        scale = F.relu(scale, inplace=True)
        scale = self.fc2(scale)
        scale = F.hardsigmoid(scale, inplace=True)
        return scale *x

class SEMBconv(nn.Module):
    def __init__(self, in_channels, out_channels, stride, padding):
        super().__init__()
        hidden_channel = in_channels *6
        self.SEMBconv = nn.Sequential(
        nn.Conv2d(in_channels, hidden_channel, kernel_size=1, stride=stride,
padding=padding, groups=in_channels),
        nn.BatchNorm2d(hidden_channel),
        nn.ReLU(inplace=True),
        nn.Conv2d(hidden_channel, hidden_channel, kernel_size=3, stride=stride,
padding=padding, groups=in_channels),
        nn.BatchNorm2d(hidden_channel ),
        nn.ReLU(inplace=True),
        SqueezeExcitation(hidden_channel),
        nn.Conv2d(hidden_channel, out_channels, kernel_size=1, stride=stride,
padding=padding),
        nn.BatchNorm2d(out_channels),
        nn.ReLU(inplace=True)
        )
    def forward(self, x):
        return self.InvertMBconv(x) + x
```

6.3.4 MobileNet V3 模型结构

MobileNet V3-Large 版的网络结构参数见表 6-6；MobileNet V3-Small 版的网络结构参数见表 6-7。

表 6-6 MobileNet V3 Large 版的网络结构参数

Input	Operator	exp size	out	SE	NL	S
$224^2\times3$	conv2d		16		HS	2
$112^2\times16$	bneck,3×3	16	16		RE	1
$112^2\times16$	bneck,3×3	64	24		RE	2
$56^2\times24$	bneck,3×3	72	24		RE	1
$56^2\times24$	bneck,5×5	72	40	1	RE	2
$28^2\times40$	bneck,5×5	120	40	1	RE	1
$28^2\times40$	bneck,5×5	120	40	1	RE	1
$28^2\times40$	bneck,3×3	240	80		HS	2
$14^2\times80$	bneck,3×3	200	80		HS	1
$14^2\times80$	bneck,3×3	184	80		HS	1
$14^2\times80$	bneck,3×3	184	80		HS	1
$14^2\times80$	bneck,3×3	480	112	1	HS	1
$14^2\times112$	bneck,3×3	672	112	1	HS	1
$14^2\times112$	bneck,5×5	672	160	1	HS	2
$7^2\times160$	bneck,5×5	960	160	1	HS	1
$7^2\times160$	bneck,5×5	960	160	1	HS	1
$7^2\times160$	conv2d,1×1		960		HS	1
$7^2\times960$	pool,7×7					1
$1^2\times960$	conv2d 1×1,NBN		1280		HS	1
$1^2\times1280$	conv2d 1×1,NBN		k			1

注意：SE 表示该块中是否有 Squeeze-And-Excite 模块，NL 表示使用的非线性类型，S 表示步长。HS 表示 h-swish，RE 表示 ReLU，NBN 表示没有批量归一化。

表 6-7 MobileNet V3 Small 版的网络结构参数

Input	Operator	exp size	out	SE	NL	S
$224^2\times3$	conv2d,3×3		16		HS	2
$112^2\times16$	bneck,3×3	16	16	1	RE	2
$56^2\times16$	bneck,3×3	72	24		RE	2
$28^2\times24$	bneck,5×5	88	24		RE	1
$28^2\times24$	bneck,5×5	96	40	1	RE	2
$14^2\times40$	bneck,5×5	240	40	1	HS	1
$14^2\times40$	bneck,5×5	240	40	1	HS	1
$14^2\times40$	bneck,5×5	120	48	1	HS	1
$14^2\times48$	bneck,5×5	144	48	1	HS	1
$14^2\times48$	bneck,5×5	288	96	1	HS	2
$7^2\times96$	bneck,5×5	576	96	1	HS	1
$7^2\times96$	bneck,5×5	576	96	1	HS	1

续表

Input	Operator	exp size	out	SE	NL	S
$7^2\times96$	conv2d,1×1		576	1	HS	1
$7^2\times576$	pool,7×7					1
$1^2\times576$	conv2d 1×1,NBN		1280		HS	1
$1^2\times1280$	conv2d 1×1,NBN		k			1

值得注意的是，与 MobileNet V2 相比，MobileNet V3 模型中的 conv2d 部分的输出特征图的数量减少了一半。实验发现延迟有所降低，并且精度并没有下降。

关于效果，相比 MobileNet V2 1.0，MobileNet V3-Small 和 MobileNet V3-Large 在性能和精度上各有优势，但是在工程实际中，特别是在移动端上，MobileNet V2 的应用更为广泛。究其原因，MobileNet V2 结构更简单、移植更方便、速度也更有优势，详见表 6-8。

表 6-8　MobileNet V3 模型与其他模型的对比

Network	Top-1	MAdds	Params
V3-Large 1.0	75.2	219	5.4M
V3-Large 0.75	73.3	155	4.0M
MnasNet-A1	75.2	315	3.9M
V2 1.0	72.0	300	3.4M
V3-Small 1.0	67.4	66	2.9M
V3-Small 0.75	65.4	44	2.4M
Mnas-small	64.9	65.1	1.9M
V2 0.35	60.8	59.2	1.6M

6.3.5　MobileNet V3 模型小结

MobileNet V3 是谷歌团队在 MobileNet V2 的基础上进一步优化的轻量级深度学习卷积神经网络架构。它继承了 MobileNet V1 和 MobileNet V2 的优点，同时融合了神经网络架构搜索技术，在性能和效率方面取得了更大的提升。MobileNet V3 的主要特点如下。

(1) 搜索驱动的网络结构：MobileNet V3 通过 NAS 技术自动搜索到一种高效的网络结构。这种结构包括适应性的 ReLU 激活函数(如 h-swish 函数)，以及针对不同输入分辨率的特定层次结构。

(2) 逆残差结构：MobileNet V3 沿用了 MobileNet V2 的逆残差结构，这种结构有助于减小计算成本，同时保持特征表达能力。

(3) 调整宽度和分辨率：与 MobileNet V1 和 V2 类似，MobileNet V3 也使用宽度乘子(α)和分辨率乘子(ρ)这两个超参数调整模型的大小和计算复杂性。这使用户可以根据设备性能和应用场景进行权衡以平衡模型的精度和速度。

(4) 更高的性能与效率：相较于 MobileNet V1 和 V2，MobileNet V3 在保持轻量化、低延迟和低计算资源占用的基础上，进一步提高了性能和效率。这使它在多种计算机视觉任务中表现更优。

6.4 ShuffleNet V1：重新洗牌的高效卷积网络

ShuffleNet V1 是由旷视科技在 2017 年年底为移动设备打造的轻量级卷积神经网络。其创新之处在于采用了组卷积(Group Convolution)和通道打散(Channel Shuffle)的方法,在保证网络准确率的同时,大幅度降低了所需的计算资源。

在近期的网络中,逐点卷积频繁出现,为此 ShuffleNet 使用逐点组卷积来降低计算量,但在初版的组卷积中各组间联系较少,在一定程度上影响了网络的准确率,因此,在 ShuffleNet V2 中提出了通道打散技术,以增强各组之间的联系。在一定计算复杂度下,网络允许更多的通道数来保留更多的信息,这恰恰是轻量级网络所追求的。

最后,ShuffleNet 也有一系列版本,本章介绍了 V1 和 V2 版本。

论文名称：*ShuffleNet：An Extremely Efficient Convolutional Neural Network for Mobile Devices*,相关资源可扫描目录处二维码下载。

6.4.1 组卷积

就像在解读 MobileNet 时必须提到深度可分离卷积一样,在解读 ShuffleNet 时,也不得不提及组卷积。下面对组卷积、普通卷积和深度可分离卷积进行比较。普通卷积如图 6-12 所示,为了方便理解,图中只有一个卷积核,此时输入及输出数据如下。

(1) 输入数据尺寸：$W\times H\times C$,分别对应宽、高、通道数。

(2) 单个卷积核尺寸：$k\times k\times C$,分别对应单个卷积核的宽、高、通道数。

(3) 输出特征图尺寸：$W'\times H'$,输出通道数等于卷积核数量,输出的宽和高与卷积步长有关,这里不关心这两个值。

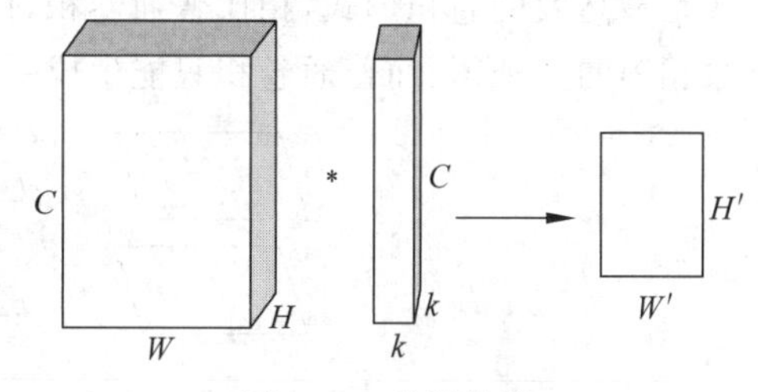

图 6-12 常规卷积

(4) 参数量：$k\times k\times C$。

(5) 运算量：$k\times k\times C\times W'\times H'$(这里只考虑浮点乘数量,不考虑浮点加)。

组卷积的组数是一个可以任意调整的超参数。对于图 6-12 中的卷积输入特征图,可以将其分成两组,同时也将卷积核相应地分成两组。接下来,在每个组内进行卷积操作,分组卷积的示意图如图 6-13 所示。图中分组数为 2,即图片上方的一组输入数据只和上方的一组卷积核做卷积,下方的一组输入数据只和下方的一组卷积核做卷积。每组卷积都生成一张特征图,共生成两张特征图,此时输入及输出数据如下。

(1) 每组输入数据尺寸：$W\times H\times C/g$,分别对应宽、高、通道数,共有 g 组(图 6-13 中 $g=2$)。

(2) 单个卷积核尺寸：$k\times k\times C/g$,分别对应单个卷积核的宽、高、通道数,一个卷积核被分成 g 组。

(3) 输出特征图尺寸：$W'\times H'\times g$，共生成 g 张特征图。

(4) 参数量：$k\times k\times C/g\times g=k^2\times C$。

(5) 运算量：$k\times k\times C/g\times W'\times H'\times g=k^2\times C\times W'\times H'$。

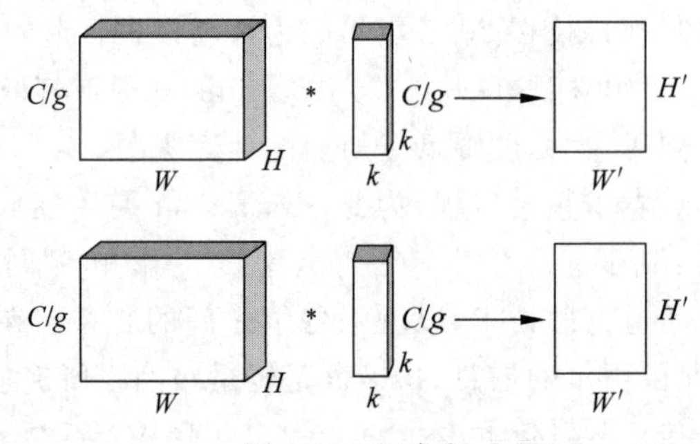

图 6-13 组卷积

对比这两组计算结果可得到结论：组卷积的参数量和计算量与常规卷积相同，但组卷积得到了相对于常规卷积 g 倍的特征图数量，所以组卷积常用在轻量型高效网络中，因为它用少量的参数量和运算量就能生成大量的特征图，而大量的特征图意味着能提取更多的信息。

从分组卷积的角度来看，分组数 g 就像一个控制旋钮，最小值是 1，此时的卷积就是常规卷积；最大值是输入数据的通道数，此时的卷积就是逐通道卷积。

逐层卷积是一种特殊形式的分组卷积，其分组数等于输入数据的通道数。这种卷积形式是最高效的卷积形式，相比普通卷积，使用同等的参数量和运算量就能够生成与输入通道数相等的特征图，而普通卷积只能生成一张特征图。逐层卷积过程如图 6-14 所示。

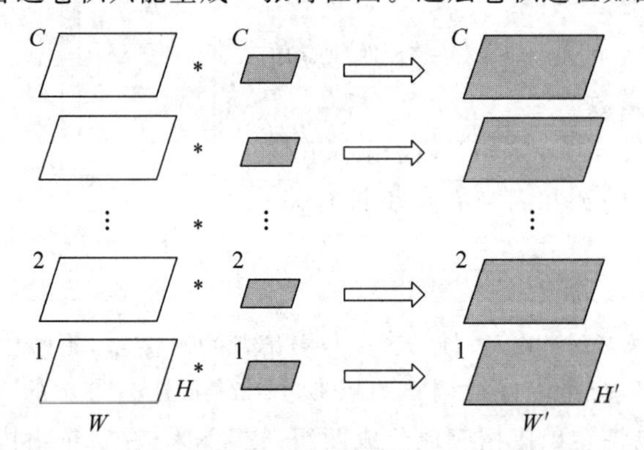

图 6-14 逐层卷积

因此，深度分离卷积几乎是构造轻量高效模型的必备结构，如 Xception、MobileNet、MobileNet V2、ShuffleNet、ShuffleNet V2 和 CondenseNet 等。

6.4.2 通道打散操作

就 6.4.1 节的组卷积而言，一个显而易见的问题是在卷积过程中只有该组内的特征图进行融合，而不同组别之间缺乏计算。长此以往，不同组内的特征图对于其他组的特征了解就越来越少，虽然网络顶层的全连接层会帮助不同特征图像互连接，但是这样的连接融合的次数较少，不如常规卷积的情况。

基于上述情况，作者提出把每个组的特征图经过组卷积计算之后，对结果进行一定程度的乱序排列，然后送入下一层组卷积，以这样的方式增加特征图在不同组间的信息交互。正常的组卷积模式如图 6-15(a)所示，不同分组几乎没有信息交流；通道打散方式如图 6-15(b)和图 6-15(c)所示。

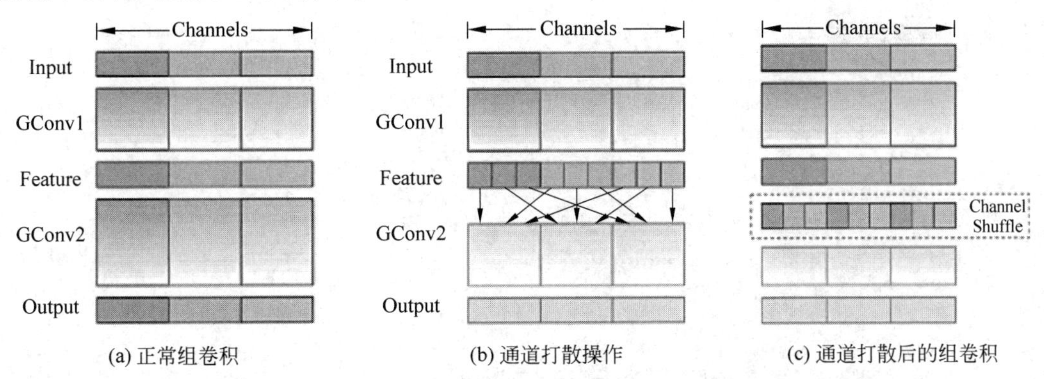

图 6-15 通道打散操作示意图(见彩插)

6.4.3 ShuffleNet 模块

整个 ShuffleNet 模块如图 6-16 所示。MobileNet 系列网络中的 DWConv 模块如图 6-16(a)所示，通道打散模块如图 6-16(b)和图 6-16 (c)所示。

当 3×3 卷积的步长等于 1 时使用的模块如图 6-16(b)所示，与 DWConv 非常相似，只是为了进一步减少参数量，将卷积核尺寸为 1×1 的卷积优化成 1×1 组卷积，并添加通道打

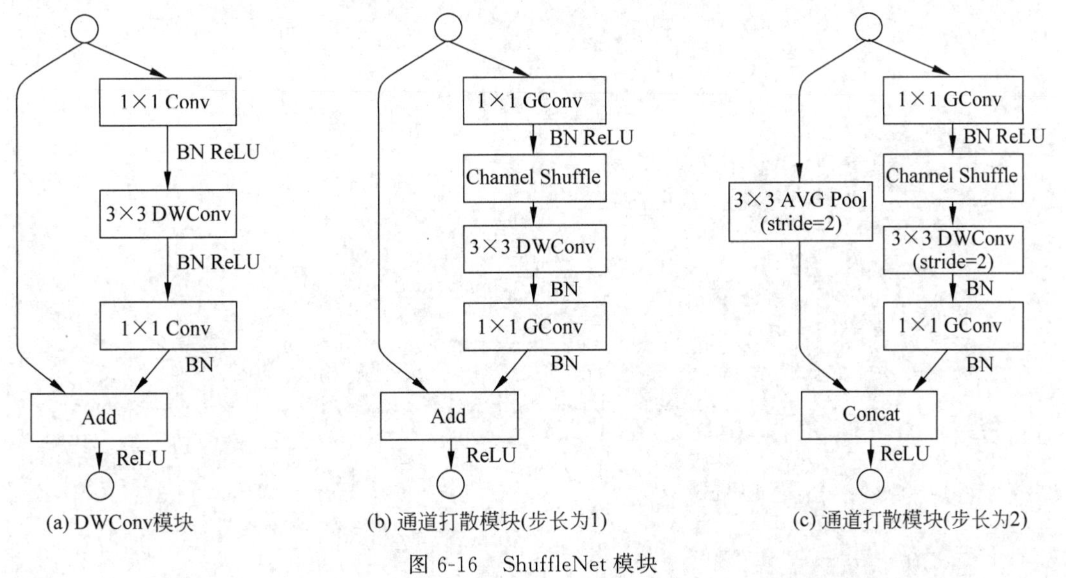

图 6-16 ShuffleNet 模块

散来确保不同组之间的信息交互。

当 3×3 卷积的步长等于 2 时使用的模块如图 6-16(c)所示,步长等于 2 可以使输出特征图尺寸减半,使通道维度增加为原先的两倍,为了保证最后能在通道维度上拼接特征图,需要保证两个分支的输出特征图尺寸相同,因此在捷径分支上添加步长为 2 的 3×3 全局池化。

ShuffleNet 模块的代码如下:

```
#第 6 章/ShuffleNet.py
def conv1x1(in_chans, out_chans, n_groups=1):
    return nn.Conv2d(in_chans, out_chans, kernel_size=1, stride=1, groups=n_
groups)

def conv3x3(in_chans, out_chans, stride, n_groups=1):
    #注意:无论 stride 是多少,padding 都是 1
    return nn.Conv2d(in_chans, out_chans, kernel_size=3, padding=1, stride=
stride, groups=n_groups)

def channel_shuffle(inp, n_groups):
    batch_size, chans, height, width = inp.data.size()
    chans_group = chans //n_groups
    #重塑
    inp = inp.view(batch_size, n_groups, chans_group, height, width)
    inp = torch.transpose(inp, 1, 2).contiguous()
    inp = inp.view(batch_size, -1, height, width)
    return inp

class ShuffleUnit(nn.Module):
    def __init__(self, in_chans, out_chans, stride, n_groups=1):
        super(ShuffleUnit, self).__init__()
        self.bottle_chans = out_chans //4
        self.n_groups = n_groups

        if stride == 1:
            self.end_op = 'Add'
            self.out_chans = out_chans
        elif stride == 2:
            self.end_op = 'Concat'
            self.out_chans = out_chans - in_chans

        self.unit_1 = nn.Sequential(conv1x1(in_chans, self.bottle_chans, n_
groups=n_groups), nn.BatchNorm2d(self.bottle_chans), nn.ReLU())
        self.unit_2 = nn.Sequential(conv3x3(self.bottle_chans, self.bottle_
chans, stride, n_groups=n_groups), nn.BatchNorm2d(self.bottle_chans), conv1x1
(self.bottle_chans, self.out_chans, n_groups=n_groups))
    def forward(self, inp):
        if self.end_op == 'Add':
            residual = inp
```

```
        else:
            residual = F.avg_pool2d(inp, kernel_size=3, stride=2, padding=1)

        x = self.unit_1(inp)
        x = channel_shuffle(x, self.n_groups)
        x = self.unit_2(x)

        if self.end_op == 'Add':
            return residual + x
        else:
            return torch.cat((residual, x), 1)
```

6.4.4 ShuffleNet V1 模型结构

ShuffleNet V1 模型结构的详细参数见表 6-9，其中 stride 表示步长，不同步长对应不同的通道打散模块；Repeat 表示重复次数，例如 Stage3 的意思是重复步长为 2 的通道打散模块一次，重复步长为 1 的通道打散模块单元 7 次。

表 6-9　ShuffleNet 模型结构

Layer	Output size	KSize	Stride	Repeat	输出通道数（g 组数）				
					$g=1$	$g=2$	$g=3$	$g=4$	$g=8$
Image	224×224				3	3	3	3	3
Conv1	112×112	3×3	2	1	24	24	24	24	24
MaxPool	56×56	3×3	2						
Stage2	28×28		2	1	144	200	240	272	384
	28×28		1	3	144	200	240	272	384
Stage3	14×14		2	1	288	400	480	544	768
	14×14		1	7	288	400	480	544	768
Stage4	7×7		2	1	576	800	960	1088	1536
	7×7		1	3	576	800	960	1088	1536
GlobalPool	1×1	7×7							
FC					1000	1000	1000	1000	1000
Complexity					143M	140M	137M	133M	137M

论文中以每秒浮点运算次数(FLOPs)作为衡量标准，从表 6-9 的最后一行可以看到，随着分组的增加，最终的复杂度相应地减少，这和作者对于组卷积操作的期望相同。ShuffleNet 模型和其他模型的准确率比较见表 6-10。

表 6-10　模型准确率对比

Model	Cls err.（%）	Complexity(MFLOPs)
VGG-16	28.5	15300
ShuffleNet 2×($g=3$)	26.3	524
GoogleNet	31.3	1500

续表

Model	Cls err.（%）	Complexity（MFLOPs）
ShuffleNet 1×（g=8）	32.4	140
AlexNet	42.8	720
SqueezeNet	42.5	833
ShuffleNet 0.5×（g=4）	41.6	38

除了标准网络，作者也按照 MobileNet V1 的思路，对网络设置了一个缩放网络大小的超参数 s，通过相乘对特征通道数量进行缩放，例如 $s=1$，即标准的网络结构；$s=0.5$ 表明每个 Stage 的输出和输入通道数都为上图中通道数的一半，具体通道数见表 6-11。

表 6-11　ShuffleNet 模型规模

Model	Cls err.（%）	FLOPs	224×224	480×640	720×1280
ShufteNet 0.5×（g=3）	43.2	38M	15.2ms	87.4ms	260.1ms
ShufteNet 1×（g=3）	32.6	140M	37.8ms	222.2ms	684.5ms
ShufteNet 2×（g=3）	26.3	524M	108.8ms	617.0ms	1857.6ms
AlexNet	42.8	720M	184.0ms	1156.7ms	3633.9ms
1.0 MobileNet-224	29.4	569M	110.0ms	612.0ms	1879.2ms

ShuffleNet 不同模型大小下的实验精度见表 6-12。

表 6-12　ShuffleNet 模型实验数据

Model	Complexity（MFLOPs）	Cls err.（%）				
		$g=1$	$g=2$	$g=3$	$g=4$	$g=8$
ShuffeNet 1×	140	33.6	32.7	32.6	32.8	32.4
ShuffleNet 0.5×	38	45.1	44.4	43.2	41.6	42.3
ShuffleNet 0.25×	13	57.1	56.8	55.0	54.2	52.7

6.4.5　ShuffleNet V1 模型小结

ShuffleNet V1 是一种轻量级的深度学习卷积神经网络架构，由中国的团队于 2017 年提出。它旨在为移动设备和嵌入式系统提供高性能、低计算复杂性和低参数数量的解决方案。ShuffleNet V1 的主要特点如下。

（1）分组卷积：ShuffleNet V1 采用了分组卷积的策略，将输入通道分成多个组，每个组内的通道之间进行卷积。这种方法相较于传统卷积能显著地减少计算量和参数数量。

（2）通道打散：为了增强组内卷积的表达能力，ShuffleNet V1 引入了通道打散操作。通过在组之间重新分配通道，该操作确保不同组的信息能够相互交流，从而提高模型性能。

（3）调整网络宽度：ShuffleNet V1 使用通道数乘子（g）这一超参数来调整网络的宽度。用户可以根据设备性能和应用场景选择合适的参数，权衡模型的精度和速度。

（4）高效性能：ShuffleNet V1 在保持轻量化、低延迟和低计算资源占用的同时，具有良好的性能。它适用于多种计算机视觉任务，如图像分类、物体检测和语义分割等。

总之，ShuffleNet V1 是一种高效、轻量级的深度学习模型，适用于移动设备和嵌入式系统，其主要特点包括采用分组卷积策略、通道打散操作、调整网络宽度的超参数，以及在多种计算机视觉任务中展现出的高性能。

6.5 ShuffleNet V2：轻量级设计的网络优化版

6.5.1 ShuffleNet V2 模型设计动机

论文发现，FLOPs 这个通常用来衡量计算复杂度的指标，并不能准确地反映出网络的速度。实际上，即使两个网络的 FLOPs 相似，它们的速度也可能会有很大差别，因此，不能仅仅以 FLOPs 作为衡量计算速度的指标，还需要考虑内存访问消耗及 GPU 并行计算等其他因素。基于上述发现，论文提出了轻量级网络设计的 5 个要点，并根据这些设计要点提出了 ShuffleNet V2。

6.5.2 轻量级网络设计的 5 个经验总结

1. G1：Equal Channel Width Minimizes Memory Access Cost（MAC）

G1 的解释是当卷积的输入和输出通道数相同时，将最小化内存访问成本，输入/输出通道数（$c1$ 和 $c2$）的 4 种不同比率测试结果见表 6-13，而 4 种比率下的总 FLOPs 通过改变通道数来固定。输入图像大小为 56×56，当输入和输出的通道数量一致时，每秒处理的照片数量最多。

表 6-13 相等的通道宽度下最小化内存访问成本

分组数	通道数	GPU（Batches/sec.）			通道数	ARM（Images/sec.）		
$c1:c2$	$(c1,c2)$ for×1	×1	×2	×4	$(c1,c2)$ for×1	×1	×2	×4
1:1	(128,128)	1480	723	232	(32,32)	76.2	21.7	5.3
1:2	(90,180)	1296	586	206	(22,44)	72.9	20.5	5.1
1:6	(52,312)	876	489	189	(13,78)	69.1	17.9	4.6
1:12	(36,432)	748	392	163	(9,108)	57.6	15.1	4.4

2. G2：Excessive Group Convolution Increases MAC

G2 的解释是过多的分组卷积会加大内存访问成本，测试结果见表 6-14，过多地进行分组会导致计算速度急速下降，尤其是在 GPU 上。在一个显卡运行时，使用 8 个组卷积会使速度下降为原来的 1/4。

表 6-14 过多的组卷积对内存访问成本的影响

分组数	通道数	GPU（Batches/sec.）			通道数	ARM（Images/sec.）		
g	c for×1	×1	×2	×4	c for×1	×1	×2	×4
1	128	2451	1289	437	64	40.0	10.2	2.3
2	180	1725	873	341	90	35.0	9.5	2.2

续表

分组数	通道数	GPU (Batches/sec.)			通道数	ARM (Images/sec.)		
4	256	1026	644	338	128	32.9	8.7	2.1
8	360	634	445	230	180	27.8	7.5	1.8

3. G3：Network Fragmentation Reduces Degree of Parallelism

G3 的解释是碎片操作将减小网络的平行度，从而降低计算速度，其中碎片操作指的是将一个大的卷积操作分为多个小的卷积进行操作。作者使用自己搭建的一些网络进行了验证，网络的结构如图 6-17 所示。

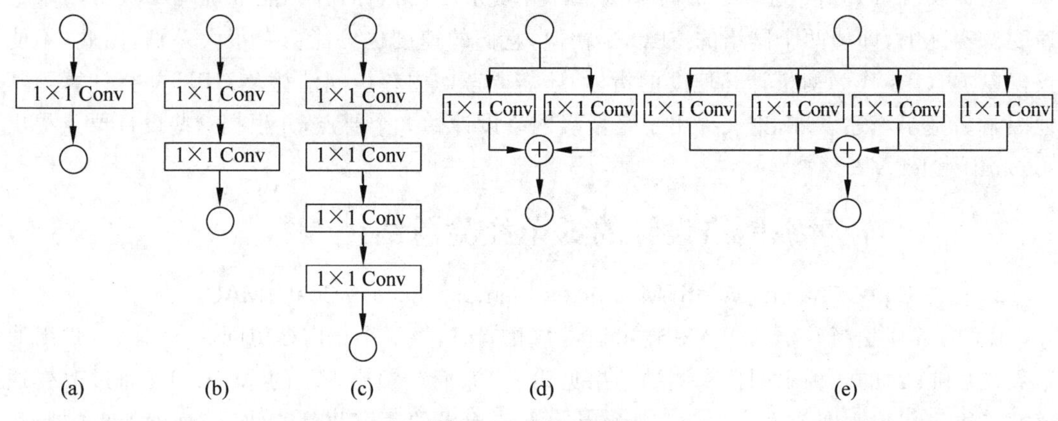

图 6-17　模块碎片化

作者在实际设备上进行对比实验，在固定 FLOPs 的情况下，分别比较串行和并行分支结构的性能。结果见表 6-15，一个有趣的现象，即我们认为可能增加并行度的并行结构，结果居然降低了计算速度。不过，由于下一个经验提到元素级的操作对计算速度也有一定影响，因此不能下定论是因为平行结构还是最后的相加操作降低了计算速度。

表 6-15　模块碎片化的影响

碎片操作	GPU (Batches/sec.)			CPU (Images/sec.)		
	$c=128$	$c=256$	$c=512$	$c=64$	$c=128$	$c=256$
1-fragment	2446	1274	434	40.2	10.1	2.3
2-fragment-series	1790	909	336	38.6	10.1	2.2
4-fragment-series	752	745	349	38.4	10.1	2.3
2-fragment-parallel	1537	803	320	33.4	9.1	2.2
4-fragment-parallel	691	572	292	35.0	8.4	2.1

4. G4：Element-wise Operations Are Non-negligible

G4 的解释是不要忽略元素级操作，元素级操作指的就是 ReLU、TensorAdd、BiasAdd 等矩阵的元素级操作。可以推测出这些操作其实基本没有被计算在 FLOPs 中，但是对于内存访问成本这个参数的影响确实比较大。

作者为了验证这个想法，对 Bottleneck 这个层级进行了相应修改，测试了是否含有

ReLU 函数和残差连接(short-cut)两种操作的情况,对比见表 6-16。

表 6-16 元素级操作的影响

是否有 ReLU 操作	是否有残差连接	GPU (Batches/sec.)			CPU (Images/sec.)		
ReLU	short-cut	$c=32$	$c=64$	$c=128$	$c=32$	$c=64$	$c=128$
yes	yes	2427	2066	1436	56.7	16.9	5.0
yes	no	2647	2256	1735	61.9	18.8	5.2
no	yes	2672	2121	1458	57.3	18.2	5.1
no	no	2842	2376	1782	66.3	20.2	5.4

很明显,当没有这两种操作时,模型的训练速度会更快。有趣的是:相比使用 ReLU 函数,移除残差结构对于训练速度的提升更为显著。这可以理解为 ReLU 函数只是对一个张量进行操作,而残差连接是对两个张量进行操作。

作者还分析了 MobileNet 和 ShuffleNet 中具体操作的时间占用,结果如图 6-18 所示。Elemwise 指激活函数、残差连接等非线性操作。可以看出其时间占用并不少,并不能像计算 FLOPs 那样可以被忽略。

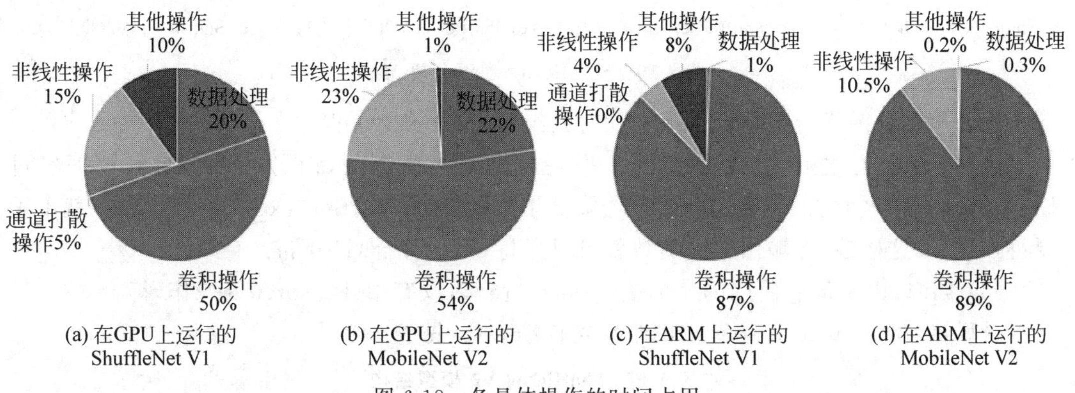

图 6-18 各具体操作的时间占用

随后作者还分析了最近的一些比较热门的网络结构:ShuffleNet V1 的结构不符合 G2 标准,而 Bottleneck 的结构不符合 G1 标准。另外,MobileNet V2 使用的 Inverse Bottleneck 的结构也不符合 G1 标准,其中 DWConv 和 ReLU 函数也不符合 G4 标准。此外,通过 NAS 搜索技术自动生成的结构往往具有高度碎片化,这违反了 G3 标准。

6.5.3 ShuffleNet V2 模型结构

首先,作者回顾了 ShuffleNet V1,并指出目前存在的一个关键问题:保持大多数卷积的输入通道数和输出通道数相等。针对这个目标,作者提出了通道分离(Channel Split)操作,并构建出了 ShuffleNet V2 的单元,如图 6-19 所示。ShuffleNet V1 的模块如图 6-19(a)和图 6-19(b)所示;改进后的 V2 版模块如图 6-19(c)和图 6-19(d)所示。

改进后的优势:

(1) 通道分离把整张特征图分为两个组,模拟分组卷积的分组操作,而且这样的分组避

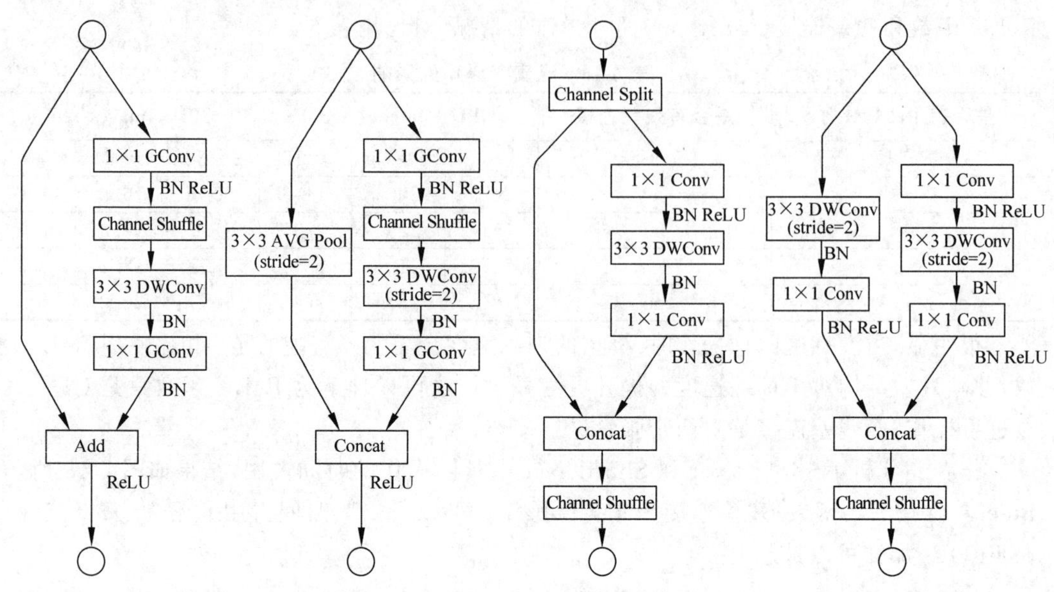

(a) ShuffleNet V1(步长为1)　(b) ShuffleNet V1(步长为2)　(c) ShuffleNet V2(步长为1)　(d) ShuffleNet V2(步长为2)

图 6-19　ShuffleNet 通道分离操作

免了像分组卷积一样过多地增加了卷积时的组数，符合 G2 标准。

(2) 分离通道之后，一个小组的数据是通过跳接通道的，而另一个小组的数据经过 Bottleneck 层；这时，由于通道分离已经降低了维度，因此 Bottleneck 层的 1×1 卷积就不需要再降维了，这样输入/输出的通道数就可以保持一致，符合 G1 标准。

(3) 同时，由于最后使用的是拼接(Concat)操作，没有用 TensorAdd 操作，符合 G4。

最后，给出 ShuffleNet V2 的网络结构详细参数，见表 6-17。

表 6-17　ShuffleNet V2 模型结构

Layer	Output size	KSize	Stride	Repeat	Output channels			
					0.5×	1×	1.5×	2×
Image	224×224				3	3	3	3
Conv1	112×112	3×3	2	1	24	24	24	24
MaxPool	56×56	3×3	2					
Stage2	28×28		2	1	48	116	176	244
	28×28		1	3				
Stage3	14×14		2	1	96	232	352	488
	14×14		1	7				
Stage4	7×7		2	1	192	464	704	976
	7×7		1	3				
Conv5	7×7	1×1	1	1	1024	1024	1024	2048
GlobalPool	1×1	7×7						

续表

Layer	Output size	KSize	Stride	Repeat	Output channels			
					0.5×	1×	1.5×	2×
FC					1000	1000	1000	1000
FLOPs					41M	146M	299M	591M

6.5.4 ShuffleNet V2 模型小结

ShuffleNet V2 是在 ShuffleNet V1 的基础上于 2018 年提出。它旨在进一步提高网络的性能和效率,适用于移动设备和嵌入式系统。ShuffleNet V2 的主要特点如下。

(1) 网络设计原则:ShuffleNet V2 遵循了 4 个网络设计原则,包括平衡网络输入和输出通道的数量、减少分组卷积的冗余计算、减少网络中的网络连接瓶颈和平衡每层的计算量。

(2) 通道打散:ShuffleNet V2 沿用了 ShuffleNet V1 的通道打散操作,使组间通道信息能够相互交流,从而提高模型的性能。

(3) 轻量化单元结构:ShuffleNet V2 采用了简化的轻量化单元结构,包括 1×1 卷积、通道打散、3×3 深度可分离卷积和 1×1 卷积。这种设计有助于降低计算复杂性和参数数量,从而提高效率。

(4) 调整网络宽度:与 ShuffleNet V1 类似,ShuffleNet V2 也使用通道数乘子(g)这一超参数来调整网络的宽度。用户可以根据设备性能和应用场景选择合适的参数,权衡模型的精度和速度。

(5) 更高的性能与效率:相较于 ShuffleNet V1,ShuffleNet V2 在保持轻量化、低延迟和低计算资源占用的基础上,进一步提高了性能和效率。这使它在多种计算机视觉任务中表现更优。

6.6 EfficientNet V1:缩放模型的全新视角

EfficientNet 源自 Google Brain 的论文 *EfficientNet: Rethinking Model Scaling for Convolutional Neural Networks*。从标题可以看出,这篇论文最主要的创新点是模型缩放。论文提出了一种被称为混合缩放(Compound Scaling)的方法,通过在模型的深度、宽度和分辨率这 3 方面按一定比例进行缩放来提高网络的效果。在网络变得更大的情况下,EfficientNet 可以显著地提升精度,并成为当时最强大的网络之一。EfficientNet-B7 在 ImageNet 上获得了最先进的 84.4%的准确率,速度提升 6.1 倍。

V1 论文名称:*EfficientNet: Rethinking Model Scaling for Convolutional Neural Networks*,相关资源可扫描目录处二维码下载。

V2 论文名称:*EfficientNet V2: Smaller Models and Faster Training*,相关资源可扫描目录处二维码下载。

6.6.1 EfficientNet V1 模型设计动机

EfficientNet 的主要创新点并不是网络层级结构。与发明了残差连接的 ResNet 或通道注意力机制的 SENet 不同，EfficientNet 的网络层级结构与 MobileNet V3 类似，都是利用 NAS 网络搜索技术获得的，然后使用混合缩放规则进行缩放，得到一系列表现优异的网络：从 EfficientNet-B0 到 EfficientNet-B7。ImageNet 的 Top-1 准确率与参数量和 FLOPs 之间的变化关系如图 6-20 所示，可以看到 EfficientNet 饱和值高，并且具有快速的训练速度。

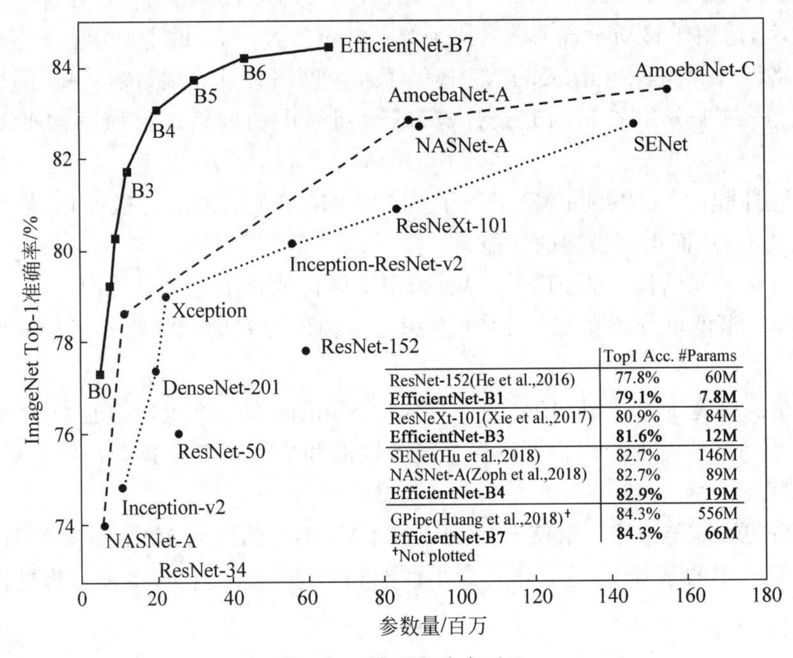

图 6-20 模型准确率对比

如果有足够的数据并且过拟合不会成为问题，则增加网络参数可以提高模型精度。例如 ResNet 可以从 ResNet-18 加深到 ResNet-200，GPipe 将基线模型放大 4 倍后在 ImageNet 数据集上获得了 84.3%的 top-1 精度。增加网络参数的方式有 3 种：增加网络深度、宽度和提高输入图像的分辨率。探究这 3 种方式对网络性能的影响，以及如何同时缩放这 3 个因素是 EfficientNet 的主要贡献。

6.6.2 深度学习模型的 3 种缩放方法

放大网络的策略如图 6-21 所示，其中，参照网络如图 6-21(a)所示；放大网络的宽度方法如图 6-21(b)所示；放大网络的深度方法如图 6-21(c)所示；放大网络的输入尺寸方法如图 6-21(d)所示；EfficientNet 的策略是同时缩放宽度、深度和输入信息尺寸，其方法如图 6-21(e)所示。

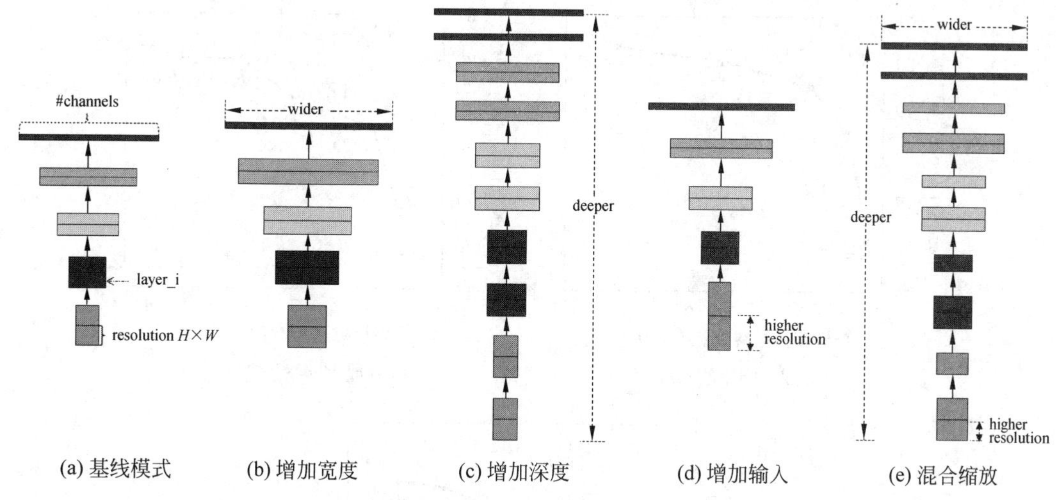

图 6-21　模型缩放方法

接下来对 3 种网络策略进行详细解释。

(1) 放大网络的深度：在许多模型中，如 VGGNet 和 ResNet，缩放网络深度是一种常见的方式。更深的网络可以捕获到更丰富和更复杂的特征，在新任务上也可以泛化得更好，然而，更深的网络也面临梯度不稳定性问题和网络退化问题，这使训练变得更加困难。尽管有一些技术，例如跨层连接、批量归一化等，可以有效地减缓这些训练问题，但是深层网络的精度回报确实减弱了。例如，ResNet-1000 和 ResNet-101 具有类似的精度，即使 ResNet-1000 的层数更多。

(2) 放大网络的宽度：缩放网络宽度也是一种常用方法，具体来讲就是让每次卷积操作输出的特征图多一些。例如 GoogLeNet 系列网络，正如之前讨论的，更宽的网络可以捕捉到更细粒度的特征，从而易于训练，然而，非常宽而又很浅的网络在捕捉高层次特征时有困难。

(3) 放大网络的输入尺寸：使用更高分辨率的输入图像，卷积网络可能捕捉到更细粒度的模式。最早使用的是 224×224 像素的输入图像，现在有些模型为了获得更高的精度选择使用 384×384 像素或者 448×448 像素的输入图像。

但是，这里单独加深某一种策略，所得到的精度回报都不是成正比的，如图 6-22 所示。

这 3 种策略显示着同一规律：刚开始时可以有效地提高模型的准确度，然后逐渐趋于饱和，而且所得到的准确度回报越来越少。

6.6.3　EfficientNet V1 模型的缩放比率

根据经验，我们观察到 3 种缩放策略之间并不是独立的。直观上来讲，对于分辨率更高的图像，应该增加网络深度，因为需要更大的感受野来帮助捕获更多像素的类似特征，同时

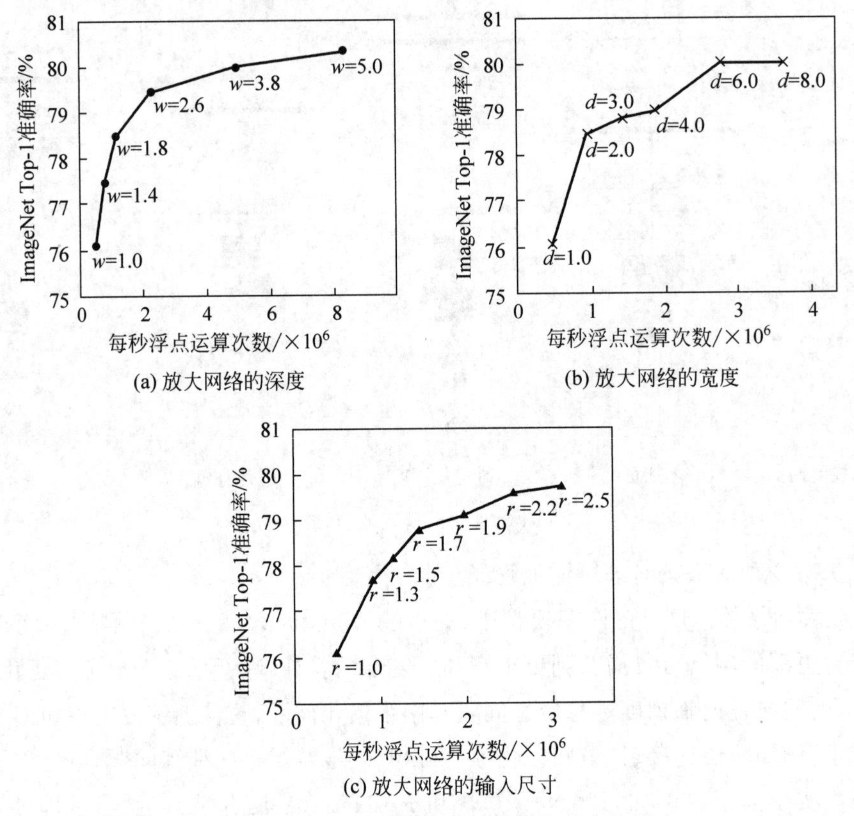

图 6-22 单独加深一种策略对模型准确率的影响

也应该增加网络宽度来获得更细粒度的特征。这些直觉指导着我们去协调及平衡不同的缩放维度，而不只是单一地缩放某个维度。

为了追求更好的精度和效率，在缩放时平衡网络所有维度至关重要。事实上，之前的一些研究已经开始探索任意缩放网络深度和宽度的方法，但是它们仍然需要人工复杂地进行微调。在此论文中提出了一种新的复合缩放方法——使用一个复合系数 ϕ 来统一缩放网络宽度、深度和分辨率。

$$
\begin{aligned}
&\text{depth}: d=\alpha^{\phi} \\
&\text{width}: w=\beta^{\phi} \\
&\text{resolution}: r=\gamma^{\phi} \\
&\text{s.t.}\ \alpha \cdot \beta^{2} \cdot \gamma^{2} \approx 2 \\
&\alpha \geqslant 1,\quad \beta \geqslant 1,\quad \gamma \geqslant 1
\end{aligned} \tag{6-10}
$$

其中，α、β 和 γ 是通过 NAS 网络搜索技术得到的，具体缩放因子在 MobileNet V1、MobileNet V2 和 ResNet-50 网络上的提升效果见表 6-18。

表 6-18　复合系数 ϕ 对网络的影响

Model	FLOPs	Top-1 Acc.
Baseline MobileNet V1(Howard et al. ,2017)	0.6B	70.60%
Scale MobileNet V1 by width(w=2)	2.2B	74.2%
Scale MobileNet V1 by resolution(r=2)	2.2B	72.7%
compound scale(d=1.4,w=1.2,r=1.3)	2.3B	75.6%
Baseline MobileNet V2(Sandler et al. ,2018)	0.3B	72.0%
Scale MobileNet V2 by depth(d=4)	1.2B	76.8%
Scale MobileNet V2 by width(w=2)	1.1B	76.4%
Scale MobileNet V2 by resolution(r=2)	1.2B	74.8%
MobileNet V2 compound scale	1.3B	77.4%
Baseline ResNet-50(He et al. ,2016)	4.1B	76.0%
Scale ResNet-50 by depth(d=4)	16.2B	78.1%
Scale ResNet-50 by width(w=2)	14.7B	77.7%
Scale ResNet-50 by resolution(r=2)	16.4B	77.5%
ResNet-50 compound scale	16.7B	78.8%

6.6.4　EfficientNet V1 模型结构

EfficientNet 的模型结构设计参考了 MobileNet 系列网络的构建方法，并采用了 NAS 技术进行搜索。这种结构的搜索方法突出了"有钱就是任性"。同时，EfficientNet 引入了 MobileNet V3 中的 MBConv 作为模型的主干网络，并借鉴 SENet 中的 Squeeze-and-Excitation 方法进一步提升性能。由于使用的 NAS 搜索空间相似，所以得到的网络结构也很相似。

EfficientNet V1 完整的网络模型架构参数见表 6-19。

表 6-19　模型结构细节

Stage i	Operator $\mathcal{F}_i$	Resolution $H_i \times W_i$	Channels C_i	Layers L_i
1	Conv3×3	224×224	32	1
2	MBConv1,k3×3	112×112	16	1
3	MBConv6,k3×3	112×112	24	2
4	MBConv6,k5×5	56×56	40	2
5	MBConv6,k3×3	28×28	80	3
6	MBConv6,k5×5	14×14	112	3
7	MBConv6,k5×5	14×14	192	4
8	MBConv6,k3×3	7×7	320	1
9	Conv 1×1 & Pooling & FC	7×7	1280	1

如表 6-19 所示，EfficientNet-B0 模型其实就是由简单的 MBconv 操作堆叠而成的。对于 EfficientNet-B0 这样的一个基线网络，如何对模型大小进行缩放？原文中给出了答案。

(1) 步骤 1：首先固定 $\phi=1$，根据式(6-11)和式(6-10)并在 $\alpha \cdot \beta^2 \cdot \gamma^2 \approx 2$ 的约束条件

下，EfficientNet-B0 的最佳值是 $\alpha=1.2,\beta=1.1,\gamma=1.15$。

(2) 步骤 2：将 α、β 和 γ 固定为常数，用式(6-10)将基线网络扩大到不同 ϕ，可以得到 EfficientNet-B1 至 EfficientNet-B7 模型(详见表 6-19)。

$$\begin{aligned}&\max_{d,w,r}\text{Accuracy}(\mathcal{N}(d,w,r))\\&\text{s.t. }\mathcal{N}(d,w,r)=\bigodot_{i=1\cdots s}\mathcal{F}_1^{d\cdot L_1}(X_{\langle r\cdot H_1,r\cdot W_1,r\cdot C_1\rangle})\\&\text{Memory}(\mathcal{N})\leqslant \text{target\_memory}\\&\text{FLOPS}(\mathcal{N})\leqslant \text{target\_flops}\end{aligned}\tag{6-11}$$

首先，给出了最佳缩放因子 α、β 和 γ 的具体数值，分别是 1.2、1.1、1.15。然后将 α、β、γ 固定为常数并按比例放大，从而得到 EfficientNet-B0～B7 一共 8 个网络模型。具体的缩放因子见表 6-20。

表 6-20　B0～B7 的缩放因子

模　　型	参数(width，depth，resolution，DropOut_rate)
EfficientNet-b0	(1.0,1.0,224,0.2)
EfficientNet-b1	(1.0,1.1,240,0.2)
EfficientNet-b2	(1.1,1.2,260,0.3)
EfficientNet-b3	(1.2,1.4,300,0.3)
EfficientNet-b4	(1.4,1.8,380,0.4)
EfficientNet-b5	(1.6,2.2,456,0.4)
EfficientNet-b6	(1.8,2.6,528,0.5)
EfficientNet-b7	(2.0,3.1,600,0.5)

最后，作者便由此扩展出了一系列的网络结构，见表 6-21。

表 6-21　基础网络缩放

Model	Top-1 Acc	Params	FLOPs
EfficientNet-B0	77.1%	5.3M	0.39B
EfficientNet-B1	79.1%	7.8M	0.70B
EfficientNet-B2	80.1%	9.2M	1.0B
EfficientNet-B3	81.6%	12M	1.8B
EfficientNet-B4	82.9%	19M	4.2B
EfficientNet-B5	83.6%	30M	9.9B
EfficientNet-B6	84.0%	43M	19B
EfficientNet-B7	84.3%	66M	37B

6.6.5　EfficientNet V1 模型小结

EfficientNet V1 是一种高效的深度学习卷积神经网络架构，由谷歌团队于 2019 年提出。它通过复合缩放法(Compound Scaling)平衡网络的深度、宽度和分辨率，实现了高性能和低计算复杂性的平衡。EfficientNet V1 的主要特点如下。

(1) 复合缩放法：EfficientNet V1 引入了一种新的缩放方法，将网络的深度、宽度和输入分辨率同时缩放。这种方法使用了两个超参数：深度乘子(α)和宽度乘子(β)。通过调整这两个参数，用户可以根据设备性能和应用场景权衡模型的精度和速度。

(2) 基础网络(EfficientNet-B0)：EfficientNet V1 以一种基础网络(EfficientNet-B0)为起点，该网络结构采用了类似于 MobileNet V2 逆残差结构与 SE 模块。这些设计有助于提高模型的性能和效率。

(3) 多种缩放版本：EfficientNet V1 提供了一系列不同规模的网络版本(从 EfficientNet-B0 到 B7)，以满足不同设备和应用场景的需求。较大规模的版本在保持较低计算复杂性的同时，实现了更高的性能。

总之，EfficientNet V1 是一种高性能、低计算复杂性的深度学习模型，适用于各种设备和应用场景，其主要特点包括采用复合缩放法、基础网络结构、多种缩放版本，以及在多种计算机视觉任务中展现出高性能和低计算资源占用。

6.7 EfficientNet V2：融合速度与精度的高效网络

6.7.1 EfficientNet V2 模型设计动机

首先，对于深度学习模型而言，训练效率是一个非常重要的问题，包括训练时间和训练后的模型参数大小两方面。例如 GPT3，在少样本学习方面表现出色，但是它的训练效率不高，需要进行数周训练和成千上万块 GPU 集群，训练成本极高。对于普通用户来讲，不可能有机会参与到训练或者优化的工作中，这是目前深度学习发展的一个很大的限制。

另外，现有的渐进式学习方法通常采用逐步增大输入图像的尺寸实现，但是保持相同的正则化配置。这是导致模型性能下降的一大因素。接下来笔者会介绍什么是渐进式学习。

因此基于上述 3 个动机，EfficientNet V2 提出了相应的改进方案：

(1) 提出了 EfficientNet V2 模型，谷歌在 EfficientNet 的基础上，引入了融合 MBConv (Fused-MBConv)到搜索空间中。

(2) 修改了渐进式学习策略，提出了自适应调整正则化参数的机制，实现了加速训练。同时还能够保证准确率不降，甚至还有细微上升的效果。

(3) 在多个基准数据集上进行了实验，结果表明 EfficientNet V2 取得了与几个技术前沿模型(State-of-the-Art Systems，SOTA)相媲美的性能，并且训练效率更高。

6.7.2 EfficientNet 模型的问题

1. 大图像尺寸会导致显著的内存占用

已有研究表明：输入 EfficientNet 的大尺寸图像会导致显著的内存占用。由于计算单元的总内存是固定的，因此不得不采用更小的批量训练这些模型，这无疑会降低训练速度。效果对比见表 6-22，如果将训练图片的尺寸设置为 512，就会出现内存溢出(Out Of Memory，OOM)的问题，在占满显存的前提下，不同分辨率的输入图片可设置的批量大小是不同的。

表 6-22 不同输入分辨率下的模型计算速度

Top-1 Acc.		TPUv3 imgs/sec/core		V100 imgs/sec/gpu	
		batch=32	batch=128	batch=12	batch=24
train size=512	84.3%	42	OOM	29	OOM
train size=380	84.6%	76	93	37	52

2. 逐层卷积不能完全利用现有的加速器

逐层卷积虽然理论上减少了很大的计算量，但它无法完全利用现有的加速器。逐层卷积已经被多次提及，在 6.1.2 节中有详细介绍，因此，在 V2 版本中提出了 Fused-MBConv，被证明可以充分利用移动端和服务器端的加速器来加速计算。为此，EfficientNet V2 将 Fused-MBConv 算子引入搜索空间中，以进一步提高计算速度。

3. EfficientNet 的缩放策略不是最优解

EfficientNet 的缩放策略是值得探讨的，因为它同时考虑了网络宽度、网络深度和分辨率，已经被证明能够提高模型性能，但是采用的策略是对模型结构均匀地缩放和扩张，这意味着每个阶段的扩展倍数都是相同的。例如，如果将深度系数配置为 2，则每个阶段的网络深度都会增加两倍，然而，作者认为这种策略并不是最佳解决方案，因为不同的阶段对于模型的训练效率和性能影响并不相同，因此，EfficientNet V2 版本中对于不同的 Stage 采用了非均匀的模型缩放策略。

6.7.3 EfficientNet V2 模型的改进

有了 6.7.2 节的讨论，那么对于这篇论文网络架构的设计就很好理解了。

1. 优化 NAS 神经网络结构搜索

作者的主要改进包括把 Fused-MBConv 算子加入搜索空间中，移除一些不重要的搜索选项。

搜索的结果是将模型的前几个 Stage 的 MBconv 替换成 Fused-MBConv，详见表 6-23。

表 6-23 EfficientNet V2 模型架构

Stage	Operator	Stride	Channels	Layers
0	Conv3×3	2	24	1
1	Fused-MBConv1，k3×3	1	24	2
2	Fused-MBConv4，k3×3	2	48	4
3	Fused-MBConv4，k3×3	2	64	4
4	MBConv4，k3×3，SE0.25	2	128	6
5	MBConv6，k3×3，SE0.25	1	160	9
6	MBConv6，k3×3，SE0.25	2	256	15
7	Conv 1×1 & Pooling & FC	—	1280	1

2. 详解 Fused-MBConv 模块

Fused-MBConv 模块将原来的 DWConv 转换为标准的 3×3 卷积，如图 6-23 所示。这个改变是因为根据 ShuffleNet V2 中的观点：尽管分组卷积看似可以减少参数量，但实际上会增加运算时间(DWConv 是分组卷积的极端情况)，除此之外，Fused-MBConv 与 MBConv 在其他方面并没有明显的区别。

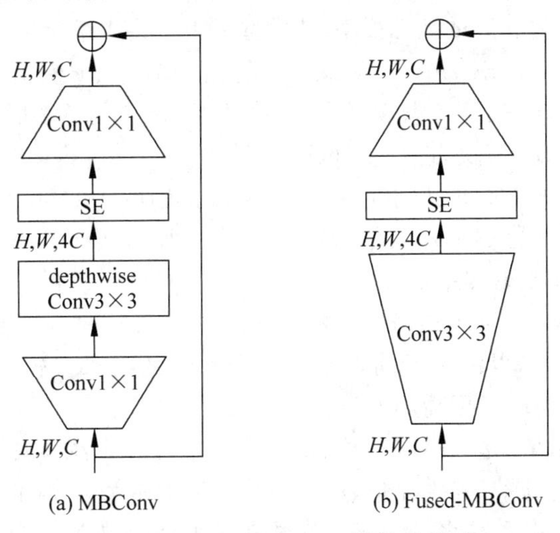

图 6-23　Fused-MBConv 模块结构图

3. 每阶段的网络缩放因子应该有所区别

在 EfficientNet V1 版本中，每个阶段的网络缩放倍率是相同的，然而在 EfficientNet V2 版本中又提出了新观点：针对不同的阶段应该采用不同的缩放倍率，并在论文中给出了具体的网络参数。作为一种启发式方法，作者在网络的后几个阶段(Stage5 和 Stage6 阶段)添加了更多的层结构，并且值得注意的是，作者将最大推理图像大小限制为 480×480 的分辨率，因为非常大的图像通常需要昂贵的内存并会降低训练速度。

4. 引入改进的渐进式学习的策略

渐进式学习是指在训练过程中，随训练时间动态地调整输入图片的尺寸，以充分利用训练数据集，然而，现有的渐进式学习方法只针对输入进行修改，而未调整模型的正则化参数，也就是未改变反向调参过程，这是否意味着不同分辨率的图片对模型的影响是同等的。

这是导致模型准确率下降的一个原因。经验表明，更大的模型应该需要更严格的正则化来避免过拟合，例如 EfficientNet-B7 就需要设置更大的 DropOut 值及更强的数据增强方式。

因此，这篇论文认为即使对于同一个网络，更小的图片尺寸训练出的模型性能也更差，因此需要更弱的正则化要求。反之，大尺寸的图片需要更严格的正则化配置，因此随着训练轮数的迭代，输入模型的图像尺寸逐渐变大，同时实验配置的正则化参数也随之增大，包括 DropOut 的概率、随机擦除样本的行数、两种图片混合的比例(后两个是图像增强的手段)。也就是数据增强的幅度在逐渐增大，用于提高模型的正则化要求。

6.7.4　EfficientNet V2 模型小结

EfficientNet V2 是一种高效的深度学习卷积神经网络架构，由谷歌团队在 EfficientNet

V1 的基础上于 2021 年提出。它在保持高性能的同时，进一步提高了训练速度和推理效率，适用于各种设备和应用场景。EfficientNet V2 的主要特点如下。

（1）更高的训练效率：相较于 V1 版本，EfficientNet V2 在训练速度上取得了显著提升。这得益于模型结构的优化和新的训练策略，使模型在相同的计算资源下能够更快地收敛。

（2）新的卷积模块：EfficientNet V2 引入了融合 MBConv 模块，该模块将 3×3 卷积和 1×1 卷积结合在一起，以提高计算效率。同时，EfficientNet V2 版本保留了 EfficientNet V1 中的逆残差结构和 SE 模块，进一步优化了网络结构。

（3）进化的复合缩放法：EfficientNet V2 继承了 EfficientNet V1 中的复合缩放法，将网络的深度、宽度和输入分辨率同时缩放。不过，V2 版本在此基础上进行了优化，使网络在不同缩放级别上的性能更加平衡。

（4）多种缩放版本：与 EfficientNet V1 类似，EfficientNet V2 提供了一系列不同规模的网络版本（从 S 到 XL），以满足不同设备和应用场景的需求。较大规模的版本在保持较低计算复杂性的同时，实现了更高的性能。

总之，EfficientNet V2 是一种高性能、低计算复杂性且训练速度更快的深度学习模型，适用于各种设备和应用场景，其主要特点包括更高的训练效率、新的卷积模块、进化的复合缩放法、多种缩放版本，以及在多种计算机视觉任务中展现出高性能和低计算资源占用。

6.8 RepVGG：以简化网络结构为核心的下一代模型

RepVGG 是一种新型的卷积神经网络架构，由中国科学院计算技术研究所的研究团队提出。RepVGG 的全称是 RepVGG: Making VGG-style ConvNets Great Again，它的设计目标是创造一个结构简单但性能出色的神经网络，具有易于理解和部署的特点。

RepVGG 论文名称：*RepVGG: Making VGG-style ConvNets Great Again*，相关资源可扫描目录处二维码下载。

6.8.1 RepVGG 模型设计动机

设计 RepVGG 的初衷是解决许多流行的深度学习模型在追求更高性能的过程中不断增加结构复杂性的问题。例如，为了提高性能，许多模型采用了如残差连接、瓶颈设计、组卷积等复杂设计，但这些设计也让模型变得更难理解和优化。相反，RepVGG 选择了一条不同的道路，它采用了简单的 VGG-like 结构，仅使用 3×3 卷积和 ReLU 激活函数，以及批量归一化，就成功地达到了良好的性能。

RepVGG 的另一大创新在于其在训练和部署阶段使用了不同的架构。在训练阶段，为了提高计算效率，RepVGG 采用了多路径方式进行前向传播，然后在部署阶段，为了优化计算效率和速度，它通过将训练阶段的所有卷积核重参数化，将多路径结构转换为传统的单路径 VGG-like 架构。

具体地讲，RepVGG 在训练过程中采用了一种叫作 Structural Re-parameterization 的方法，该方法能够在训练结束后，将分支中的多个卷积层融合为一个卷积层，极大地简化了模型,使在部署阶段能够更高效地运行。

虽然 RepVGG 的架构相对简单,但在各种基准测试中都展现出了优秀的性能。例如,在 ImageNet 分类任务中,RepVGG 的性能超过了 ResNet-50,并且速度更快。此外,RepVGG 的简洁性使它在移动设备和嵌入式系统上部署更加方便。

然而,尽管 RepVGG 的性能卓越,但并不意味着它适用于所有任务。针对任务的特定需求和资源限制,可能还需要考虑使用其他类型的模型。

6.8.2 RepVGG 模型结构

RepVGG 模型的结构在训练阶段和部署阶段是不同的,其在训练阶段采用了一种复杂的多路径的架构,然后在部署阶段转换为一个更简单的单路径的架构。

在训练阶段,RepVGG 模型的基本构造块是一个具有 3 种类型卷积的模块,即 1×1 卷积、3×3 卷积,以及一个仅有恒等映射的路径。这 3 种类型的卷积都有各自的权重,并且都会经过批量归一化和 ReLU 激活函数。这 3 个路径的输出会被相加以得到最后的输出。这个训练阶段的设计使模型可以在较大的空间内寻找最优解,因为这种多路径的设计相当于让模型在 1×1 卷积和 3×3 卷积之间做出权衡,并找出最优的解决方案。

在部署阶段,RepVGG 模型会经过一次重参数化的过程。这个过程会将训练阶段的多路径结构转换为单路径结构。具体来讲,模型会计算出每个基本构造块的等效卷积核,并且将 3 个路径的权重相加,从而得到一个等效的 3×3 卷积核。这个重参数化的过程使模型在部署阶段的架构变得非常简单,即模型仅由一系列的 3×3 卷积、ReLU 激活函数及批量归一化操作组成,这种简单的 VGG-like 的结构可以更高效地在各种设备上运行。

训练阶段的模型架构图如图 6-24(a)所示,部署阶段的模型结构图如图 6-24(b)所示。

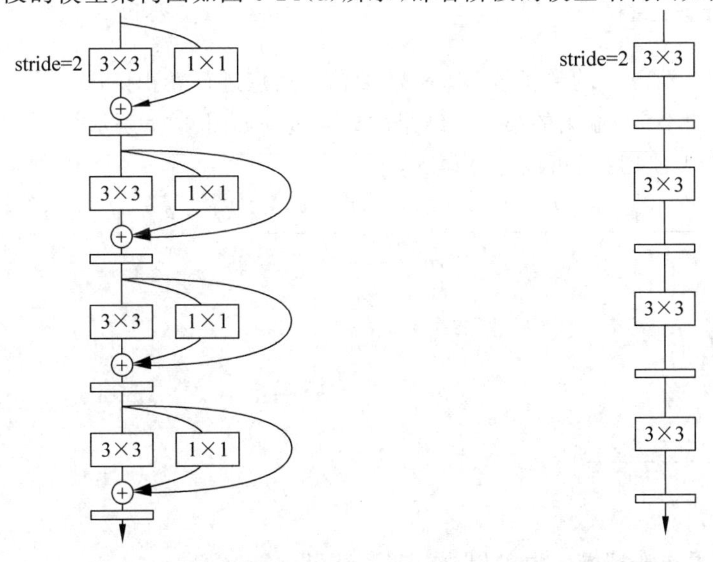

(a) RepVGG训练阶段模型结构　　(b) RepVGG部署阶段模型结构

图 6-24　模型结构对比

总体来讲，RepVGG 模型的设计思想是在训练阶段尽可能地扩大模型的搜索空间，然后在部署阶段通过重参数化的方式将模型简化，使其在实际应用中可以更高效地运行。

6.8.3 RepVGG 重参数化

RepVGG 模型在部署阶段的一个关键步骤是所谓的“结构重参数化”。这是一种技术，用于将训练阶段的多路径结构转换为部署阶段的简单单路径结构。在部署阶段，结构重参数化的步骤主要是将这 3 个并行的路径（1×1 卷积、3×3 卷积，以及一个仅有恒等映射的路径）先转化成 3 个 3×3 的卷积，再融合成一个单一的 3×3 卷积层，如图 6-25 所示。

先解释 3×3 卷积加 BN 操作如何等价地转化成一个 3×3 卷积，如图 6-26 所示。

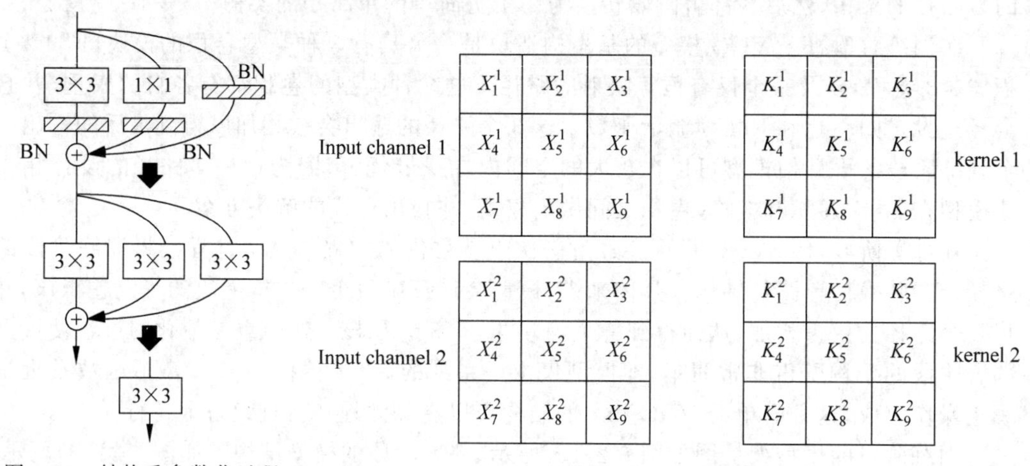

图 6-25 结构重参数化过程　　　　图 6-26 卷积操作

假设现在使用 3×3×2 的卷积核对 3×3×2 输入信息进行卷积操作：

在进行卷积的计算时，输出的第 1 个结果的计算过程如图 6-27 所示。

将这个结果经过 BN 层后可以计算得到：

$$\frac{(x_1^1 \cdot k_5^1 + x_2^1 \cdot k_6^1 + x_4^1 \cdot k_8^1 + x_5^1 \cdot k_9^1 + x_1^2 \cdot k_5^2 + x_2^2 \cdot k_6^2 + x_4^2 \cdot k_8^2 + x_5^2 \cdot k_9^2) - \mu_1}{\sqrt{\sigma_1^2 + \varepsilon}} \cdot \gamma_1 + \beta_1 \tag{6-12}$$

经过变换可得到：

$$(x_1^1 \cdot k_5^1 + x_2^1 \cdot k_6^1 + x_4^1 \cdot k_8^1 + x_5^1 \cdot k_9^1 + x_1^2 \cdot k_5^2 + x_2^2 \cdot k_6^2 + x_4^2 \cdot k_8^2 + x_5^2 \cdot k_9^2) \cdot \frac{\gamma_1}{\sqrt{\sigma_1^2 + \varepsilon}} + \left(\beta_1 - \frac{\mu_1 \cdot \gamma_1}{\sqrt{\sigma_1^2 + \varepsilon}}\right) \tag{6-13}$$

其中，$\frac{\gamma_1}{\sqrt{\sigma_1^2 + \varepsilon}}$可以看作卷积操作中对相乘求和的结果进行缩放，而$\left(\beta_1 - \frac{\mu_1 \cdot \gamma_1}{\sqrt{\sigma_1^2 + \varepsilon}}\right)$可以看作卷积操作中的偏置。这样就可以把一个 3×3 卷积加 BN 操作通过上述方法等价地转化成

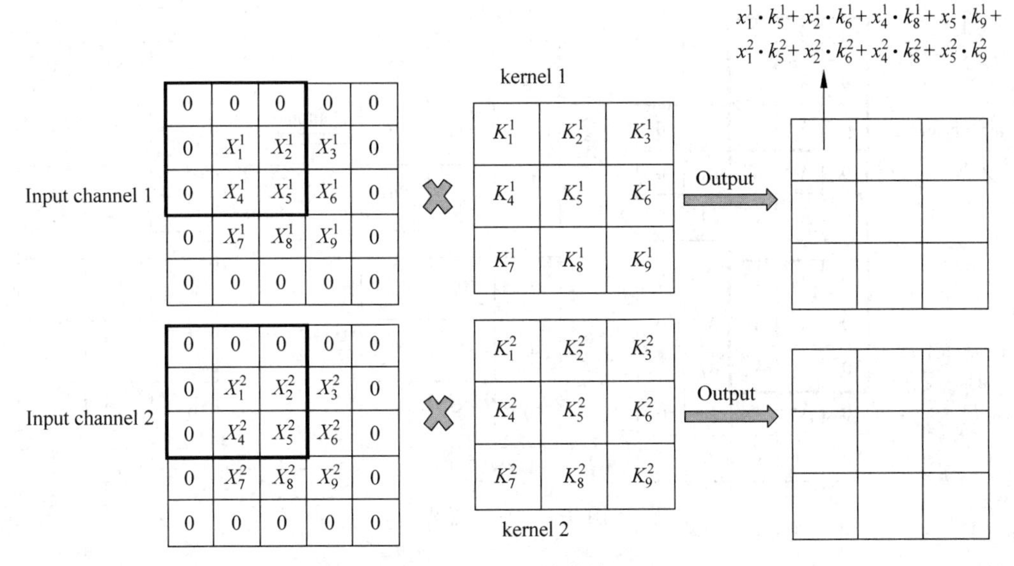

图 6-27　卷积计算结果

一个 3×3 卷积，即将 3×3 卷积核的计算结果乘以$\frac{\gamma_1}{\sqrt{\sigma_1^2+\varepsilon}}$，然后加$\left(\beta_1-\frac{\mu_1 \cdot \gamma_1}{\sqrt{\sigma_1^2+\varepsilon}}\right)$。

然后解释 1×1 卷积加 BN 操作如何等价地转化成一个 3×3 卷积，如图 6-28 所示。

对 1×1 大小的卷积核进行填充即可得到 3×3 的卷积核：

然后重复上述操作，将 3×3 卷积加 BN 操作等价地转化成一个 3×3 卷积的方法进行计算即可。

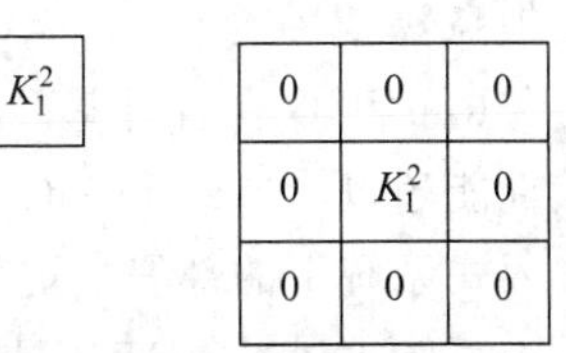

图 6-28　卷积转化过程

最后解释恒等映射加 BN 操作如何等价地转化成一个 3×3 卷积，新增如图 6-29 所示的 3×3 卷积核对输入数据进行卷积操作即可实现恒等映射：

通过上述操作就可以将 3 个并行的路径（1×1 卷积、3×3 卷积，以及一个仅有恒等映射的路径）等价地转化成 3 个 3×3 的卷积，然后 3 个 3×3 的卷积又可以通过加法分配律和结合律融合成一个 3×3 的卷积。公式如下：

$$\begin{aligned} O &= (I \otimes K_1 + B_1) + (I \otimes K_2 + B_2) + (I \otimes K_3 + B_3) \\ &= I \otimes (K_1 + K_2 + K_3) + (B_1 + B_2 + B_3) \end{aligned} \tag{6-14}$$

其中，I 表示输入信息，K 表示卷积核，B 表示参数偏置。

6.8.4　RepVGG 模型小结

RepVGG 是一种新型的深度卷积神经网络架构，由中国科学院计算技术研究所的研究团队提出，其主要目标是设计出一种结构简洁但性能强大的神经网络，具有易于理解和部署

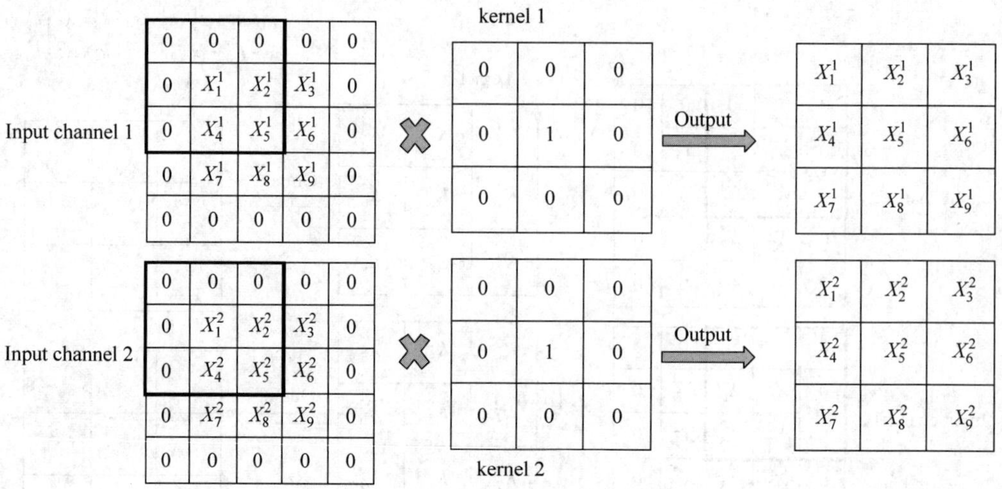

图 6-29 转化过程

的特点。

RepVGG 运用简单的 VGG 架构，仅使用 3×3 卷积、ReLU 激活函数和批量归一化，避免了复杂的设计，例如残差连接、瓶颈设计、组卷积等，却仍能取得出色的性能。

在训练阶段，RepVGG 的基本构造块包含 3 种类型的卷积，即 1×1 卷积，3×3 卷积，以及一个恒等映射的路径。这种设计在计算上更加高效，使模型能够在更大的空间中寻找最优解。

在部署阶段，RepVGG 通过一种名为 Structural Re-parameterization 的方法，将训练阶段的多路径结构转换为一个传统的单路径 VGG-like 架构。这个过程会计算每个基本构造块的等效卷积核，并将多个卷积层融合成一个卷积层，大大地简化了模型，使其在部署阶段更加高效。

RepVGG 在各种基准测试中都表现出了优秀的性能，例如，在 ImageNet 分类任务中，其性能超过了 ResNet-50，并且运行速度更快。由于其简洁的架构，RepVGG 在移动设备和嵌入式系统上的部署也更为方便。

总体来讲，RepVGG 提供了一个新颖的角度来理解和设计深度神经网络。通过训练和部署阶段的不同设计，以及结构重参数化的方法，RepVGG 在保持高性能的同时，具有易于理解和部署的优点，但需要注意的是，根据任务的具体需求和资源限制，可能需要根据具体情况选择最适合的模型。

第7章 Transformer的强势入侵

7.1 Transformer 模型

Transformer 架构于 2017 年 6 月推出。最初的研究重点是自然语言处理领域的翻译任务。随后,几个具有影响力的模型被引入。

(1) 2018 年 6 月: GPT,第 1 个预训练的 Transformer 模型,用于微调各种自然语言处理任务,并获得了 SOTA 模型效果。

(2) 2018 年 10 月: 基于 Transformer 算法的模型 BERT 被发布,这是另一个大型预训练模型,旨在生成更好的句子摘要。

(3) 2019 年 2 月: GPT-2,GPT 的改进版本(模型更大),由于道德问题没有立即公开发布。

(4) 2019 年 10 月: DistilBERT,BERT 的精简版,计算速度提高 60%,内存减少 40%,并且仍保留了 BERT 97%的性能。

(5) 2020 年 5 月: GPT-3,GPT-2 改进版本(模型更大),能够在各种任务上表现良好而无须微调(称为 0 样本学习)。

(6) 2021 年 6 月: Vision Transformer(ViT)的发布成为 Transformer 进军计算机视觉领域的里程碑,证明了 Transformer 算法同样适用于计算机视觉,并逐渐成为这两个领域的通用框架。

Transformer 引发了视觉领域的又一次冲击,该模型一经发布就在多项视觉任务中获得了最佳效果,甚至动摇了卷积神经网络在计算机视觉领域的地位。

7.1.1 Transformer 算法解读

Transformer 模型主要由两个块组成,如图 7-1 所示。

左侧是编码器(Encoder): 它是一个算法组件,负责将输入信息编码成特征向量。输入信息可以是文本或图像,具体取决于不同的任务。需要注意,文本和图像本身不能直接输入编码器。必须使用嵌入技术(Embedding)将它们转换成特征向量,然后才能将其送入编码

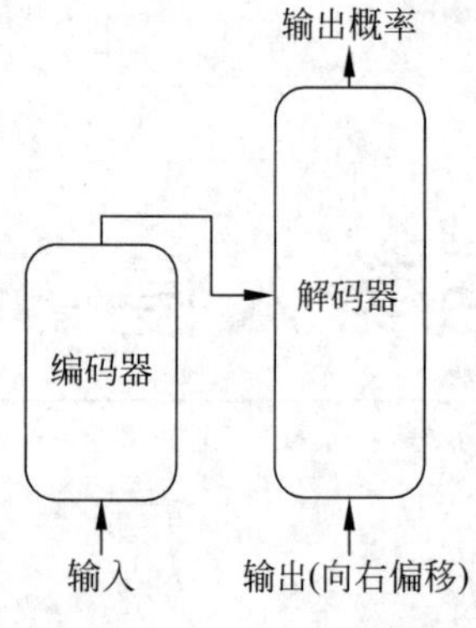

图 7-1 Transformer 结构

器进行处理。

右侧是解码器(Decoder):解码器对编码器的输出进行翻译和解释,生成所需的目标序列。

注意,不管是编码器还是解码器都可以独立或联合使用,具体取决于任务,以文本信息为例。

(1) 仅使用编码器的模型:适用于需要理解输入的任务,例如句子情感取向分类和命名实体识别等。

(2) 仅使用解码器的模型:适用于文本生成等生成任务。

(3) 使用编码器-解码器的模型:适用于需要输入的生成任务,例如语言翻译或摘要提取等任务。

7.1.2 自注意力层

Transformer 模型中最关键部分就是自注意力(Self-Attention)机制,这从 Transformer 的论文的标题 *Attention Is All You Need* 就可以看出来。以文本问题为例来讲解这个机制。在处理文本问题时,自注意力机制会告诉模型在处理每个单词的表示时,特别关注在句子中传递给它的某些单词,并或多或少地忽略其他单词。简单来讲,也就是给句子中不同单词分配不同的权重。因为一句话中的每个单词的重要程度是不一样的。从语法角度说,主谓宾语比其他句子成分更重要,自注意力机制就是模型尝试学习句子成分重要程度的方法。

计算自注意力的第 1 步是为编码器的每个输入向量(在本例中是每个词的特征向量)创建 3 个新向量。它们分别被称为查询向量(Queries)、键向量(Keys)和值向量(Values),如图 7-2 所示。这些向量是通过与训练过程中训练的 3 个权重矩阵($\boldsymbol{W}^q$、$\boldsymbol{W}^k$、$\boldsymbol{W}^v$)相乘而创建

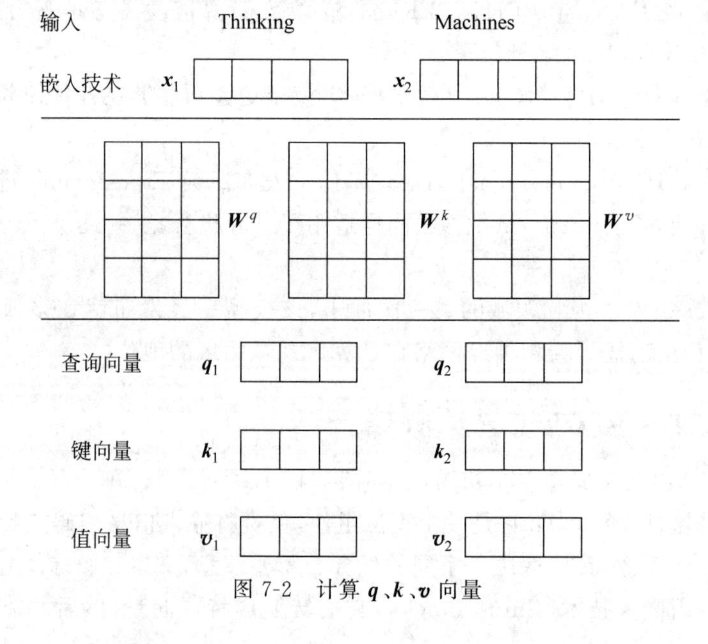

图 7-2 计算 $\boldsymbol{q}$、$\boldsymbol{k}$、$\boldsymbol{v}$ 向量

的。这个过程在模型实现时非常简单，只需通过神经网络层的映射便可以得到。假设词向量的长度为4，那么可以经过一层有9个节点的神经网络层的映射，得到一个长度为9的向量，然后将前3个元素切分出来作为$\boldsymbol{q}_1$，将中间3个元素切分出来作为$\boldsymbol{k}_1$，将后3个元素切分出来作为$\boldsymbol{v}_1$。需要注意，这些新向量的维度一般小于输入向量。例如，在原论文中新向量的维度是64维，而输入向量的维度是512维，这可以在一定程度上节省后续的计算开销。

查询向量、键向量和值向量是为计算和思考注意力机制而抽象出的概念，或者说是我们对模型的学习期望。因为这3个新向量在刚创建时是随机初始化的，没有特殊含义，必须经过模型训练，才可以得到查询、回复、存值等向量功能，可以通过它们与其他词向量进行互动以建模相关性。

计算自注意力的第2步是计算一个相关性分数(Score)。假设正在计算本例中第1个词Thinking的相关性分数。这个分数就决定着Thinking这个词与其他词的关联程度，所以Thinking这个词要与其他所有词都计算一个分数。

分数是通过查询向量与正在评分的相应单词的键向量的点积计算得出的。点积的公式：$a \times b = |a| \times |b| \times \cos\theta$。其意义就是比较两个向量的相关程度，相关性越高，分数越大，如图7-3所示。

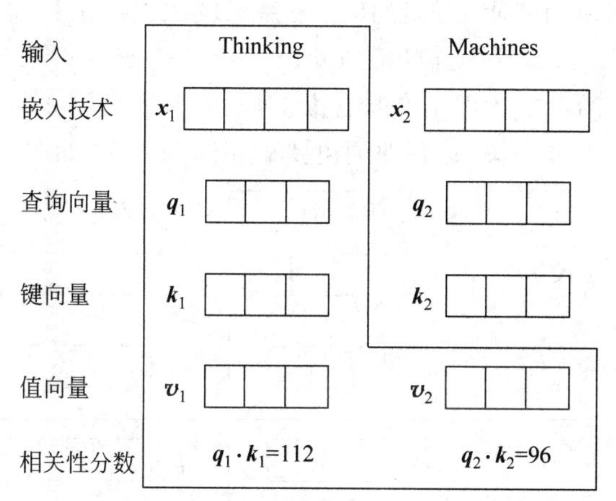

图7-3　计算词向量间的相关性分数

第3步和第4步是将相关性分数除以8(8是论文中使用的查询向量维度的平方根，即$\sqrt{64}=8$)。这会使模型训练时的梯度更稳定，然后通过Softmax函数映射出最后的结果。Softmax函数可以对分数进行归一化处理，使它们都为正且加起来为1，计算过程如图7-4所示。

Softmax映射后的分数决定了句子中每个词在特定位置的重要性。显然，当词语处于该位置时，其Softmax分数最高。这是因为该词的查询向量、键向量和值向量都由神经网络层映射自身得到的，它们三者之间的相似性很高，从而点积结果较大，这一结果表示该词与其自身的相关性较大，但在其他位置，当查询向量与其他单词的键向量做点积时，结果相对较小，这一结果表示该词与其他单词的相关性较小。

第5步是将每个值向量乘以对应的Softmax分数，目的是对每个单词的重要程度进行

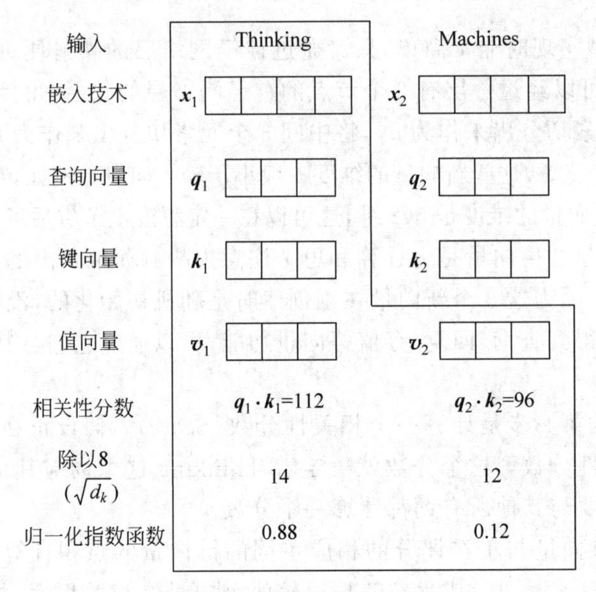

图 7-4　计算注意力分数

重新分配。最后是加权值向量求和的操作。这会在该位置产生自注意层的输出，例如，词 Thinking 经过自注意力层处理后的输出为 output＝0.88×$\boldsymbol{v}_1$＋0.12×$\boldsymbol{v}_2$，即经过自注意力层处理后，词 Thinking 的含义考虑了自身含义的 0.88 和下一词 Machines 含义的 0.12，这样处理就体现了文本上下文的关系，其他词也要做相同的处理，如图 7-5 所示。

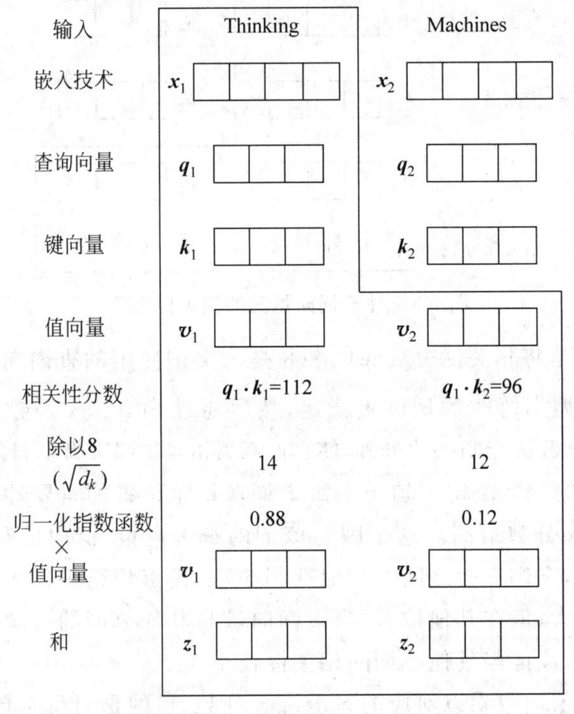

图 7-5　自注意力计算过程

自注意力计算到此为止。生成的向量是可以发送到前馈神经网络的向量，然而，在实际的实现中会将输入向量打包成矩阵，以矩阵形式完成此计算，以便更快地在计算机中计算处理，如图 7-6 所示。

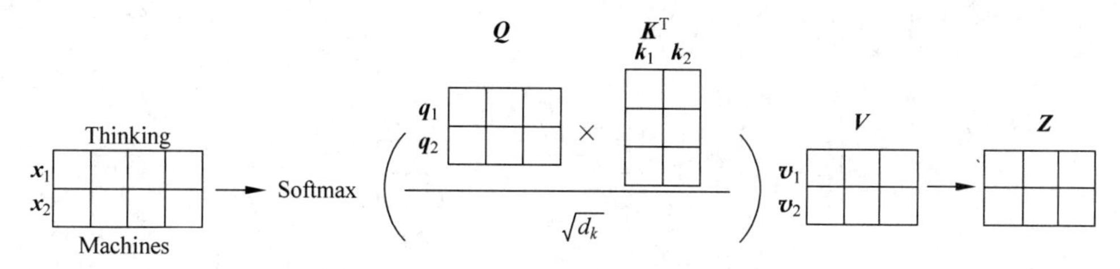

图 7-6 Self-Attention 矩阵形式计算过程

其公式表示如下：

$$\text{Attention}(\boldsymbol{Q},\boldsymbol{K},\boldsymbol{V})=\text{Softmax}\left(\frac{\boldsymbol{Q}\boldsymbol{K}^{\mathrm{T}}}{\sqrt{d_k}}\right)\boldsymbol{V} \tag{7-1}$$

7.1.3 多头自注意力层

该论文通过添加一种称为“多头注意力”的机制进一步增强了自注意力层的效果。对于多头注意力，其中有多组查询向量、键向量和值向量，这里把一组 $\boldsymbol{Q}$、$\boldsymbol{K}$、$\boldsymbol{V}$ 称为一个头，Transformer 原论文中使用 8 个注意力头。每组注意力头都是可训练的，经过训练可以扩展模型关注不同位置的能力。

这里可以举一个形象的类比：把注意力头类比成小学生，那么多个小学生在学习过程中会形成不同的思维模式，对同样的问题会产生不同的理解。这就是为什么要使用多头的原因，就是希望模型可以从不同的角度思考输入信息，如图 7-7 所示。

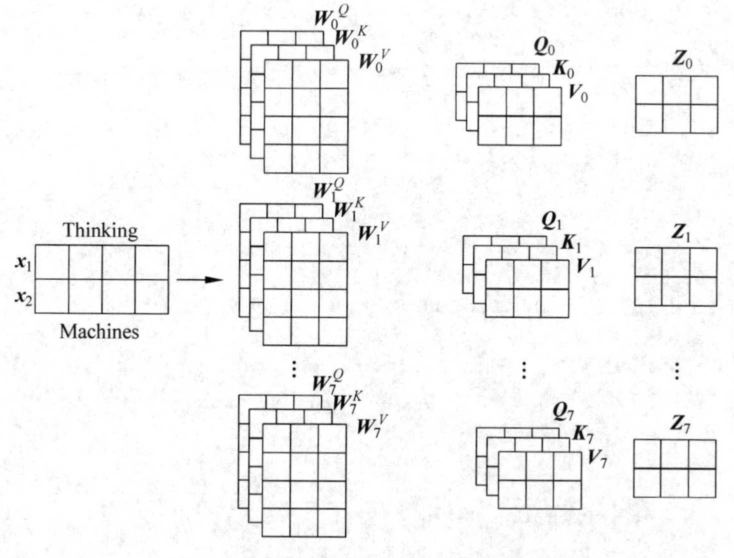

图 7-7 多头自注意力机制(输入计算)

但是，多头注意力机制也带来了一个问题。如果使用 8 个头，则经过多头注意力机制后会得到 8 个输出，但是，实际上只需一个输出结果，所以需要一种方法将这 8 个输出压缩成一个矩阵，也就是将它们乘以一个额外的权重矩阵 $\boldsymbol{W}^O$。这个操作可以通过一个神经网络层的映射完成，如图 7-8 所示。

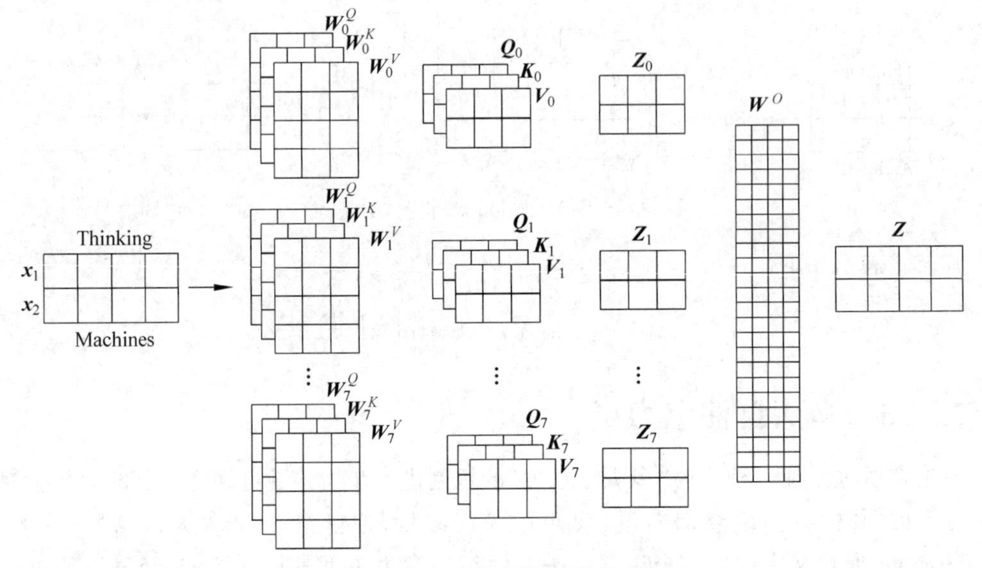

图 7-8　多头自注意力机制(输入/输出)

代码如下：

```
#第 7 章/zhuyili.py
class Attention(nn.Module):
    def __init__(self,
                 dim, #输入 token 的 dim
                 num_heads=8,
                 attn_drop_ratio=0.,
                 proj_drop_ratio=0.):
        super(Attention, self).__init__()
        self.num_heads = num_heads
        head_dim = dim //num_heads
        self.scale = head_dim **-0.5
        self.qkv = nn.Linear(dim, dim *3 )
        self.attn_drop = nn.DropOut(attn_drop_ratio)
        self.proj = nn.Linear(dim, dim)
        self.proj_drop = nn.DropOut(proj_drop_ratio)
    def forward(self, x):
        #[batch_size, num_patch + 1, total_embed_dim]
        B, N, C = x.shape
        #qkv(): ->→ [batch_size, num_patches + 1, 3 *total_embed_dim]
        #reshape: ->→ [batch_size, num_patches + 1, 3, num_heads, embed_dim_per_
        #head]
```

```
        #permute: ->→ [3, batch_size, num_heads, num_patches + 1, embed_dim_per_
        #head]
        qkv = self.qkv(x).reshape(B, N, 3, self.num_heads, C
#self.num_heads).permute(2, 0, 3, 1, 4)
        #[batch_size, num_heads, num_patches + 1, embed_dim_per_head]
        q, k, v = qkv[0], qkv[1], qkv[2] #make torchscript happy (cannot use tensor
                                          #as tuple)
        #transpose: ->→ [batch_size, num_heads, embed_dim_per_head, num_patches + 1]
        #@: multiply ->→ [batch_size, num_heads, num_patches + 1, num_patches + 1]
        attn = (q @k.transpose(-2, -1)) *self.scale
        attn = attn.softmax(dim=-1)
        attn = self.attn_drop(attn)
        #@: multiply ->→ [batch_size, num_heads, num_patches + 1,
#embed_dim_per_head]
        #transpose: ->→ [batch_size, num_patches + 1, num_heads,
#embed_dim_per_head]
        #reshape: ->→ [batch_size, num_patches + 1, total_embed_dim]
        x = (attn @v).transpose(1, 2).reshape(B, N, C)
        x = self.proj(x)
        x = self.proj_drop(x)
        return x
```

7.1.4 编码器结构

每个编码器中的自注意力层周围都有一个残差连接，然后是一个层归一化步骤。归一化的输出再通过前馈网络(Feed Forward Network，FFN)进行映射，以进一步进行处理。前馈网络本质上就是几层神经网络层，其中间采用 ReLU 激活函数，两层之间也采用残差连接。编码器的结构如图 7-9 所示。

残差连接可以帮助梯度的反向传播，让模型更快更好地收敛。层归一化用于稳定网络，减轻深度学习模型数值传递不稳定的问题。前馈网络用于投射注意力层的输出，通过更多的计算量为其提供更丰富的特征表示和特征提取能力，这就是编码器的构成。可以将编码器堆叠 N 次以进一步编码信息，其中每层都可以学习不同的注意力表示，因此有可能提高 Transformer 网络的预测能力。以上结构也同样适用于解码器。

编码器的部分代码如下：

```
#第 7 章/bianmaqi.py
class Mlp(nn.Module):
    def __init__(self, in_features, hidden_features=None, out_features=None,
act_layer=nn.GELU, drop=0.):
        super().__init__()
        out_features = out_features or in_features
        hidden_features = hidden_features or in_features
        self.fc1 = nn.Linear(in_features, hidden_features)
        self.act = act_layer()
        self.fc2 = nn.Linear(hidden_features, out_features)
```

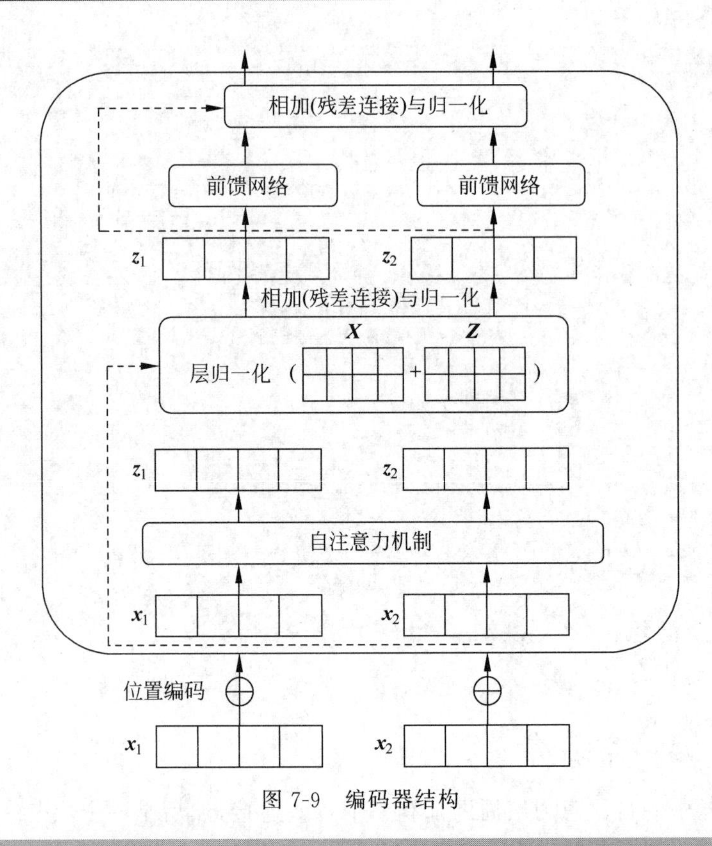

图 7-9 编码器结构

```
        self.drop = nn.DropOut(drop)
    def forward(self, x):
        x = self.fc1(x)
        x = self.act(x)
        x = self.drop(x)
        x = self.fc2(x)
        x = self.drop(x)
        return x

class Block(nn.Module):
    def __init__(self,
                 dim,
                 num_heads,
                 mlp_ratio=4.,
                 drop_ratio=0.,
                 attn_drop_ratio=0.,
                 drop_path_ratio=0.,
                 act_layer=nn.GELU,
                 norm_layer=nn.LayerNorm):
        super(Block, self).__init__()
        self.norm1 = norm_layer(dim)
        self.attn = Attention(dim, num_heads=num_heads, attn_drop_ratio=attn_
drop_ratio, proj_drop_ratio=drop_ratio)
```

```
        #NOTE: drop path for stochastic depth, we shall see if this is better than
        #DropOut here
        self.drop_path = DropPath(drop_path_ratio) if drop_path_ratio > 0. else
nn.Identity()
        self.norm2 = norm_layer(dim)
        mlp_hidden_dim = int(dim *mlp_ratio)
        self.mlp = Mlp(in_features=dim, hidden_features=mlp_hidden_dim, act_
layer=act_layer, drop=drop_ratio)

    def forward(self, x):
        x = x + self.drop_path(self.attn(self.norm1(x)))
        x = x + self.drop_path(self.mlp(self.norm2(x)))
        return x
```

7.1.5 解码器结构

解码器并不是必需的结构，在很多预测任务中其实只需编码器，让其充当输入信息的特征提取器，而解码器的工作一般是处理一些生成任务，例如文本翻译、文本生成等。解码器与编码器的结构类似。也是由多头注意力层、前馈网络、残差连接及层归一化等操作组成。解码器的顶层是一个充当分类器的线性层和一个用于获取单词概率的 Softmax 函数。编码器-解码器完整的结构如图 7-10 所示。注意，在一些预测任务中可能没有解码器结构，"编码器-解码器"结构经常存在于一些生成任务中。

以"我是学生"到 i am a student 的语言翻译任务为例，如图 7-11 所示。

编码器首先处理输入序列"我是学生"，然后将顶部编码器的输出转换为一组注意力向量 $\boldsymbol{K}$ 和 $\boldsymbol{V}$。每个解码器将在其自注意力层中使用这些向量，这有助于解码器将注意力集中在输入序列中的适当位置。解码器是逐个单词进行翻译的，直到完成整个句子的翻译。

7.1.6 线性顶层和 Softmax 层

解码器输出一个浮点向量。通过最后一个线性层和 Softmax 层将浮点向量转换为一个词。

线性层是一个简单的全连接的神经网络，它将解码器产生的向量投影到一个更大的向量中，称为 Logits 向量。

假设我们的模型知道要从训练数据集中学习 10 000 个不同的英语单词。可以设计最后一层神经网络有 10 000 个节点，每个节点对应于一个唯一单词的分数，然后通过 Softmax 层将这些分数转换为概率，确保所有概率为正，并且加起来等于 1.0。这样就可以选择具有最高概率的单词作为当前时间步的输出结果了。

这就是 Transformer 的计算机制，利用注意力机制可以实现更好的预测。之前的循环神经网络试图实现类似的功能，但由于受到短期记忆的限制，效果有限。相比之下，Transformer 表现得更为出色，特别是在编码或生成长序列时。因为 Transformer 架构在计算注意力时的计算范围是全局的，即查询向量和其他所有的键向量都要做点积来计算相

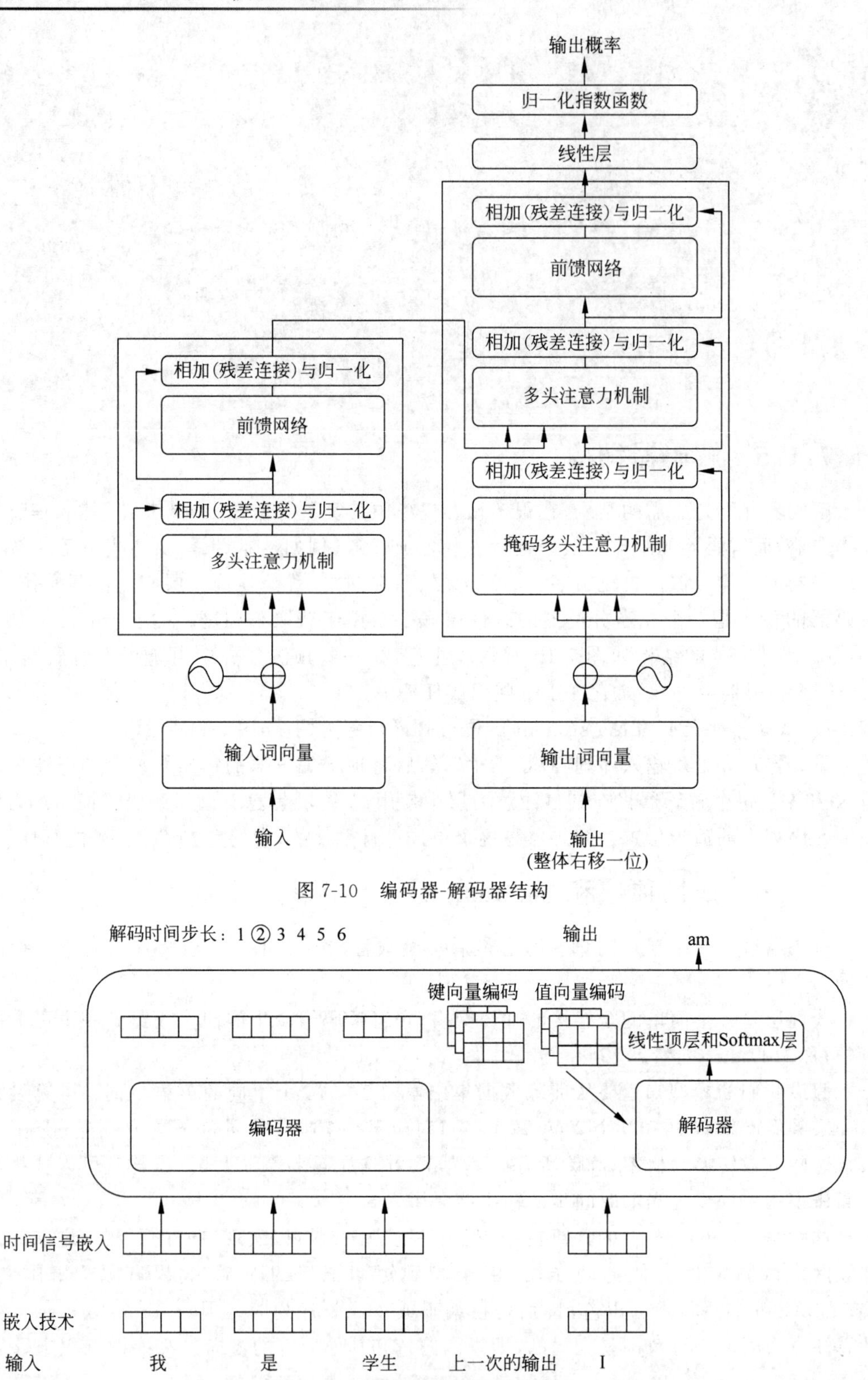

图 7-10 编码器-解码器结构

图 7-11 编码器-解码器翻译语言

关性，因此 Transformer 模型可以捕获长距离的信息依赖。

最后，关于 Transformer 模型的训练，通常使用有监督训练。模型处理输入数据并得到预测结果，将预测值与输入数据的真实值一起输入损失函数中计算损失，然后对损失进行求导，使用梯度下降算法来更新模型中的参数，即 $\boldsymbol{q}$、$\boldsymbol{k}$ 和 $\boldsymbol{v}$ 向量，使它们逐渐具备特定的含义，可以分别表征“查询”“键”和“值”的功能。

7.1.7 输入数据的向量化

读者需要了解一些输入数据向量化的知识。所谓输入信息的向量化，就是将信息数值化的过程，从而便于进行建模分析，自然语言处理面临的文本数据往往是非结构化且杂乱无章的文本数据，而机器学习算法处理的数据往往是固定长度的输入和输出，因此机器学习并不能直接处理原始的文本数据。必须把文本数据转换成数字，例如向量。

因此，向量化的意思是把字词处理成向量或矩阵，以便计算机能进行处理。向量化是自然语言处理的起始环节。文本表示按照细粒度划分，一般可分为单字级别、词语级别和句子级别的文本表示。

文本表示分为离散表示和分布式表示。离散表示的代表是词袋模型，独热编码（One-Hot）、TF-IDF、N-Gram 都可以看作词袋模型。分布式表示也叫作词嵌入（Word Embedding），其中经典模型是 Word2vec，还包括后来的 Glove、ELMO、GPT 和 BERT 等模型。

一般的文本向量化只是将一句话中的单词转化成向量，没有对单词顺序进行建模，然而，在一句话中，单词的顺序非常重要，不同的语序有能力完全改变一句话的含义。

为了解决这个问题，Transformer 向每个文本向量添加了一个位置向量（Positional Encoding）。这些位置向量遵循模型学习的特定模式，有助于确定每个单词的位置或序列中不同单词之间的距离，如图 7-12 所示。

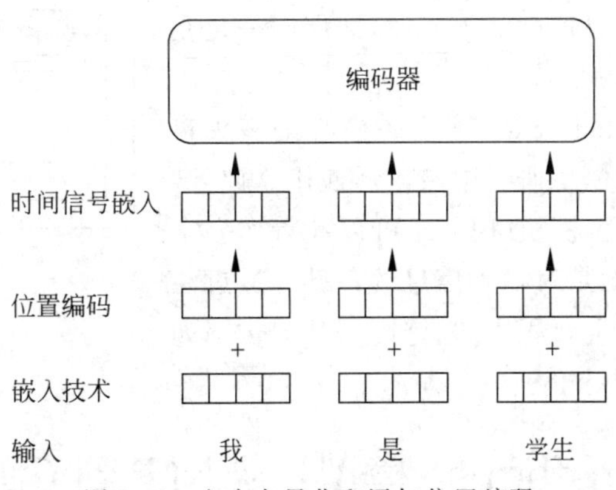

图 7-12　文本向量化和添加位置编码

这些位置编码在模型刚开始训练时，也是随机初始化的，我们期望模型能自己通过学习找到词语之间的位置相关性。就像期望模型可以通过学习，让词向量映射生成的 3 个新向

量 Q、K、V 可以分别执行查询、回复、存值等向量功能一样。

7.1.8 Transformer 模型小结

Transformer 算法是一种深度学习架构，由 Vaswani 等在 2017 年的论文 *Attention is All You Need* 中首次提出。它在自然语言处理领域取得了显著的成果，已经成为该领域的一种主导模型。此外，Transformer 也在其他领域，如计算机视觉和语音识别等领域，取得了一定的成功。以下是 Transformer 算法的主要特点和组成部分。

自注意力机制：Transformer 的核心是自注意力机制，它使模型能够对输入序列中的每个元素赋予不同的权重，从而捕捉输入序列内部的关系。自注意力机制通过计算输入序列中每个元素的相互关系，并为每个元素生成一个加权和，从而捕捉序列的长距离依赖。

多头注意力：Transformer 采用多头注意力机制，将自注意力分为多个子空间，分别计算注意力得分。这种方法使模型能够同时关注输入序列的多个不同方面，从而提高了模型的表达能力。

位置编码：因为 Transformer 本身不具有捕捉位置信息的能力，所以需要为输入序列添加位置编码。位置编码是一种对位置信息进行编码的方法，通过将位置信息添加到输入序列的每个元素中，使模型能够学习输入序列的顺序关系。

编码器和解码器结构：Transformer 模型包括编码器和解码器两部分。编码器负责将输入序列映射到一个高维空间，而解码器则根据编码器的输出生成目标序列。编码器和解码器都由多个相同的层堆叠而成，每个层包含多头注意力、前馈神经网络和层归一化等子模块。

残差连接和层归一化：为了提高模型的训练稳定性和性能，Transformer 使用了残差连接和层归一化技术。残差连接有助于解决梯度消失问题，而层归一化则有助于加速模型的收敛速度。

最后强调一下 Transformer 算法的核心是多头自注意力机制。在之后的模型研究中被广泛使用。此外，我们常说的 Transformer 模块(Block)可以被看作一个特征提取器，其主要目的是对输入信息的各部分通过注意力机制进行相对整体重要程度的重分配，其结构图如图 7-13 所示。

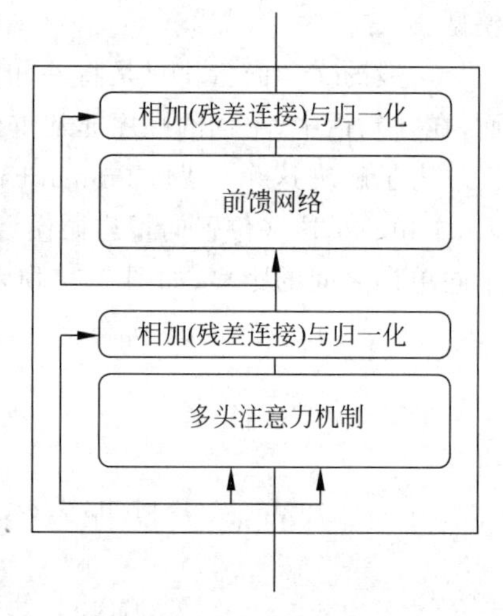

图 7-13　Transformer 模块

7.2 Vision Transformer 模型：从 NLP 到 CU 的 Transformer 算法变革

最初提出 Transformer 算法是为了解决自然语言处理领域的问题，Transformer 在该领域获得了巨大成功，几乎超越了循环神经网络模型（RNN），并成为自然语言处理领域的新一代基线模型。论文 *Vision Transformer* 受到其启发，尝试将其应用于计算机视觉领域。通过实验，论文中提出的 ViT 模型在 ImageNet 数据集上取得了 88.55%的准确率，表明 Transformer 在计算机视觉领域确实是有效的。尤其是在大数据集预训练的支持之下，Vision Transformer 模型也成为 Transformer 在计算机视觉领域的里程碑之一。

这篇论文通过实验展示了大型数据集对 Transformer 模型在计算机视觉领域的性能影响，结果如图 7-14 所示，其中横轴为不同的数据集，从左往右数据集容量依次是（130 万、2100 万、30 000 万）；竖轴为分类准确率，图中两条折线之间的区域代表纯卷积网络 ResNet 能够达到的性能范围，不同颜色的圆形代表不同大小的 ViT 模型。在数据集容量为 100 万左右时（如 ImageNet-1K），ViT 模型的分类准确率明显低于 CNN 模型（例如 ResNet），而当数据集容量为 2100 万左右时（如 ImageNet-21K），ViT 模型的分类准确率与 CNN 模型相当，而当数据集容量达到 30 000 万时（如 JFT-300M），ViT 模型的分类准确率略高于 CNN 模型。

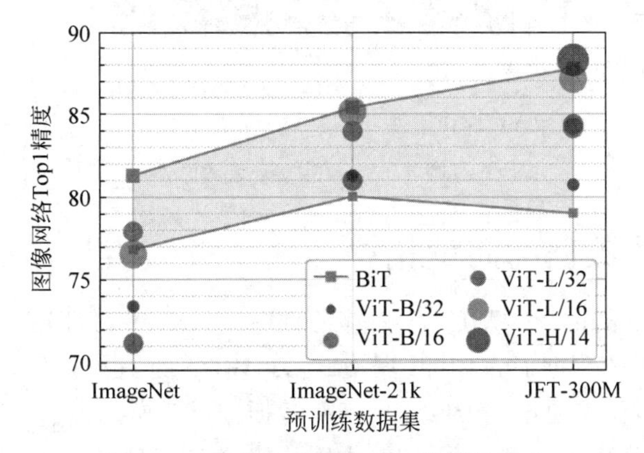

图 7-14 数据集容量对 ViT 性能的影响

论文名称：*An Image is Worth* 16×16 *Words*：*Transformers for Image Recognition at Scale*，相关资源可扫描目录处二维码下载。

7.2.1 ViT 框架

在模型设计方面，ViT 尽可能地遵循原始的 Transformer 架构以提供一种计算机视觉和自然语言处理领域共用的大一统算法框架，因此，ViT 在后续的多模态任务中，尤其是在文本和图像结合的任务中提供了许多有用的参考。在本书中，作者主要比较了 3 种模型：ResNet、ViT（纯 Transformer 模型）及 Hybrid（卷积和 Transformer 混合模型）。

原论文中给出的关于 ViT 模型框架如图 7-15(a)所示，共 3 个模块。

(1) Linear Projection of Flattened Patches：嵌入层（Embedding），负责将图片映射成向量。

(2) Transformer Encoder：负责对输入信息进行计算学习，详细结构如图 7-15(b)

所示。

(3) MLP Head：最终用于分类的层结构，与 CNN 常用的顶层设计类似。

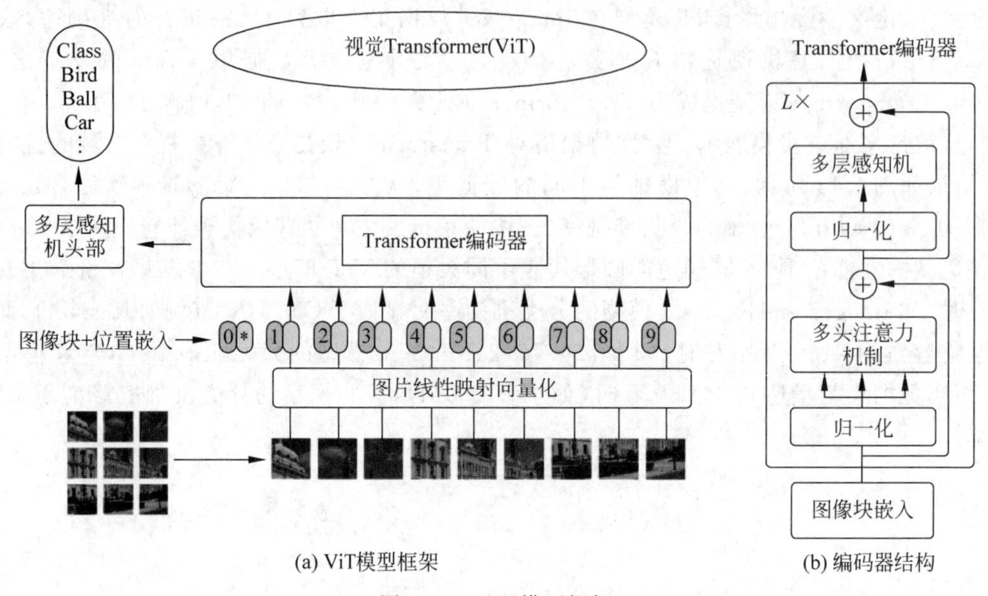

图 7-15 ViT 模型框架

7.2.2 图片数据的向量化

对于标准的 Transformer 模块，要求输入的是 Token 序列，即二维矩阵[num_token, token_dim]。对于图像数据而言，其数据格式[$\boldsymbol{H}$,$\boldsymbol{W}$,$\boldsymbol{C}$]是三维矩阵，并不是 Transformer 期望的格式，因此，需要先通过一个嵌入层来对数据进行变换。

具体来讲，将分辨率为 224×224 的输入图片按照 16×16 大小的 Patch 进行划分，划分后会得到(224/16)×(224/16)=196 个子图。接着通过线性映射将每个子图映射到一维向量中。

线性映射是通过直接使用一个卷积层实现的，卷积核大小为 16×16，步长为 16，个数为 768，这个卷积操作对输入数据产生张量的形状变化为[224,224,3]→[14,14,768]，然后把 $\boldsymbol{H}$ 及 $\boldsymbol{W}$ 两个维度展平即可，张量的形状变化为[14,14,768]→[196,768]，此时正好变成了一个二维矩阵，正是 Transformer 期望的格式，其中 196 表征的是子图的数量，将每个形状为[16,16,3]的子图数据通过卷积映射得到一个长度为 768 的 Token。

在输入 Transformer Encoder 之前注意需要加上[class]token 及位置嵌入。在原论文中，作者使用[class]token 而不是全局平均池化做分类的原因主要是参考了 Transformer，尽可能地保证模型结构与 Transformer 类似，以此来证明 Transformer 在迁移到图像领域的有效性。具体做法是，在经过 Linear Projection of Flattened Patches 后得到的 Tokens 中插入一个专门用于分类的可训练的参数([class]token)，数据格式是一个向量，具体来讲，就是一个长度为 768 的向量，与之前从图片中生成的 Tokens 拼接在一起，维度变化为 concat

([1,768],[196,768])→([197,768])。由于 Transformer 模块中的自注意力机制可以关注到全部的 Token 信息,因此我们有理由相信[class]token 和全局平均池化一样,都可以融合 Transformer 学习到的全部信息,用于后续的分类计算。

位置嵌入采用的是一个可训练的一维位置编码(1D Pos. Emb.),是直接叠加在 Tokens 上的,所以张量的形状要一样。以 ViT-B/16 为例,刚刚拼接[class]token 后张量的形状是[197,768],那么这里的位置嵌入的张量的形状也是[197,768]。自注意力是让所有的元素两两之间去做交互,是没有顺序的,但是图片是一个整体,子图是有自己的顺序的,在空间位置上是相关的,所以要给 Patch 嵌入加上位置嵌入(一组位置参数),让模型自己去学习子图之间的空间位置相关性。

在卷积神经网络算法中,设计模型时给予模型的先验知识(Inductive Bias)是贯穿整个模型的,卷积的先验知识是符合图像性质的,即局部相关性(Locality)和平移不变性(Transitionally Equivalent)。对于 ViT 模型,其关键组成部分之一是自注意力层,实施的是全局性的操作。在这个过程中,原始图像的二维结构信息并未显著地发挥作用,只有在初始阶段将图像切分为多个 Patch 时,该信息才被利用。值得强调的是,位置编码在初始阶段是通过随机初始化实现的,此过程并未携带关于 Patch 在二维空间中位置的任何信息。Patch 间的空间关系必须通过模型的学习过程从头开始建立。因此,ViT 模型没有使用太多的归纳偏置,导致在中小型数据集上训练结果并不如 CNN,但如果有大数据的支持,ViT 则可以得到比 CNN 更高的精度,这在一定程度上反映了模型从大数据中学习到的知识要比人们给予模型的先验知识更合理。

最后,ViT 论文中对于不同的位置编码方式做了一系列对比实验,结果见表 7-1。在源码中默认使用的是一维位置编码,对比不使用位置编码准确率提升了百分之三,和二维位置编码比起来差距不大。作者的解释是,ViT 是在 Patch 水平上操作,而不是像素水平上。具体来讲,在像素水平上,空间维度是 224×224,而在 Patch 水平上,空间维度是(224/16)×(224/16),比 Patch 维度上小得多。在这个分辨率下学习表示空间位置,不论使用哪种策略都很容易,所以结果差不多。

表 7-1 不同的位置编码方式对 ViT 性能的影响

位置编码种类	模型精度
不添加位置编码	0.613 82
1D 位置编码	0.642 06
2D 位置编码	0.640 01
相对位置编码	0.640 32

7.2.3 ViT 的 Transformer 编码器

Transformer 编码器其实就是重复堆叠 Encoder Block L 次,Encoder Block 的结构图如图 7-16(a)所示,其主要由以下几部分组成。

(1) 层归一化:这种归一化的方法主要针对自然语言处理领域提出的,这里是对每个

Token 进行归一化处理，其作用类似于批量归一化。

(2) 多头注意力：该结构与 Transformer 模型中的一样，这里不展开叙述了。

(3) DropOut/DropPath：在原论文的代码中直接使用的是 DropOut 层，但在实现的代码中使用的是 DropPath(Stochastic Depth)，后者会带来更高的模型精度。

(4) MLP 模块：就是"全连接+GELU 激活函数+DropOut"，组成也非常简单，需要注意的是，第 1 个全连接层会将输入节点的个数增加到 4 倍，即[197,768]→[197,3072]，而第 2 个全连接层会将节点个数还原回原始值，即[197,3072]→[197,768]，结构图如图 7-16(b)所示。

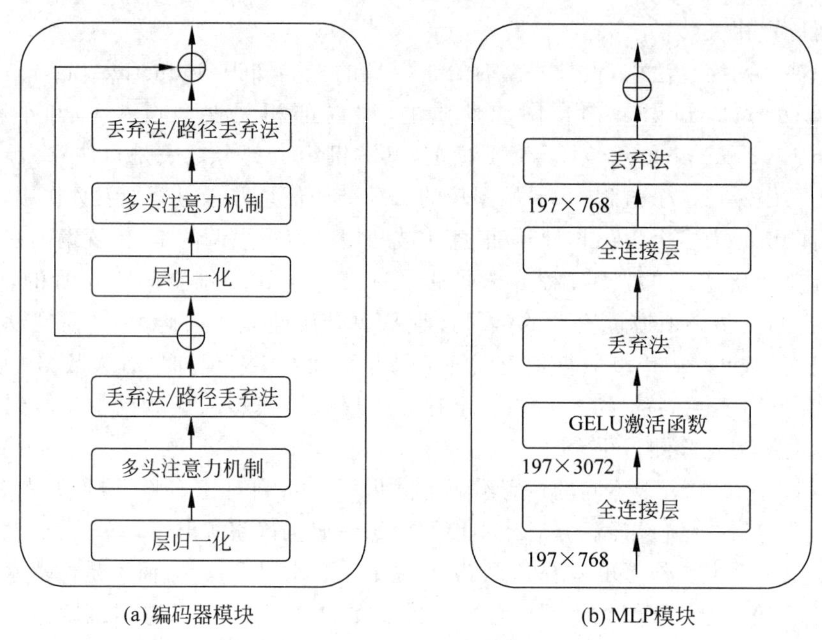

图 7-16 Encoder Block 结构图

7.2.4 MLP Head 模块

通过 Transformer 编码器后输出的张量的形状和输入的张量的形状是一致的，输入的是[197,768]，输出的还是[197,768]。因为只需要分类的信息，所以提取出[class]token 生成的对应结果就行了，即从[197,768]中抽取出[class]token 对应的[1,768]。因为自注意力计算全局信息的特征，这个[class]token 中已经融合了其他 Token 的信息。接着通过 MLP Head 得到最终的分类结果，如图 7-17 所示。

值得注意的是，关于[class]token 和 GAP 在原论文中作者也是通过一些消融实验来比较效果的，结果证明，GAP 和[class]token 这两种方式能达到的分类准确率相似，因此，为了尽可能地模仿 Transformer，选用了[class]token 的计算方式，具体实验结果如图 7-18 所示。

同时值得注意的是，选择 GAP 的计算方式时要采用较小的学习率，否则会影响最终精

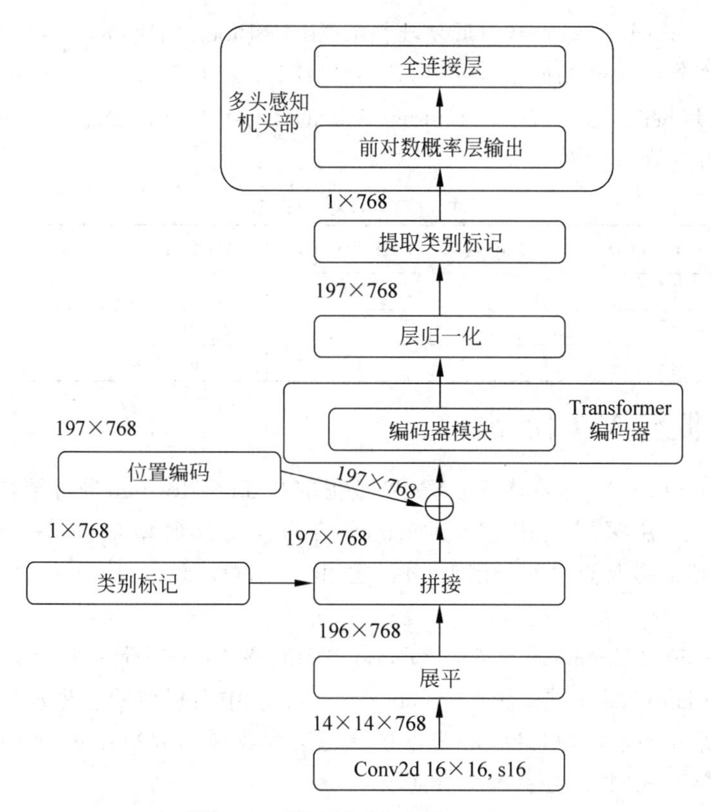

图 7-17 ViT Model Architecture

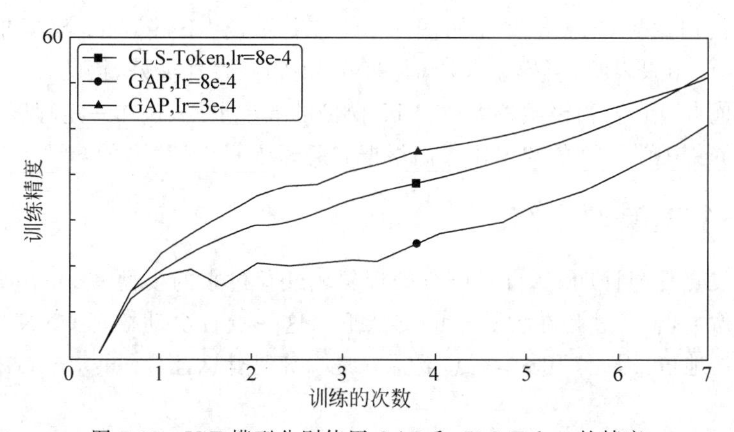

图 7-18 ViT 模型分别使用 GAP 和 CLS-Token 的精度

度。值得总结的一点是：在深度学习中，有时操作效果不佳，不一定是操作本身存在问题，也有可能是训练策略的问题，即"炼丹技巧"。

7.2.5 ViT 模型缩放

从表 7-2 中可以看到，论文给出了 3 个不同大小的模型(Base/Large/Huge)参数，其中

Layers 表示 Transformer 编码器中重复堆叠 Encoder Block 的次数，Hidden Size 表示对应通过嵌入层后每个 Token 的向量的长度(Dim)，MLP size 是 Transformer Encoder 中 MLP Block 第 1 个全连接的节点个数(是 Hidden Size 的 4 倍)，Heads 表示 Transformer 中多头注意力的注意力头数。

表 7-2 ViT 模型缩放

Model	Patch Size	Layers	Hidden Size	MLP size	Heads	Params
ViT-Base	16×16	12	768	3072	12	86M
ViT-Large	16×16	24	1024	4096	16	307M
ViT-Huge	14×14	32	1280	5120	16	632M

7.2.6 混合 ViT 模型

混合模型(Hybrid-ViT)将传统 CNN 特征提取和 Transformer 进行结合。该模型在浅层使用卷积结构，在深层使用 Transformer 结构。混合模型如图 7-19 所示，其中以 ResNet50 作为特征提取器的混合模型，不过这里的 ResNet50 与原论文中的 ResNet50 略有不同。

通过 ResNet50 Backbone 进行特征提取后，得到的特征矩阵张量的形状是[14,14,1024]，然后输入 Patch Embedding 层，注意 Patch Embedding 中卷积层的卷积核尺寸和步长都变成了 1，只是用来调整通道数，最终的张量形状也会变成[196,768]。模型的后半部分和前面 ViT 的结构完全相同，此处就不再赘述了。

实验结果如图 7-20 所示，横轴表示模型的计算复杂度，即模型大小；竖轴表示分类准确率。在 5 个数据集上的综合表现如图 7-20(a)所示，在 ImageNet 数据集上的表现如图 7-20(b)所示。结果表明，当模型较小时，Hybrid-ViT 表现最好，因为 Hybrid-ViT 综合了两个算法的优点，但是，当模型较大时，ViT 模型的效果最好，这在一定程度上说明了 ViT 模型自己从数据集中学习到的知识比人们根据先验赋予 CNN 模型的知识更有意义。

7.2.7 ViT 模型小结

ViT 的出发点是想证明，从自然语言处理领域迁移过来的模型 Transformer 同样可以很好地处理图像数据，尤其是在大数据的支持下。这一点首次动摇了 CNN 模型在计算机视觉领域的统治地位，因此，很多学者想要深入地探究是什么让 Transformer 模型效果如此出色。

由于 Transformer 的论文中力推自注意力机制，因此在之后的很多年人们都先入为主地认为自注意力机制在 Transformer 中起到了重要作用，但是最近的一些文章证明了它并非 Transformer 中必不可少的操作。论文 *MLP-Mixer: An all-MLP Architecture for Vision* 将 ViT 中 Transformer 编码器中的多头注意力操作换成了 MLP，模型依然可以获得不错的性能，这个工作证明了自注意力机制并不是 Transformer 模型成功的唯一关键因素。值得注意的是，当把多头自注意力机制操作换成了 MLP，整个 ViT 模型其实变成了一个

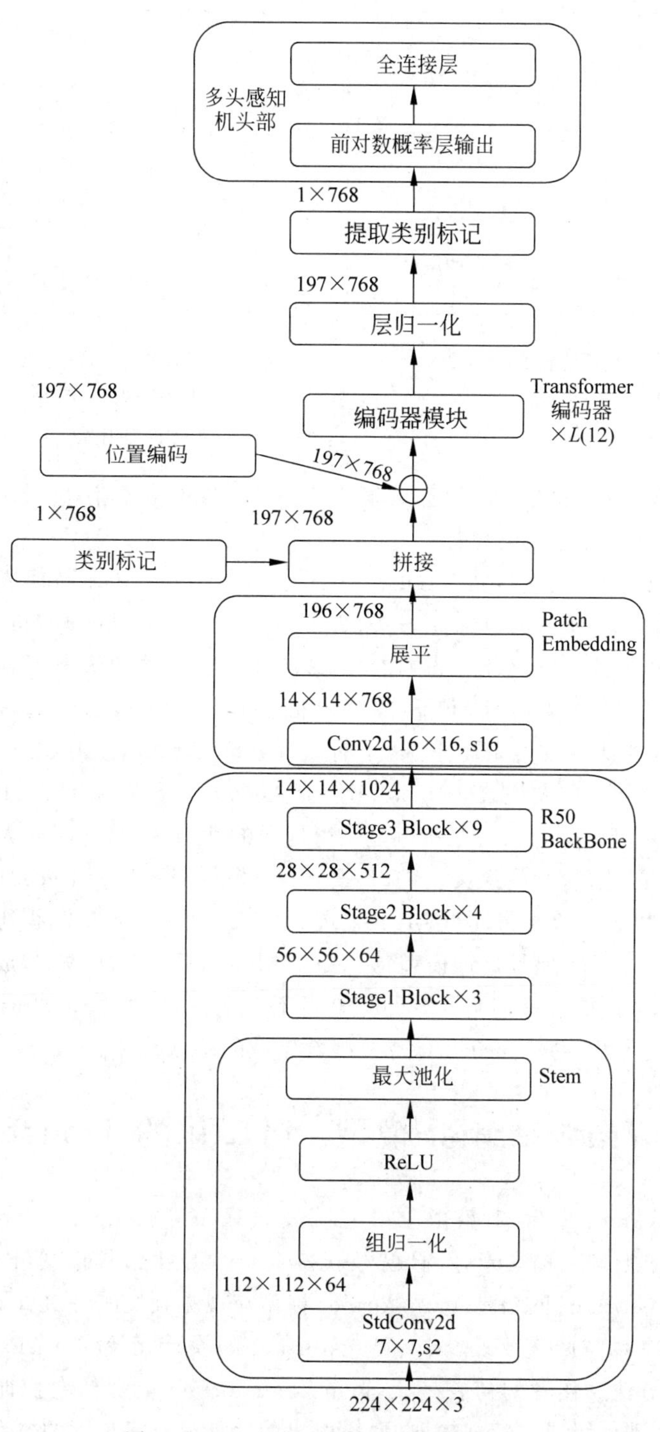

图 7-19 R50＋ViT-B/16 Hybrid Model

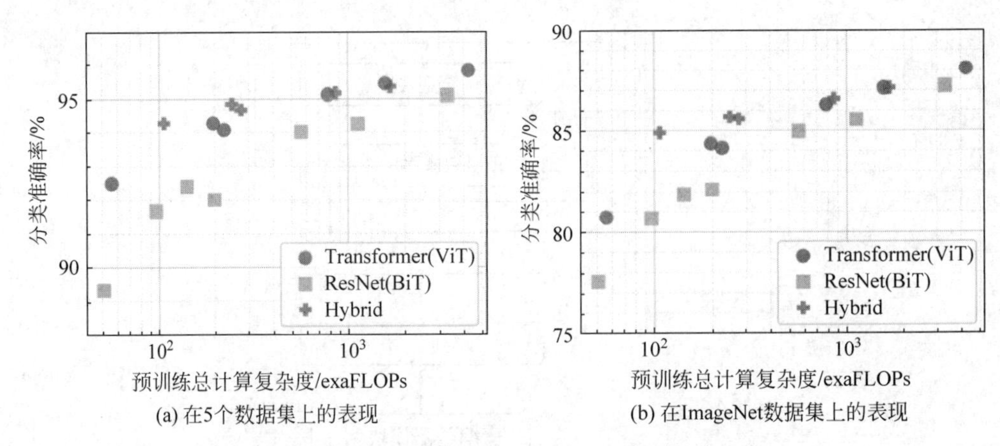

图 7-20　ViT、Hybrid-ViT 和 ResNet 模型性能比较

MLP 模型，回到了深度学习的起点算法——神经网络算法。最终形成了 CNN、Transformer、MLP 三足鼎立的态势。

另外，有些激进的学者直接将 Transformer 中的自注意力机制替换成了没有可学习参数的池化层，例如论文 *MetaFormer is actually what you need for vision*。令人惊讶的是，这种做法的模型仍然能够获得不错的性能表现，因此，这些学者认为，Transformer 成功的关键在于整体的模型框架设计，他们将这个框架称为 MetaFormer。虽然学术界对于 Transformer 为何如此有效尚无统一答案：有人说，Self-Attention is all you need；有人说，MLP is all you need；有人说，Patch is all you need；也有人说，MetaFormer is all you need。依笔者所见，Transformer 之所以能取得优异的性能表现，离不开大量的训练数据和计算资源的支持，因此，从某种意义上讲，答案就是 Money is all you need！

在 CV 中，深度学习算法最初从 MLP 发展到 CNN，又从 CNN 发展到 Transformer，如今看上去又回到了 MLP，但是这种模型，如 MLP-Mixer，已经有了改进，成为一个全新的算法。历史上，技术的发展总是螺旋上升的。笔者十分期待，经过 Transformer 和 MLP 的冲击后，CNN 是否能厚积薄发，重夺在计算机视觉领域的统计地位。

7.3　Swin Transformer 模型：窗口化的 Transformer

Swin Transformer 是 2021 年微软研究院发表在 ICCV（International Conference on Computer Vision）上的一篇文章，并且已经获得 ICCV 2021 最佳论文（Best Paper）的荣誉称号。Swin Transformer 网络是 Transformer 模型在视觉领域的一次重要尝试。该模型在多项视觉任务中有卓越的表现。Swin Transformer 的设计借鉴了 Vision Transformer 模型对图片的处理方法。作者的初衷是让 Swin Transformer 能够像卷积神经网络一样分成多个模块，从而实现层级式的特征提取，使提取出的特征具有多尺度的概念。

直接将标准 Transformer 应用于视觉领域存在一些问题，主要是尺度不一和高分辨率的图像所带来的计算复杂度问题。例如,在一张街景的图片中,有许多不同大小的车辆和行人,这种尺度差异的情况在自然语言处理中并不存在。此外,高分辨率图像会导致序列长度急剧增加,进而增加计算复杂度。为了解决这些问题,研究人员尝试了许多方法,包括将卷积提取的特征图作为 Transformer 的输入、将图像分成多个 Patch 以降低分辨率或将图像分割成小窗口等。Swin Transformer 采用了移动窗口的方法来学习特征。移动窗口不仅提高了效率,同时由于自注意力机制是在窗口内进行计算的,所以可以大大地降低序列长度,进而使 Swin Transformer 可以处理高分辨率图像。此外,通过移动(Shifting)操作,相邻的两个窗口之间可以进行交互,从而使上下层之间具有交叉窗口连接,从而达到全局建模的效果。

Swin Transformer 的层级式结构不仅可以灵活地提供各种尺度的信息,也可以降低模型的计算复杂度,使 Swin Transformer 成为可以处理极大分辨率的预训练模型。

论文名称: *Swin Transformer*: *Hierarchical Vision Transformer Using Shifted Windows*,相关资源可扫描目录处二维码下载。

7.3.1 Swin Transformer 网络整体框架

在正文开始之前,先来简单对比下 Swin Transformer 和之前讲解的 ViT 模型。Swin Transformer 如图 7-21(a)所示,ViT 如图 7-21(b)所示。

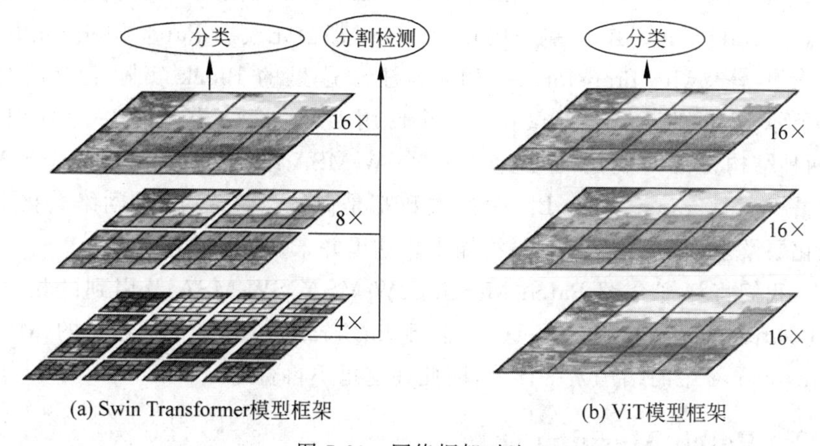

图 7-21 网络框架对比

通过对比至少可以看出两点不同:

Swin Transformer 模型使用了类似卷积神经网络中的层次化构建方法(Hierarchical Feature Maps),例如它的特征图尺寸中包括下采样 4 倍、8 倍和 16 倍的特征图。这种设计有助于网络提取更高级别的特征,使它更适合用于目标检测、实例分割等任务,而在之前的 ViT 模型中,网络一开始就直接下采样 16 倍,并且在后面的特征图中也维持着这个下采样率不变。

Swin Transformer 使用了 Windows Multi-Head Self-Attention(W-MSA)的概念。例

如,当目前采样率为 4 倍和 8 倍时,特征图被划分成了多个不相交的窗口(Windows),而窗口并不是最小的计算单元,最小的计算单元是窗口内的 Patch 块。每个窗口内都有 $m \times m$ 个 Patch 块,Swin Transformer 的原论文中 m 的默认值为 7,因此每个窗口内有 49 个 Patch。由于自注意力计算都分别在窗口内完成,所以序列长度永远都是 49(而 ViT 中是 $14 \times 14 = 196$ 的序列长度)。尽管通过基于窗口的方式计算自注意力有效地解决了内存和计算量的问题,但窗口与窗口之间没有进行通信,从而限制了模型的能力,无法达到全局建模的效果,因此,在论文中,作者提出了 Shifted Windows Multi-Head Self-Attention(SW-MSA)的概念,通过这种方法可以使信息在相邻的窗口之间传递,这将在后面进行详细讨论。

简单看一下原论文中给出的关于 Swin Transformer 网络的结构图,如图 7-22(a)所示。首先将图片输入 Patch Partition 模块中进行分块,即每 4×4 相邻的像素为一个 Patch,然后在通道维度上展平。假设输入的是 RGB 三通道图片,那么每个 Patch 就有 $4 \times 4 = 16$ 像素,然后每个像素有 R、G、B 三个值,所以展平后数据维度是 $16 \times 3 = 48$,所以通过 Patch Partition 后图像张量的形状由$[\boldsymbol{H}, \boldsymbol{W}, 3]$变成了$[\boldsymbol{H}/4, \boldsymbol{W}/4, 48]$,然后通过线性嵌入层对每个像素的通道数据进行线性变换,由 48 变成 $\boldsymbol{C}$,即图像张量的形状再由 $[\boldsymbol{H}/4, \boldsymbol{W}/4, 48]$变成了$[\boldsymbol{H}/4, \boldsymbol{W}/4, \boldsymbol{C}]$。其实在源码中 Patch Partition 和线性嵌入操作就是直接通过一个卷积层实现的,和之前 ViT 模型中的 Embedding 层结构一模一样。

接下来,Swim Transformer 模型通过 4 个 Stage 构建不同尺寸的特征图。Stage 1 先通过一个 Linear Embedding 层,而剩下的 3 个 Stage 都会先使用 Patch Merging 层进行下采样,然后重复堆叠 Swin Transformer Block,注意这里的 Block 实际上有两种结构,如图 7-22(b)所示,它们的不同之处仅在于一个使用 W-MSA 结构,而另一个使用 SW-MSA 结构。这两种结构是成对使用的,先使用一个 W-MSA 结构,然后使用一个 SW-MSA 结构,因此堆叠 Swin Transformer Block 的次数都是偶数。最后,分类网络会接上一个 LN 层、全局池化层及全连接层,以得到最终输出。这里并未在顶层图中给出。

接下来,我们将详细介绍 Patch Merging、W-MSA、SW-MSA 及用到的相对位置偏置(Relative Position Bias)。需要注意的是,Swin Transformer Block 中的 MLP 结构和 Vision Transformer 中的结构是一样的,因此在这里不再赘述。

7.3.2 Patch Merging 详解

如 7.3.1 节所述,在每个 Stage 中首先要通过一个 Patch Merging 层进行下采样(Stage 1 除外),此操作的目的是将特征信息从空间维度转移到通道维度。假设输入 Patch Merging 的是一个 4×4 大小的单通道特征图,以特征图左上角的 4 个元素为起点,通过间隔采样得到 4 个子特征图,然后将这 4 个子特征在通道维度上进行拼接,再通过一个 LN 层。最后通过一个全连接层在特征图的深度方向做线性变换,将特征图的深度由 $\boldsymbol{C}$ 变成 $\boldsymbol{C}/2$,如图 7-23 所示。通过这个简单的例子可以看出,经过 Patch Merging 层后,特征图的高和宽会减半,深度会翻倍。

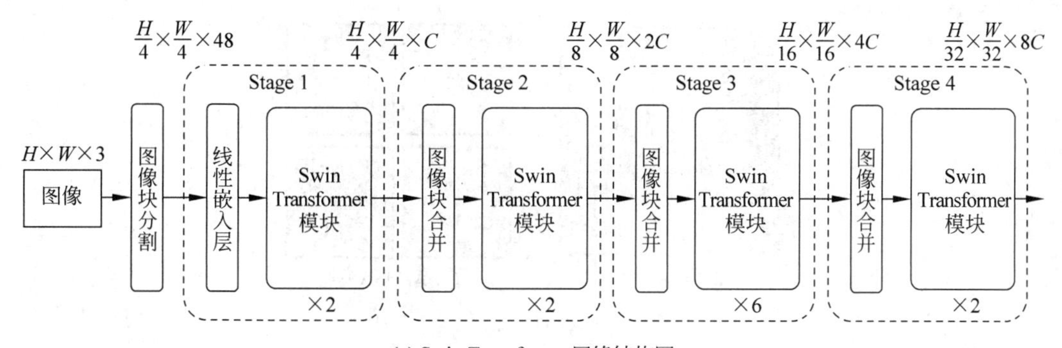

(a) Swin Transformer网络结构图

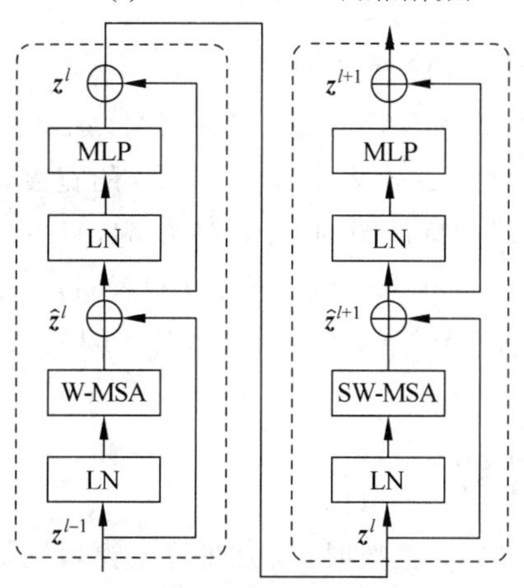

(b) 两个连续的Swin Transformer块

图 7-22 Swin Transformer S 结构图

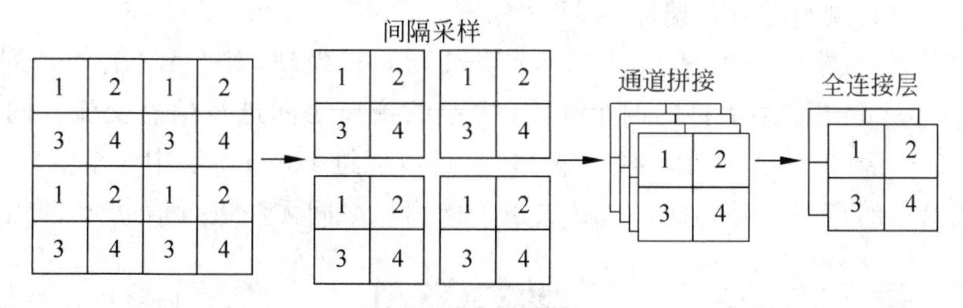

图 7-23 Patch Merging

7.3.3 W-MSA 详解

引入 W-MSA 模块是为了减少计算量。普通的 MSA 模块如图 7-24(a)所示,对于特征图中的每个像素,在自注意力计算过程中需要和所有的像素进行计算。W-MSA 模块如图 7-24(b)所示,在使用 W-MSA 模块时,首先将特征图按照 $M\times M$ 的大小划分成一个窗口(例子中的 $M=4$),然后单独对每个 Windows 内部进行自注意力计算。

两者的计算量具体差多少呢?原论文中有给出下面两个公式,这里忽略了 Softmax 函

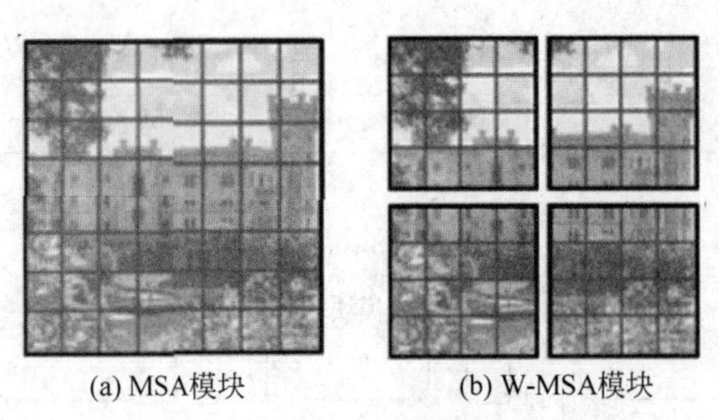

图 7-24 两种自注意力方式对比

数的计算复杂度：

$$\Omega(\text{MSA}) = 4hwC^2 + 2(hw)^2C$$
$$\Omega(\text{W-MSA}) = 4hwC^2 + 2M^2hwC \tag{7-2}$$

其中，h 代表 Feature Map 的高度，w 代表 Feature Map 的宽度，C 代表 Feature Map 的深度，M 代表每个窗口的大小。假设特征图的 h、w 都为 64，$M=4$，$C=96$。采用多头注意力(MSA)模块的计算复杂度为 $4\times64\times64\times962+2\times(64\times64)^2\times96=3\ 372\ 220\ 416$ 而采用 W-MSA 模块的计算复杂度为 $4\times64\times64\times962+2\times42\times64\times64\times96=163\ 577\ 856$，节省了95%的计算复杂度。

7.3.4 SW-MSA 详解

如 7.3.3 节所述，使用 W-MSA 模块时，只会在每个窗口内进行自注意力计算，因此窗口与窗口之间无法进行信息传递。为了解决这个问题，作者引入了 SW-MSA 模块，即进行偏移的 W-MSA，如图 7-25 所示。计算自注意力机制前，窗口发生了偏移，可以理解成窗口从左上角分别向右侧和下方各偏移了 $M/2$ 像素。

在此情况下，观察图 7-25 展示的 Layer 1+1 层可以发现，对于第 1 行第 2 列的 2×4 窗口，它可以使 Layer 1 层第 1 排的两个 4×4 大小的窗口之间进行信息交流。同样的道理，对于 Layer 1+1 第 2 行第 2 列的 4×4 窗口，它可以促进 Layer 1 层中 4 个窗口之间的信息交流。其他窗口的情况也是如此。这解决了不同窗口之间无法进行信息交流的问题。

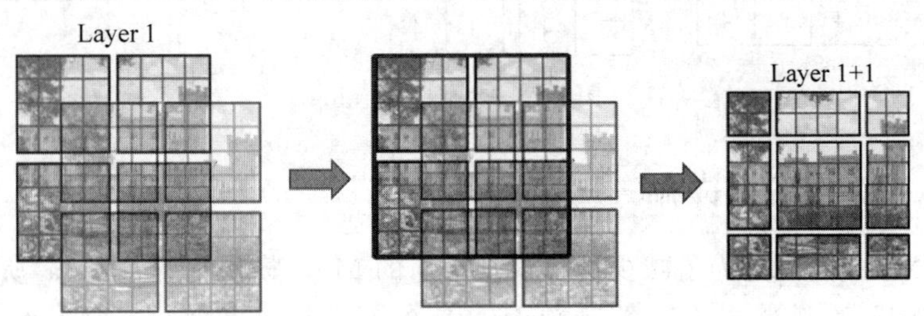

图 7-25 Shifted Windows Multi-Head Self-Attention

观察图 7-25，可以发现将窗口进行偏移后，窗口之间实现了信息的交互，但原始的特征图仅包含 4 个窗口，经过移动窗口后，窗口数量增加到了 9 个，而且这 9 个窗口的大小并不完全相同，从而导致了计算难度的增加，因此，作者提出了一种更加高效的计算方法，即Efficient Batch Computation for Shifted Configuration，如图7-26所示。

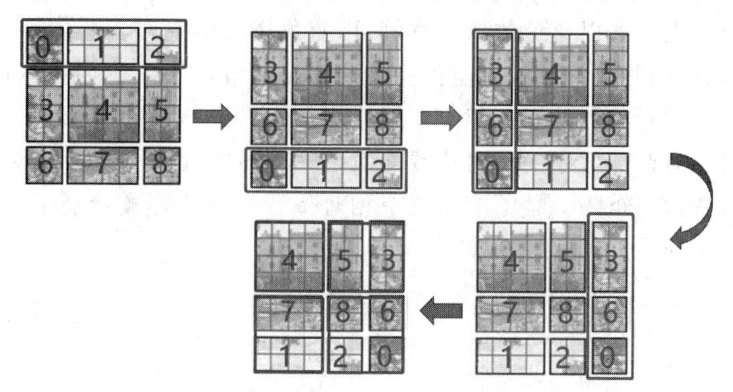

图7-26 Efficient Batch Computation for Shifted Configuration

先将"012"区域移动到最下方，再将"360"区域移动到最右方，此时移动完后，区域"4"成为一个单独的窗口，再将区域"5"和"3"合并成一个窗口；将"7"和"1"合并成一个窗口；将"8""6""2"和"0"合并成一个窗口。由于这样又和原来一样变为4个4×4的窗口了，所以能够保证计算量的一致，然后分别在每个窗口内进行自注意力计算操作来提取特征，这样可以达到更有效地利用GPU并行计算的加速效果，但是把不同的区域合并在一起(例如5和3)进行MSA，从逻辑上讲是不合理的，因为这两个区域并不应该相邻。为了防止出现这个问题，在实际计算中使用的是带蒙版的MSA(Masked MSA)，这样就能够通过设置蒙版来隔绝不同区域的信息了。关于蒙版如何使用，先回顾常规的MSA计算过程：

$$\text{Attention}(\boldsymbol{Q},\boldsymbol{K},\boldsymbol{V})=\text{Softmax}\left(\frac{\boldsymbol{QK}^{\mathrm{T}}}{\sqrt{d_k}}\right)\boldsymbol{V} \tag{7-3}$$

可以发现，其在最后输出时要经过Softmax操作，Softmax在输入很小时，其输出几乎为0。以图7-26的区域"5"和区域"3"合并后的区域"53"为例，如果某像素属于区域5，则只想让它和区域"5"内的像素进行匹配。为了实现这个目标，可以将该像素与区域"3"中的所有像素进行注意力计算，将计算结果减去100。这样，在经过Softmax之后，对应的权重就会接近于0，因此，对于该像素而言，实际上只与区域"5"内的像素进行了MSA。对于其他像素也是同理。需要注意的是，在计算结束后，还需要将数据移到原来的位置上。

7.3.5 相对位置偏置详解

关于相对位置偏置，原论文中指出使用该技术能够带来明显的性能提升。根据实验结果，在ImageNet数据集上，如果不使用任何位置偏置，则Top-1准确率为80.1%，但使用相对位置偏置后，Top-1准确率为83.3%，提升效果明显。相对位置偏置的添加方式如下：

$$\text{Attention}(\boldsymbol{Q},\boldsymbol{K},\boldsymbol{V})=\text{Softmax}\left(\frac{\boldsymbol{QK}^{\mathrm{T}}}{\sqrt{d}}+\boldsymbol{B}\right)\boldsymbol{V} \tag{7-4}$$

要理解相对位置偏置，应先理解什么是相对位置索引和绝对位置索引，如图7-27所示，首先可以构建出每个像素的绝对位置(左上方的矩阵)，对于每个像素的绝对位置是使用行号和列号表示的。例如蓝色的像素对应的是第 0 行第 0 列，所以绝对位置索引是(0,0)，接下来再看相对位置索引。以蓝色的像素举例，用蓝色像素的绝对位置索引与其他位置索引进行相减，就可以得到其他位置相对蓝色像素的相对位置索引。例如黄色像素的绝对位置索引是(0,1)，则它相对蓝色像素的相对位置索引为(0,0)−(0,1)=(0,−1)。那么同理可以得到其他位置相对蓝色像素的相对位置索引矩阵。同样，也可以得到相对黄色、红色及绿色像素的相对位置索引矩阵。接下来将每个相对位置索引矩阵按行展平，并拼接在一起就可以得到图 7-27 所示的 4×4 矩阵。

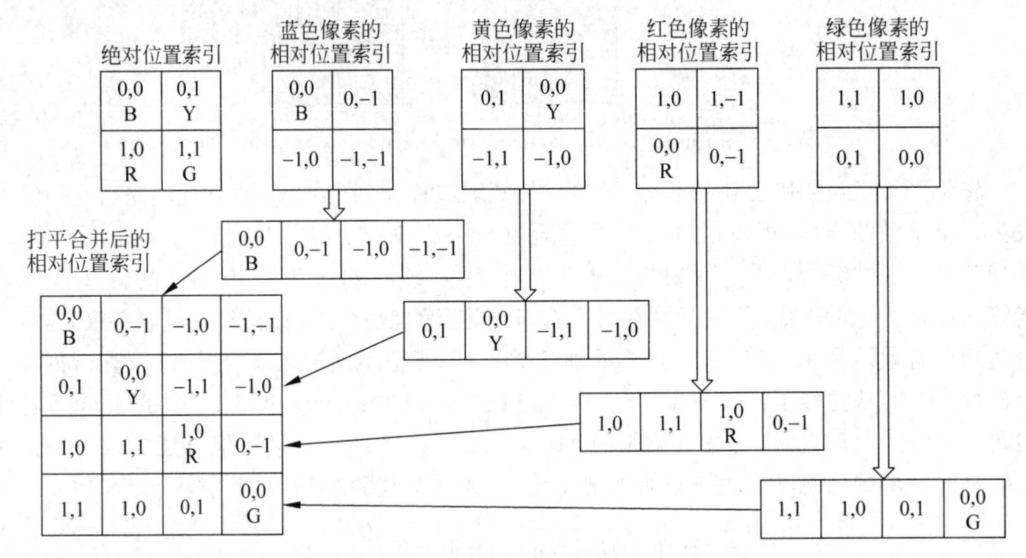

图 7-27　相对位置索引

需要注意，到此，计算得到的是相对位置索引，并不是相对位置偏置参数。因为后面会根据相对位置索引获取对应的参数，如图 7-28 所示。例如，由于黄色像素在蓝色像素的右边，所以相对蓝色像素的相对位置索引为绿色像素在红色像素的右边，由此可知，相对于红色像素的相对位置索引可以发现这两者的相对位置索引，所以它们使用的相对位置偏置参数都是一样的。

在 Swin Transformer 中，相对位置索引能够提供比绝对位置索引更好的性能，主要有以下几个原因。

(1) 更强的空间感知能力：相对位置索引可以更好地捕捉图像中像素之间的空间关系。相比之下，绝对位置索引只能表达每个像素在整个图像中的位置，而不能表达像素之间的相对位置关系。在处理图像这种具有明显空间关系的数据时，像素之间的相对位置关系往往比它们在整个图像中的绝对位置更重要。

(2) 更好的泛化能力：相对位置索引对输入数据的大小和形状更具有稳健性。由于相对位置索引只关心像素之间的相对位置关系，因此即使输入图像的大小或形状发生改变，模型也可以很好地处理。相比之下，绝对位置索引需要对每种大小和形状的图像都单独地进

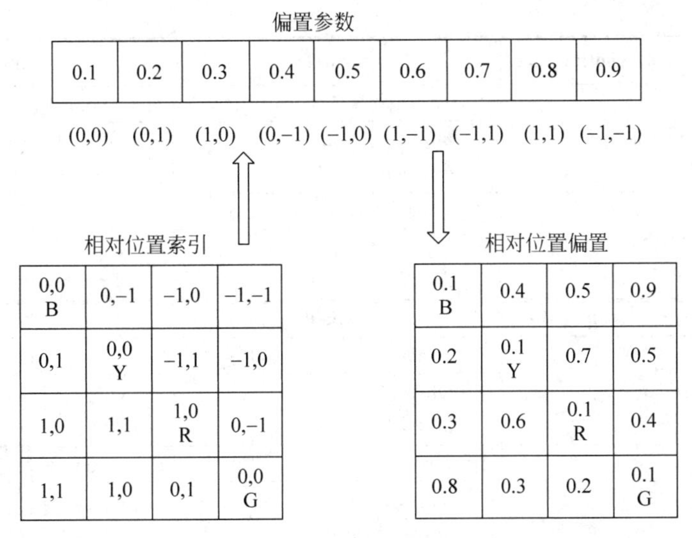

图 7-28　相对索引偏置

行编码，这可能限制了模型的泛化能力。

(3) 更好的对齐能力：在 Swin Transformer 的设计中，每个 Transformer 层的窗口都会进行一定的移位。这种设计使每个像素都能在不同的窗口中，从而能接触到更广泛的上下文信息。相对位置索引可以很好地适应这种窗口移位操作，因为它只关心像素之间的相对位置关系。相比之下，绝对位置索引可能在这种窗口移位操作下面临困难，因为它需要对每个窗口单独地进行位置编码。

因此，相对位置索引在 Swin Transformer 中通常能够提供比绝对位置索引更好的性能。

7.3.6　Swin Transformer 模型详细配置参数

原论文中给出的关于不同 Swin Transformer 的配置：T(Tiny)、S(Small)、B(Base)、L(Large)见表 7-3，其中，"win. sz. 7×7"表示使用的窗口大小。dim 表示特征图的通道深度(或者说 Token 的向量长度)。head 表示多头注意力模块中注意力头的个数。

表 7-3　Swin Transformer 模型参数的配置

模型阶段	downsp. rate (output size)	Swin-T		Swin-S	
stage 1	4×(56×56)	concat 4×4,96-d,LN		concat 4×4,96-d,LN	
		win. sz. 7×7, dim 96,head 3	×2	win. sz. 7×7, dim 96,head 3	×2
stage 2	8×(28×28)	concat 2×2,192-d,LN		concat 2×2,192-d,LN	
		win. sz. 7×7, dim 192,head 6	×2	win. sz. 7×7, dim 192,head 6	×2

续表

模型阶段	downsp. rate (output size)	Swin-T		Swin-S	
stage 3	16×(14×14)	concat 2×2,384-d,LN		concat 2×2,384-d,LN	
		win. sz. 7×7, dim 384,head 12	×6	win. sz. 7×7, dim 384,head 12	×18
stage 4	32×(7×7)	concat 2×2,768-d,LN		concat 2×2,768-d,LN	
		win. sz. 7×7, dim 768,head 24	×2	win. Sz. 7×7, dim 768,head 24	×2
模型阶段	**downsp. rate (output size)**	**Swin-B**		**Swin-L**	
stage 1	4×(56×56)	concat 4×4,128-d,LN		concat 4×4,192-d,LN	
		win. sz. 7×7, dim 128,head 4	×2	win. sz. 7×7, dim 192,head 6	×2
stage 2	8×(28×28)	concat 2×2,256-d,LN		concat 2×2,384-d,LN	
		win. sz. 7×7, dim 256,head 8	×2	win. sz. 7×7, dim 384,head 12	×2
stage 3	16×(14×14)	concat 2×2,512-d,LN		concat 2×2,768-d,LN	
		win. sz. 7×7, dim 512,head 16	×18	win. sz. 7×7, dim 768,head 24	×18
stage 4	32×(7×7)	concat 2×2,1024-d,LN		concat 2×2,1536-d,LN	
		win. sz. 7×7, dim 1024,head 32	×2	win. Sz. 7×7, dim 1536,head 48	×2

7.3.7 Swin Transformer 模型讨论与总结

实际上，笔者认为 Swin Transformer 模型可以被视为一种优化版的 CNN 模型，是一种披着 Transformer 外壳的 CNN，其主要的优化在于用局部 Patch 的自注意力机制替代了 CNN 的卷积。在模型设计思想上，Swin Transformer 处处都在模仿 CNN，例如 Windows 的机制类似于卷积核的局部相关性。层级结构的下采样类似于 CNN 的层级结构。Windows 的 Shift 操作类似于卷积的 non-overlapping 的步长，因此，虽然 Transformer 模型在计算机视觉领域占据了一定的地位，但也不应该忽视卷积的重要性。在计算机视觉领域自注意力不会替代卷积操作，而是和卷积操作融合，取长补短。例如，图像和文本的一个显著区别在于图像比文本维度更大，因此直接使用自注意力会导致计算量异常庞大，这显然不是我们所期望的。为了缓解这个问题，可以借鉴卷积神经网络的局部特征提取思想，或者干脆在网络的前几层使用卷积。例如，ViT 模型将图片分成多个无重叠的 Patch，每个 Patch 通过线性映射操作映射为 Patch Embedding，这个过程其实就是卷积。

卷积操作有两个假设：局部相关性和平移不变性。这两个假设被认为是卷积操作在计算机视觉领域如此有效的原因之一，因为这两个假设与图像的数据分布非常匹配。这样，可以尝试将这两个假设和自注意力机制结合起来，即自注意力计算不是针对全局的，而是类似卷积一样，一个 Patch 一个 Patch 地滑动，每个 Patch 里做自注意力计算，这就是 Swin

Transformer 的思路。

此外，我们面对一个领域内的多种方法时，通常会按照它们的优劣进行排序，然而实际上，这种做法是没有必要的，因为每种方法都有其适用的范围，也都有其优缺点，因此，我们应该拥有更为开放和包容的心态，不要在不知道具体数据分布的情况下强行进行排序，也不要盲目地接受他人的排序。只有当数据分布被确定之后，才能分析已有方法的特性，以确定哪种方法与之相匹配，最终将这些方法的优点集于一身，岂不美哉？

在深度学习火爆时，许多初学者会有这样的疑惑："既然有了深度学习，是否还需要传统机器学习算法？"笔者在前文中讨论过这个问题："尺有所短，寸有所长。"每个模型都有它适用的范围，深度学习也不例外。例如，如果你的数据天然是线性可分的，则 SVM 将会是最好的选择，如果你选了"高大上"的深度学习，则结果反而会适得其反。面对一个任务，首先需要分析这个任务的需求，然后在武器库（也就是各种模型）里寻找跟这个需求匹配的武器，知己知彼，方能百战不殆。不要瞧不起 SVM 这样的"匕首"，也不要太高地看深度学习这样的"屠龙刀"。

7.4 VAN 视觉注意力网络：基于卷积实现的注意力机制

虽然 Transformer 最初是为自然语言处理任务而设计的，但最近已经在各种计算机视觉领域掀起了风暴，然而，图像是有空间信息的二维数据，这给在计算机视觉中应用 Transformer 带来了 3 个挑战：

（1）将图像视为一维序列而忽略了其二维结构。

（2）对于高分辨率的图像来讲，自注意力计算复杂性太高了。

（3）自注意力只能抓住空间适应性而忽略了通道适应性。

在此工作中，作者提出了一种新的注意力机制，名为大核注意力机制（Large Kernel Attention，LKA），以此来模仿自注意力中的自适应性和长距离的相关性，同时避免其缺点。此外，这篇文章还提出了一个基于大核注意力机制的神经网络，即视觉注意力网络（Visual Attention Network，VAN）。虽然非常简单，但 VAN 在各种任务中的性能表现可以超过类似规模的 ViT 和 CNN 模型，包括图像分类、物体检测、语义分割、全景分割、姿势估计等。

论文名称：*Visual Attention Network*，相关资源可扫描目录处二维码下载。

7.4.1 相关工作

在处理图像数据时，学习特征表示（Feature Representation）很重要，CNN 因为使用了局部相关性和平移不变性这两个归纳偏置，极大地提高了神经网络的效率。在加深网络的同时，网络也在追求更加轻量化。本书的文章与 MobileNet 有些相似，MobileNet 中把一个标准的卷积分解为两部分：一个逐层卷积和一个逐点卷积。本书把一个卷积分解成三部分：一个逐层卷积、一个逐层空洞卷积（Depth-wise 的空洞卷积）和一个逐点卷积，但它们的目的各有不同，MobileNet 拆分卷积的目的是减少参数量和计算复杂度；本书拆分卷积的目的是获得更大的计算感受野，以此来模仿自注意力计算全局的特性。

注意力机制使很多视觉任务有了性能提升。视觉的注意力可以被分为 4 个类别：通道注意力、空间注意力、时间注意力和分支注意力。每种注意力机制都有不同的效果。例如，SENet 采用的是通道注意力机制，而 ViT、Swin Transformer 等采用的是空间注意力机制。

Transformer 中的自注意力是一个特别的注意力，可以捕捉到长程的依赖性和适应性，但是，在视觉任务中自注意力机制有个致命的缺点，即它只实现了空间适应性却忽略了通道适应性。对于视觉任务来讲，不同的通道通常表示不同的概念，通道适应性在视觉任务中也很重要。为了解决这些问题，本书提出了一个新的视觉注意力机制：大核注意力机制。它不仅包含了自注意力的适应性和长程依赖，而且还吸收了卷积操作中可以同时对空间信息和通道信息做处理的优点。

在 CNN 出现之前，MLP 模型曾是非常知名的方法，但是由于高昂的计算需求和低下的效率，MLP 的能力被限制了很长一段时间。最近的一些研究成功地把标准的 MLP 分解为 Spatial MLP 和 Channel MLP，显著地降低了计算复杂度和参数量，释放了 MLP 的性能。这个方向将在第 8 章做主要讲解，但是基于 MLP 的模型有两个缺点：

（1）MLP 对输入尺寸很敏感，只能处理固定尺寸的图像。

（2）MLP 只考虑了全局信息而忽略了局部的信息。

而本书介绍的模型 VAN 可以充分利用 MLP 的优点并且避免它的缺点。

7.4.2 大核注意力机制

首先，注意力机制的关键在于会通过一系列操作得到一个与输入信息尺寸相同的注意力地图(Attention Map)，再将这个注意力地图与输入信息进行相乘，通过乘的方式对输入信息的重要程度进行重分配。至于得到注意力地图的方法则有很多种，自注意力只是这些方法中的一种而已。

VAN 模型通过卷积方法从输入信息中提取注意力地图。卷积的一个核心特性是局部相关性，这意味着它固有地缺乏远距离的注意力建模能力。尽管如此，模型可以尝试通过大型卷积核实现类似自注意力的全局建模，但这种策略带来了显著的问题：大型卷积核在计算时会产生巨大的计算负担和参数增长。为了克服这些问题，VAN 模型采用了一种策略：将大型卷积运算分解，从而更有效地捕捉远程关系。通过这种方式，模型能够在保持计算效率和参数数量可控的同时，增强其注意力机制的空间范围。一个大的核卷积可以分为 3 部分：一个逐层卷积(Depthwise 的卷积)；一个逐层空洞卷积(Depth wise 的空洞卷积)；一个逐点卷积(Pointwise 卷积)，如图 7-29 所示。

通过上述分解，可以让模型以小的计算量和小的参数量为代价捕捉到远程关系。在获得远程关系之后，就可以估计一个点的重要性并生成注意力地图了。

LKA 模块可以写为

$$\begin{aligned}\text{Attention} &= \text{Conv}_{1\times1}(\text{DW}-D-\text{Conv}(\text{DW}-\text{Conv}(F)))\\ \text{Output} &= \text{Attention}\otimes F\end{aligned} \tag{7-5}$$

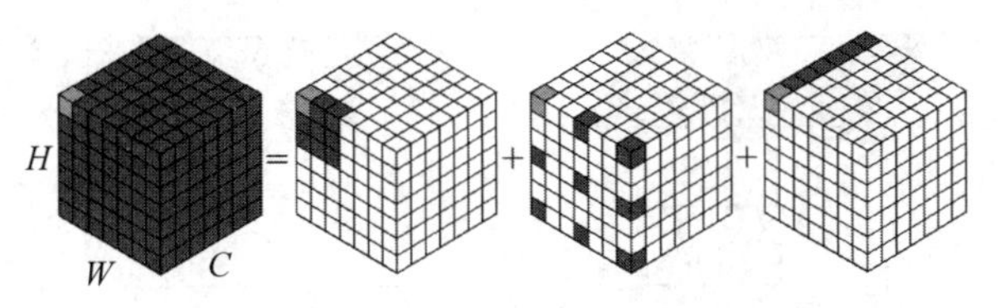

图 7-29 大核注意力机制

其中，⊗是指元素的乘积。通过 LKA 计算得到注意力地图之后，通过⊗输入信息实现注意力机制，如图 7-30 所示。

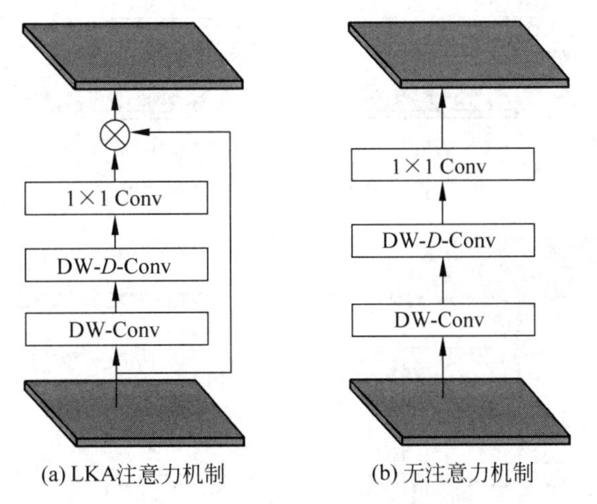

图 7-30 LKA Attention 结构图

LKA 的代码如下：

```
#第 7 章/lka.py
class LKA(nn.Module):
    def __init__(self, dim):
        super().__init__()
        self.conv0 = nn.Conv2d(dim, dim, 5, padding=2, groups=dim)
        self.conv_spatial = nn.Conv2d(dim, dim, 7, stride=1, padding=9, groups=
dim, dilation=3)
        self.conv1 = nn.Conv2d(dim, dim, 1)
    def forward(self, x):
        u = x.clone()
        attn = self.conv0(x)
        attn = self.conv_spatial(attn)
        attn = self.conv1(attn)
        return u *attn
```

值得一提的是，如果把⊗换成⊕，就变成了大名鼎鼎的残差结构，如图 7-31 所示。

最后，与自注意力算法相比，相似的是都计算得到一个注意力地图然后通过与输入信息相乘做注意力的重分配。不同的是，计算得到注意力地图的方法不同，VAN 模型采用的是 LKA 的方式，而不是自注意力机制，如图 7-32 所示。

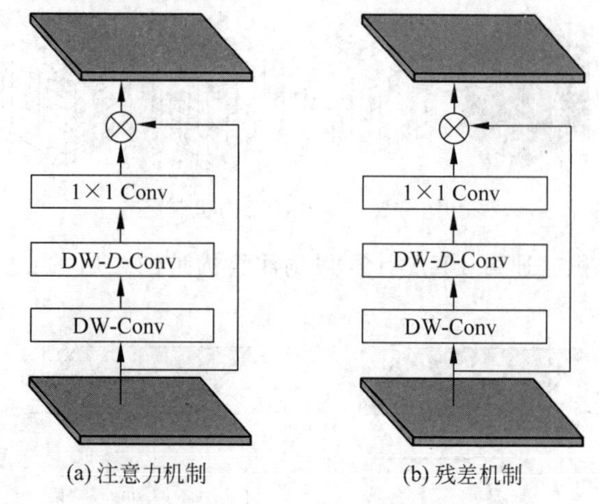

(a) 注意力机制　(b) 残差机制

图 7-31　LKA 注意力机制和残差机制

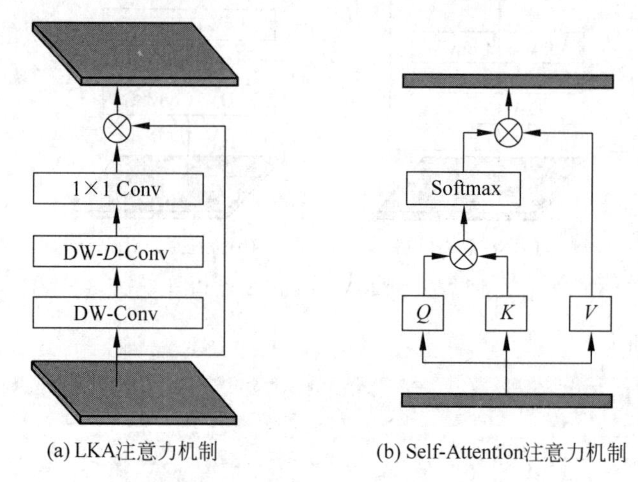

(a) LKA注意力机制　(b) Self-Attention注意力机制

图 7-32　LKA 注意力机制和自注意力机制

对比之下，LKA 融合了卷积和子注意力的优点，见表 7-4。

表 7-4　LKA 性质比较

性　质	卷积操作	自注意力机制	LKA
Local Receptive Field	√	×	√
Long-range Dependence	×	√	√
Spatial Adaptability	×	√	√
Channel Adaptability	×	×	√
计算复杂度	$O(n)$	$O(n\times n)$	$O(n)$

7.4.3 视觉注意力网络

VAN 模型的层级结构非常简单，由 4 个 Stage 序列构成，每个 Stage 都会降低空间分辨率和增加通道数，详细参数见表 7-5。

表 7-5　VAN 模型参数配置

步　骤	输出特征图尺寸	层　数	VAN						
			B0	**B1**	**B2**	**B3**	**B4**	**B5**	**B6**
1	$\frac{\boldsymbol{H}}{4}\times\frac{\boldsymbol{W}}{4}\times\boldsymbol{C}$	8	$C=32$ $L=3$	$C=64$ $L=2$	$C=64$ $L=3$	$C=64$ $L=3$	$C'=64$ $L=3$	$C'=96$ $L=3$	$C=96$ $L=6$
2	$\frac{\boldsymbol{H}}{8}\times\frac{\boldsymbol{W}}{8}\times\boldsymbol{C}$	8	$C=64$ $L=3$	$C'=128$ $L=2$	$C=128$ $L=3$	$C'=128$ $L=5$	$C'=128$ $L=6$	$C=192$ $L=3$	$C=192$ $L=6$
3	$\frac{\boldsymbol{H}}{16}\times\frac{\boldsymbol{W}}{16}\times\boldsymbol{C}$	4	$C=160$ $L=5$	$C'=320$ $L=4$	$C=320$ $L=12$	$C=320$ $L=27$	$C=320$ $L=40$	$C=480$ $L=24$	$C=384$ $L=90$
4	$\frac{\boldsymbol{H}}{32}\times\frac{\boldsymbol{W}}{32}\times\boldsymbol{C}$	4	$C'=256$ $L=2$	$C'=512$ $L=2$	$C=512$ $L=3$	$C=512$ $L=3$	$C'=512$ $L=3$	$C=768$ $L=3$	$C'=768$ $L=6$
参数量/百万			4.1	13.9	26.6	44.8	60.3	90.0	200
每秒浮点运算次数			0.9	2.5	5.0	9.0	12.2	17.2	38.4

其中，C 表示通道数量；L 表示每阶段的 LKA 模块数量。B0～7 代表模型的缩放，具体通过增加每阶段的 LKA 数量和通道数量实现。默认使用 5×5 逐层卷积、7×7 的空洞率为 3 的逐层卷积和 1×1 卷积来近似一个 21×21 尺寸的大卷积核进行卷积操作。在这种设置下，VAN 可以有效地实现近似全局注意力。至于在 ImageNet 数据集上的实验结果，VAN 相比同计算复杂度的其他先进模型，例如 ResNet、Swin Transformer、ConvNeXt 等具有更好的分类性能。

7.4.4　VAN 模型小结

依笔者所见，视觉注意力网络值得注意的一点是使用大核注意力机制的方式代替了 Transformer 中的自注意力机制。这似乎在提醒人们，在计算机视觉领域，不能因为对 Transformer 的过度追求而放弃卷积算法。虽然 VAN 这个工作并不像 ViT、Swin Transformer 等经典的著名工作那样知名，但是笔者仍然将其列在这里，以向大家说明，自注意力机制实现的效果，卷积也同样可以实现，效果并不逊色。

以下是视觉注意力网络的主要特点。

(1) 注意力机制：视觉注意力网络利用注意力机制，根据图像中的不同区域分配权重。这种机制使模型能够关注图像中最重要的部分，从而提高识别、检测和分割等任务的性能。

(2) 端到端训练：视觉注意力网络通常采用端到端训练的方式，直接从原始图像数据中学习图像表示和注意力权重。这种方法使模型能够自动学习到有用的特征和注意力分布，而无须人工干预。

(3) 可解释性：视觉注意力网络的一个重要优势是其可解释性。通过可视化注意力权重，可以直观地了解模型在处理图像时关注的区域。这有助于分析模型性能，以及指导模型改进和调整。

(4) 多尺度处理：视觉注意力网络可以处理多尺度的图像信息，从而在不同分辨率和场景下保持良好的性能。通过在不同尺度上计算注意力权重，模型能够捕捉到图像中的细节和全局信息。

(5) 广泛应用：视觉注意力网络在计算机视觉领域有广泛的应用，包括图像分类、物体检测、语义分割、行为识别和视频分析等。注意力机制的引入使模型能够在这些任务中实现更高的性能。

7.5 ConvNeXt 模型：披着"Transformer"的"CNN"

自从 ViT 模型被提出以后，在过去的几年里，Transformer 在深度学习领域大杀四方。回顾近几年，在计算机视觉领域发表的文章绝大多数是基于 Transformer 模型的，例如 2021 年 ICCV 的 *Swin Transformer*，而卷积神经网络已经开始慢慢淡出舞台中央，但是，在 2022 年 1 月，Facebook AI Research 和 UC Berkeley 团队一起发表了一篇文章 *A ConvNet for the 2020s*，在文章中提出了纯卷积神经网络 ConvNeXt，它对标的是 Swin Transformer。通过一系列实验比对，在相同的 FLOPs 下，ConvNeXt 模型比 Swin Transformer 拥有更快的推理速度及更高的准确率，在 ImageNet 22K 上 ConvNeXt-XL 达到了 87.8%的准确率，让大家重新看待 Transformer 外族入侵这个事态。

论文名称：*A ConvNet for the 2020s*，相关资源可扫描目录处二维码下载。

7.5.1 模型和训练策略选择

ConvNeXt 的设计完全基于现有的结构和方法，不包含任何新的结构或方法的创新。源代码简洁高效，只需不到一百行代码便可完成整个模型的构建，相对于 Swin Transformer，其构建过程更为直接和简单。

相反，Swin Transformer 引入了如滑动窗口和相对位置索引等相对复杂且难以理解的原理。其源码量较大，实现起来需要更多的时间和努力，然而，我们不能否认 Swin Transformer 的成功，这离不开其精心和巧妙的设计。

在介绍 ConvNeXt 之前，先思考一个问题：为什么现在基于 Transformer 架构的模型效果比卷积神经网络要好呢？

实际上，一个模型的最终表现是由数据集的质量、模型的设计及训练策略这 3 个因素共同决定的。ConvNeXt 论文的作者提出一个假设：随着技术的进步，各种新的结构和优化策略可能是推动 Transformer 模型性能提升的关键因素。那么，如果将这些相同的策略应用于训练卷积神经网络，则是否也能实现类似的效果呢？

为了探索这个问题，ConvNeXt 论文的作者进行了一系列实验，其中以 Swin Transformer 为参考标准。这些实验的目的是对比并理解在相同训练策略下，卷积神经网络和 Transformer 模型在性能上的差异。

在模型选择上，ConvNeXt 论文的作者以非常经典的卷积模型 ResNet-50 作为基线模型进行研究，并在训练策略上，做了以下训练调整：

(1) 从 90 Epoch 到 300 Epoch。

(2) 使用 AdamW 优化器,大幅提高了训练速度。相对于 Adam,AdamW 加上了正则项,以限制参数值的大小。

(3) 对输入数据使用 Mixup、CutMix、RandAugment、Random Erasing 等数据增强方法。Mixup 将随机的两个样本按比例混合,分类的结果按比例分配;CutMix 将一部分区域剪切掉但不填充 0 像素,而是随机填充数据集中其他数据的其余像素值,分类结果按一定的比例分配;RandAugment 是一种新的数据增强方法,主要思想是随机选择变换,调整它们的大小,以及 Random Erasing 随机擦除。

(4) 使用随机深度(Stochastic Depth)和标签平滑(Label Smoothing)操作。

(5) 使用指数移动平均值(EMA)技术减少模型过拟合。

结果分类准确率由 76.1%上升到 78.8%,这一个步骤提升了 2.7%的精度,然后以 78.8%这个准确率为起点,作者在模型结构设计上,又模仿 Swin Transformer 做了很多改进尝试。每个方案对最终结果的影响(ImageNet 1K 的准确率)如图 7-33 所示。很明显最后得到的 ConvNeXt 在相同 FLOPs 下准确率已经超过了 Swin Transformer。接下来,针对每个实验进行解析。

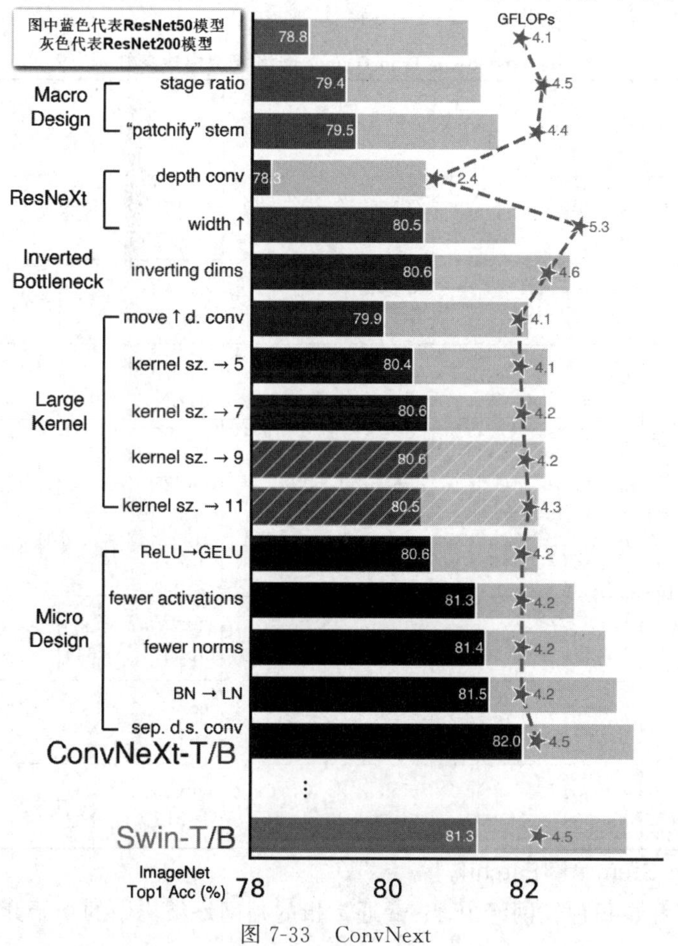

图 7-33 ConvNext

7.5.2 Macro Design

在 Macro Design 这部分作者主要研究了两方面：Changing Stage Compute Ratio 和 Changing Stem to "Patchify"。

1. Changing Stage Compute Ratio

Swin Transformer 和 CNN 一样也采用金字塔结构：包含 4 个 Stage，每个 Stage 输出不同尺度的特征。在原 ResNet 网络中，Stage 3 堆叠的 Block 的次数是最多的。ResNet50 中 Stage 1 到 Stage 4 堆叠 Block 的次数是(3,4,6,3)，比例大概是 1∶1∶2∶1，见表 5-8，但在 Swin Transformer 中，Swin-T 堆叠 Block 的次数比例是 1∶1∶3∶1，Swin-L 堆叠 Block 的次数比例是 1∶1∶9∶1，见表 7-6。很明显，在 Swin-T 中，Stage 3 堆叠 Block 的占比更高，所以作者调整了一下 ResNet 原先的分布，从(3,4,6,3)到(3,3,9,3)。这一步精度从 78.8%提高到 79.4%。不过这里需要注意的一点是，调整后由于 Blocks 数量增加了，所以模型的 FLOPs 从原来的 4G 增加至 4.5G，这个性能的提升在很大程度上归功于 FLOPs 的增加。关于各个 Stage 的计算量分配，并没有一个理论上的参考，不过 ResNet 和 EfficientNet V2 等论文中都指出，后面的 Stages 应该占用更多的计算量。

表 7-6 Swin Transformer 网络模型搭建参数

模型阶段	下采样率输出尺寸	Swin-T		Swin-S		Swin-B		Swin-L	
stage 1	4×(56×56)	concat 4×4, 96-d, LN		concat 4×4, 96-d, LN		concat 4×4, 128-d, LN		concat 4×4, 192-d, LN	
		win. sz. 7×7, dim 96, head 3	×2	win. sz. 7×7, dim 96, head 3	×2	win. sz. 7×7, dim 128, head 4	×2	win. sz. 7×7, dim 192, head 6	×2
stage 2	8×(28×28)	concat 2×2, 192-d, LN		concat 2×2, 192-d, LN		concat 2×2, 256-d, LN		concat 2×2, 384-d, LN	
		win. sz. 7×7, dim 192, head 6	×2	win. sz. 7×7, dim 192, head 6	×2	win. sz. 7×7, dim 256, head 8	×2	win. sz. 7×7, dim 384, head 12	×2
stage 3	16×(14×14)	concat 2×2, 384-d, LN		concat 2×2, 384-d, LN		concat 2×2, 512-d, LN		concat 2×2, 768-d, LN	
		win. sz. 7×7, dim 384, head 12	×6	win. sz. 7×7, dim 384, head 12	×18	win. sz. 7×7, dim 512, head 16	×18	win. sz. 7×7, dim 768, head 24	×18
stage 4	32×(7×7)	concat 2×2, 768-d, LN		concat 2×2, 768-d, LN		concat 2×2, 1024-d, LN		concat 2×2, 1536-d, LN	
		win. sz. 7×7, dim 768, head 24	×2	win. sz. 7×7, dim 768, head 24	×2	win. sz. 7×7, dim 1024, head 32	×2	win. sz. 7×7, dim 1536, head 48	×2

2. Changing Stem to "Patchify"

在深度学习和卷积神经网络中，stem 通常指的是网络结构中的初始几层。这些层的主要任务是对原始输入图像进行一系列的基本变换，为后续的网络层提取更抽象的特征做准备。

另外，从表5-8可以看出ResNet的第1次下采样stem使用Stride=2的7×7卷积，然后接一个最大池化操作，这样会使图像下采样4倍，而在Transformer当中，使用了更加激进的Patchify，即通过一个卷积核非常大且相邻窗口之间没有重叠的(stride等于kernel_size)卷积层进行下采样。例如在Swin Transformer中采用的是一个卷积核大小为4×4且步距为4的卷积层构成Patchify，同样是下采样4倍，因此，ConvNeXt中作者直接用Swin的stem来替换ResNet的stem，这个变动对模型效果影响较小：从79.4%提升至79.5%，这个步骤仅提升了0.1%的精度。

7.5.3 模仿ResNeXt模型

研究者尝试采用ResNeXt(详见5.6.8节)的思想来改进ConvNeXt模型，ResNeXt比普通的ResNet具有更好的FLOPs、准确度权衡。核心组件是分组卷积，其中卷积核被分成不同的组。在较高的层面上，ResNeXt的指导原则是"使用更多的组，扩大宽度"。更准确地说，ResNeXt对Bottleneck块中的3×3卷积层采用分组卷积。由于这显著减少了FLOPs，因此网络宽度被扩大以补偿容量损失。

在ConvNeXt的例子中，作者使用更激进的逐层卷积，这是分组卷积的一种特殊情况，其中组数等于通道数。逐层卷积已在MobileNet(详见6.1.2节)和Xception(详见5.5.5节)中得到推广。逐层卷积类似于自注意力中的加权求和操作，它在每个通道的基础上进行操作，即仅在空间维度上混合信息。

此外，当逐层卷积和1×1卷积组合使用时，导致空间和通道混合的分离，这是Transformer的属性，即使用自注意力计算空间信息，使用MLP计算通道信息，这两者也是分开计算的。逐层卷积的使用有效地降低了网络FLOPs，并且正如预期的那样。按照ResNeXt中提出的方法，将网络宽度增加到与Swin Transformer相同的通道数(从64到96)。这使网络性能提高到80.5%，增加了FLOPs(5.3G)。

7.5.4 Inverted Bottleneck反向瓶颈结构

Transformer Block中的MLP模块非常像MobileNet V2中的反向瓶颈模块，即两头细中间粗，因此在ConvNeXt模型中，也将原本残差网络中的瓶颈结构改成了Inverted Bottleneck。ResNet中采用的Bottleneck模块如图7-34(a)所示，ConvNeXt模型采用的反向瓶颈模块如图7-34(b)所示。

当作者采用Inverted Bottleneck模块后，在ResNet50模型上准确率由80.5%提升到了80.6%，在ResNet200模型上准确率由81.9%提升到82.6%。

7.5.5 Large Kernel Sizes

在Transformer中一般对全局做自注意力计算，例如ViT模型。ConvNeXt的作者认

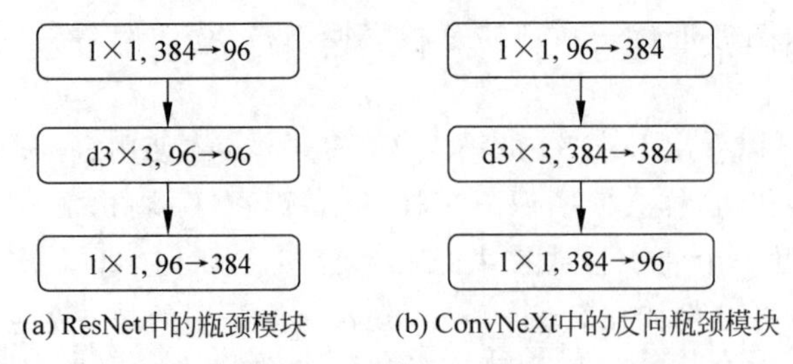

(a) ResNet中的瓶颈模块　(b) ConvNeXt中的反向瓶颈模块

图 7-34　反向瓶颈结构

为更大的感受野是 ViT 性能更好的可能原因之一，即使是 Swin Transformer 也有 7×7 大小的窗口，但现在主流的卷积神经网络采用 3×3 大小的卷积核，因为之前 VGGNet 论文中说通过堆叠多个 3×3 的卷积核可以替代一个更大的卷积核，而且现在的 GPU 设备针对 3×3 大小的卷积核做了很多优化，所以会更高效。接着作者做了如下两个改动。

1. 将逐层卷积模块上移

原来是 1×1 卷积→逐层卷积→1×1 卷积，现在变成了逐层卷积→1×1 卷积→1×1 卷积，如图 7-35 所示。这么做是因为在 Transformer 中，MSA 模块是放在 MLP 模块之前的，效仿这个结构，将逐层卷积进行上移。

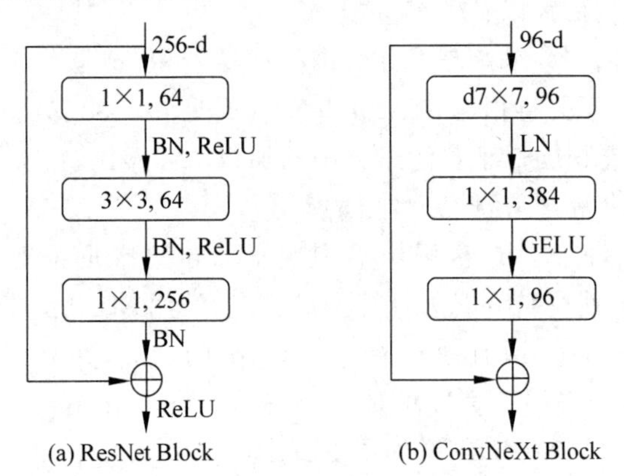

(a) ResNet Block　(b) ConvNeXt Block

图 7-35　上移逐层卷积

由于 3×3 的卷积数量减少，模型 FLOPs 由 5.3G 减少到 4G，这样改动后，准确率下降到 79.9%。

2. 增大卷积核尺寸

具体来讲，将逐层卷积的卷积核大小由 3×3 改成了 7×7(和 Swin Transformer 一样)。ConvNeXt 的作者也尝试了其他尺寸，包括 3×3、5×5、7×7、9×9、11×11，发现取到 7 时准确率就达到了饱和，并且准确率从 79.9%(3×3 的卷积核)提高到 80.6%(7×7 的卷积核)。

7.5.6　Micro Design

接下来作者再聚焦到一些更细小的差异，例如激活函数及归一化操作。

1. 使用 GELU 激活函数代替 ReLU 激活函数

在 Transformer 中激活函数基本用的是 GELU 函数，而在卷积神经网络中最常用的是 ReLU 函数，于是作者又将激活函数替换成了 GELU 函数，替换后发现准确率没有变化。

2. 减少激活函数的使用

使用更少的激活函数。在卷积神经网络中，一般会在每个卷积层或全连接后都接上一个激活函数，但在 Transformer 中并不是每个模块后都跟有激活函数，例如 MLP 中只有第 1 个全连接层后跟了 GELU 激活函数。接着作者在 ConvNeXt Block 中也减少了激活函数的使用，删除了 Residual Block 中除了两个 1×1 层之间的所有 GELU 层，如图 7-36 所示，减少后发现准确率从 80.6%提高到 81.3%。

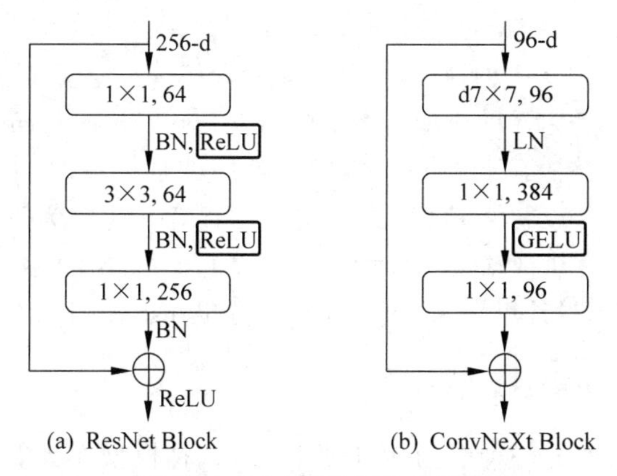

图 7-36　减少激活函数的使用

3. 减少归一化操作的使用

使用更少的归一化操作。同样在 Transformer 中，归一化操作的使用也比较少，接着作者也减少了 ConvNeXt Block 中的归一化操作层。仅仅在 1×1 之间使用 BN 操作，精度提升到了 81.4%。已经超过了 Swin-T。

4. 使用 LN 代替 BN

将 BN 替换成 LN。批量归一化在卷积神经网络中是非常常用的操作，它可以加速网络的收敛并减少过拟合，但在 Transformer 中基本使用层归一化，因为最开始 Transformer 是应用在自然语言处理领域的，而 BN 并不适用该领域的相关任务。接着作者将 BN 全部替换成了 LN，发现准确率还有小幅提升，达到了 81.5%。

5. 分离下采样层

在 ResNet 网络中 Stage 2～Stage 4 的下采样都是通过将主分支上 3×3 的卷积层步距设置成 2，将捷径分支上 1×1 的卷积层步长设置为 2 进行下采样的，但在 Swin Transformer 中是通过一个单独的 Patch Merging 实现的。接着作者就为 ConvNext 网络单独使用了一个下采样层，即通过一个 Layer Normalization 加上一个卷积核大小为 2 且步长为 2 的卷积层构成。更改后准确率被提升到 82.0%。

7.5.7 ConvNeXt 模型缩放

对于 ConvNeXt 网络，作者提出了 Tiny、Small、Base、Large、XLarge 共 5 个版本，前 4 个版本的计算复杂度刚好和 Swin Transformer 中的 Tiny、Small、Base、Large 相似。这 5 个版本的配置如下：

(1) ConvNeXt-T：$C=(96,192,384,768)$，$B=(3,3,9,3)$。

(2) ConvNeXt-S：$C=(96,192,384,768)$，$B=(3,3,27,3)$。

(3) ConvNeXt-B：$C=(128,256,512,1024)$，$B=(3,3,27,3)$。

(4) ConvNeXt-L：$C=(192,384,768,1536)$，$B=(3,3,27,3)$。

(5) ConvNeXt-XL：$C=(256,512,1024,2048)$，$B=(3,3,27,3)$。

其中，C 代表 4 个 Stage 中输入的通道数，B 代表每个 Stage 重复堆叠 Block 的次数。在相同的计算复杂度下，ConvNeXt 的模型精度是要高于 Swin Transformer 和 ResNet 模型的。

在 ConvNeXt 的研究中，讨论的设计方案虽然并不是全新的，但是都能够显著提升性能。该论文的重点是调参以提高精度，具有实际工程意义。更为重要的是，ConvNeXt 在 Transformer 外族入侵计算机视觉领域的大背景下，掀起了 CNN 的"文艺复兴"，证明了通过一些先进的训练策略和模型设计思想，CNN 能够达到与 Transformer 相媲美的最高精度。

7.5.8 ConvNeXt 模型小结

在 2020 年，谷歌引入了一种名为 ViT 的模型，这种模型在计算机视觉领域中应用了 Transformer 结构，从而在该领域产生了显著的影响。ViT 模型以一个创新的方式处理图像，即将图像切分为 16×16 的小片段或 Patch，然后直接将这些 Patch 送入原本用于自然语言处理的 Transformer 模型中进行处理。令人惊奇的是，这种相对简单的方法在实践中产生了超越多年来积累的卷积神经网络模型的结果。

ViT 模型的设计并没有特别考虑到图像的一些固有特性，例如 CNN 中的平移不变性和局部性特性。它只是将图像分解为 Patch，然后像处理自然语言中的序列一样将其送入 Transformer 进行处理。这种方法的成功充分证实了 Attention is all you need 这一观点的正确性。ViT 模型的发布之后，基于 Transformer 的研究在计算机视觉领域繁荣发展。例如，2021 年微软发布了一种基于窗口移动的 Swin Transformer，该模型通过窗口移动增进了相邻 Patch 之间的交互，也取得了卓越的成果。

然而，ConvNeXt 模型的出现表明，并不一定需要像 Transformer 那样复杂的结构。通过优化已有的 CNN 技术和参数，也可以达到最高的性能。这表明 CNN 和 Transformer 两种模型都具有其独特的优势，没有谁绝对优于谁，而是应该相互借鉴，共同发展。ConvNeXt 模型成功地借鉴了 ViT 和 CNN 模型的优点，构建了一个纯卷积网络，其性能甚至超越了基于 Transformer 的先进模型，这对于卷积网络来讲无疑是一种荣誉。虽然在模型结构上 ConvNeXt 并没有创新的地方，看似只是许多技巧的堆叠，但正是这一点，充分证明了 CNN 的有效性和内在的潜力。

第8章 多层感知机的重新思考

8.1 MLP-Mixer模型：多层感知机的神奇魔法

在Transformer之后，本书开启了一个新篇章，即全连接网络，这是一个不涉及卷积神经网络和注意力机制网络的最原始形态。在本章中，读者将学习全部由全连接层构成的模型MLP-Mixer。尽管MLP-Mixer的整体设计简单，但在ImageNet数据集上的表现却可以与近年来最新的几个技术前沿模型相媲美。或许在不久的将来，就是CNN、Transformer、MLP三分天下了。

MLP-Mixer模型是谷歌AI团队于2021年初构建的，所发表的文章的题目为*MLP-Mixer：An all-MLP Architecture for Vision*。在计算机视觉领域的历史上，卷积神经网络一直是首选的模型，然而最近，注意力机制网络(例如Vision Transformer)也变得非常流行。在MLP-Mixer工作中，研究人员表明，尽管基于卷积或注意力算法的模型都足以获得良好的性能，但它们都不是必需的，纯MLP＋非线性激活函数＋层归一化也能取得不错的性能，其预训练和推理成本可与最新模型相媲美。

那么，为什么要用全连接层？它有什么优势呢？

全连接层具有更低的归纳偏置(Inductive Bias)。归纳偏置指的是机器学习算法在学习过程中对某些类型的假设和解决方案的偏好。换句话说，归纳偏置就是算法在面对不确定性时，根据其内在设计选择某种解决方案的倾向。例如，卷积神经网络的归纳偏置在于卷积操作的局部相关性和平移不变性，而时序网络的归纳偏置则在于时间维度上的连续性和局部性。实际上，注意力机制网络已经延续了旨在摒弃神经网络中手工视觉特征和归纳偏置的趋势，让模型完全依赖原始数据进行学习。MLP则更进一步推动了这一发展。

论文名称：*MLP-Mixer：An all-MLP Architecture for Vision*，相关资源可扫描目录处二维码下载。

8.1.1 Per-patch全连接层

相较于卷积神经网络层，全连接神经网络层无法获取输入数据局部区域间的信息。为了解决这个问题，MLP-Mixer 增加了 Per-patch 全连接层（Per-patch Fully-connected Layer，FC），对该问题进行了更有效的处理。具体来讲，在处理图像时，MLP-Mixer 首先将输入图像划分为多个固定大小的小块（Patches）。接下来，每个 Patch 被展平，并通过一个 Per-patch 全连接层，以便将每个 Patch 转换为一个具有固定维度的向量。Per-patch 全连接层的目的是学习一个从图像 Patch 到嵌入空间的映射，从而捕捉每个 Patch 内的局部信息。这个全连接层在 MLP-Mixer 的整个训练过程中都会进行更新和优化，以便更好地捕捉和表示图像 Patch 的信息。

例如，假设输入图像大小为 240×240×3，模型选取的 Patch 为 16×16，那么一张图片可以划分为（240×240）/（16×16）=225 个 Patch。结合图片的通道数，每个 Patch 包含 16×16×3=768 个值，将这些值进行展平操作，并将其作为 MLP 的输入，其中 MLP 的输出层神经元的个数为 128。这样，每个 Patch 就可以得到长度为 128 的特征向量，组合得到 225×128 的 Table。MLP-Mixer 中 Patch 大小和 MLP 输出单元的个数为超参数。

总之，Per-patch 全连接层实现了将输入图像的维度从（$\boldsymbol{W}$，$\boldsymbol{H}$，3）映射到（$\boldsymbol{S}$，$\boldsymbol{C}$）的特征向量维度。

8.1.2 Mixer-Layer 代替自注意力机制

在 8.1.1 节中，维度为 16×16×3 的 Patch 被展平成长度为 768 的向量，之后经过 MLP 的映射作为二维矩阵的行，二维矩阵的行实际上代表了同一空间位置（某个 Patch）在不同特征通道上的信息，而列代表了不同空间位置（不同 Patch）在同一特征通道上的信息。换句话说，对矩阵的每行进行操作可以实现特征通道域的信息融合，对矩阵的每列进行操作可以实现空间域的信息融合。

在传统卷积神经网络中，可以通过 1×1 的卷积实现特征通道域的信息融合，如果使用尺寸大于 1 的卷积核，则可以同时实现空间域和特征通道域的信息融合。

在 Transformer 中，通过自注意力机制实现空间域的信息融合，通过 MLP 同时实现特征通道域的信息融合。

而在 MLP-Mixer 模型中，通过 Mixer-Layer，使用 MLP 先后对输入数据的列和行进行映射，实现空间域和特征通道域的信息融合。与传统基于卷积神经网络的模型不同，由于 Mixer-Layer 对行、列的操作是存在先后顺序的，这意味着 Mixer-Layer 将空间域和特征通道域分开操作，所以这种思想与 Xception 和 MobileNet 中的深度可分离卷积相似，也类似于 Transformer 中对空间信息和特征通道信息的分开处理。

Mixer 架构采用两种不同类型的 MLP 层：Token-mixing MLP（图 8-1 中的 MLP 1）和 Channel-mixing MLP（图 8-1 中的 MLP 2），如图 8-1 所示。Token-mixing MLP 允许不同空间位置之间进行通信，可以融合空间信息；Channel-mixing MLP 允许不同通道之间进行通信，可以融合通道信息。Token-mixing MLP 模块作用在每个 Patch 的列上，即先对 Patches 部分进行转置，并且所有列参数共享 MLP 1，得到的输出再重新转置一下。Channel-mixing MLP 模块则作用在每个 Patch 的行上，所有行参数共享 MLP 2。这两种类型的层交替执行,可以促进两个维度间的信息交互。

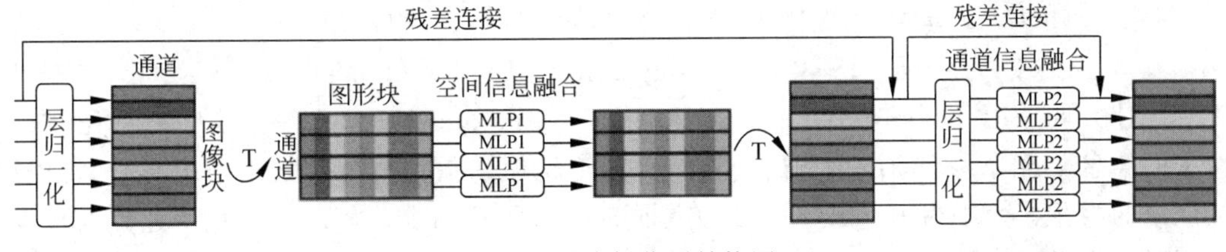

图 8-1 混合操作层结构图

最后,Mixer-Layer 还加入了残差连接和层归一化来提高模型性能。MLP 1 和 MLP 2 都采用了相同的结构,如图 8-2 所示。

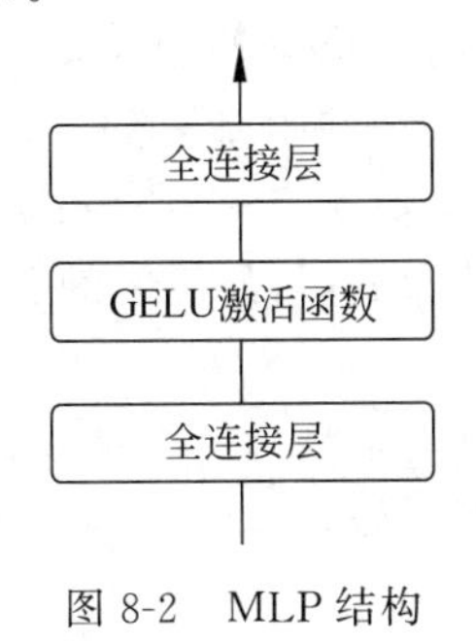

图 8-2 MLP 结构

8.1.3 MLP-Mixer 模型结构

MLP-Mixer 的整体思路为先将输入图片拆分成多个 Patch(每个 Patch 之间不重叠),通过 Per-patch 全连接层的操作将每个 Patch 转换成特征嵌入,然后送入 N 个 Mixer-Layer。最后,输出结果经过全局平均池化层后送入全连接层进行分类预测。

MLP-Mixer 的第 1 步实际上与注意力机制网络是一致的。Mixer-Layer 替换了 Transformer Block,最后的输出直接连接到全连接层,无须使用 Class Token。假设有一个大小为 224×224×3 的输入图像,首先将其划分成大小为 32×32×3 的多个 Patch,共得到 (224/32)×(224/32)=49 个 Patch,每个 patch 是 32×32×3=3072 维的。通过一个 Per-patch 全连接层进行降维,如降至 512 维,这样就可以得到 49 个维度为 512 的 Token,然后将它们送入 Mixer-Layer。

Mixer 架构采用两种不同类型的 MLP 层: Token-mixing MLP 和 Channel-mixing MLP。Token-mixing MLP 指的是跨位置操作(Cross-location Operation),即针对 49 个 512 维的 Token,将每个 Token 内部进行自我融合,实现 49 维到 49 维的映射,即"混合"空间信息。Channel-mixing MLP 则指的是位置先验操作(Pre-location Operation),即针对 49 个 512 维的 Token,对每维进行融合,实现 512 维到 512 维的映射,即"混合"每个位置的特征。为了简化实现,实际上仅需对矩阵进行转置。这两种类型的层交替执行,可以促进两个维度间的信息交互。

单个 MLP 是由两个全连接层和一个 GELU 激活函数组成的。此外,Mixer 还使用了残差连接和层归一化。以上操作的公式如下：

$$\begin{aligned} U_{*,i} &= X_{*,i} + W_2\sigma(W_1 \text{LayerNorm}(X_{*,i})), \text{for } i=1,\cdots,C \\ Y_{j,*} &= U_{j,*} + W_4\sigma(W_3 \text{LayerNorm}(U_{j,*})), \text{for } j=1,\cdots,S \end{aligned} \quad (8\text{-}1)$$

为什么要采用 Token-mixing MLP 和 Channel-mixing MLP 两种操作呢？首先，在图像中的信息融合分为空间维度的融合和特征通道维度的信息融合。对比卷积操作，卷积神经网络的卷积核大小为 $K\times K\times C$，其实是同时考虑了这两个：当 $K=1$ 时，是逐点卷积，考虑了融合特征通道维度信息；当 $C=1$ 时，是逐层卷积，其实就是考虑了融合空间维度信息。有的卷积神经网络变体，例如 MobileNet、EfficientNet 等，为了使计算复杂度降低采用通道可分离卷积，先做逐点卷积，再做逐层卷积，也得到了不错的效果，说明两种卷积操作可以不一起做，所以 MLP-Mixer 干脆将这两个正交分开来处理。

MLP-Mixer 由多个 Mixer-Layer 拼接而成，其中每层采用相同尺寸的输入（Token 维度保持不变），这种"各向同性"设计类似于 Transformer 和循环神经网络中的定宽结构，这与卷积神经网络中的金字塔结构（越深的层，特征图的分辨率越低，特征的通道数越多）有所不同。

至于最后的全局池化和全连接层，则是相对常规的操作。按照通道对每个 Token 进行池化，最终得到通道维度的向量，然后通过一个全连接层输出目标分类分数即可。MLP-Mixer 模型的结构图如图 8-3 所示。

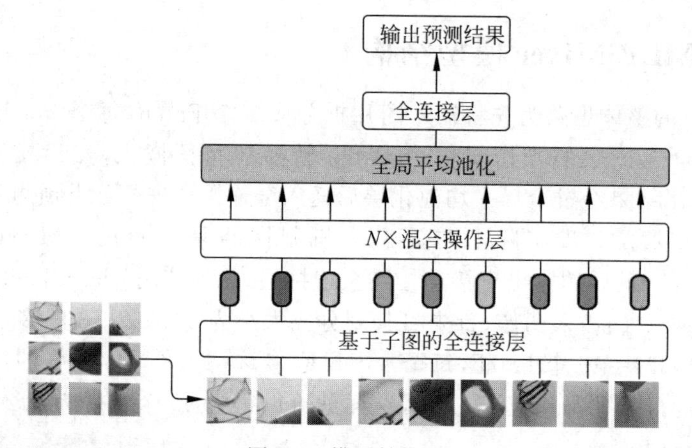

图 8-3　模型结构图

最终 MLP-Mixer 的网络配置见表 8-1。

表 8-1　MLP-Mixer Scaling

模型结构	*S*/32	*S*/16	*B*/32	*B*/16	*L*/32	*L*/16	*H*/14
Number of layers	8	8	12	12	24	24	32
Patch size	32×32	16×16	32×32	16×16	32×32	16×16	14×14
Hidden size C	512	512	768	768	1024	1024	1280
Sequence length S	49	196	49	196	49	196	256

续表

模型结构	*S*/32	*S*/16	*B*/32	*B*/16	*L*/32	*L*/16	*H*/14
MLP dimension Dc	2048	2048	3072	3072	4096	4096	5120
MILP dimension Ds	256	256	384	384	512	512	640
Parameters(*M*)	19	18	60	59	206	207	431

8.1.4 MLP-Mixer 代码实现

完整的代码是基于图像分类问题的(包括训练、推理脚本和自定义层等),相关资源可扫描目录处二维码下载。这里给出 MLP-Mixer 模型搭建的 Python 代码(基于 PyTorch 实现),代码如下:

```
#第 8 章/MLP-Mixer.py
import torch
from torch import nn
from functools import partial
from einops.layers.torch import Rearrange, Reduce

class PreNormResidual(nn.Module):
    def __init__(self, dim, fn):
        super().__init__()
        self.fn = fn
        self.norm = nn.LayerNorm(dim)
    def forward(self, x):
        return self.fn(self.norm(x)) + x

def FeedForward(dim, expansion_factor = 4, DropOut = 0., dense = nn.Linear):
    return nn.Sequential(
        dense(dim, dim *expansion_factor),
        nn.GELU(),
        nn.DropOut(DropOut),
        dense(dim *expansion_factor, dim),
        nn.DropOut(DropOut) )

def MLPMixer (*, image_size, channels, patch_size, dim, depth, num_classes,
expansion_factor = 4, DropOut = 0.):
    assert (image_size % patch_size) == 0, 'image must be divisible by patch size'
    num_patches = (image_size //patch_size) **2
    chan_first, chan_last = partial(nn.Conv1d, kernel_size = 1), nn.Linear

    return nn.Sequential(
        Rearrange('b c (h p1) (w p2) -> b (h w) (p1 p2 c)', p1 = patch_size, p2 =
patch_size),
        nn.Linear((patch_size **2) *channels, dim),
        *[nn.Sequential(
            PreNormResidual(dim, FeedForward(num_patches, expansion_factor,
DropOut, chan_first)),
            PreNormResidual(dim, FeedForward(dim, expansion_factor, DropOut,
chan_last))
```

```
            ) for _ in range(depth)],
            nn.LayerNorm(dim),
            Reduce('b n c -> b c', 'mean'),
            nn.Linear(dim, num_classes)
        )

model = MLPMixer(
    image_size = 256,
    channels = 3,
    patch_size = 16,
    dim = 512,
    depth = 12,
    num_classes = 1000
)
```

8.1.5 MLP-Mixer 模型小结

对于模型性能方面，文中使用了 ImageNet、ImageNet21K 和 JFT-300M 共 3 个数据集进行 MLP-Mixer 的预训练，并在 ImageNet 数据集上进行微调。最高的 Top-1 精度可以达到 88.55%。尽管略低于 ViT 模型，但其性能仍然很出色。

以下是关于 MLP-Mixer 的一些反思：

(1) 卷积神经网络和 Transformer 已经在目标检测和分割方面展现出出色的性能，然而 MLP-Mixer 能否在分割、识别等方面提供更大的帮助尚不得而知。MLP-Mixer 的特征在分类任务中表现出色，但在其他下游任务的有效性仍需验证。此外，由于 MLP-Mixer 的计算量较大，因此它在处理高分辨率图像输入方面可能并不理想。最后，尽管 MLP 思路看似具有创新性，但残差结构和层归一化的设计同样具有重要作用。如果没有它们，则 MLP-Mixer 是否仍能正常工作呢？

(2) 对于 MLP-Mixer 的一些展望：MLP-Mixer 能否像 Swin Transformer 一样增加 Patch 内信息的交流呢？从混合模型的角度来看，CNN+MLP-Mixer 的结构是否比 CNN+Transformer 的结构更好呢？实际上，MLP-Mixer 有许多微小的修改和改进，例如 RepMLP、ResMLP、gMLP、CycleMLP 等，这些值得在后续学习中探索。

总体来讲，从卷积神经网络到 ViT，再到 MLP-Mixer，研究者们在减少算法的归纳偏置的道路上一路狂奔。甚至可以用全连接层来直接替换自注意力机制，然后研究者绕了一个大圈又回到了十几年前的 MLP。实际上，最初对于归纳偏置的设计是希望算法少走弯路，以人的经验为算法提供尽可能多的引导，帮助深度学习模型快速地在计算机视觉、自然语言处理等领域落地，而现在，我们拥有更多的数据，计算资源上限也提高了，预算也更充裕，于是说："不需要归纳偏置，让算法自己去学习吧！"

这样的方式是否更好呢？目前还没有一个统一的说法。据笔者观察，机器自己学到的规律往往比人为赋予的归纳偏置更合理，这就像自己悟出的知识通常比别人传授的知识其记忆更深刻一样。前提是你有大量的数据可供机器来学习，并且有足够的资金购买计算资源，因此，关键在于根据场景和问题选择合适的算法，算法没有好坏，时势造英雄。

8.2 AS-MLP模型：注意力驱动下的多层感知机升级

在8.1节中，笔者留下了几个问题：MLP-Mixer能否为分割、识别等下游任务提供较大的帮助？MLP-Mixer能否像Swin Transformer一样增加Patch内的信息交流(局部性)？在本节中，我们将学习AS-MLP模型，它正好可以解决上述问题。

AS-MLP模型出自上海科技大学和腾讯优图实验室共同合作发表的文章，题为*AS-MLP: AN AXIAL SHIFTED MLP ARCHITECTURE FOR VISION*。纯MLP网络架构专注于全局的信息交流，却忽略了局部信息的收集，然而在计算机视觉中，局部特征非常重要，它们可以提供传统计算机视觉中定义的底层特征(边缘、纹理、拐点等)，这对于目标检测、语言分割等计算机视觉任务意义重大。

为此，该论文提出了轴向转移(Axial Shift)操作，通过将特征图沿着空间轴向进行偏移，使不同空间位置的特征位于同一通道中，随后进行通道投影来融合不同位置的特征，从而实现局部信息的交流(其思想与ShuffleNet有一定相似之处)。这样的操作能够利用一个纯粹的MLP架构实现与类似卷积神经网络架构相同的局部感受野。AS-MLP也是首个迁移到下游任务的MLP架构，其骨干网络的设计思想和Swin Transformer模型基本一致。AS-MLP在ImageNet数据集上取得了优于其他MLP架构的性能，并在COCO数据集上进行目标检测任务与在ADE20K数据集上进行语义分割任务上，实现了与Swin Transformer作为骨干网络相当(略微劣于)的性能。

论文名称为*AS-MLP: AN AXIAL SHIFTED MLP ARCHITECTURE*，相关资源可扫描目录处二维码下载。

8.2.1 AS-MLP模型

AS-MLP(Adaptive-Structured Multi-Layer Perceptron) Block和Transformer Block的整体结构相似，但将多头注意力部分替换为Axial Shift块。单个Axial Shift模块包含4个全连接层，分别对应4个Channel Projection块，如图8-4所示。

首先，当特征图输入Axial Shift模块后，对通道信息进行一个全连接层的映射，这个全连接层其实是通过1×1卷积操作实现的，目的是实现通道维度上的信息交互。

中间使用了一个并行结构，分别对特征图进行水平和竖直方向的循环移位。对水平方向进行举例，具体操作如图8-5所示。

当shift_size=3，dilation=1时，意味着相邻3行特征图分别位移像素{+1，0，-1}，之后的每3张特征图也按照这种方式进行循环位移，直到最后一行特征图。若shift_size=5，dilation=2，则意味着相邻5张特征图分别位移像素{+4，+2，0，-2，-4}；之后的每5张特征图也按照这种方式进行循环位移，直到最后一行特征图。

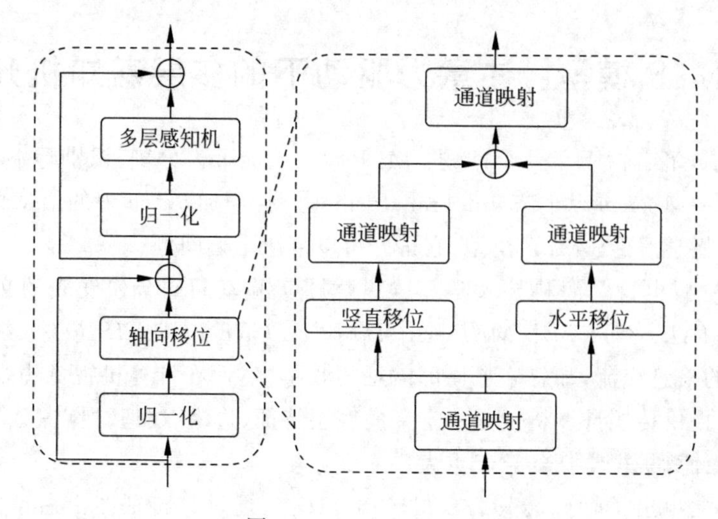

图 8-4 AS-MLP Block

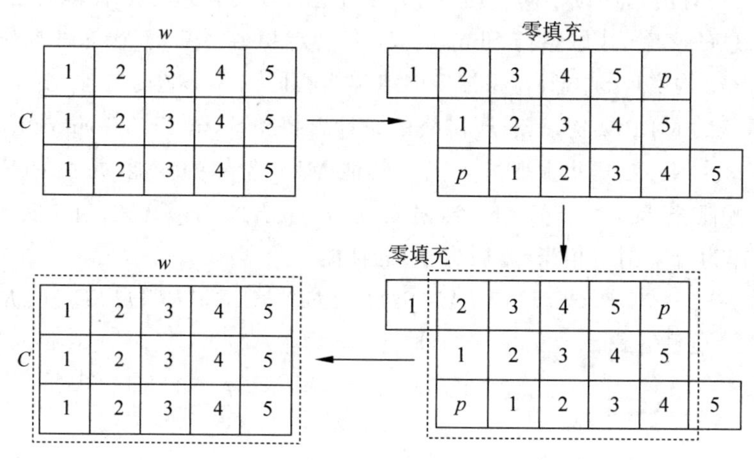

图 8-5 水平移位

竖直方向的循环移位操作与此类似，不再赘述。这样不同位置的特征被重新对齐在一个通道上，然后对通道进行全连接，这里是通过 1×1 卷积实现不同位置通道信息的交流的。接着将水平和竖直方向移动后的结果相加，便可得到局部交流之后的结果。最后对通道进行一个全连接，将融合后的信息进行整合，这里同样是通过 1×1 卷积实现的。这便是 Axial Shift 模块的数据处理流程。

关于 Axial Shift 模块中对特征图进行水平和竖直方向的循环移位，为什么采用并行处理而非串行处理？笔者认为这是因为竖直和水平在语义上是一致的，因此我们没有理由为它们安排先后处理顺序，而且，通过实验结果发现，并行处理的效果更好。实验结果见表 8-2。

表 8-2 并行处理和串行处理对模型精度的影响

处理类型	Structure	Top-1(%)	Top-5(%)
串行	(1,1)→(1,1)	74.32	91.46
	(3,3)→(3,3)	81.21	95.42
	(5,5)→(5,5)	81.28	95.58
	(7,7)→(7,7)	81.17	95.54
并行	(1,1)+(1,1)	74.17	91.13
	(3,3)+(3,3)	81.26	95.48
	(5,5)+(5,5)	81.34	95.56
	(7,7)+(7,7)	81.32	95.55

接下来将进一步分析模型的感受野，具体示例如图 8-6 所示。

(1) 传统的稠密卷积具有方形感受野，仅具有局部依赖性。

(2) Swin Transformer 在窗口内使用自注意力机制，使感受野涵盖整个窗口，具有局部依赖性。

(3) MLP-Mixer 采用全连接层，相当于一个超大的卷积，其感受野涵盖整张特征图，具有长距离依赖性，因此对于局部特征的把握能力较差。

(4) AS-MLP 将水平和垂直方向的移动解耦，并将它们相加，从而获得十字形感受野。通过调整感受野的大小和扩张因子，可以获得不同的感受野。不同的设置使采样位置包含局部依赖和长距离依赖信息。

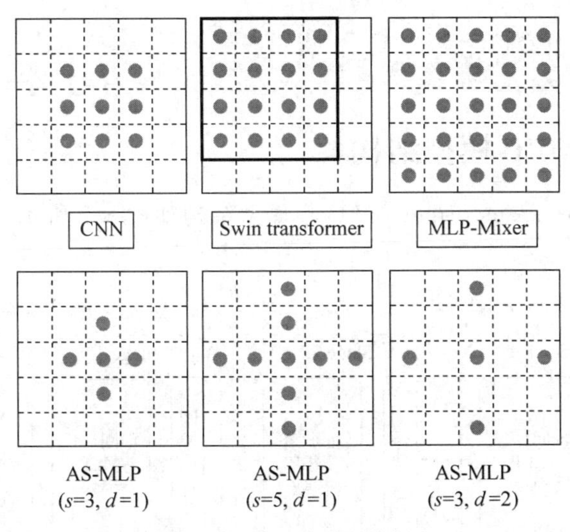

图 8-6 模型感受野分析

最后，关于循环移位过程中出现的空位是采用零填充(Zero-padding)还是循环填充(Cycle-padding)好呢？笔者认为直观上是零填充好。在循环位移(Circular Shift)过程中，当向水平方向移动时，最左边一列会移动出去，最右边一列会空出来，导致一列的信息丢失。循环填充可以将最左边移动出去的那一列补充到右侧的缺失一列上，然而，这并不是一个好的选择，因为图像最左边和最右边的信息未必相关，或者说在大多数情况下，它们是无关的。强制要求图像最左边和最右边的信息交流不一定会起到作用。论文中的实验结果也表明零填充的方法对模型效果更好，具体的数据见表 8-3。

表 8-3 不同填充方法对模型精度的影响

偏移大小	填充方法	扩张率	Top-1(%)	Top-5(%)
(1,1)	N/A	1	74.17	91.13
(3,3)	No padding/ Circular padding	1	81.04	95.37
(3,3)	Zero padding	1	81.26	95.48
(3,3)	Reflect padding	1	81.14	95.37
(3,3)	Replicate padding	1	81.14	95.42
(3,3)	Zero padding	2	80.50	95.12
(5,5)	Zero padding	2	80.57	95.12
(5,5)	Zero padding	1	81.34	95.56
(7,7)	Zero padding	1	81.32	95.55
(9,9)	Zero padding	1	81.16	95.45

在 AS-MLP Block 中，除了以上介绍的 Axial Shift 模块，剩余的操作与 Transformer Block 的结构非常相似。在进入 Axial Shift 模块之前和 Axial Shift 模块计算之后都会经过一个层归一化操作，再经过一个 MLP 层级结构，在整个 AS-MLP Block 中存在两个残差结构。AS-MLP Block 的数据计算流程的代码如下：

```
x = Axial_Shift(LayerNorm(input)) + input
result = MLP(LayerNorm(x)) + x
```

8.2.2 AS-MLP 模型结构

AS-MLP 和 Swin Transformer 类似，其模型结构如图 8-7 所示。在每个阶段中，AS-MLP Block 被重复了多次。

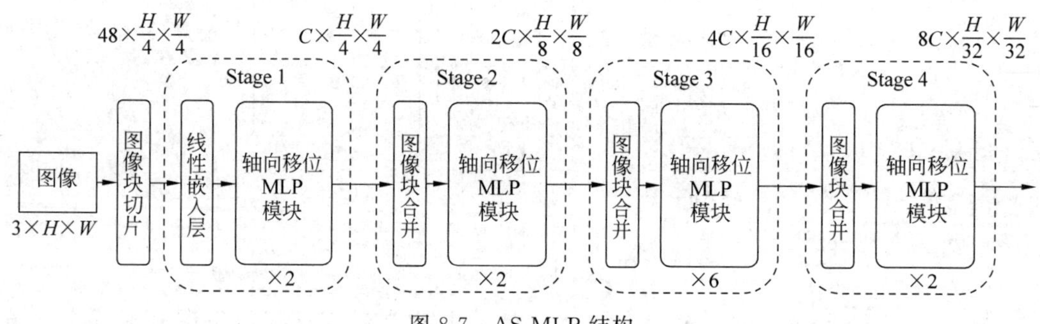

图 8-7 AS-MLP 结构

首先，从全局角度来看 AS-MLP 的工作原理：对于一个 $3 \times H \times W$ 的输入 RGB 图像，首先进行大小为 4×4 的图像块切片。这相当于将 $3 \times 4 \times 4$ 大小的子图像像素展平并叠加在一起，形成长度为48的向量。此时，输入图像的形状变为 $48\times H/4\times W/4$。选择 4×4 的Patch大小是为了实现输入数据的4倍空间下采样，这与ResNet等过去的卷积神经网络类似，它们首先通过卷积核尺寸为 7×7 且stride=2的卷积进行一次下采样，然后经过BN和ReLU操作后再经过最大池化处理，又进行一次下采样，随后输入多个Stage中，所以这里一开始也进行两倍的下采样，与过去的Backbone保持一致。

随后，$48\times H/4\times W/4$ 的特征图被视为 $H/4\times W/4$ 个Token，每个Token的维度为48。将其经过一个线性嵌入层，将通道数变为 $C=96$、128等，对应不同大小的模型。之后经过AS-MLP Block。AS-MLP Block延续了卷积神经网络和Transformer等的思想，并不对Token的维度进行修改，输入和输出保持一致。每经过一个Stage(多个AS-MLP Block)后，进行一次二倍下采样，因此，第1个Stage后的特征图为 $4C\times H/8\times W/8$。后续的Stage与此类似，不再赘述。最后的输出结果经过全局池化和全连接层后就可以得到输出了。

基于ViT和Swin等工作的设置，AS-MLP也推出了Tiny、Small和Base共3种不同大小配置的缩放模型。这主要涉及Token在一开始经过线性嵌入层时的维度，以及每个Stage中AS-MLP Block的重复次数。这样，不同的网络参数量接近，方便进行比较。

(1) AS-MLP-T：$C=96$，the number of blocks in four stages=\{2,2,6,2\}。

(2) AS-MLP-S：$C=96$，the number of blocks in four stages=\{2,2,18,2\}。

(3) AS-MLP-B：$C=128$，the number of blocks in four stages=\{2,2,18,2\}。

8.2.3 AS-MLP代码实现

完整的代码是基于图像分类问题的(包括训练、推理脚本和自定义层等)，相关资源可扫描目录处二维码下载。这里给出Axial Shift模块搭建的Python代码(基于PyTorch实现)，代码如下：

```
#第8章/ASMLP.py
class AxialShift(nn.Module):
    r""" Axial shift
    Args:
        dim (int): Number of input channels.
        shift_size (int): shift size .
        as_bias (bool, optional): If True, add a learnable bias to as mlp. Default:
True
        proj_drop (float, optional): DropOut ratio of output. Default: 0.0
    """

    def __init__(self, dim, shift_size, as_bias=True, proj_drop=0.):
        super().__init__()
        self.dim = dim
        self.shift_size = shift_size
        self.pad = shift_size //2
```

```
        self.conv1 = nn.Conv2d(dim, dim, 1, 1, 0, groups=1, bias=as_bias)
        self.conv2_1 = nn.Conv2d(dim, dim, 1, 1, 0, groups=1, bias=as_bias)
        self.conv2_2 = nn.Conv2d(dim, dim, 1, 1, 0, groups=1, bias=as_bias)
        self.conv3 = nn.Conv2d(dim, dim, 1, 1, 0, groups=1, bias=as_bias)
        self.actn = nn.GELU()
        self.norm1 = MyNorm(dim)
        self.norm2 = MyNorm(dim)
        self.shift_dim2 = Shift(self.shift_size, 2)
        self.shift_dim3 = Shift(self.shift_size, 3)

    def forward(self, x):
        """
        Args:
            x: input features with shape of (num_windows *B, N, C)
            mask: (0/-inf) mask with shape of (num_windows, Wh *Ww, Wh *Ww) or None
        """
        B_, C, H, W = x.shape
        x = self.conv1(x)
        x = self.norm1(x)
        x = self.actn(x)
        '''
        x = F.pad(x, (self.pad, self.pad, self.pad, self.pad) , "constant", 0)
        xs = torch.chunk(x, self.shift_size, 1)
        def shift(dim):
            x_shift = [ torch.roll(x_c, shift, dim) for x_c, shift in zip(xs, range
(-self.pad, self.pad+1))]
            x_cat = torch.cat(x_shift, 1)
            x_cat = torch.narrow(x_cat, 2, self.pad, H)
            x_cat = torch.narrow(x_cat, 3, self.pad, W)
            return x_cat
        x_shift_lr = shift(3)
        x_shift_td = shift(2)
        '''
        x_shift_lr = self.shift_dim3(x)
        x_shift_td = self.shift_dim2(x)
        x_lr = self.conv2_1(x_shift_lr)
        x_td = self.conv2_2(x_shift_td)
        x_lr = self.actn(x_lr)
        x_td = self.actn(x_td)
        x = x_lr + x_td
        x = self.norm2(x)
        x = self.conv3(x)
        return x
```

8.2.4 AS-MLP 模型小结

AS-MLP 模型是一种基于 MLP 的深度学习架构，旨在替代卷积神经网络解决计算机视觉任务。AS-MLP 通过自适应结构和局部连接，达到了类似于卷积神经网络的性能。

AS-MLP模型的主要特点如下。

（1）MLP为基础：AS-MLP使用多层感知机作为基本构建模块，而不是传统的卷积神经网络。MLP是一种全连接的神经网络，通常用于处理序列数据和分类任务。

（2）局部连接：为了降低计算复杂性和参数数量，AS-MLP采用局部连接策略。这意味着网络中的每个神经元仅与相邻神经元相连，类似于CNN中的局部感受野。这种设计有助于提高模型的效率和泛化能力。

（3）适用于计算机视觉任务：尽管AS-MLP是基于MLP构建的，但它在计算机视觉任务上表现出了与卷积神经网络相当的性能，如图像分类、物体检测和语义分割等。

（4）简单且高效：AS-MLP的一个重要优点是其结构相对简单，同时在保持高性能的同时降低了计算复杂性。这使模型在资源受限的设备上也能表现出良好的性能。

（5）与MLP-Mixer相比，AS-MLP模型更注重局部特征的提取，提出了一个无参数化的方法（Axial Shift模块），对channel信息在水平方向与竖直方向上进行了解耦的信息融合，使MLP架构拥有与卷积神经网络类似的局部感受野的概念（十字形感受野），然而，十字形感受野是否可以更好地提取局部依赖关系？实际上，暂无理论证明或者过去的传统计算机视觉表明十字形感受野操作可以更好地提取视觉底层特征，因此，这种方法的贡献效果仍然值得商榷。

8.3 ConvMixer模型：卷积与多层感知机的相互借鉴

近年来，卷积神经网络一直是计算机视觉任务中的主要架构，然而，最近出现了基于Transformer模型的架构，例如ViT、Swin Transformer等，在许多任务中表现出引人注目的性能。相比于传统的卷积网络，在大型数据集上表现更佳。此外，具有更大自由度的MLP架构也在大型数据集上展现出良好的性能。这种变化似乎带来了神经网络的"表达范式"级别的变革。

Transformer在自然语言处理领域取得了巨大成功，然而，将Transformer应用于图像领域面临着许多问题，其中最先需要解决的问题是如何将图像视为Token。最简单的方法就是将每个像素视为一个Token，但是这种方法在目前并不可行，因为如果在每个像素级别上应用Transformer中的自注意力层，则它的计算成本将与每幅图像的像素数成平方扩展，而现在的硬件计算能力无法承担这样的成本，所以折中的方法是首先将图像分成多个Patch，将Transformer直接应用于Patch集合，这样计算成本就变为Patch个数的平方。在此思想的基础上，引导出了ViT、Swin Transformer等一系列优秀的架构，而MLP架构也是在类似的操作下被应用的。

ViT的卓越性能并非仅仅源于Transformer的强大架构，MLP-Mixer的出现证明了简单的MLP架构同样能够有出色表现，而ViT与MLP-Mixer的一个共同之处是，它们都将图像划分为Patches输入。这是否意味着Patches are all you need？现在的Patch Embedding与传统的stride=1的卷积不同，它直接将一个$p \times p$尺寸的Patch转换为c维的特征向量，这种将二维信息展平为一维的操作不再为 Patch 内的每个元素保留位置特征。

为了回答这个问题，ConvMixer 应运而生。这是一个思路和实现都非常简单的模型，在思想上，它与 ViT 和 MLP-Mixer 类似，直接将 Patch 作为输入进行操作，然后采用逐层卷积来模拟 Transformer Block 的空间信息融合，采用逐点卷积来模拟 MLP 的通道信息融合。尽管它非常简单，但实验结果表明，ConvMixer 在参数计数和数据集大小类似的情况下，ConvMixer 不仅优于 ResNet 等经典视觉模型，还优于 ViT、MLP-Mixer 及其一些模型变体。

计算机视觉领域最近的发展风向刚从卷积转到自注意力，然后 MLP-Mixer 告诉大家："我 MLP 也能行"，差点完成了一个循环，真可谓跌宕起伏、惊喜连连，然而 ConvMixer 模型提出了一个观点："你们都不对，Patch 才是王！"

论文名称：*Patches Are All You Need*？相关资源可扫描目录处二维码下载。

8.3.1 图像编码成向量

本节主要想说明，近一年多来，计算机视觉领域神经网络改进的一大进步是 Patch Embedding，即 Patches 在卷积架构中效果更好。常用的 Patch Embedding 其实就是一个卷积核尺寸等于步长大小的非重叠卷积（Non-overlapping Convolution），然后经过一个激活函数和归一化层。例如，假设将一个 224×224×3 的彩色图像作为输入，切分的 patch_size＝7，嵌入维度为 1536，这一步有不同的实现方法：

如果在 MLP-Mixer 或者 ViT 中，则其表达的含义是将 224×224×3 拆分为 32×32 个 Patch(224/7＝32)，每个 Patch 大小为 7×7×3，然后将其展平，使其成为一个 147 维度的向量。经过一个线性层变为一个 1536 维度的向量。

而在 ConvMixer 模型中，也是将 224×224×3 的彩色图像拆分为 32×32 个 Patch (224/7＝32)，每个 Patch 大小为 7×7×3，但是，这个过程是使用 1536 个 7×7×3 的卷积核(stride＝7、padding＝0)对图像进行卷积实现的。将卷积后的结果直接送入下游计算流程。

8.3.2 ConvMixer 模型

在 ConvMixer Layer 中，采用分离空间和特征通道维度的计算方法，即先通过一个逐层卷积，再通过一个逐点卷积。每个卷积之后是一个激活函数和 BN 操作，其公式表达如下：

$$
\begin{aligned}
z'_l &= \mathrm{BN}(\sigma\{\mathrm{ConvDepthwise}(z_{l-1})\}) + z_{l-1} \\
z_{l+1} &= \mathrm{BN}(\sigma\{\mathrm{ConvDepthwise}(z'_l)\})
\end{aligned}
\tag{8-2}
$$

对比 Transformer Block，可以看出，ConvMixer 的基本思想是使用逐层卷积代替多头自注意力机制。需要注意的是，在 ConvMixer Layer 的逐层卷积中使用大卷积核会产生更好的效果，因为先前工作的一个关键思想是 MLP 和自注意力可以混合较远的空间位置，即它们可以具有任意大小的感受野，而大卷积核可以在一定程度上模仿这种远距离信息交互的行为。选择逐层卷积而非普通卷积的原因是，在卷积核尺寸较大的情况下，如果不在通道维度上共享参数，则参数和计算量将过大。此外，逐层卷积没有通道间的交互，这也模拟了注意力机制计算数据时仅融合空间信息的特性。

逐点卷积其实是用来代替 Transformer Block 中的 MLP 的,以及用来融合特征通道信息,值得关注的是,这里移除了残差连接。总体来讲,ConvMixer 使用了逐层卷积来混合空间信息,并选择逐点卷积混合通道信息。具体的网络结构如图 8-8 所示。

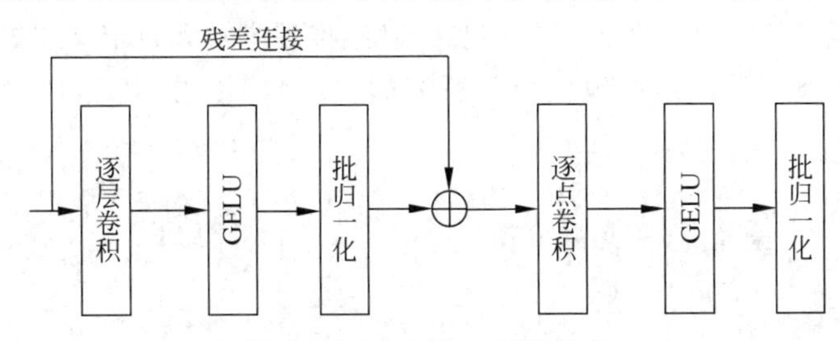

图 8-8 ConvMixer 层级结构

8.3.3 ConvMixer 模型结构

在 Patch Embedding 和多个 ConvMixer Layer 之后,经过一个全局池化、展平、全连接层即可获得分类输出,这与 ResNet、Swin Transformer、AS-MLP 等金字塔结构的分类头设计是一致的。具体的网络结构如图 8-9 所示。

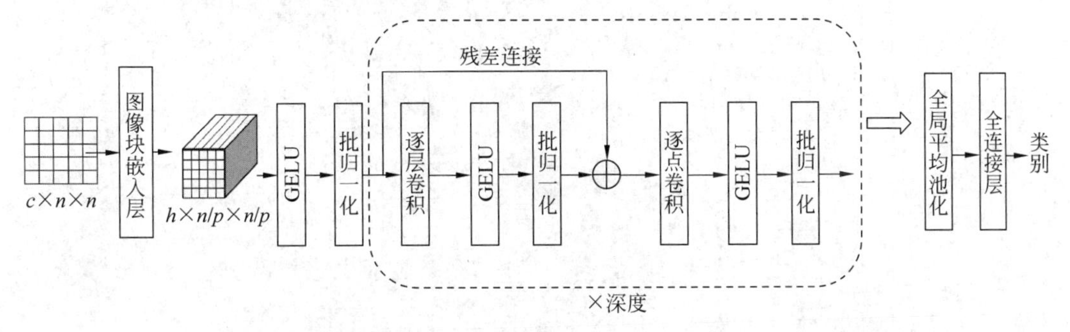

图 8-9 ConvMixer

ConvMixer 模型有两种配置,具体见表 8-4。Patch Size 是最初切分的 Patch 大小;Kernel Size 指 ConvMixer Layer 中逐层卷积使用的卷积核大小;Act. Fn 指激活函数(GELU/ReLU)。1536/20 指 Token 的维度为 1536,ConvMixer Layer 重复的次数为 20。

表 8-4 ConvMixer Scaling

网络	图像块尺寸	卷积核尺寸	参数量	每秒处理图片数	训练轮数	准确率
ConvMixer-1536/20	7	9	51.6	134	150	81.37
ConvMixer-768/32	7	7	21.1	206	300	80.16
ResNet-152		3	60.2	828	150	79.64
DeiT-B	16		86	792	300	81.8
ResMLP-B24/8	8		129	181	400	81.0

ConvMixer 模型同时使用了 GELU 和 RELU 两种激活函数,论文中还提到:使用

ReLU 训练了一个 ConvMixer 模型精度也很高,以证明 GELU 是不必要的。由表 8-4 可知,在模型精度上,ConvMixer 可以达到与现阶段模型相仿的图像识别准确率。

8.3.4 ConvMixer 代码实现

完整的代码是基于图像分类问题的(包括训练、推理脚本和自定义层等),相关资源可扫描目录处二维码下载。这里给出模型搭建所需的 Python 代码(基于 PyTorch 实现),代码如下:

```
#第 8 章/ConvMixer.py
import torch.nn as nn
class Residual(nn.Module):
    def __init__(self, fn):
        super().__init__()
        self.fn = fn

    def forward(self, x):
        return self.fn(x) + x

def ConvMixer(dim, depth, kernel_size=9, patch_size=1, n_classes=100):
    return nn.Sequential(
        nn.Conv2d(3, dim, kernel_size=patch_size, stride=patch_size),
        nn.GELU(),
        nn.BatchNorm2d(dim),
        *[nn.Sequential(
            Residual(nn.Sequential(
                nn.Conv2d(dim, dim, kernel_size, groups=dim, padding="same"),
                nn.GELU(),
                nn.BatchNorm2d(dim)
            )),
            nn.Conv2d(dim, dim, kernel_size=1),
            nn.GELU(),
            nn.BatchNorm2d(dim)
        ) for i in range(depth)],
        nn.AdaptiveAvgPool2d((1,1)),
        nn.Flatten(),
        nn.Linear(dim, n_classes)
    )
```

8.3.5 ConvMixer 模型小结

将 ConvMixer 与经典卷积模型在图像处理的前期进行比较:

(1) 经典的卷积算法在模型的前期采用有重叠的卷积(卷积核尺寸>步长)和池化进行下采样操作。

(2) ConvMixer 则使用不重叠的卷积(卷积核尺寸=步长)进行下采样,并且使用的卷积核的数量要远远多于经典卷积模型。例如,在 ConvMixer 中 Patch 操作的卷积核数量是

1536,而 ResNet 中第 1 次卷积核的数量则是 64。这个差异是非常明显的。

笔者认为,这样设计的目的是让更多的卷积核从原始图像中提取更丰富的特征模式,从而有助于模型后期更有效地提取和理解特征。以生活中的例子来说明：刑警大队拍到了一张犯罪嫌疑人的身影图像,然后针对这张图像分别制定了 10 种和 100 种不同角度的假设,以便更好地了解嫌疑人的情况。那么,哪一种情况对于破案更有帮助呢？肯定是假设越多越不容易漏掉一些蛛丝马迹。

换个角度说,模型前期如果不能提取到足够的信息,则这些缺失的信息在后续计算中将难以重建和处理,因此,在前期使用更精细的 Patch 提取更多的特征才是合理的。至于为什么 ConvMixer 使用不重叠的卷积,原因可能是重叠卷积计算量过大。

8.4 MetaFormer 模型：万法归一,构建 Transformer 模板

经过前几节的介绍,相信很多读者都会思考一个问题：在计算机视觉任务中,哪种算法更适合呢？事实上,MetaFormer 模型给出了答案：算法并不是最重要的,框架结构才是关键。MetaFormer 是一种从 Transformer 模型中抽象出来的通用架构,没有指定 Token Mixer,并在分类、检测和分割任务上进行了验证。

Transformer 在计算机视觉任务中显示出巨大的潜力。最初,很多研究者都认为基于注意力的 Token Mixer 模块(Self-Attention)对模型的能力贡献最大,然而,从之前的介绍里可以发现,Transformers 中基于注意力的模块可以被卷积神经网络甚至 MLP 取代,而模型的表现仍然相当出色。

基于这一观察,MetaFormer 假设是 Transformer 的通用架构,而不是特定的 Token Mixer 模块,对模型的性能更加重要。为了验证这一点,MetaFormer 特意用一个非常简单的空间池化算子来替换 Transformer 中的注意力模块,以进行最基本的 Token 混合。池化算子本身不带有任何学习参数,但模型的表现仍然不错,因此,将 Transformer 的通用架构提取出来作为计算机视觉任务模型设计的核心,并将这个架构称为 MetaFormer。

论文名称：*MetaFormer is Actually What You Need for Vision*,相关资源可扫描目录处二维码下载。

8.4.1 MetaFormer 模型

为了证明 Transformer 结构才是模型有效的主要原因,而不是基于自注意力的 Token 这一观点,MetaFormer 模型使用了“非常简单”的非参数空间平均池化层替换了注意力模块,并在不同的计算机视觉任务上取得了有竞争力的结果。

值得注意的是池化操作没有可学习的参数,只是简单地进行了特征融合而已,这与自注意力计算过程中产生的大量参数和计算量形成了鲜明的对比。

替换后的模型被命名为 PoolFormer,并在性能、参数数量、乘积和累加运算(MAC)方面与经典的基于 Transformer 的模型(例如 DeiT)和基于 MLP 的-模型(例如 ResMLP)进

行了比较。结果表明这个模型能够在多个视觉任务中达到很好的表现，例如在ImageNet1K数据集中，能够达到82.5%的准确率，超过DeiT-B(Transformer架构)和ResMLP-B24(MLP架构)的同时还能够大幅减小参数数量。较DeiT-B和ResMLP-B24分别减少了48%和60%的参数量。

PoolFormer的模型结构如图8-10所示。在PoolFormer中，输入首先进行Patch Embedding处理，类似于原始ViT的实现，然后将输出传递给D_0阶段中的一系列PoolFormer块中。在PoolFormer中，注意力模块被一个stride=1的池化块代替，它执行平均池化，简单地使每个Token的周边信息进行融合。在残差连接之后，经过一个MLP，与原始Transformer Block类似。

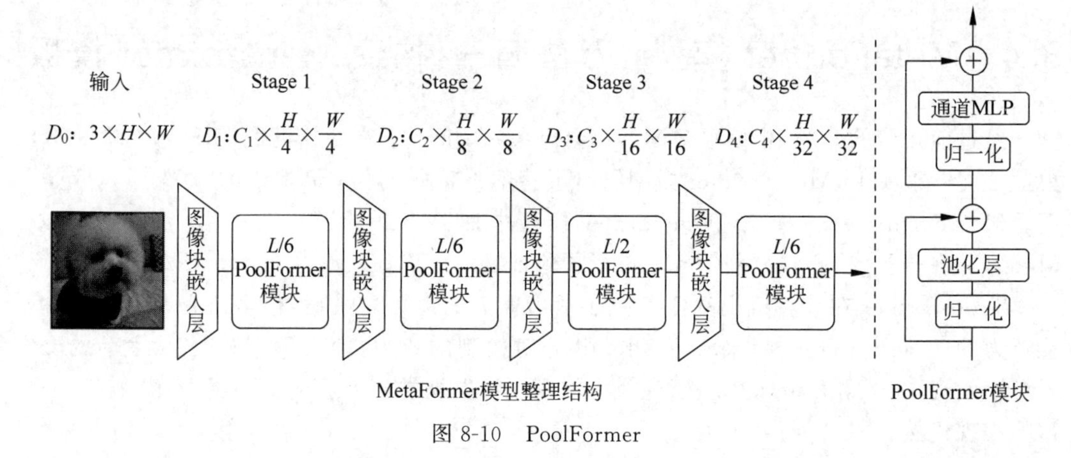

图8-10 PoolFormer

重复整个过程，构建4个阶段($D_0 \sim D_4$)的层次结构，通过池化将图像的原始高度和宽度压缩到$H/32$和$W/32$。根据4个阶段计算得到的特征图的数量($C_1 \sim C_4$)，可定义不同大小的模型。L表示模型中PoolFormer Block的数量，假设$L=12$，阶段1、2和4将包含2($L/6=2$)个PoolFormer块，而阶段3将包含6($L/2=6$)个块。

在相同MACs下，PoolFormer相比于其他先进模型(RSB-ResNet、DeiT、ResMLP)可以获得更高的图像识别准确率，如图8-11所示。

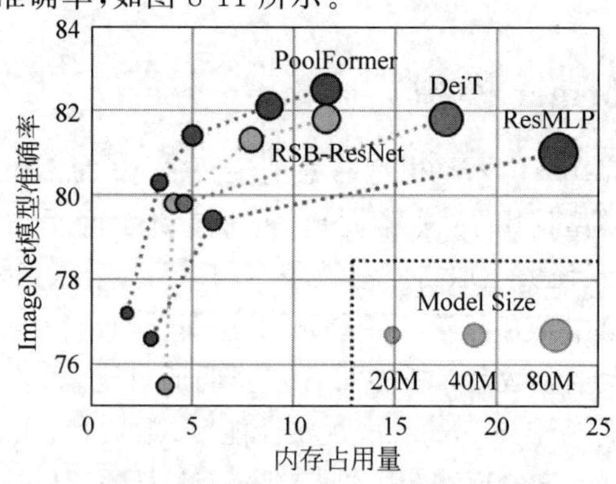

图8-11 PoolFormer

8.4.2 MetaFormer 模型结构

PoolFormer 的有效性验证了最初的假设，并促使了 MetaFormer 概念的提出，即这是一种从 Transformer 中抽象出来的通用架构，没有指定 Token Mixer，如图 8-12 所示。

MetaFormer 架构如图 8-12(a)所示，即输入信息先经过层归一化处理后，进入 Token Mixer 进行计算，在层归一化的 Token Mixer 两端有一条残差连接；接着将计算结果送入 Channel MLP 中进行处理，再次经过一次层归一化操作，在层归一化和 MLP 的两端也有一条残差连接。至于 Token Mixer 中具体的计算结果并不重要，只要能对输入数据的空间信息进行映射即可。当 Token Mixer 为注意力机制时，MetaFormer 就变成了 Transformer，如图 8-12(b)所示；当 Token Mixer 为 MLP 机制时，MetaFormer 就变成了 MLP-like 模型，如图 8-12(c)所示；当 Token Mixer 为池化操作时，MetaFormer 就变成了 PoolFormer，如图 8-12(d)所示。再回想一下之前讲过的模型 VAN，实际上就是使用 LKA 作为 Token Mixer。实际上，很多基于 Transformer 的改进模型可以用 MetaFormer 架构来定义。

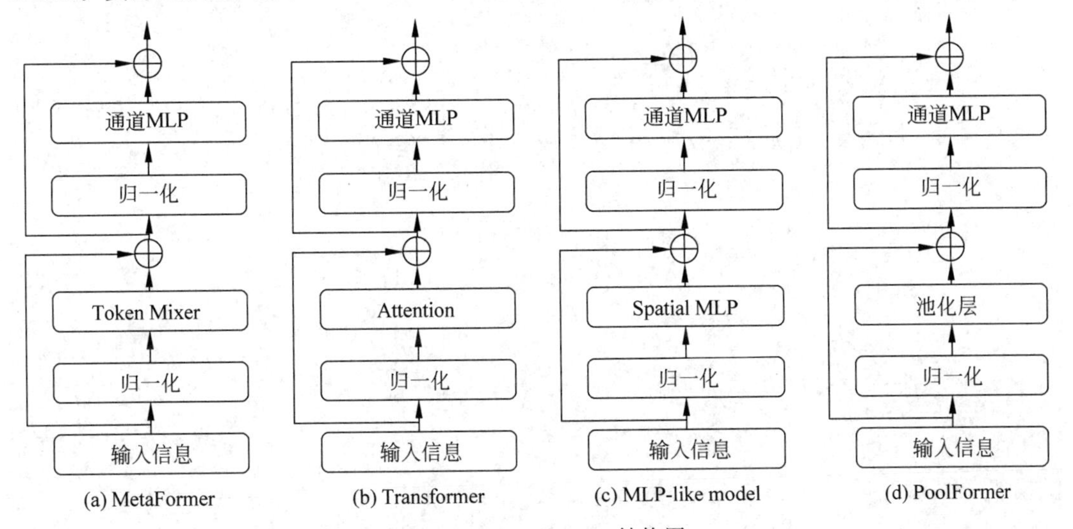

图 8-12 MetaFormer 结构图

MetaFormer 是在视觉任务上针对 Transformer 框架和 MLP 框架模型的总结性工作。这项工作旨在改进模型架构的未来研究，而不是专注于 Token Mixer 模块。此外，PoolFormer 可以作为未来 MetaFormer 架构设计的基线。在这里，提到的 Token Mixer 并不是指该组件可以去掉，而是指 Token Mixer 的形式并不重要。无论是自注意力、Spatial-Shift MLP、卷积、逐层卷积，还是最简单的池化，只要能有效地融合空间信息，网络的最终性能就不会有太大的差别，因此，提升性能的原因可能在于金字塔结构、残差连接、归一化、GELU 等因素。具备这些性质的网络都可以被称为 MetaFormer。

8.4.3 MetaFormer 代码实现

代码如下：

```
#第8章/MetaFormer.py
class PatchEmbed(nn.Module):
    def __init__(self, patch_size=16, stride=16, padding=0, in_chans=3, embed_
dim=768, norm_layer=None):
        super().__init__()
        patch_size = to_2tuple(patch_size)
        stride = to_2tuple(stride)
        padding = to_2tuple(padding)
        self.proj = nn.Conv2d(in_chans, embed_dim, kernel_size=patch_size,
                              stride=stride, padding=padding)
        self.norm = norm_layer(embed_dim) if norm_layer else nn.Identity()

    def forward(self, x):
        x = self.proj(x)
        x = self.norm(x)
        return x

class LayerNormChannel(nn.Module):
    def __init__(self, num_channels, eps=1e-05):
        super().__init__()
        self.weight = nn.Parameter(torch.ones(num_channels))
        self.bias = nn.Parameter(torch.zeros(num_channels))
        self.eps = eps

    def forward(self, x):
        u = x.mean(1, keepdim=True)
        s = (x - u).pow(2).mean(1, keepdim=True)
        x = (x - u) / torch.sqrt(s + self.eps)
        x = self.weight.unsqueeze(-1).unsqueeze(-1) * x + self.bias.unsqueeze
(-1).unsqueeze(-1)
        return x

class GroupNorm(nn.GroupNorm):
    def __init__(self, num_channels, **kwargs):
        super().__init__(1, num_channels, **kwargs)

class Pooling(nn.Module):
    def __init__(self, pool_size=3):
        super().__init__()
        self.pool = nn.AvgPool2d(pool_size, stride=1, padding=pool_size//2,
count_include_pad=False)

    def forward(self, x):
        return self.pool(x) - x

class Mlp(nn.Module):
    def __init__(self, in_features, hidden_features=None, out_features=None,
act_layer=nn.GELU, drop=0.):
        super().__init__()
```

```
        out_features = out_features or in_features
        hidden_features = hidden_features or in_features
        self.fc1 = nn.Conv2d(in_features, hidden_features, 1)
        self.act = act_layer()
        self.fc2 = nn.Conv2d(hidden_features, out_features, 1)
        self.drop = nn.DropOut(drop)
        self.apply(self._init_weights)

    def forward(self, x):
        x = self.fc1(x)
        x = self.act(x)
        x = self.drop(x)
        x = self.fc2(x)
        x = self.drop(x)
        return x

class PoolFormerBlock(nn.Module):
    def __init__(self, dim, pool_size=3, mlp_ratio=4.,
                 act_layer=nn.GELU, norm_layer=GroupNorm,
                 drop=0., drop_path=0.,
                 use_layer_scale=True, layer_scale_init_value=1e-5):
        super().__init__()
        self.norm1 = norm_layer(dim)
        self.token_mixer = Pooling(pool_size=pool_size)
        self.norm2 = norm_layer(dim)
        mlp_hidden_dim = int(dim *mlp_ratio)
        self.mlp = Mlp(in_features=dim, hidden_features=mlp_hidden_dim,
                       act_layer=act_layer, drop=drop)
        #The following two techniques are useful to train deep PoolFormers.
        self.drop_path = DropPath(drop_path) if drop_path > 0. else nn.Identity()
        self.use_layer_scale = use_layer_scale
        if use_layer_scale:
            self.layer_scale_1 = nn.Parameter(
                layer_scale_init_value *torch.ones((dim)), requires_grad=True)
            self.layer_scale_2 = nn.Parameter(
                layer_scale_init_value *torch.ones((dim)), requires_grad=True)

    def forward(self, x):
        if self.use_layer_scale:
            x = x + self.drop_path(
                self.layer_scale_1.unsqueeze(-1).unsqueeze(-1)
                *self.token_mixer(self.norm1(x)))
            x = x + self.drop_path(
                self.layer_scale_2.unsqueeze(-1).unsqueeze(-1)
                *self.mlp(self.norm2(x)))
        else:
            x = x + self.drop_path(self.token_mixer(self.norm1(x)))
            x = x + self.drop_path(self.mlp(self.norm2(x)))
        return x
```

```
def basic_blocks(dim, index, layers,
                 pool_size=3, mlp_ratio=4.,
                 act_layer=nn.GELU, norm_layer=GroupNorm,
                 drop_rate=.0, drop_path_rate=0.,
                 use_layer_scale=True, layer_scale_init_value=1e-5):
    blocks = []
    for block_idx in range(layers[index]):
        block_dpr = drop_path_rate * (
            block_idx + sum(layers[:index])) / (sum(layers) - 1)
        blocks.append(PoolFormerBlock(
            dim, pool_size=pool_size, mlp_ratio=mlp_ratio,
            act_layer=act_layer, norm_layer=norm_layer,
            drop=drop_rate, drop_path=block_dpr,
            use_layer_scale=use_layer_scale,
            layer_scale_init_value=layer_scale_init_value,
            ))
    blocks = nn.Sequential(*blocks)
    return blocks
```

8.4.4 MetaFormer 模型小结

MetaFormer Is Actually What You Need for Vision 是一篇关于深度学习和计算机视觉的研究论文。这篇文章提出了一种名为 MetaFormer 的模型，该模型采用了混合结构，在计算机视觉任务上实现了高性能。以下是 MetaFormer 的主要内容和贡献。

(1) 混合结构：MetaFormer 模型采用了混合结构，结合了卷积神经网络和 Transformer 的优点。这种混合结构使模型能够在计算机视觉任务上实现高性能，同时降低了计算复杂性。

(2) 自适应性：MetaFormer 模型具有自适应性，可以根据输入数据和任务需求调整网络结构。这使模型在不同的计算机视觉任务上都能表现出良好的性能。

(3) 可扩展性：MetaFormer 模型具有良好的可扩展性，可以根据任务需求和计算资源调整网络的深度和宽度。这使模型能够适应不同的设备和应用场景。

图书推荐

书　　名	作　　者
深度探索 Vue.js——原理剖析与实战应用	张云鹏
剑指大前端全栈工程师	贾志杰、史广、赵东彦
Flink 原理深入与编程实战——Scala+Java(微课视频版)	辛立伟
Spark 原理深入与编程实战(微课视频版)	辛立伟、张帆、张会娟
PySpark 原理深入与编程实战(微课视频版)	辛立伟、辛雨桐
HarmonyOS 移动应用开发(ArkTS 版)	刘安战、余雨萍、陈争艳 等
HarmonyOS 应用开发实战(JavaScript 版)	徐礼文
HarmonyOS 原子化服务卡片原理与实战	李洋
鸿蒙操作系统开发入门经典	徐礼文
鸿蒙应用程序开发	董昱
鸿蒙操作系统应用开发实践	陈美汝、郑森文、武延军、吴敬征
HarmonyOS 移动应用开发	刘安战、余雨萍、李勇军 等
HarmonyOS App 开发从 0 到 1	张诏添、李凯杰
HarmonyOS 从入门到精通 40 例	戈帅
JavaScript 基础语法详解	张旭乾
华为方舟编译器之美——基于开源代码的架构分析与实现	史宁宁
Android Runtime 源码解析	史宁宁
数字 IC 设计入门(微课视频版)	白栎旸
数字电路设计与验证快速入门——Verilog+SystemVerilog	马骁
鲲鹏架构入门与实战	张磊
鲲鹏开发套件应用快速入门	张磊
华为 HCIA 路由与交换技术实战	江礼教
华为 HCIP 路由与交换技术实战	江礼教
openEuler 操作系统管理入门	陈争艳、刘安战、贾玉祥 等
5G 核心网原理与实践	易飞、何宇、刘子琦
恶意代码逆向分析基础详解	刘晓阳
深度探索 Go 语言——对象模型与 runtime 的原理、特性及应用	封幼林
深入理解 Go 语言	刘丹冰
Spring Boot 3.0 开发实战	李西明、陈立为
Flutter 组件精讲与实战	赵龙
Flutter 组件详解与实战	[加]王浩然(Bradley Wang)
Flutter 跨平台移动开发实战	董运成
Dart 语言实战——基于 Flutter 框架的程序开发(第 2 版)	亢少军
Dart 语言实战——基于 Angular 框架的 Web 开发	刘仕文
IntelliJ IDEA 软件开发与应用	乔国辉
Vue+Spring Boot 前后端分离开发实战	贾志杰
Python 量化交易实战——使用 vn.py 构建交易系统	欧阳鹏程
Python 从入门到全栈开发	钱超
Python 全栈开发——基础入门	夏正东
Python 全栈开发——高阶编程	夏正东
Python 全栈开发——数据分析	夏正东
Python 编程与科学计算(微课视频版)	李志远、黄化人、姚明菊 等
Python 游戏编程项目开发实战	李志远
编程改变生活——用 Python 提升你的能力(基础篇・微课视频版)	邢世通
编程改变生活——用 Python 提升你的能力(进阶篇・微课视频版)	邢世通

续表

书　　名	作　　者
Python 数据分析实战——从 Excel 轻松入门 Pandas	曾贤志
Python 人工智能——原理、实践及应用	杨博雄 主编，于营、肖衡、潘玉霞、高华玲、梁志勇 副主编
Python 概率统计	李爽
Python 数据分析从 0 到 1	邓立文、俞心宇、牛瑶
从数据科学看懂数字化转型——数据如何改变世界	刘通
FFmpeg 入门详解——音视频原理及应用	梅会东
FFmpeg 入门详解——SDK 二次开发与直播美颜原理及应用	梅会东
FFmpeg 入门详解——流媒体直播原理及应用	梅会东
FFmpeg 入门详解——命令行与音视频特效原理及应用	梅会东
FFmpeg 入门详解——音视频流媒体播放器原理及应用	梅会东
Python Web 数据分析可视化——基于 Django 框架的开发实战	韩伟、赵盼
Python 玩转数学问题——轻松学习 NumPy、SciPy 和 Matplotlib	张骞
Pandas 通关实战	黄福星
深入浅出 Power Query M 语言	黄福星
深入浅出 DAX——Excel Power Pivot 和 Power BI 高效数据分析	黄福星
云原生开发实践	高尚衡
云计算管理配置与实战	杨昌家
虚拟化 KVM 极速入门	陈涛
虚拟化 KVM 进阶实践	陈涛
边缘计算	方娟、陆帅冰
LiteOS 轻量级物联网操作系统实战(微课视频版)	魏杰
物联网——嵌入式开发实战	连志安
动手学推荐系统——基于 PyTorch 的算法实现(微课视频版)	於方仁
人工智能算法——原理、技巧及应用	韩龙、张娜、汝洪芳
跟我一起学机器学习	王成、黄晓辉
深度强化学习理论与实践	龙强、章胜
自然语言处理——原理、方法与应用	王志立、雷鹏斌、吴宇凡
TensorFlow 计算机视觉原理与实战	欧阳鹏程、任浩然
计算机视觉——基于 OpenCV 与 TensorFlow 的深度学习方法	余海林、翟中华
深度学习——理论、方法与 PyTorch 实践	翟中华、孟翔宇
HuggingFace 自然语言处理详解——基于 BERT 中文模型的任务实战	李福林
Java+OpenCV 高效入门	姚利民
AR Foundation 增强现实开发实战(ARKit 版)	汪祥春
AR Foundation 增强现实开发实战(ARCore 版)	汪祥春
ARKit 原生开发入门精粹——RealityKit + Swift + SwiftUI	汪祥春
HoloLens 2 开发入门精要——基于 Unity 和 MRTK	汪祥春
巧学易用单片机——从零基础入门到项目实战	王良升
Altium Designer 20 PCB 设计实战(视频微课版)	白军杰
Cadence 高速 PCB 设计——基于手机高阶板的案例分析与实现	李卫国、张彬、林超文
Octave 程序设计	于红博
Octave GUI 开发实战	于红博
ANSYS 19.0 实例详解	李大勇、周宝
ANSYS Workbench 结构有限元分析详解	汤晖
全栈 UI 自动化测试实战	胡胜强、单镜石、李睿
pytest 框架与自动化测试应用	房荔枝、梁丽丽